電路板組裝技術與應用

林定皓　編著

全華圖書股份有限公司

國家圖書館出版品預行編目資料

電路板組裝技術與應用 / 林定皓編著. -- 初版. -- 新北市 : 全華圖書, 2018.08
面 ； 公分
ISBN 978-986-463-899-4(平裝)

1.印刷電路

448.62 107012583

電路板組裝技術與應用

作者 / 林定皓
發行人 / 陳本源
執行編輯 / 賴辰豪
封面設計 / 曾霈宗
出版者 / 全華圖書股份有限公司
郵政帳號 / 0100836-1 號
印刷者 / 宏懋打字印刷股份有限公司
圖書編號 / 06376
初版二刷 / 2019 年 11 月
定價 / 新台幣 690 元
ISBN / 978-986-463-899-4(平裝)
全華圖書 / www.chwa.com.tw
全華網路書店 Open Tech / www.opentech.com.tw
若您對書籍內容、排版印刷有任何問題，歡迎來信指導 book@chwa.com.tw

臺北總公司(北區營業處)
地址：23671 新北市土城區忠義路 21 號
電話：(02) 2262-5666
傳真：(02) 6637-3695、6637-3696

中區營業處
地址：40256 臺中市南區樹義一巷 26 號
電話：(04) 2261-8485
傳真：(04) 3600-9806

南區營業處
地址：80769 高雄市三民區應安街 12 號
電話：(07) 381-1377
傳真：(07) 862-5562

編者序

電路板主功能是搭載、互連零件，部分設計則加入內埋部件、立體結構等需求。多數電路板業者，對客戶如何用電路板較少費心，因此要進一步解決組裝問題較困難。多年來存在的電子成品故障爭議，不少源自於業者不以使用者眼光看待電路板。尤其組裝不良一旦發生，已經混雜了電路板及組裝雙重因子。若業者對電子組裝欠缺理解，很難做問題釐清。無法釐清又要維持良好關係，多數業者最終只好認賠了事。

以產業立場而言，問題無法釐清是雙輸局面，無法僅靠理賠解決根本問題。而大家又都是最終產品使用者，由此觀點產品問題讓大家都成爲輸家。要整合跨平台概念對多數人都有些困難，尤其組裝業者引用的製程多元，導入無鉛與零件微型化使組裝更形複雜。單一產品搭載更多部件，必然會有更多組裝、焊接問題出現。對業者而言，如何釐清問題爭取雙贏是大家要共同努力的課題。

本書內容對技術陳述、要點以實務說明爲重。編寫架構很難完全跳脫前輩論述框架，訴求以幫助讀者瞭解相關知識爲主，並不避諱各種資料引用，在網路發達的今日，編寫過程也確實受益良多。

技術演進從不停歇，有限篇幅與眼光很難讓本書內容做到盡如人意，這方面尚祈讀者能見諒。多年來出書能獲得讀者回應與指正，讓本書能持續進步並修正既有錯誤，這要感謝讀者熱心與支持。成書之際，仍請諸先進、讀者不吝給予指正以利改進。

景碩科技 林定皓

2018 年春　謹識於　台北

編輯部序

「系統編輯」是我們的編輯方針，我們所提供給您的，絕不只是一本書，而是關於這門學問的所有知識，它們由淺入深，循序漸進。

本書結合電路板特性及電子組裝的內容，分為十七個章節，內容涵蓋電子零件簡介、電路板品質管控、如何確認空電路板狀態、相關電子組裝技術、組裝成品品質特性、如何看電子組裝信賴度、相關組裝材料及操作特性等。作者除了引用美國 IPC 協會出版的相關資料，並提供相關圖例及表格資料，對不同技術、議題皆有詳盡的描述與整理，有助於業者處理實際工作遇到的問題。本書適用於電路板與電子組裝專業領域從業人員使用。

同時，本書為電路板系列套書 (共 10 冊) 之一，為了使您能有系統且循序漸進研習相關方面的叢書，我們分為基礎、進階、輔助三大類，以減少您研習此門學問的摸索時間，並能對這門學問有完整的知識。若您在這方面有任何問題，歡迎來函聯繫，我們將竭誠為您服務。

目　錄

CONTENTS

CONTENTS

CONTENTS

CONTENTS

電子零件與組裝技術簡介

1-1 前言

電氣與電子產品的差異

涉及用電產品，英文常用到兩個字彙，它們是電氣 (Electrical) 與電子 (Electronic)。當電子產業充分發展，電氣產品會搭載電子管控技術而非獨立存在。例如：智慧家電就是整合兩者的產品。兩個英文字乍看沒有太大差異，但實質上可做較清楚的定義。電氣產品，主要訴求偏向動力與機能提供，但對電子產品，主要工作則以資訊、數據處理爲主。

目前在整體市場人性化介面需求下，幾乎不會完全採用傳統純機械、電氣設計。但電氣與電子零件的差異卻很明顯，讀者應該可理解電子產品是處理更微觀電子訊號的事務。

電路板業者應有的體認

面對目前綜合性產品需求，電路板業者若對電子組裝技術陌生，將無法面對逐漸複雜的市場生態。尤其許多產品都已走向整合化，業者必須體認面對的挑戰。近年來材料、製程、法規變動快速，各類產品更新速度加快，如何迎接變局考驗著業者的警覺性與專業性。業者若能對自己產品後續應用有更多瞭解，對掌握新產品製作能力會有很大幫助。

1-2 電子零件家族

電子零件類型相當多，會依據電氣特性、必要組構裝型式設計，也搭配應有組裝方法。業界依組裝型式，將各類電子零件歸入兩個主要類型：通孔類零件、表面貼裝零件。傳統電子零件採用通孔插件型式設計生產，但基於高密度、輕質化、方便性發展，多數已走向表面貼裝。目前可取得貼裝零件比例相當高，但部分零件受限於成本、材料、功能、結構等因素，還停留在通孔零件模式。

通孔零件家族

所謂通孔零件，是零件組裝採用引腳穿入或透過板材做電氣連結與機械固定。典型通孔零件，如圖 1-1 所示。

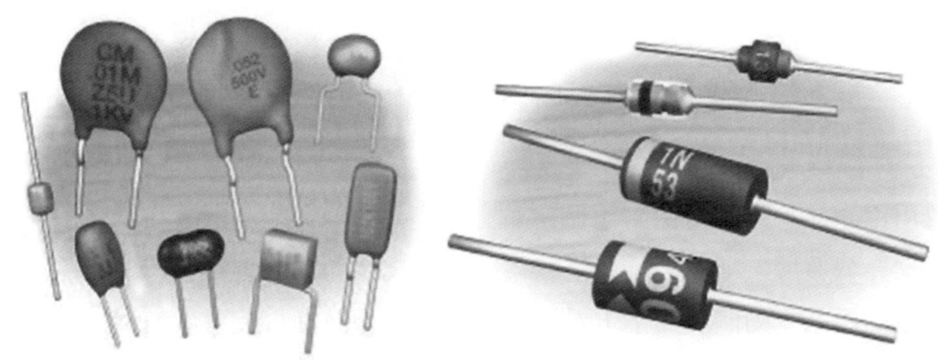

▲ 圖 1-1　典型通孔電子零件 (來源：IPC)

表面貼裝零件家族

所謂表面貼裝零件，就是零件組裝引腳僅在板面以焊料連結。零件引腳或接點並不穿入板材。典型表面貼裝零件，如圖 1-2 所示。

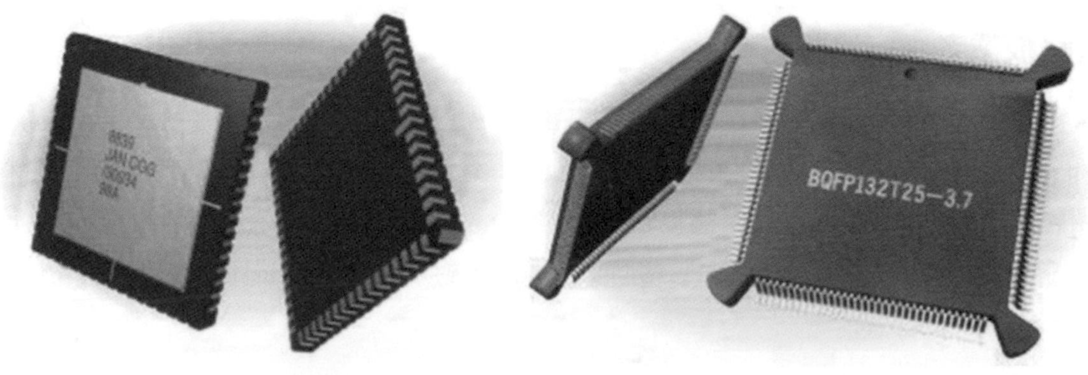

▲ 圖 1-2　典型表面貼裝電子零件 (資料來源：IPC)

1-3 電子零組件連結技術簡述

表面貼裝技術的背景與優點

表面貼裝技術 (SMT) 是電子工業革命性轉變，由於 1960 年代 SMT 技術出現，讓電路板雙面組裝逐漸成形。雖然風行速度在初期較緩慢，但多年後終能普及實用化。低密度通孔組裝結構，已無法滿足高引腳零件組裝需求，且高引腳通孔零件需要更多通孔，也會導致成本增加並成爲高密度化障礙，因此業者更嘗試採用 SMT 設計。

此外，市場可購得的表面貼裝部件 (SMD) 多樣化，如：PLCC、SOIC 等，如圖 1-3 所示。使 SMT 實用性提升，設計者更樂於採用。

▲ 圖 1-3　典型 PLCC、SOIC(資料來源：IPC)

電路板安裝扁平引腳或無引腳電子零件，如圖 1-4(a) 所示。相對於傳統通孔零件組裝，SMT 可有更高程度自動化、高密度化、小型化、輕質化、低成本、高性能等優勢。

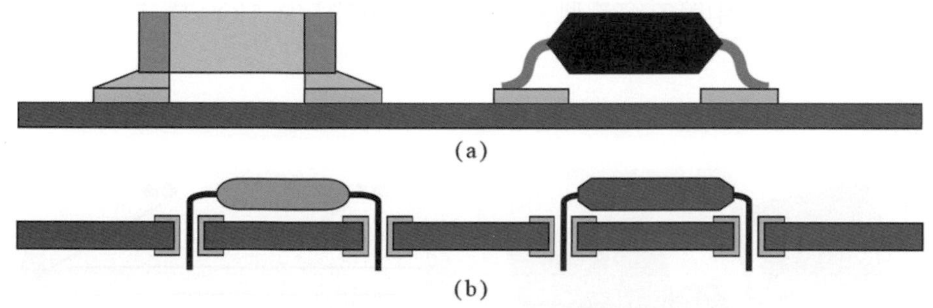

▲ 圖 1-4　印刷電路板零件組裝結構 (a)SMT (b) 通孔零件

典型表面貼裝型被動部件特性說明

目前多數電子組裝，都可獲得 SMD 型式零件，如：電容、電阻、電感器、三極管、二極體、IC、連接器等。爲了設計、生產方便順利，業者多採用這類零件製作產品。不過表面貼裝零件受限於外型尺寸，多數功率都不會超過 1 ～ 2W，在此針對幾個常用被動部件作簡單說明：

a. 顆粒式電阻

顆粒式電阻是相當簡單的 SMC，其結構與示意如圖 1-5 所示。主要以陶瓷基體、金屬端子組成，結合端面通常以鈀銀 (Pd-Ag) 製作。業者以厚膜電阻膏印刷將圖形製作在陶瓷板 (漿料爲氧化釕 -RuO_2) 上，然後燒結爲成品，最後在表面覆蓋一層玻璃保護電阻層。通常零件鈀銀端面，還會做鎳阻隔層阻擋銀浸析，最後會在表面做焊錫層保有其可焊接性。

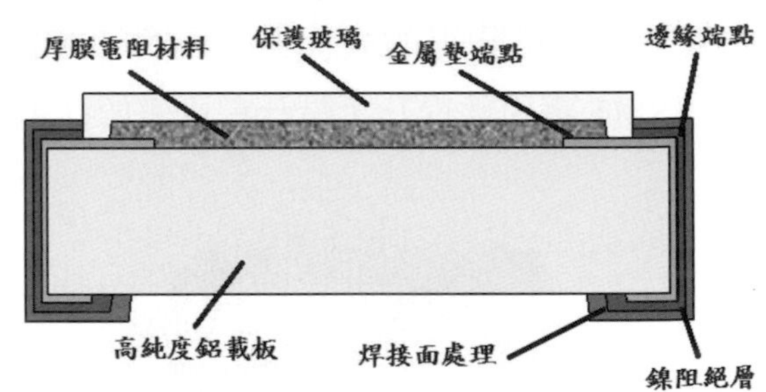

▲ 圖 1-5　顆粒式電阻零件的典型結構與零件外觀

b. 顆粒式電容

最常用 SMT 顆粒電容，是以多層陶瓷或單純陶瓷電容型式製作，它是由陶瓷介電質分隔多層貴重金屬電極組合而成，如圖 1-6 所示。每對鄰接電極形成一組電容層，其總電容量是疊加各電容層的總和，端面結構類似顆粒電阻。通常用的介電質材料主分爲三類：

- 溫度穩定性好、低電容量型，主要由氧化鈦 (TiO_2) 構成。
- 溫度穩定性一般、中等電容量型，通常是由鈦酸鋇 ($BaTiO_3$) 構成，某些類型會有鐵質添加劑。
- 一般用途、熱穩定性差，引用高電容量材料製作。

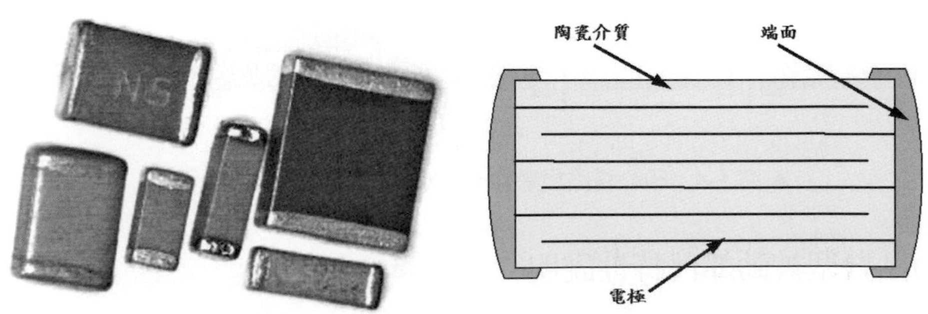

▲ 圖 1-6　多層陶瓷片式電容的結構與零件外觀

c. 顆粒式電感

顆粒式電感器，採用陶瓷或純鐵爲核心材料，四周纏繞漆包線，如圖 1-7 所示。顆粒式零件，經常用環氧樹脂構裝以便於自動組裝操作。

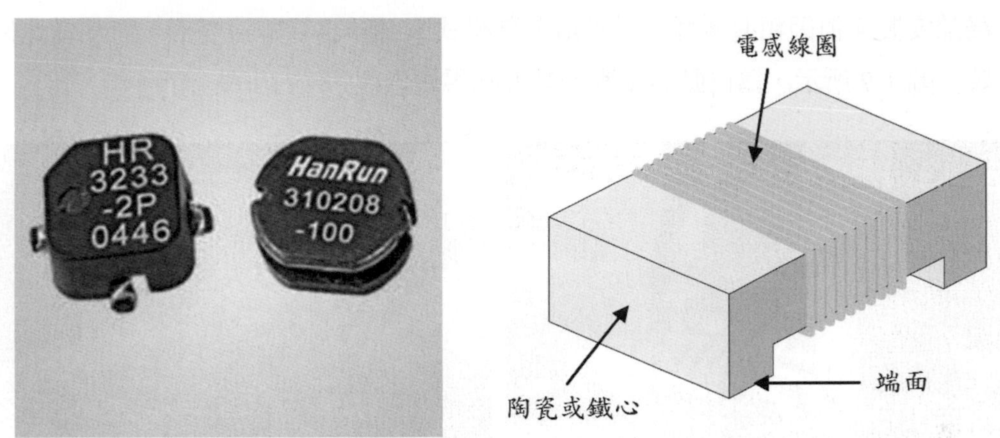

▲ 圖 1-7　顆粒式電感垂直線圈結構與零件外觀

d. 積體電路

表面貼裝結構積體電路 (IC) 有多種構裝，普遍使用的類型包括：小外形引腳積體電路 (SOIC)、薄小外形引腳構裝 (TSOP)、塑膠引腳晶片載體 (PLCC)、無引線陶瓷晶片載體 (LCCC)、方形扁平構裝 (QFP)、球陣列構裝 (BGA) 等。IC 構裝焊點結構有 5 種主要的類型，如圖 1-8 所示。

▲ 圖 1-8　代表性半導體構裝引腳接點結構

金屬引腳結構的好處，是組裝後產品運作中應力較小，但細間距組裝操作容易受到損害，重工、檢查和引腳成形也都較困難。

無引線陶瓷晶片載體焊接結構，由於構裝材料和電路板材料熱膨脹係數並不匹配，焊點可靠性經常出現問題，而零件下方間隙殘留的助焊劑清洗也有信賴度疑慮。

1-4 電路板零件組裝技術的類型

通孔零件組裝技術

通孔零件典型組裝較粗略，允許公差較大的零件安裝，部分業者採用治具、套件、機械手做局部安裝。但因類型多樣且常採取散裝模式，引腳容易碰撞變形，有相當比例採用人工安裝。圖 1-9 所示，爲自動與手動安裝通孔零件過程。

▲ 圖 1-9　通孔零件安裝程序 (資料來源：IPC)

引腳零件安裝完成後做缺件確認，再進入波焊，如圖 1-10 所示。經過波焊，通孔內空間會被融熔錫塡滿，達成導通與固定。

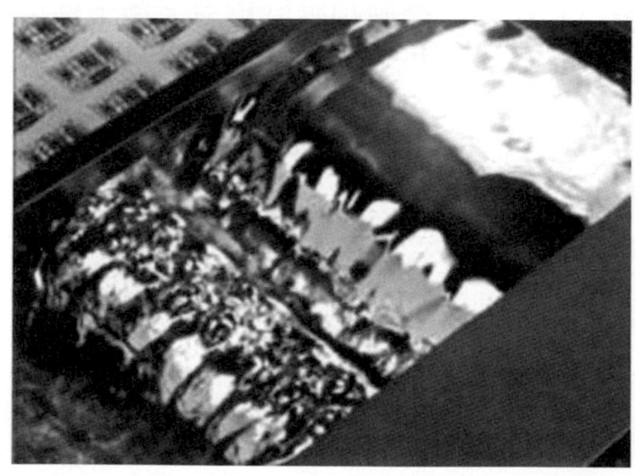

▲ 圖 1-10　典型通孔零件的波焊作業狀況

表面貼裝零件組裝技術的類型

SMD 可用錫膏回流焊、波焊或導電膠固化等技術組裝到電路板上。導電膠是較少用的材料，主要用途爲軟性電路板或對熱敏感零件的組裝。要選用何種裝配技術，可依據電路板佈局及是否要搭配通孔零件而定。通常表面貼裝技術，可分爲下述三種主要類型：

第一種類型

電路板兩面只貼裝 SMD 零件，兩面通常都使用錫膏焊接，尤其是需安裝細間距零件時更是如此。第二面回流焊時，底面已經完成裝配的零件會再度熔化脫離，對多數小零件其焊料表面張力足以保持零件留在原位。但若有較重零件，可考慮用波焊替代製程或用黏著劑固定。

根據助焊劑腐蝕性不同，必需考慮是否需要加入後清洗。而製程不同又需要清洗，可選擇在第一次或每兩次焊接後做清洗。經驗上助焊劑經過多次受熱較難清洗，選用製程與助焊劑時要評估。

第二種類型

電路板單面有 SMD 與通孔零件，另一面只有顆粒零件。這種情況通常 SMD 是以回流焊安裝，接著以波焊安裝通孔、顆粒零件。特定物料不易取得時可用替代通孔零件，通孔零件黏著劑固化後插入電路板。因爲這類作法需使用波焊、回流焊兩種製程，導致組裝、測試與重工都更複雜，需要更多作業空間與人力配置。

第三種類型

單面有 SMD 而另一面只有小顆粒部件，這與前述類型類似，但並沒有單面混用現象。這類產品若混合較大 SMD，可先做 SMD 回流焊，之後插入通孔零件做遮蔽波焊。也有人先將小顆粒零件以黏著劑貼附，之後只做波焊，這是改變傳統通孔技術到表面貼裝技術的中間類型作法。

1-5 表面貼裝焊接技術

波焊作業法

如前所述，表面貼裝作法包括：波焊、回流焊兩種主要焊接。波焊採用焊錫流動模式，已長期用在通孔零件組裝。這類製程是以噴塗或發泡做助焊劑塗裝，然後在固定高度的流動焊料波上做焊接。但這種技術不適合做 SMD 焊接，因爲它在電路板底部會產生擾流，導致陰影效應影響填充狀態及焊接效果。

較常見的問題是，零件尾部引腳會有填充不足現象，且強大熱衝擊會導致部件損傷。爲降低陰影效應，業者提出不同設備設計，某些設備會採用雙峰導流設計，確保所有引腳產生潤濕，並將多餘焊料除去以減少架橋。在波焊前做恰當預熱，可降低熱衝擊並降低零件損傷風險。

回流焊焊接的做法

波焊對新型零件組裝有能力限制，必需採用 SMT 回流焊，這類製程採用錫粉、助焊劑混合的錫膏焊接。錫膏必需類似止焊漆，印刷時能產生流變，方便印刷塗佈。錫膏採用鋼版印刷或點錫塗佈，之後做 SMD 打件。錫膏黏性可暫時將零件抓住，在焊接前保持在應有位置。電路板經貼片後，加熱至焊料液化溫度以上產生回流焊作用。

較高溫度下助焊劑會發生反應，將各參與反應的物質如：錫粉、引腳、焊墊金屬等表面氧化物去除、活化，最後產生完整焊點。常用回流焊法有：紅外線、氣相、熱風對流、熱傳導、雷射回流焊等模式，這些技術概況會在後續內容討論。

使用 SMT 錫膏主要優點是，錫膏可發揮焊接、貼裝雙重功能。錫膏採用鋼版印刷、點錫或轉印，可預先計算焊接位置焊料體積需求量，以確保焊料塗裝與焊接需求量搭配，消除焊料不足或過多問題。回流焊能控制分段加熱曲線，可降低熱衝擊的 SMD 損害風險。錫膏允許分段分次焊接，可選用不同焊料與方法，對要做分段焊接產品相當有幫助。

電子產品朝輕、薄、短、小、快、高整合發展，更高功能密度促使微型化、高頻寬、無線化成爲產品必要條件。傳統波焊已不能滿足多數需求，錫膏製程呈現的優勢對電子組更形重要。

1-6 表面貼裝與組裝技術的趨勢

相關技術發展的動力

電子工業進步最大動力，就是要獲得更高產品功能單價比，讓相價格買到更多功能整合產品。全球各大電子工業國，都將微型化與成本因素放在重點發展項目，如：極小極薄構裝產品，已經發展到超乎我們認知的程度。大型系統，主要訴求較關注速度、安全性、功能複雜度等問題，但在多數可攜式產品則較在乎微型化。某些產品爲了安全性與信賴度，會部分採用非焊接組裝，這些也會在後續內容中討論。

產品資料處理速度的變化

電腦及相關電子設備，其資料處理進步速度與晶片複雜度的增加，是最好的描述題材，圖 1-11 所示，即爲摩爾定律預知的狀況。

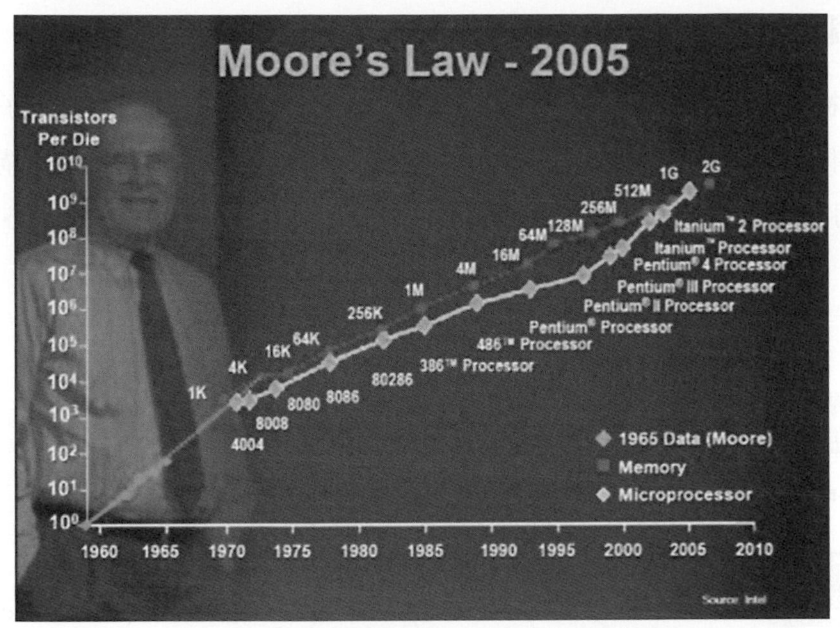

▲ 圖 1-11　摩爾 1965 年預告半導體密度成長速度至今仍大致適用 (來源：www.ieee.org)

電子產品展現的指令處理速度，低階應用如：筆電、個人電腦、工作站、遊戲機等，高階部分則包括：超級電腦主機、通信設備、交換機、基地台、高階工作站等。速度成長以每五年 5 倍速度發展，密度複雜度也隨之快速提升。除了電路板組裝，電子構裝型式也大幅變動，模組化、小型堆疊模式構裝，在各種產品上應運而生，SIP(System In Package) 需求明顯成長。圖 1-12 所示，為堆疊式構裝產品。

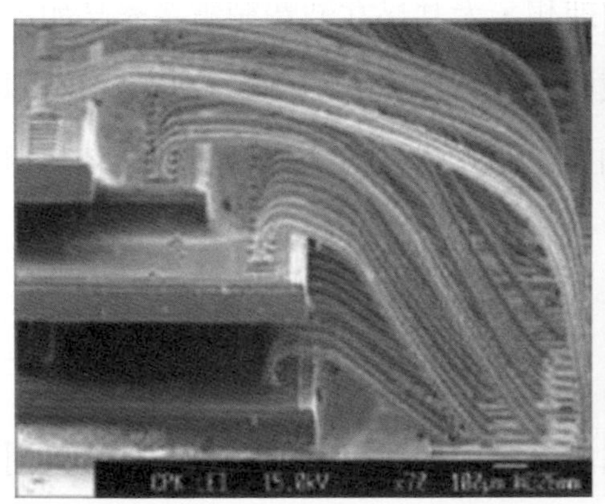
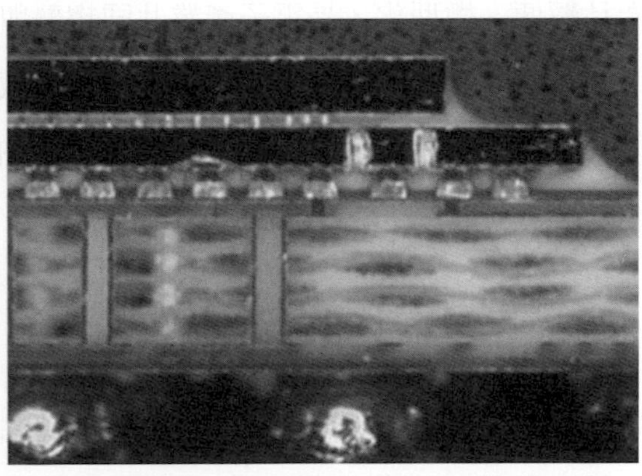

▲ 圖 1-12　多晶片堆疊構裝

速度改善與 IC 內部晶體技術有關，業者一再提出新尺寸縮減技術地圖也說明了這點。技術迅速提升，使構裝成為進步瓶頸，為提升處理效率就必需適當選擇構裝，當然它的設計與製造就成為決定性因素。

構裝的接腳數量與型式

IC 功能複雜性增加接腳數也會成長，圖 1-13 為 2017 年 ITRI 提出的電子構裝結構發展示意。圖中呈現構裝發展的多元化，針對不同的應用發展各領域的封裝結構都呈現出不同的樣貌。引腳數量固然仍繼續成長，更重要的是整合度持續提高，且高頻、微型化繼續快速成長。

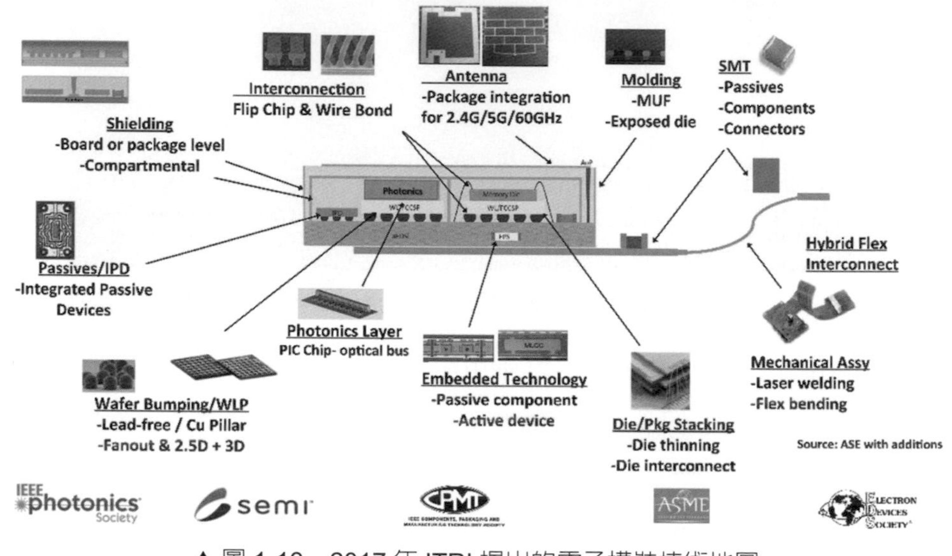

▲ 圖 1-13　2017 年 ITRI 提出的電子構裝技術地圖

產品輕便、微型化，是電子產業共同趨勢與理想，尤其是在消費類電子產品如：數碼相機、筆電、攝相機、智慧型手機、掌上型遊戲機等，都是應用範例。微型化不僅驅動產品變化，也增加功能與邏輯複雜性。更多功能納入可攜式產品，唯有高密度構裝與組裝，才能達成期待。

表面貼裝的陣列構裝發展

平面陣列構裝接腳分佈在零件下方，連結點是焊錫、凸塊或金屬平面結構，陣列構裝會以焊接、膠接、壓著等模式進行。陣列構裝，包括：BGA、CSP、LGA、PGA 等，是一種表面貼裝零件，且可預見未來數十年都應該是主要電子構裝技術方向。BGA 可滿足更高 I/O 需求，因應進一步微型化。晶片尺寸構裝 (CSP) 應運而生，是一種微小構裝，定義為：最終尺寸不得大於 IC 尺寸 1.2 倍，面積不得大於裸晶面積 1.5 倍。

構裝載體材料可以是陶瓷、塑膠或軟板，根據設計差異，IC 與載體可用打線、TAB、凸塊、焊接、導電膠等互連，目前主力 CSP 構裝仍以 0.5mm 腳距爲主，有更密構裝應用，不過比例較小。

覆晶晶片構裝的發展

覆晶是 IC 與載體連接技術，IC 傳統是將晶片面向上打線連接，而這種構裝讓晶片面向下，因此被稱爲〞覆晶技術〞。在構裝效率方面 (構裝面積對晶片面積比)，覆晶可大幅減少構裝尺寸，覆晶與基板典型互連關係，如圖 1-14 所示。

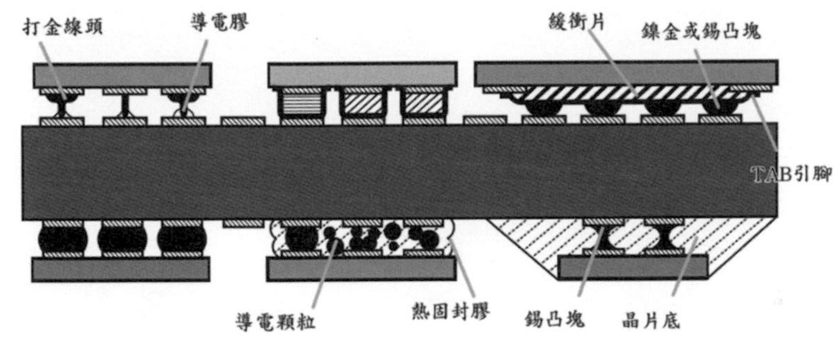

▲ 圖 1-14　代表性的覆晶技術結構 (來源：John Lau – Flip Chip Technologies)

用於覆晶的凸塊技術，有鍍金屬凸塊、金柱、金屬柱加聚合物、銅柱、焊料凸塊、聚合物凸塊等做法。覆晶技術很快的在高引腳構裝獲得認同，在 CPU、MPU、GPU、ASIC 等應用已相當普遍，在模組構裝、堆疊構裝也有進展。目前小型構裝應用方面，以智慧型手機應用最廣。

1-7 小結

表面貼裝技術，讓電子產品小型化實現，輕、薄、短、小、高密度、個人化、廉價化，成爲可攜式產品重要發展方向。與傳統波焊技術相比，回流焊技術具有：高產率、高可靠性、作業簡單、易於自動化等優勢，很快成爲主流電路板組裝技術。

陣列式構裝提供高引腳零件連結，解決了周邊構裝結構接點不足問題。在相同引腳數下，更能大幅縮小構裝尺寸，這就是它加速改變的最大誘因。陣列構裝證實了表面貼裝技術的可延伸性，CSP、覆晶技術的使用，更加速了表面貼裝技術普及。目前電路板組裝與晶片構裝間的界線愈來愈模糊，是有興趣瞭解產業變化的人關注的重點。

即便面對這些變化，我們仍然必須體認，通孔零件組裝在特定領域的必要性，這方面的認知也是要瞭解電路板組裝概念時不可輕忽的部分。

CHAPTER 2

電路板的進料允收

製造業要保持產品良好品質、順利生產發揮效率，物料進料檢驗扮演了重要角色。電子組裝產業，最重要的進料檢驗，集中在電子零組件及電路板檢驗。檢驗方式與標準隨產品需求不同及零件特性而異，各式零件功能性與機構差異頗大，實在很難用簡單內容陳述，本章希望以電路板允收爲主體做討論。

2-1 說明

到目前爲止，沒有單一電路板標準可符合所有產品需求。每種電路板都有特定應用需求，從這個角度看實在也難統一標準。如同其它零件變化一樣，對電路板製造能力期待也隨時間而變，特別是要適應組裝需求。系統業者對契約生產依賴不斷增加，時空距離增加、語言文化差異等，都必須列入考慮。爲了擁有順利運作環境，建立清楚的設計、製造及允收等溝通方法，是順利運作關鍵，這些應該依靠建立基本規則達成。

筆者嘗試提供共通的允收特性等級指引，至於特定用途產品標準細節，讀者可從不同資料來源得知。這裡提的主要特性標準，多數參考 IPC-A-600 系列資料，這個系列資料會例行更新，因此讀者須注意，確認使用那個版本才能符合客戶需求。並研討產品需求特性，也應注意契約或文件所要求的內容，特別是必須遵循規格標準版本爲何。

2-2 建立允收特性標準

電路板開始設計、製造前，使用者與製造者必須建立共識。這些共識的定義與遵循基準，要獲得雙方共同體認才能順利執行。

基本規則

建立允收標準的第一步是同意一些基本概念，這包含優先項目：

- 同時使用英制或公制尺寸避免轉換單位，電路板可能會在甲地設計、乙地製造卻在丙地組裝，這幾乎是目前實務常態
- 最好使用 IPC-T-50 共通定義做內容描述，該文件幾乎包含所有設計與允收溝通資料，若超出範圍則必須仔細言明
- 訂定採購文件〞契約〞
- 在主要圖面資料，反映客戶細節需求並獲得雙方認同
- 利用其它輔助文件，延伸與釐清客戶特定需求
- 訂定客戶要求最終表現規格項目 (IPC-6012)
- 當客戶提出客訴，可參考允收文件 (IPC-A-600 系列) 版本對照

在任何交易發生前，應該做初步會議討論，釐清這些基本步驟及設計可製造性，以免發生不必要誤會或導致製造困難。

檢驗是必要的嗎？

電路板發展初期，是用較廉價材料製作，多單層或有通孔雙面板，若組裝發現缺點可直接拋棄損失不大。當逐漸進入複雜設計，常是多層、軟硬搭配或高密度結構，此時觀點必然不同。電路板成本與成品比，未組裝前顯得微不足道，其價值會隨組裝進度逐步升高，拋棄成本也會墊高。當電路板價值增高，隨類型、設計複雜度、零件數量與類型、能否隨機更換零件等要件而不同。是否要做檢查，必須看其附加價值決定。

2-3 建立允收規格的共識

品質保證被認定是非常花錢的工作，但可減少重工、改善客戶印象與關係、降低整體檢驗成本。電路板生產廠在製作電路板前，應先拜訪客戶檢討允收與剔退類型，這樣較容易與客戶建立良好互動關係。

一般允收標準

多數買賣雙方可接受的目視允收標準 (如：IPC-A-600 系列)、共同目標品質特性，都應該依據等級分類訂定。建立雙方共同認可的允收原則，並將文件列入執行契約中，將有助於產品共識建立及順利生產。

建立團隊的品質環境

品質保證作業，可由採購或外包單位執行，重要的是必須定義清楚負責人及項目，也要確認相關單位都用相同文件、標準與測量方法。如：電路板製造能力，線路設計低於 5mil 已經相當普遍，目視檢驗有困難，許多公司就以自動光學掃瞄系統取代目視檢驗。若這種品質保證作業被執行，相同工具和方法也該在後續檢驗與允收使用。

檢驗設備必須搭配良好校正與管理，才能有效確實完成檢驗測量工作，例如：微切片檢視、化學分析、尺寸測量及電氣性測試、環境測試等儀器。這些作業原則，對電路板製造者或組裝業者都適用。

符合品質保證的需求

品質保證需求的達成，時常可以靠後續方法達成：

- 檢討製造者提供的數據是否符合設計需求
- 檢討過數據後，做樣本批檢驗
- 完整檢驗是針對所有設計需求項目，這應該包含破壞性測試在內

在何處？如何執行？這些工作是經濟性問題，需要測試工具及有經驗能力人員。決定前，管理者應檢討相關問題，如：設備成本、維護成本、工作量、到達品保設備位置時間、工作週期、通過認證可用人力等。

2-4 測試線路的設計與利用

利用測試線路，是有用的品質管理工具，可執行零件破壞性測試。如：剝離強度、耐燃能力、熱應力及可焊接性測試等，結果可作爲最終電路板成品指標。在電路板上設置測試線路，會在成型範圍外，用來監控例行製程，也用來製作微切片解析製作狀況及釐清懷疑的爭議。

有些業者主張在外部的測試線路，電鍍厚度或線路狀況比實際線路要高，無法代表實際線路。但某些人認爲，不做實際線路破壞可降低品質成本，沒必要爲些微厚度差異做產品破壞。不同測試樣片 (Coupon) 設計在板上，隨客戶需求、規格需求及實驗監控需求而有差異。這些小測試樣片區提供批間製程控制，並提供間接電路板全板製造品質指標。

某些建議用的測試樣片，用來測試多層或軟硬結合板可焊接性。可在電路板內部設計電源與接地層，另外在層間設計通孔連結，連接方式要儘量接近實際結構，以免產生過度

散熱狀態，與實際產品差異過大。用這種測試樣片做焊接能力模擬，希望能儘量接近實際可焊接性表現，並能看出組裝機械應有焊接狀態。若製造電路板允許將測試線路放在中間區域，應該可提升允收信心度。用測試線路檢驗電路板允收性，成爲獨立的議題與知識，它必須要能解決每種設計的需要，且要能經濟有效檢驗各種作業，才是好的測試樣片設計。

2-5 電路板允收性的決定

允收性必須依據單一電路板設計功能而定，整個產品生命週期的功能表現，應該是最終允收的特性目標。一片電路板應該依據使用環境狀態訂定標準，不應將所有檢驗都採單一標準。多數狀況，檢驗特性是爲了增加對電路板與材料的信心度。檢驗結果應該用來評定品質等級，希望儘量不要報廢掉夠好功能特性的產品，若檢驗工作涉及報廢良品，可想像一定會衝擊單位成本。不過某些製品特性，還是可能影響實際產品功能，若必要就必須犧牲良率做破壞檢查，這些差異會在後續內容討論。

電路板不符允收規格，職務上要經過產品品質檢討團隊檢討。允收規格應由各家公司訂定，它們是依據電路板所需面對環境特性設定。IPC 相關允收指引，是依據最終產品使用領域、種類等因素設立，將規格分爲三等，它們的一般性定義如表 2-1 所示。

▼ 表 2-1 電路板產品的分級原則

等級一 (一般的電子產品)	包含消費性及部分電腦與周邊產品，適合一些外觀有小瑕疵並不重要的應用，且主要的需求是電路板功能完整性
等級二 (專用性電子產品)	包含通信設備、精緻事務機械及高效能儀器與需要長壽命設備，對這些設備期待能不間斷運作，但若非嚴重當機，小外觀瑕疵可允許
等級三 (高信賴度電子產品)	包含必須持續運作或運作時十分關鍵不允許當機發生的產品，又或需要設備運作時設備必須及時運作 (如：維持生命系統、戰鬥控制系統)。這個等級的電路板，必須適應高階應用狀態，並支援優異工作狀態是基本要件

每個產品群又可細分爲三種允收類型，它們各是：

1. 達成目標規格
2. 允收
3. 運作不良

若不如此細分，則只分爲達成目標規格與運作不良兩型。這些特性常用參考標準，以 IPC-A-600 系列規範目標與允收特性較具代表性。

2-6 產品品質檢討團隊

產品品質檢討團隊 (MRB –Material Review Board)，常由品質、產品、設計單位，較有代表性成員所組成。設置目的是爲了要短時間內提出有效正確問題改正方案。這個組織典型功能責任包含：

- 檢討問題電路板或材料，判定與品質及設計的相關性
- 檢討異常電路板對產品設計功能的影響
- 適時授權修補或重工有問題產品
- 擁有判定導致異常的權力與責任
- 授權處理報廢過量的產品

2-7 目視檢驗工作

有關細節檢驗程序與使用工具事項，後續內容會有討論。此處主要以目視檢驗特性爲主，缺點是放大倍率不會太高。如：樹脂膠渣缺點及電鍍通孔品質等，需要倍率 50 ～ 500 以上觀測工具，依實際特性需求而變，此時就應該用適當倍率明確定義檢驗類型。源自照度不足、輪廓不清等影響，用高倍率做目視檢驗可能誤判。個別解說不同，目視檢驗特性難以清楚定義。較有效目視檢驗定義，是用條列式說明搭配圖片對照。

IPC 及業者用這種方式，提供電路板目視品質允收標準參考資料，嘗試標準化許多個別的電路板規格與缺點解譯，筆者出版了一本 "PCB 製程與問題改善 " 參考書，嘗試整理解讀電路板問題與解決方案，可供電路板問題解決參考。另一種方法是用視聽投影設備，以投影片條列及提供照片圖例，說明目視檢驗採用特性，循視聽描述提供可重複執行的檢驗方法。圖例標準及目視輔助展示，是檢驗人員、品質設計工程師訓練的有效方法。

對不同類型的檢驗項目，表面目視檢驗成本是最基本的。在電路板檢驗中，裸眼目視檢驗，常採 100% 或特定比例抽樣，對後續產品也會建立抽樣計畫。許多品檢抽樣計畫，會依據可承受風險率規劃，常被目視檢驗找出的缺點可被歸類爲三個族群：

- 表面缺點
- 基材缺點
- 其它缺點

表面的缺點

表面缺點包含凹陷、刮傷、表面粗糙、空泡、針孔、異物及記號等。凹陷、刮傷及表面粗糙，常因手工操作產生，若缺點不嚴重，會認定是外觀缺點，且多數不會或局部影響產品功能性。但若出現在電路板零件邊緣接觸或組裝區，就會不利於產品功能性，圖 2-1 所示爲典型範例。

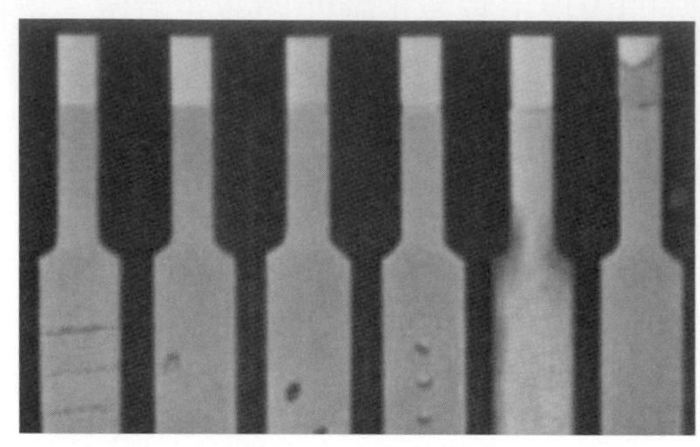

▲ 圖 2-1　電路板端子接觸區域，不應有凹陷、針孔、刮傷等問題 (資料來源：IPC)

導體、焊墊及電鍍通孔內空泡，可能不利產品功能性，影響程度要看缺點嚴重程度而定。空泡、針孔、異物屬於同類問題，空泡或針孔都會降低有效導體寬度，降低電流負荷量，也會影響其它電氣性，如：電感、阻抗等。電鍍孔孔壁空泡，會降低導電度、增加電阻、降低通孔焊錫塡充性。電鍍通孔的大空泡，會面對組裝孔壁斷裂風險，因爲高焊接溫度會導致 Z 軸應力，導致電鍍區域損傷，範例如圖 2-2 所示。

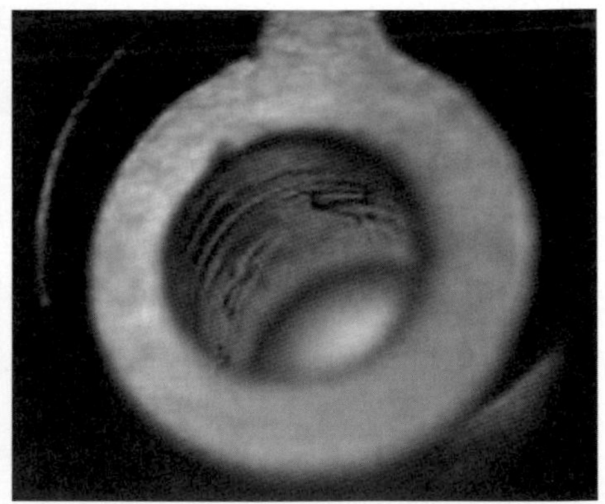

▲ 圖 2-2　(a) 孔內無空泡是目標 (b) 允收：孔內沒有超過三個空泡，總面積沒有超過 10% 孔壁面積 (c) 不理想的部分：空泡超過 5 %(左四圖資料來源：IPC)

焊墊空泡也不利於可焊接性，針孔或空泡會損及表面金屬電鍍。損傷程度，要看缺點發生在製程何處，這類缺點整理如表 2-2 所示。

▼ 表 2-2 焊墊表面的典型缺點

凹陷 (Dent)	一個平緩的凹陷發生在導電性的膜上，但是並沒有明顯的厚度減損
坑洞 (Pit)	一個導體上的凹陷但是並沒有整個穿透
刮傷 (Scratch)	輕微的表面印記或是切削
空泡 (Void)	局部性的區域沒有應有的材料出現
異物 (Foreign Inclusion)	一個外來的金屬或是非金屬顆粒，存在於導體層、電鍍或是基材內。在導線內的異物，依據程度與材料的不同而可能對電鍍的結合力產生不同的影響。在基材中的金屬異物，會降低材料的絕緣性，且若未保持最小的間距就會不允收
記號 (Marking ; Legend)	一種利用型號、版本記號、製造時間確認電路板的方法。這種狀態時常被認定爲不重要的問題，但是若有不同的版本在同樣的型號下，缺損記號或是局部的模糊就可能會影響產品的組裝正確性

基材影響與缺點

目視檢驗也會用來偵測後續電路板材料影響與缺點，典型項目有：斑點空泡 (Measling)、裂紋 (Crazing)、氣泡 (Blistering)、基材織紋 (Weave Texture)、織紋顯露 (Weave Exposure)、纖維曝露 (Fiber Exposure)、環狀分離 (Haloing) 等，參考圖 2-3。

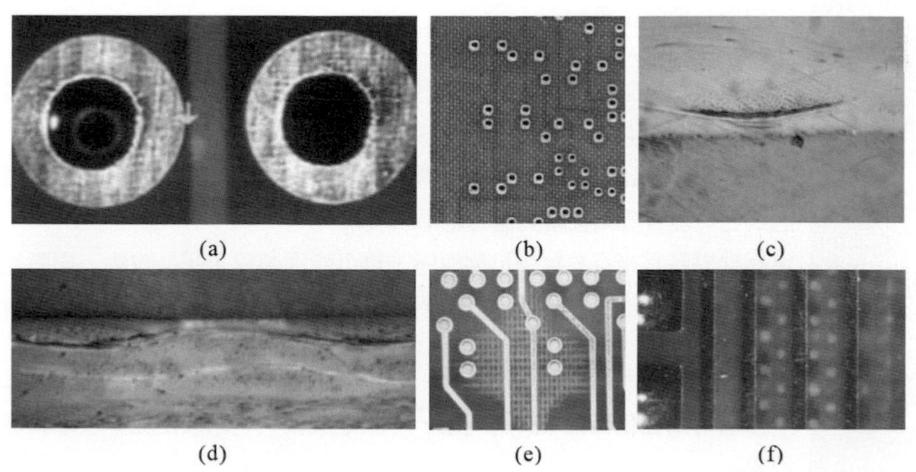

▲ 圖 2-3 基材缺點 (a) 空泡 (b) 纖維曝露 (c) 斑點空泡 (d) 裂紋 (e) 裂紋 (f) 斑點空泡 (來源：IPC)

這些現象對產品影響頗有爭議，IPC 曾經針對這些問題開會嘗試定義並建立一些照片資料，這些狀態的簡單定義及討論如表 2-3 所示。

▼ 表 2-3 典型的電路板基材缺點現象討論

斑點空泡 (Measling)	發生在基材內部玻纖與樹脂分離的現象，常發生在編織交叉處。低於基材面呈現出不連接白點或交叉點，外觀確實不好，但從經驗上看對最終產品功能性影響卻未必明顯。IPC 曾做長期研究，到 1994 年還是沒獲得明顯證明，確實對產品直接產生不利影響。因此 IPC-A- 600E 後版本對允收不下定論，只作現象參考。
裂紋 (Crazing)	發生在基材內部，玻纖與樹脂分離在編織交叉處的現象，這個狀態低於基材表面呈現不連接白點或交叉點。與斑點空洞最大差異是，表面看它有輕微折射顏色不同，但實質在每個纖維接點都有分離呈多斑點空洞。若現象連續出現，會被定義爲材料分離。若斑點空洞或裂紋出現在高電壓應用，則允收標準要重新考慮。
氣泡 (Blistering)	局部性基材層間、基材金屬間腫脹分離現象，是一種爆板型式。
爆板剝離 (Delamination)	它是一種基材片間、基材與金屬間的分離現象。氣泡與爆板剝離被認定爲重要缺點，當任何電路板的部分有分離發生就會降低絕緣特性及貼裝性。分離區會侷限住濕氣、製程藥液、污染物或產生離子擴散，也可能幫助腐蝕及其他不利影響，參考圖 2-4。爆板剝離或氣泡，也可能經過組裝焊接後擴充爲完全電路板分離。 此外就是電鍍通孔可焊接性問題，吸濕區域面對焊接溫度時，會產生蒸汽通過孔壁而造成吹孔缺點，這會留下曝露的樹脂及玻纖在孔壁上同時產生大的空泡影響焊錫填充。
基材織紋 (Weave Texture)	一種基材表面狀態，儘管纖維完整且布材也完全被樹脂覆蓋，但是材料出現明顯的玻璃布織紋影像。
織紋顯露 (Weave Exposure)	一種纖維未完整被樹脂覆蓋的基材表面狀態，這是一種玻纖紗曝露程度不一的現象，參考圖 2-4。 這種現象在電路板製程中，並不會成爲重大問題缺點，但是卻會成爲成品顧忌，因爲它可能會受到後續製程的化學品攻擊。 這種缺點時常來自於缺少足夠樹脂，也可能因製程化學品攻擊，樹脂過薄而產生曝露現象。織紋顯露被認定爲重要缺點，曝露纖維束會導引濕氣及吸附製程中的化學殘留。
纖維曝露 (Fiber Exposure)	一種基材內強化纖維曝露的現象，可能是機械、切削或是化學攻擊區域所產生的現象。
環狀分離 (Haloing)	機械性誘導的破裂或是爆板剝離在基材的表面或是低於表面區域出現，它時常出現在孔的周邊、機械加工區等。

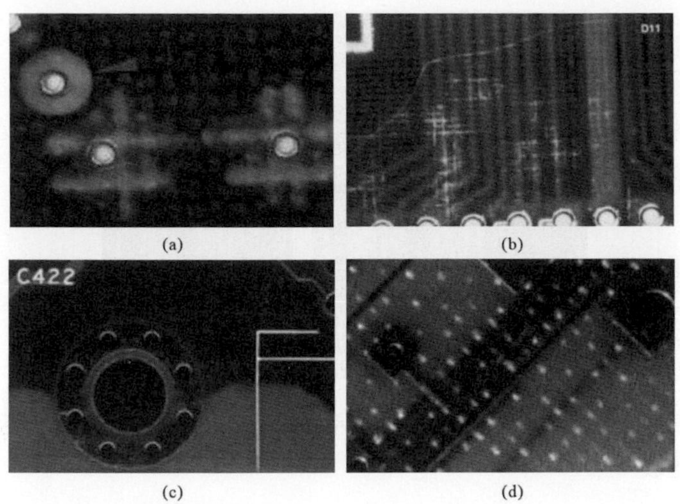

▲ 圖 2-4　基材缺點：(a) 環狀分離 (b) 織紋顯露 (c) 爆板剝離 (d) 基材織紋

樹脂膠渣現象

樹脂膠渣從基材傳送到導體介面上，這種現象是由鑽孔導致。鑽孔產生過度熱量使樹脂熔入孔內，造成內層曝露的銅被膠渣遮蔽，會造成電鍍與內部線路絕緣，這個問題可以靠化學清潔排除。檢驗樹脂膠渣，可以靠執行垂直或水平微切片觀察電鍍通孔獲知。

膠渣化學清潔製程，是用於製造多層板的方法，目的是爲了要從導體上去除樹脂，讓導體表面曝露在孔內做連結，參考圖 2-5。濃硫酸、鉻酸鹽、高錳酸鹽是較常用的化學清潔製程藥劑，後續檢驗可驗證，這個處理是否已經完全達成目的。

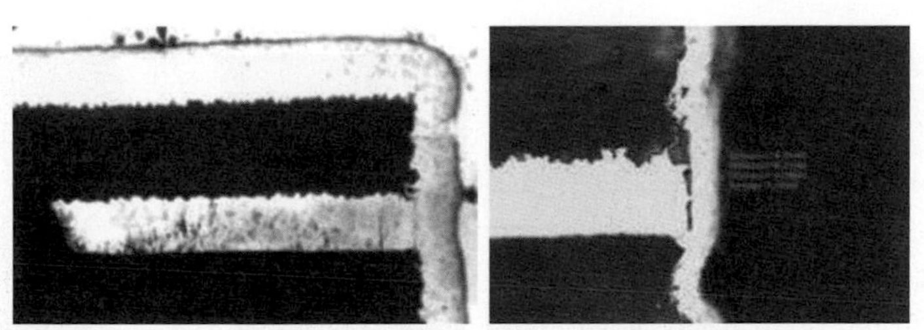

▲ 圖 2-5　膠渣觀察：(a) 沒有明顯樹脂膠渣殘留在內層銅與鍍層間是目標 (b) 發生缺點的現象是，明顯有樹脂殘留在內層銅與鍍層間

層與層間的配位度 (X-ray 法)

X-ray 可做非破壞性檢驗，觀察多層板層間配位狀態。作業者可將多層板水平置放在台面，透過電路板內部影像判讀。若出現過度偏斜就表示有對位偏移，如圖 2-6 所示。

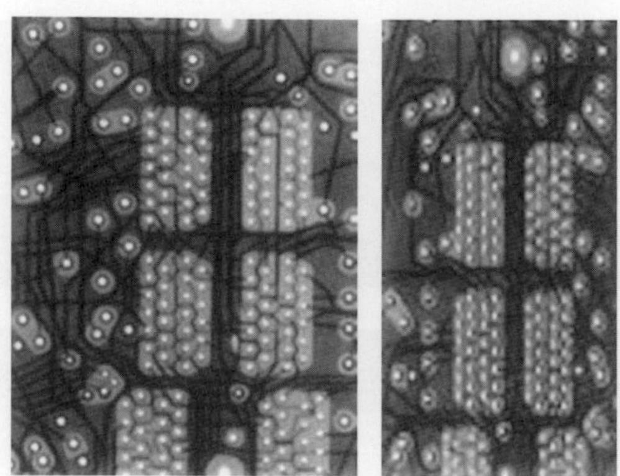

▲ 圖 2-6　層間配位度 (X-ray 法) 檢驗：(a) 理想上希望所有層間能精確配位 (b) 若有孔環不足或切破現象就是問題板

電鍍通孔的粗糙度與結瘤

孔粗糙度就是孔壁不規則性，結瘤則是小硬塊或不規則隆起，如圖 2-7 所示。粗糙度或結瘤，會產生以下的一個或數個狀況：

- 縮小孔徑
- 減損引腳的插件能力
- 減損焊錫流過孔的能力
- 容易產生焊錫空泡
- 可能會包藏污染物
- 產生電鍍區域的高應力區

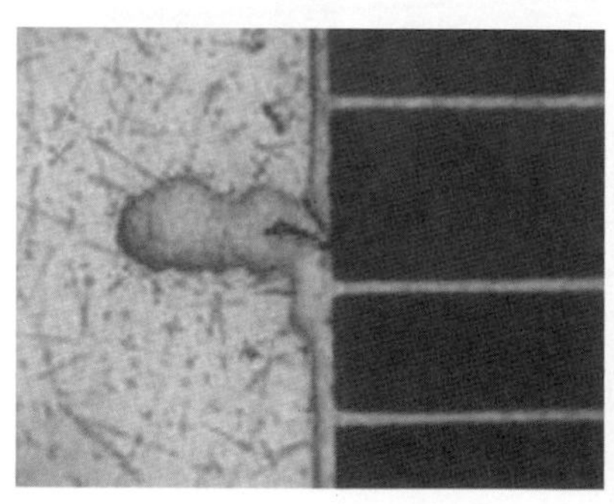

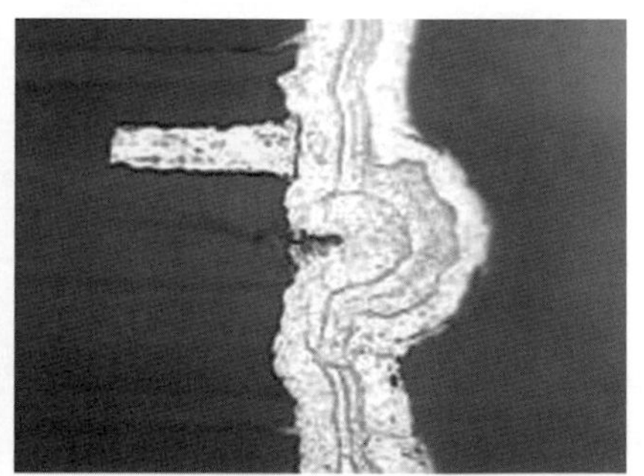

▲ 圖 2-7　孔內產生銅瘤現象，可看到有包附雜物在內

儘管粗糙度、結瘤不是製造者期待，但規格還是允許它小量存在。規格傾向用簡單描述，如：定義允收特性會以〞良好而均勻的電鍍〞來描述。這種描述需要靠檢驗者的允收或剔退判斷，要執行目視必須輔以允收判斷標準，讓判斷結果能夠接近而穩定。

鉚釘 (Eyelet)

金屬管尾端可向外彎折，藉鉚釘將物件固定在電路板上。鉚釘可提供電氣性連結，以機械強度連結在電路板上。打上鉚釘的電路板允收標準，還是依據鉚丁安裝狀況而定，裝有鉚釘的電路板要檢驗後續項目：

- 產生凸緣應該要均勻分佈並以孔爲中心
- 凸緣開裂部分避免進入孔壁內，並提供正確焊錫汲取能力通過鉚釘及周邊區域
- 鉚釘要安裝得夠緊使它們不會移動
- 鉚釘應該檢驗其安裝正確性及良好變形量
- 應該要做鉚釘孔取樣及微切片，做安裝正確性檢驗。典型捲狀及漏斗型鉚釘允收特性，如圖 2-8 所示

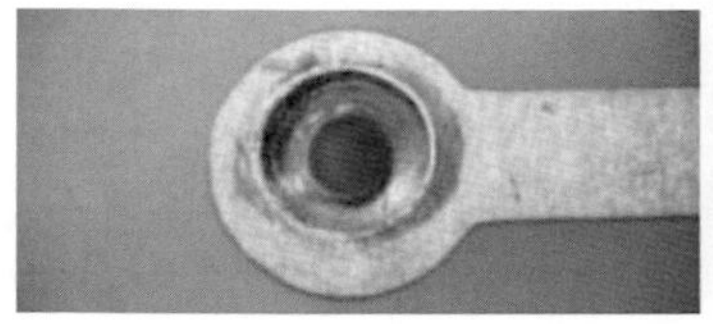
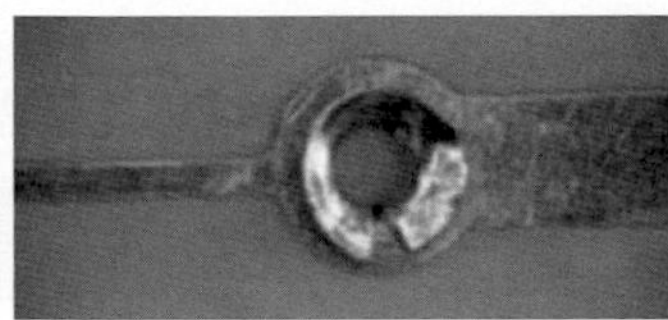
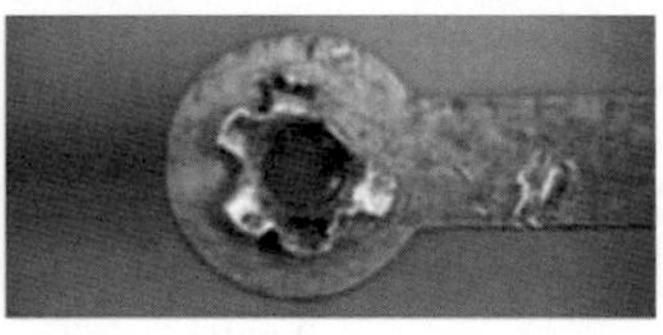

▲ 圖 2-8　電路板上利用鉚釘固定的狀況：(a) 目標希望能夠緊密均勻的安裝並以孔為中心 (b) 若鉚釘凸緣不平整或破碎、裂口進入孔區內都是不理想的狀態 (資料來源：IPC)

基材邊緣的粗糙度

基材邊緣粗糙度問題常出現在電路板邊緣、切割邊及無電鍍通孔 (Non PTH Hole) 邊緣。它是使用較鈍切割工具所致，而產生類似拉扯狀態，不是銳利切割。典型基材邊緣粗糙，如圖 2-9 所示。

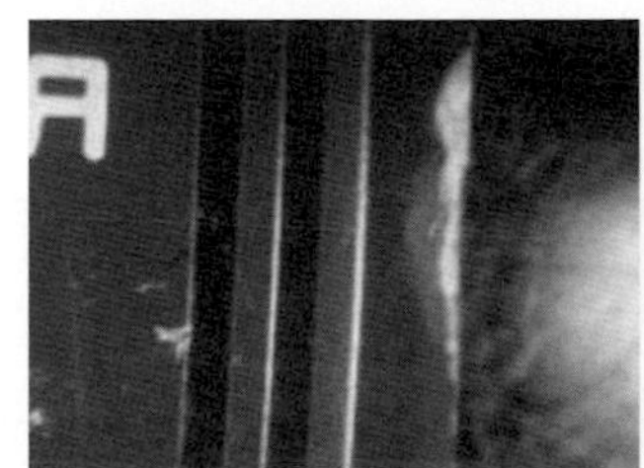

▲ 圖 2-9　基材邊緣粗糙 (資料來源：IPC)

止焊漆問題

止焊漆是用來保護選擇性區域，並讓保護區免於焊錫沾黏的一種塗裝材料，主要檢驗項目包括：配位度、縐折及爆裂剝離。焊墊配位度不良，會降低或抑制適當焊錫填充。獲

致最少焊錫填充體積水準，應該是允收特性設定範圍。至於皺折與爆板剝離，會有濕氣吸收與污染物沾黏，這些都不是成品期待的。圖 2-10 所示，爲典型止焊漆外觀缺點。

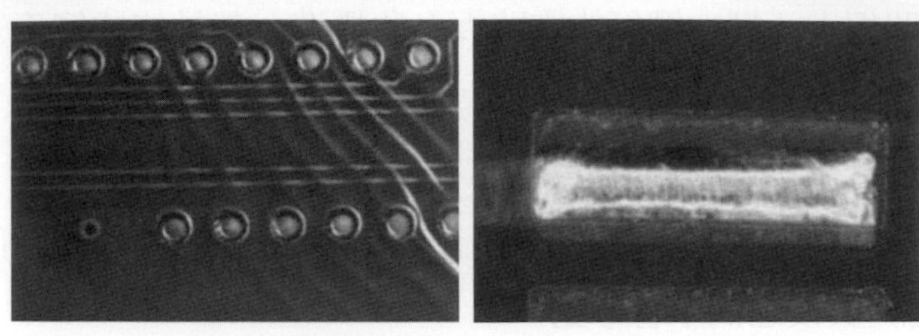

▲ 圖 2-10　典型止焊漆外觀缺點：縐折、對位偏移 (資料來源：IPC)

目視檢驗類型

電路板的破壞、非破壞、目視檢驗，典型分類整理如表 2-4 所示。

▼ 表 2-4　目視檢驗類型整理

檢驗項目	非破壞性	破壞性的
凹陷 (Dents)	×	
坑洞 (Pits)	×	
刮傷 (Scratches)	×	
空泡 (Void)	×	×
異物 (Inclusion)	×	
記號 (Markings)	×	
斑點空洞 (Measling)	×	
裂紋 (Crazing)	×	
氣泡 (Blistering)	×	
爆板剝離 (Delamination)	×	
基材織紋 (Weave texture)	×	
織紋顯露 (Weave Exposure)	×	
環狀分離 (Haloing)	×	
化學清潔 (Chemical Cleaning)		×
層與層配位度，X-ray 法	×	
鍍通孔粗糙度與結瘤	×	

▼ 表 2-4 目視檢驗類型整理 (續)

檢驗項目	非破壞性	破壞性的
鉚釘	×	×
基材邊緣粗糙	×	×
止焊漆	×	

*許多內部影響的驗證可從表面觀察或做微切片，然而微切片是破壞性方法。最近有些先進技術，可套 X-ray 提供電腦影像達到非破壞性檢驗目的，只是這種方式設備成本與投資都大，適合實驗室使用。

2-8 尺寸檢驗

尺寸檢驗是測量電路板尺寸值與功能性需求相關的部分，檢驗方式各有不同，基本檢驗設備包括：尺規、測量用顯微鏡等。也可使用更精密的設備，這包含：比較測定儀、數碼控制測量設備、座標測量系統、微歐姆計、β 背光散射儀、渦流手持探針等。尺寸檢驗部分常以抽樣檢驗進行，檢驗計畫會以允收品質水準來表達，對於特定產品會訂定最高允許缺點百分比，規劃方式以達成統計管制目標爲依歸。

孔圈檢查

環繞孔的導電材料稱爲孔圈 (Annular Ring)，主要目的是作爲包圍孔的凸緣，提供電子零件引腳安裝或線路連結基地。孔圈寬度隨產品的設計及製作需求而有差異，10mil 是標準需求，但多數個人電腦週邊產品都已經採用小於 5mil 設計準則，高密度電路板規格會更緊。圖 2-11 顯示孔恰好或在銅墊中間、孔落在銅墊邊緣、切破邊緣的狀態。

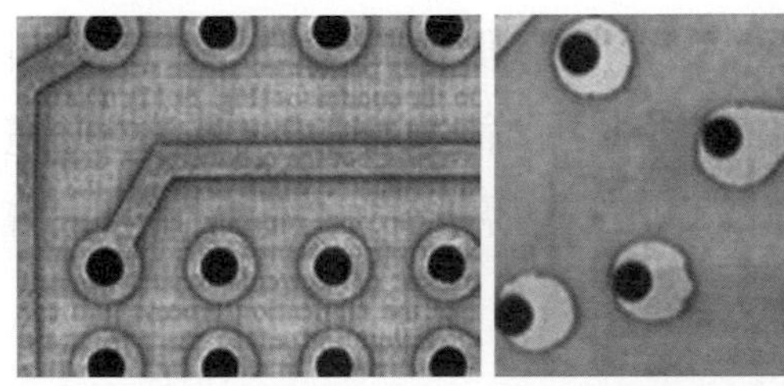

▲ 圖 2-11 銅墊配位度：(a) 孔恰當的落在銅墊中 (b) 孔切破銅墊

孔圈也可用來決定線路與孔配位度需求，部分設計者還會標示銅墊尺寸與基準面相關數據在主要工程圖上。經由驗證電路板的尺寸及孔圈最小寬度，來確認所有銅墊都在圖面需求範圍內，而線路也落在與鑽孔位置配合的配位度下。正反面配位度也是檢驗重點，孔偶爾會超越銅墊規格範圍，這些不理想的部分需要參考產品規格書改善。

線路寬度檢查

隨機選取電路板面可看到線路寬度，除非有特別規定否則都以垂直觀察方式測量，參考標準以整體線路寬度爲準。線路寬度直接影響產品電氣特性，減少線路寬度會降低可承載電流增加電阻，不同製程 (如：全板電鍍與線路電鍍製程) 會產生明顯不同的線路寬度型式與截面積。

多數電路板產品電流承載力，會被列入製程考慮，也會針對電流承載力做調整以達負荷安全標準。線路寬度定義非常基本，有兩種不同導體測量解讀法：(1) 最小線路寬度 - 在線路最窄區域做測量 (2) 在直接觀察的位置上測量寬度。

最小線路寬度，常只能在切片下測量，且是破壞性檢驗。新的非破壞性設備，也引用做線路電阻測量，這可與線路斷面面積產生關連。最小線路寬度與垂直觀察線路寬度差異，也會影響線路電流承載力、電感及阻抗。這種差異在細導線特別明顯，尤以全板電鍍製造產品更明顯。

IPC-6012 有關硬板品質驗證與功能性規格，對線路寬度需求、允許的增減寬度與邊緣粗度、刻痕、針孔及刮傷 (30 % 爲 Class 1，20 % 爲 Classes 2 及 3) 等特性最低需求水準都有規範，最好標示在工程資料中。

最小線路寬度文件描述，可從工程圖取得，但若沒有最小規格，則會以可得資訊 80% 以上寬度爲設定標準。若最小寬度需求沒出現在資料中，最好是由製造與客戶雙方協調確認，製造商發現應主動詢問。

線路間距檢驗

線路間距就是鄰近線路邊緣到邊緣的距離，這包含跨越絕緣材料間的距離在內。線路或銅墊間距會設計成保有恰當絕緣性，間距縮減可能導致電氣性漏電或影響電容量。線路斷面寬度常不均勻，間距測量應該讀取線路導體或銅墊間最接近的點。

孔的規格

孔尺寸訴求，就是完成電鍍與無電鍍通孔直徑。一個電鍍通孔，就是某個做層間連通的孔，導通靠析出金屬連接孔壁達成。無電鍍孔，就是孔內未含導體或任何其它類型補強導通材的孔。孔尺寸測量，是要驗證孔是否符合圖面尺寸大小要求範圍。

金－0.000050 ～ 0.000100 in (0.00127 ～ 0.00254 mm)

錫鉛－最少 0.0003 in (0.00762 mm)

銠－0.000005 ～ 0.000020 in (0.000127 ～ 0.000508 mm)

抛光電鍍通孔的垂直切片到孔位正中間，是正確檢驗的必要關鍵因素，若孔抛光面超過或不到中心，就會得到錯誤電鍍厚度讀取值。水平方向的通孔切片，是另一種建議微切片法，儘管水平通孔微切片常具有較佳電鍍厚度測量值，但它們不適合檢驗其它類型品質特性，例如：空泡、電鍍均勻度、結合力、回蝕、結瘤等。

表面電鍍厚度測量會以垂直切片執行。微切片常需要搭配適當蝕刻劑微蝕，以呈現出銅皮、電鍍銅間的結晶結構介面，也可消除研磨產生的金屬延展偏差量。電鍍銅厚度測量，要排除銅皮原始厚度，除非特別要求檢驗總厚度，否則不會將銅皮厚度列入測量。

如何準備恰當的檢測微切片，應該依據一定程序完成，IPC 測試法中有相關程序規定可遵循。但在細節製作技巧方面，某些公司會有特殊附加規定，採用時必須注意差異。拙作〝PCB 製程與問題改善〞一書內，也有相關內容介紹，有興趣者可逕行參考。

回蝕 (Etch Back) 處理

回蝕是受控制的孔壁非金屬材料移除程序，它用來去除樹脂膠渣、增加內部導體曝露面積的作法。回蝕程度是某些特殊電路板的關鍵要求，過度回蝕會產生過度粗糙孔壁，導致電鍍通孔結構弱化。

典型回蝕需求範圍爲 0.0005 ～ 0.001 in (13 ～ 25μm)，這個需求規格常被定義爲適用範圍。回蝕程度常以多層板電鍍通孔切片做測量，典型孔壁回蝕狀態如圖 2-13 所示。

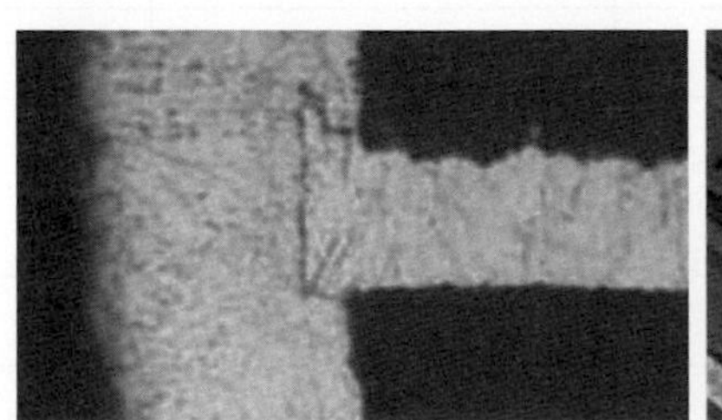
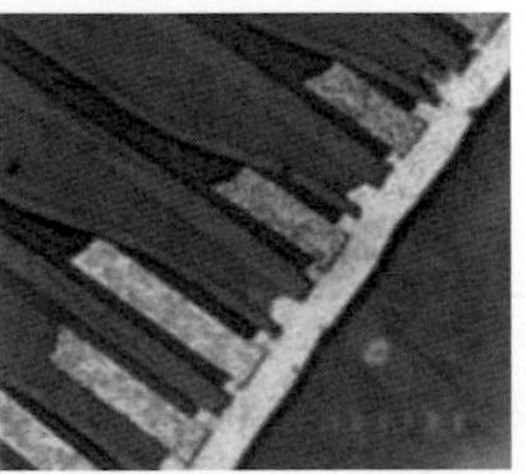

▲ 圖 2-13　回蝕的結構

層間對位度檢查

電路板層間對位度，主要檢驗線路位置的一致性，或電路板某些線路與期待位置的差距。電路板需要確認孔與內層線路間電氣連結，內層間對位不佳會導致電氣性缺陷，包括：短斷路、阻抗差異等。嚴重對位不良產生斷路，是完全沒有連結的狀態。兩種普遍使用的層間配位度檢驗方法爲：X-ray 法、微切片法，這些類似於電鍍厚度檢驗法。

微切片法包含測量垂直通孔內的每個銅墊區域，可決定出中心線，偏離中心線的最大變異量就是對位度偏移量，如圖 2-14 所示。

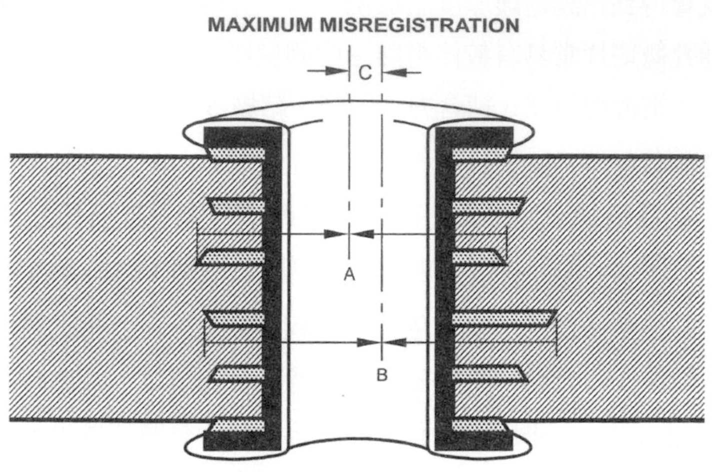

▲ 圖 2-14 微切片法分析層與層間的配位度

檢驗類型歸類

電路板尺寸非破壞、破壞性檢驗的類型整理，如表 2-5 所示。

▼ 表 2-5 尺寸檢驗類型整理

檢驗項目	非破壞性	破壞性
孔圈	×	
線路與孔的配位度	×	
導體寬度	×	×
導線與間距	×	
邊緣	×	
孔尺寸	×	
弓起與扭曲	×	
導體或線路完整性	×	
外型尺寸	×	
電鍍厚度	×	×

▼ 表 2-5 尺寸檢驗類型整理 (續)

檢驗項目	非破壞性	破壞性
回蝕		×
層間對位		×

2-9 機械性檢驗

機械性檢驗，是採用物理定性法可測試的特性項目。機械性檢驗法可以是破壞或非破壞性的。後續方法是用來驗證電路板製造的完整性 (更細節的程序可參考 IPC 及其他組織或協會建議的測試法)。

電鍍結合力測試

檢查電鍍結合力的方法是膠帶沾黏測試，這個方法在 IPC 測試法文件 IPC-TM-650-2.4.1 有詳細記載，而美軍規格爲 MIL-P -55110，測試方法及使用膠帶型式都必須確實才能得到相近結果。需注意在測試完成應保持測試面無殘膠，否則對成品特性不利。部分廠商爲成本或作業方便，隨意變換測試膠帶或測試方法，這種做法有一定風險，執行前應仔細評估差異性與可能的影響。另外一種判定電鍍結合力的方法，是在切片準備中觀察微切片的貼附性。若結合力差的鍍層，會在準備工作中產生分離。圖 2-15 所示，爲典型的金手指測試脫皮缺點。

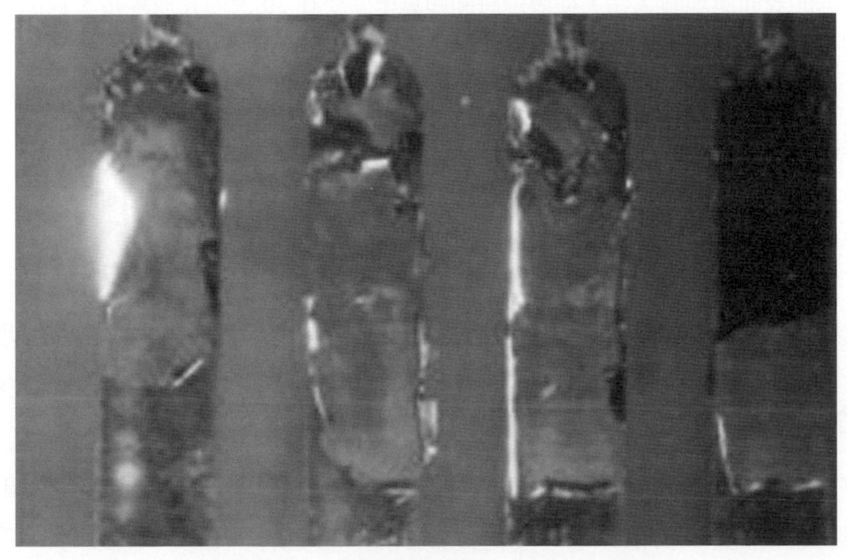

▲ 圖 2-15 金手指膠帶測試表層脫皮缺點

可焊接性測試

可焊接性檢驗，是在測量電路板被焊錫潤濕產生與零件連結的能力，其中包含三種常使用的稱謂，如表 2-6 所示。

▼ 表 2-6　可焊性測試常用的三種狀態描述

潤濕 (Wetting)	產生相對均勻、平整、不斷以及貼裝的焊錫膜在基材上
拒焊 (De-wetting)	當融熔焊錫塗佈停滯在電路板表面，留下一些不規則堆狀的焊錫外型，各區分離並覆蓋了焊錫薄膜的狀態，但是基材金屬並未曝露
不潤濕 (Non-wetting)	局部的融熔焊錫貼裝並接觸到表面，但是留下了部分的基材金屬曝露

有許多方法可檢查電路板可焊接性，包含定量及定性都有。但最有意義的方法，還是採用組裝焊接操作、手工焊接、波焊等直接作業模式。IPC 公布了 ANSI/J-STD-003 規範，命名爲〞電路板可焊接性測試〞(Solderability Tests for Printed Boards)。這個規範建議的測試方法及後續貯存處理，可在避免影響將要焊接的電路板前提下做測試。

測試樣本或產品先做一段時間加速老化，時間長短依據表面處理的耐久性需求定義，可參考原始工程圖或是採購契約，遵循其所指定的可焊接性測試做法。表面處理的耐久性大致分爲三個類型，如表 2-7 所示。

▼ 表 2-7　塗裝的耐久性等級類型

類型 1	最低的表面處理耐久性，從製造時間起算準備要在 30 天內完成焊接，且可能會經歷最少的熱曝露
類型 2	平均的表面處理耐久性，從製造時間起算準備要貯存 6 個月，且會面對適中的熱或是焊錫曝露
類型 3	最長的表面處理耐久性，從製造時間起算準備要貯存超過 6 個月，且會面對嚴重的熱或是焊錫製程步驟

業者應該理解所需的最適當耐久性測試等級，其中會包含成本影響或交期延誤風險。

表面處理合金組成的檢驗

普遍用在電路板製造的金屬表面處理有：化鎳浸金、有機銀、純錫、鎳鈀金、硬金等，由於無鉛製程推廣，目前業者多數已經將錫鉛電鍍排除在外。電鍍時，析出厚度與組成應該保持穩定，以免造成後續組裝、焊接與生產操作困擾。

某些特殊金屬處理，如：無電化鈀或鈀用在特定用途，必須遵照原始工程圖執行。用於分析電路板電鍍合金組成的方法，包含濕式分析、原子吸收、β 射線背光散射、X 射線法等。β 射線背光散射法、X 射線法，因爲可做非破壞性合金解析而普及，但要選用對的設備方法達到精準度。

熱應力漂錫測試

溫度變化會導致應力、應變，這些影響會呈現在電路板上，嚴重時會損及電路板結構，焊接可能導致嚴重故障。執行熱應力檢驗，是爲評估焊接後的行爲，鍍通孔損傷、鍍層或導體分離、基材爆裂分離等故障風險，可透過熱應力測試評估風險。樣本要經以下步驟處理，才做檢驗：

- 降低濕氣處理
- 放在乾燥器陶瓷片上冷卻
- 助焊劑處理
- 漂錫
- 放在不沾黏材料上冷卻

完成後做目視檢查缺點，並接著做電鍍通孔切片，以放大器材檢查其完整性。測試線路的設計，也可輔助熱應力的檢驗。

剝離強度測試

剝離強度，是指以外力剝離單位寬度導體或薄膜所需的力，這常與銅箔基材允收測試相關，偶爾會用在測試電路板最終導體結合力上。導體剝離強度測試，常在浸錫或回流焊後進行。導體剝離強度測試，是要確認導體與基材具有足夠結合力，能承受組裝焊接作業與成品使用環境的考驗。實際的電路板或測試線路，都可用來做這個測試。

黏接強度 (端子拉力)

黏接強度測試，是要測試孔內電鍍層與基材的結合力，不良孔內結合可能源自不良鑽孔、化學銅析出、孔清潔不良、基材聚合不良等因素。不論肇因爲何，不良的孔內電鍍黏接強度會影響電路板功能性。缺少孔內電鍍與基材結合力，可透過微切片分析程序偵測。組裝後產品，也應該做端子拉力測試驗證這個狀態良好與否。

清潔度 (粹取溶劑的電阻值) 測試

電路板是採用濕製程及機械加工製造，部分化學槽含有金屬鹽或腐蝕性材料，這些物質殘留都可能會影響電路板功能性，包括：降低絕緣電阻、腐蝕金屬線路等。另一個較常見問題，是導體間金屬離子擴散遷移問題，這個項目常與操作電壓 (10V 或更低) 相關。出現這類問題，需要三個要件同時存在：(1) 濕氣 (2) 金屬污染物 (3) 電壓。這些條件都存在下，故障問題才會發生。清潔度測試，是透過測量電路板清洗液電阻值來完成，有商用設備可以做這個測試。

機械性檢驗的類型

電路板機械性能測試，類型分爲非破壞與破壞性檢驗，概略分類整理如表 2-8 所示。

▼ 表 2-8　機械性檢驗分類表

項目	破壞性的	非破壞性的
電鍍層結合力	×	×
可焊接性		×
合金組成	×	×
熱應力 (漂錫測試)		×
剝離強度、刷線路導體		×
黏接強度 (端子拉力)		×
清潔度	×	

2-10 電氣性檢驗

電氣性檢驗是要驗證製程後的電路完整性，也爲了證實經過製程的電路板，其電氣特性符合設計期待。電氣性檢驗方法也有破壞與非破壞性兩類，非破壞性測試常在電路板上執行，破壞性測試則會在電路板或電路板外緣允許破壞性測試的測試樣片上執行。

兩種普遍的非破壞電氣性測試是：絕緣電阻測試、連續性測試。在複雜電路板上，這個測試常 100% 執行，特別是多層電路板。做絕緣電阻測試時要小心，必須防止探針接近電路板線路時產生火花，較簡單的做法就是串連一支探針並讓探針接地。爲了防止探針在軟性金屬面產生印記，可在探針端點製作同樣金屬層。

連續性測試

連續性測試用在多層板，是爲了驗證線路完整連續性。這部分可用便宜的多元測試儀表，或者用較精密設備，如：電腦輔助針盤測試機。這種測試機，可採用事先規劃的所有回路程式做測試，也可用已知良好的多層板做比對，這片比對用的電路板稱爲黃金板 (Golden Board)。測試機可做電路板回路數碼化，之後以數碼資料測試所有其它電路板。

電路板產業，連續性測試是以兩種方式執行：(1) 以通過 / 不通過 (go/no-go) 測試驗證線路連續性，或 (2) 驗證線路連續性並驗證測量線路完整性。後者的結果會呈現在電阻值 (ohms) 上，業者常採用全面測試所有電路板連續性。這特別建議用在多層板，尤其是內部線路及製造後目視無法檢驗的內部互連線路，測試樣本偶爾也會做連續性測試。

絕緣電阻 (線路短路)

這個測試的目的，是要測量電路板絕緣材料在某電壓下提供的電阻能力，這個電壓有可能在材料間或表面產生電流滲漏。低絕緣電阻，會讓較大滲漏電流通過而產生回路干擾，導致獨立絕緣運作電路故障，這個測試也可呈現製程污染物殘留的嚴重性。

在電路板測試中，這個項目可依據同層間或不同層間線路斷路來執行。針盤配置所有不相連的回路做測試，不允許任何不相關回路相通。這個測試也用在熱衝擊前後及熱循環測試後測試，常見測試電壓爲 40 ～ 500V 直流電，較普遍最低絕緣電阻要求爲 200 ～ 500 MΩ。

絕緣電阻測試會在實際電路板或同片製造測試樣本上進行，當面對特殊狀態需求，如：絕緣、低氣壓、濕氣或浸在水中，則要採用特別製作的測試機構及方法。

電鍍通孔的破壞電流測試

電鍍通孔破壞電流測試，是用來判定是否有足夠電鍍層存在電鍍通孔中，以承受相對高的潛在電流，測試時間及電流選擇決定於測試要採用破壞或非破壞性方法。IPC 測試法 TM-650-2.5.3，建議採用電流量 10A 持續 30 秒，這個測試是遵循下列步驟執行：

- 放置一個事先決定負荷電阻值的電阻在正負端子間，調整其供電狀況
- 調整供應的電流爲 10A 或任何其它期待值
- 從正端子部分去除電阻
- 連結要測試的電鍍通孔，一端接正端子另一端接電阻開放端
- 以預先規劃的時間執行測試

測試可在實際電路板或測試線路上執行。

介電質負荷電壓能力測試

這個測試被用來驗證零件可否在額定電壓下作業，又可否承受來自瞬間切換、突波電壓等狀態所導致的過電壓考驗，這也適合判定絕緣材料及零件間距是否適當。這方面的資料，在 MIL- STD-202 電子零件規範中有詳細說明。

一種採用三個不同測試電壓 (500、1000、5000 V) 的驗證法，也常被訂定為測試標準，這個檢驗可在實際電路板或測試線路上執行。施加電壓存在於兩絕緣樣本或絕緣、接地金屬面間，電壓是以均勻速度逐步增加到目標值。電壓會在目標值持續 30 秒，之後以穩定速率降低。目視觀察會在測試中進行，以便確認接觸點間產生的瞬間過載 (Flashover) 或破壞。這個測試可以是破壞或非破壞性，依據使用過載程度而定。

電氣性檢驗類型整理

電路板電氣性檢驗類型，可歸類為非破壞及破壞性，如表 2-9 所示。

▼ 表 2-9　電氣性檢驗類型整理

項目	非破壞性的	破壞性的
連續	×	
絕緣電阻	×	
電鍍通孔破壞電流	×	×
介電質負荷電壓	×	×

2-11 環境測試

電路板環境測試，包含執行特定測試項目，以確認電路板在特定環境與機械力影響下是否能保持應有功能。環境測試會在電路板未組裝前執行，以驗證線路設計配置的適當性。特定測試偶爾規定在電路板允收規範內，呈現預期故障狀態。它是電路板允收程序一部份，常被規劃在高信賴度產品計畫中。較建議的環境測試，是透過兩次模擬零件組裝焊接循環預處理，再做正式驗證測試。這種測試所得資訊，才較符合實際電路板面對的組裝生產狀態。

環境測試可在實際電路板或測試線路上執行。此處簡略的檢討部分業者普遍使用的環境測試，特定測試執行方式可參考本章後段提供的參考規範，它們可提供更詳盡方法細節。

熱衝擊測試

熱衝擊測試可有效確認：(1) 電路板具有較高機械應力區域 (2) 曝露在極高與極低溫度變化下，電路板環境承受力。這個測試，在 IPC-6012 產品允收規範是需要的，也常用在電路板供應商認證檢驗內容。

在電路板上施加熱衝擊，可透過曝露電路板在較大溫差下達成。常採用快速移轉電路板環境完成，從一個較高溫度 (如：125℃) 環境移動到另一個較低溫度 (如：65℃) 環境，時間常在兩分鐘內。若從第一循環到第一百循環間，電阻變化超過 10% 就被認定爲剔退。

熱衝擊對電路板的影響，包括電鍍孔斷裂、爆板剝離等。相關測試線路設計原則，可參考 IPC-TM-650-2.6.7.2 及 MIL-STD-202- 107C 等執行。在熱衝擊循環中，要做持續性電氣監控，這樣可間歇性收到電路回饋訊息。

濕氣與絕緣耐力測試

抗濕測試是一種加速型電路板測試法，主要用來驗證在高濕與高溫差環境下，對電路板產生的惡化影響。這個測試條件，常採用相對濕度 90 ～ 98 %、溫度 25 ～ 65℃操作。當必要測試循環完成後，電路板會接受絕緣電阻測試。經過濕氣耐力測試後，測試樣本不應有空泡、剝離、彎曲變形或爆板剝離現象發生。

2-12 總結

在各個產品計畫中，如何選擇電路板測試類型，其程序如後：

- 檢討電路板將來會面對的作業環境及期待使用的壽命
- 檢討功能性相關的電氣性與機械性參數
- 在決定是否採用品質保證計畫前，應該考慮整體組裝單位成本及電路板重要性
- 考慮品質保證計畫的經濟性前，功能性要優先思考
- 設計品質保證計畫時，抽樣計畫至少要保證達到 90% 以上的信心度
- 選擇檢驗類型時必須要能夠符合最前面兩項的需求
- 選擇測試方法要能驗證電路板的功能性及完整性，測試方法可能需要修正或調整來滿足品質保證的需求

2-13 電路板的測試規範及方法簡略整理

▼ 表 2-10 電路板的測試規範及方法

類別	方法
孔圈 (Annular Ring)	IPC-TM-650,2.2.1
基材邊緣粗度 (Base Material Edge Roughness)	IPC-TM-650,2.1.5
氣泡 (Blistering)	IPC-TM-650,2.1.5
印刷電路板的一般相關規格化學清潔 (Chemical Cleaning)	IPC-TM-650,2.2.5 & 2.1.1
導體間距 (Conductor Spacing)	IPC-TM-650,2.2.2.
導體寬度 (Conductor Width)	IPC-TM-650,2.2.2
裂紋 (Crazing)	IPC-TM-650,2.1.5
破壞性電流 (電鍍通孔)(Current Breakdown， Plated Through-hole)	IPC-TM-650,2.5.3
凹陷 (Dents)	IPC-TM-650,2.1.5
介電質承受電壓 (Dielectric Withstanding Voltage)	IPC-TM-650,2.5.7 MIL-STD-202,301
邊緣的定義 (Edge Definition)	IPC-TM-650,2.2.3
回蝕 (Etch Back)	IPC-TM-650,2.2.5
鉚釘 (Eyelet)	IPC-TM-650,2.1.5
環狀分離 (Haloing)	IPC-TM-650,2.1.5
孔徑 (Hole Size)	IPC-TM-650,2.2.6
異物 (Inclusions)	IPC-TM-650,2.1.5
絕緣電阻 (Insulation resistance)	IPC-TM-650,2.5.9, 2.5.10,2.5.11, MIL-STD-202,302
層與層間配位度 (破壞性的)(Layer to Layer Registration， destructive)	IPC-TM-650,2.2.11

▼ 表 2-10　電路板的測試規範及方法 (續)

類別	方法
記號 (Markings)	IPC-TM-650,2.1.5
斑點空泡 (Measling)	IPC-TM-650,2.1.5
微切片 (準備的方法)(Micro-sections，method of preparing)	IPC-TM-650,2.1.1
抗濕能力 (Moisture resistance)	IPC-TM-650,2.6.3 MIL-STD-202,106C
邊緣突出 (Overhang)	IPC-TM-650,2.2.9
針孔 (Pinholes)	IPC-TM-650,2.1.5
坑洞 (Pits)	IPC-TM-650,2.1.5
電鍍結合力 (Plating Adhesion)	IPC-TM-650,2.4.10
電鍍厚度 , 破壞性的 (Plating Thickness， Destruction)	IPC-TM-650,2.2.13 ASTM-B-567-58
電鍍厚度 , 非破壞性的 (Plating Thickness， Non-destruction)	IPC-TM-650, 2.2.13.1 ASTM-B-567-72
刮痕 (Scratches)	IPC-TM-650,2.1.5
可焊接性 (Solder-ability)	IPC-TM-650,2.4.12 & 2.4.14
表面粗度 (Surface Roughness)	IPC-TM-650,2.1.5
黏接強度 (端子拉力)(Bond strength-Terminal Pull)	IPC-TM-650,2.4.20 & 2.4.21
熱衝擊 (Thermal Shock)	IPC-TM-650, 2.6.7 MIL-STD-202,107C
熱應力 (Thermal Stress)	IPC-TM-650,2.6.8
空泡 (Voids)	IPC-TM-650,2.1.5
彎曲變形扭曲 (Warp & Twist)	IPC-TM-650,2.4.22
織紋顯露 (Weave exposure)	IPC-TM-650,2.1.5
基材織紋 (Weave texture)	IPC-TM-650,2.1.5

2-14 電路板的一般相關規格整理

後續的電路板相關內容，是部分使用在產業內的規範。這些規範時常涵蓋製程與允收需求，整理如表 2-11。

▼ 表 2-11　IPC、美國軍規及其它相關電路板一般性規格規範

IPC-FC-250	雙面軟板內部互連規格
ANSI/IPC-D-275	硬式印刷電路板設計及組裝標準
IPC-6012	硬式印刷電路板驗証與功能表現規格
IPC-D-300	印刷電路板尺寸與公差
IPC-MC-324	金屬核心板的功能性規格
IPC-D-325	金屬核心板的文件需求
IPC-D-326	製造電子組裝的相關需求
ANSI/IPC-A-600	印刷電路板允收規範
IPC-SS/QE-605	印刷電路板品質評估表與手冊
IPC-TM-650	測試方法手冊
IPC-OI-645	目視光學輔助檢驗標準
IPC-SM-840	印刷電路板高分子塗裝的驗証及功能表現 (止焊漆)
美國軍方規格	
MIL-Q-9858	品質保證
MIL-P-55110	印刷電路
MIL-P-55640	多層印刷電路
MIL-P-50884	軟性印刷電路
MIL-STD-105	取樣程序及檢驗類型表
MIL-STD-202	電子與電氣零件測試方法
MIL-STD-810	環境測試方法
MIL-STD-1495	電子設備用多層印刷電路板

▼ 表 2-11　IPC、美國軍規及其它相關電路板一般性規格規範 (續)

其他相關公布文件	
ASTM-B-567-72	以 β 射線背光散射原理測量塗裝厚度
ASTM-A-226-58	局部電著塗裝厚度標準測試方法
EIA-RS-326	印刷電路板可焊接性
IEC No.326	單面與雙面印刷電路板功能規格
UL 796	印刷電路板

CHAPTER 3

電路板的最終金屬表面處理

3-1 簡介

電路板最終金屬表面處理，是有關電子零件連結性的知識，它發生在從電路板到零件、零件與零件間連結的表面。早期產業狀態，插件與焊接是連結零件、電路板、系統較喜好的方法。組裝主流方法是波焊，而熱風整平 (俗稱：噴錫，HASL-Hot Air Solder Leveling) 則普遍用在電路板零件孔最終表面處理，另外電鍍鎳 / 金，是用電鍍金手指、邊緣端子的重要金屬處理法。

從通孔到表面貼裝零件的發展，提供了最終產品大幅降低尺寸與重量的機會。表面貼裝焊墊，需要面對錫膏印刷與貼片打件，在 SMT 技術發展初期，熱風整平技術仍能符合當時打件需求。然而表面貼裝部件進一步小型化，焊墊尺寸也持續縮小，連焊墊錫膏印刷都成爲挑戰，熱風整平處理就逐漸淡出這個應用領域。

最終金屬表面處理—熱風整平的替代方案

新設計需要創新方法，球陣列構裝 (BGA-Ball Grid Array)、打線墊、壓入適配組裝及接觸式切換器連接，這些都超出熱風整平及電鍍鎳 / 金技術所能應付範疇。由於全球關注環境影響，讓主流焊接金屬鉛退出舞台，即便是熱風整平也要轉換爲無鉛焊料。因爲產業發展走向，有一系列最終金屬表面處理被發展出來，想要滿足這些需求，它們包括：

- 有機保焊膜 (OSP-Organic Solderability Preservative)
- 無電化鎳 / 浸金 (ENIG)

- 無電化鎳 / 無電化鈀 / 浸金 (ENEPIG)
- 浸銀 (Immersion Silver)
- 浸錫 (Immersion Tin)

各個處理程序的重點項目，會在各段內容中陳述，它們包括：

- 化學及冶金原理
- 製造程序
- 應用
- 它的特性與限制

其它部分為了便於了解，會在電子組裝的金屬處理部分說明。

最終金屬表面處理的能力比較

每個在此提出的最終金屬表面處理法，都嘗試在特定領域提供較佳連結特性，簡略比較如表 3-1 所示。不過似乎只有 ENEPIG 可符合多樣不同組裝需求，因此常被稱為泛用最終金屬表面處理。

▼ 表 3-1 最終金屬表面處理能力整理

表面處理	共平面性	可焊接性	打金線	打鋁線	接觸式表面
熱風整平	No	Yes	No	No	No
OSP	Yes	Yes	No	No	No
化鎳浸金	Yes	Yes	Yes	No	Yes
鎳鈀金	Yes	Yes	Yes	Yes	Yes
鈀	Yes	Yes	Yes	No	Yes
銀	Yes	Yes	Yes	Yes	No
錫	Yes	Yes	No	No	No

3-2 有機保焊膜 (OSP)

基本原理

有機保焊膜 (OSP)，是一種有機塗裝且可保護銅面避免氧化在焊接前發生。兩種最廣泛使用的保焊材料，都是含氮官能基的有機化合物。Benzotriazoles 構成其中一種，而

Imidazoles 產生另外一種。兩種有機化合物，都有能力與曝露銅面產生複合物。它們與銅材產生反應，但在基材或止焊漆不會產生吸附。Benzotriazoles 在銅面上產生單分子層保護膜，直到它曝露在超過反應溫度的環境才被破壞，這個塗裝會在回流焊環境下揮發。Imidazoles 產生較厚塗裝，可承受多次高溫組裝。

製程狀況與功能

典型的 OSP 製程的細節如表 3-2 所示。

▼ 表 3-2　典型的 OSP 基礎製程

製程步驟	溫度 (˚C)	時間 (Min)
清潔劑	35–60	4–6
微蝕	25–35	2–4
調整劑	30–35	1–3
OSP	50–60	1–2

- 清潔劑：這個步驟是要在處理電路板前，先做銅面清潔。清潔劑可移除氧化物及多數有機與無機殘留，並確保銅面會被均勻微蝕。
- 微蝕：這個步驟是要對銅做微蝕，使銅曝露出新鮮表面，這樣可讓銅與 OSP 產生均勻複合作用，適當的蝕刻劑 (例如：過硫酸鈉、硫酸雙氧水等) 可用在此處。
- 調整劑：這是一個選擇性步驟，依據供應商要求或建議執行。
- OSP：OSP 溶液常操作在溫度 50 ～ 60℃，浸泡時間短約為 1 ～ 2 分鐘，可依據供應商建議或實際需求調整，這個反應程序是會自行停止。
- 水洗：水洗是每個化學程序後必須的步驟，以去除前程序留下的化學殘留物。這個清潔程序，可用單或雙道水洗達成。過度水洗浸泡，會導致氧化或是產生灰暗無光澤表面。供應商會律定作業溫度、浸泡時間、攪拌及循環量等，這些都必須要遵循。

多使用標準水平傳動浸泡設備做銅面 OSP 處理，只需要短暫的浸泡時間就能有效完成處理。典型 OSP 處理表面品質狀況，如圖 3-1 所示。

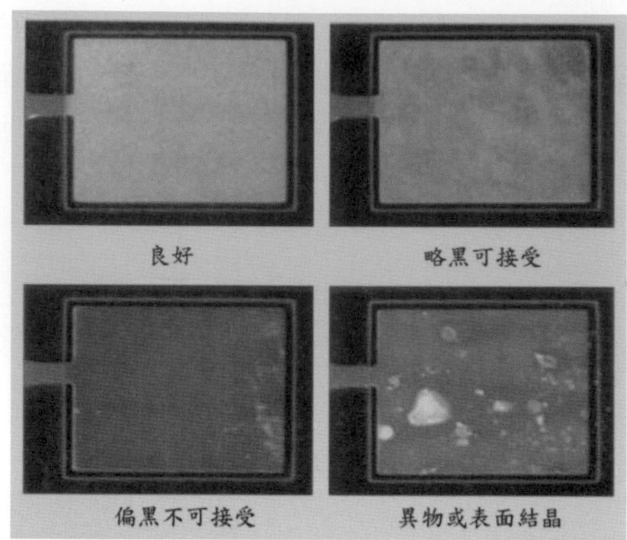

▲ 圖 3-1　有機保焊膜處理良好與不佳的狀況

應用的方式

- 產品：它是一種薄的有機化合物層，應用時沉積在銅面。這種塗裝若用 Benzotriazoles 可薄到 100 Å，但若用 Imidazole 類材料則可產生厚到 4000 Å 的膜。塗裝是透明而不易識別的，檢驗較困難。
- 組裝：在電子組裝時，有機膜會很快溶入錫膏或酸性助焊劑。在各個狀態下都會留下清潔活性銅面做焊接，焊錫能順利產生銅 / 錫介金屬。

它的特性限制

- 檢驗：由於塗裝透明無色，因此檢驗較困難。
- 電氣測試：有機塗裝不導電，非常薄的塗裝不會影響電氣測試。但厚度達到某個値，就會開始影響測試正確性。多數製造商用較厚塗裝，會在 OSP 處理前先做電測。
- 組裝：Imidazoles 在第一與第二次受熱後，可能需要用較強助焊劑。用 OSP 處理的組裝業者，應該熟悉這類表面處理所需的助焊劑。

3-3 無電化學鎳 / 浸金 (ENIG)

基本原理

這種無電化學鎳處理厚度，多數為 3 ～ 6μm 析鍍在面銅。緊接著會做薄層 (2 ～ 4μin) 浸金處理。這層鎳是阻止金擴散至銅的遮蔽層，也是焊接作用表面。浸金功能是為了保護鎳，避免貯存期間產生鎳氧化或鈍化。

製程狀況與功能

典型的 ENIG 製程步驟，如表 3-3 所示。

▼ 表 3-3　典型無電化學鎳 / 浸金 (ENIG)

製程步驟	溫度 (℃)	時間 (Min)
清潔劑	35–60	4–6
微蝕	25–35	2–4
催化劑	RT	1–3
無電化學鎳	82–88	18–25
浸金	82–88	6–12

- 清潔劑：製程步驟是爲了要清潔銅面，以備後續製程處理。清潔劑可移除氧化及多數有機與無機殘留，確保銅面可產生均勻微蝕，這才能順利抓取觸媒催化物質。
- 微蝕：製程步驟是爲了做銅面微蝕，曝露出新鮮銅面以達均勻催化。
- 催化劑：製程步驟是爲了在銅面析出催化劑，這個催化劑降低了反應活化能，且允許鎳析出至銅面，典型催化劑如：鈀、釕。
- 無電化學鎳：製程步驟是爲在催化面析出所需厚度無電化學鎳。無電化學，是指反應中有還原劑參與 (普遍使用次磷酸鈉鹽)，來維持鎳析出。析出鎳含有 6 ～ 11% 磷，鎳厚度必須適當才能阻隔擴散，防止銅擴散遷移。它同時作爲可焊接表面，或者作爲接觸式組裝表面。鎳槽有高析出速率，它的活性化學元素必須定時補充，並持續保持平衡。無電化學鎳槽操作在較高溫度，且必須有長浸泡時間達到所需厚度。使用者必須確認材料相容性，如：爲 ENIG 化學品選擇相容的止焊漆。
- 浸金：此步驟要析出薄而連續浸金層。浸鍍析出是置換反應 (金置換表面鎳)。不需要還原劑，當鎳面浸鍍出金層會自我抑制，這層金可保護鎳面避免氧化或鈍化。這個鍍槽也在高溫下操作，其浸泡時間也不短。
- 水洗：水洗在每個化學程序後都是必要的，目的在去除前製程帶入的化學殘留。這個步驟可用單或雙道水洗完成。供應商規範涵蓋的作業溫度、浸泡時間、攪拌及循環量應該要確切遵循。

某些時候，設置酸性預浸槽是必要的，這樣可降低帶入鍍槽水量，必要時酸預浸槽也可用來活化表面。這類製程需要長浸泡時間，採用水平傳動設備生產變得不切實際。典型浸金板品質狀況，如圖 3-2 所示。

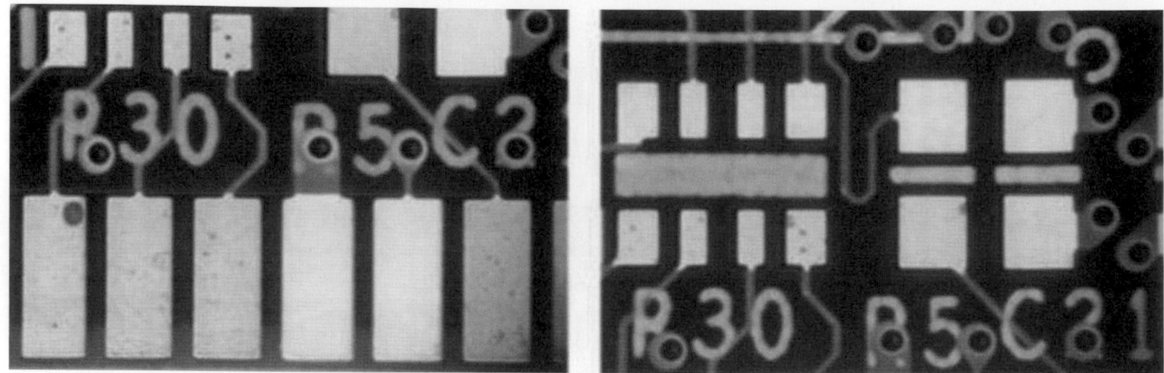

▲ 圖 3-2　浸金板焊墊露銅典型範例

應用方式

- ENIG 可產出平整度與共平面性良好的表面，這種表面可焊接、打線，也是理想的接觸式切換器組裝表面。
- ENIG 有優異焊錫潤濕能力，金會很快融入焊錫，留下新鮮鎳面形成焊接點。融入焊錫金量微不足道，也不會使焊點產生脆化問題，鎳與錫會產生錫 / 鎳介金屬接點。
- ENIG 與鋁及金打線製程相容，然而對打金線作業範圍過窄不建議使用。打金線所需要金厚度，比 ENIG 所能製作的厚度要高，但鋁線卻可做良好鍵結，這是因爲鋁線最終還是會與底層鎳產生鍵結力。
- ENIG 是理想的接觸式組裝表面處理，這些接觸式組裝包括：手機、呼叫器及開關部件等。鎳的硬度與厚度，促使它成爲這類應用的好選擇。

它的特性限制

- 這個製程頗爲複雜，需要很好的製程控制。
- 無電化學鎳槽操作在 82 ～ 88℃，浸泡時間常超過 15 分鐘，材料相容性要列入考慮。當鎳析鍍出來必須持續補充藥液，好的製程控制相當重要，這樣才能達到期待厚度及好的析鍍結構。
- 金槽也操作在類似高溫，8 ～ 10 分鐘浸泡時間可適當析出所需厚度。過度浸泡及超出供應商建議範圍，會造成底部鎳層腐蝕，若腐蝕過度會影響鎳面功能性。

3-4 無電化學鎳 / 無電化學鈀 / 浸金 (ENEPIG)

基本原理

此金屬表面處理，無電化學鎳析鍍厚度約爲 3 ～ 6μm。表面後續會做無電化鈀層析鍍，厚度約爲 0.1 ～ 0.5μm，最後再做浸金處理，厚度約爲 0.02 ～ 0.1μm。無電化鈀層可防止腐蝕，生產以浸鍍作業，表面會生成理想打金線面。

製程狀況與功能

典型 ENEPIG 製程步驟，呈現在表 3-4 中，這個製程除了增加鈀催化程序及無電化鈀步驟，其它非常類似 ENIG 製程。

▼ 表 3-4　典型的無電化鎳 / 無電化鈀 / 浸金 (ENEPIG)

製程步驟	Temp (˚C)	時間 (min)
清潔劑	35–60	4–6
微蝕	25–35	2–4
催化劑	RT	1–3
無電化學鎳	82–88	18–25
催化劑	RT	1–3
無電化學鈀	50–60	8–20
浸金	82–88	6–12

- 清潔劑：這個步驟是爲了清潔銅面，準備後續處理。清潔劑可移除氧化物及多數有機與無機殘留，確保銅面會被均勻微蝕以利催化劑吸附。
- 微蝕：這個步驟是爲了微蝕銅並曝露銅面，這樣就可做均勻催化。
- 催化劑：這個步驟是爲了在銅面上析出催化劑，可降低銅面上的反應活化能讓鎳順利析出。典型的催化劑如：鈀、釕。
- 無電化學鎳：這個步驟是爲了在銅面析出需求的無電化學鎳厚度，與化鎳金目的相同。
- 催化劑：催化劑處理採用預浸作業，活化鎳面促進無電化鈀析出。作用類似無電化鎳析出前的催化，作爲活化銅面處理劑。

- 無電化鈀：此槽含還原劑是無電化學反應，次磷酸鹽、重亞硫酸鹽是常用還原劑。次磷酸鹽產生含有 1 ～ 2% 磷共析，重亞硫酸鹽可做無磷鍍層。操作溫度 50 ～ 60℃，浸泡時間變化大，8 ～ 20 分鐘都有，依需求厚度而定。
- 浸金：這個步驟析鍍出一層薄而連續的浸金層，是一種置換反應 (金置換表面的鈀)。不需要還原劑，當鈀表面析鍍出浸金時會自我抑制，這個槽也相對高溫且浸泡時間長。
- 水洗：水洗是每個化學程序後的必要步驟，目的在去除所有前步驟帶來的化學殘留，已如前述。

應用的方式

- ENEPIG 可提供良好平整度與共平面性，是泛用型金屬表面處理。它可擔負如同 ENIG 的功能，而適當厚度的無電化鈀可用於打金線。
- 當焊接時鈀、金都會融入焊錫，而接點則會產生鎳 / 錫介金屬。當打線時，鋁與金線都會連結到鈀表面。鈀是一個硬表面，也適合做爲接觸式切換器的接觸面。

它的特性限制

- 這種表面處理原始限制，是鈀會大幅增加成本。鈀價在西元 2000 年前後，曾經高達每盎司一千美元以上，當時相同重量的金價僅 280 美元。全球這類金屬來源較集中在蘇聯地區，也有部份延伸到加拿大。另外的限制是製程長，要好的製程控制。不過當金價飛漲後限制降低，但又因爲鈀價位浮動隨時有差異。

3-5 浸銀

基本原理

浸銀析鍍層提供一層薄 (5 ～ 15μin 或 0.1 ～ 0.4μm) 的析出金屬，緻密的析出銀混雜著有機物。這些有機物封閉處理層表面，可延伸貯存壽命。銀提供了平整而良好的可焊接面，可利用傳動式設備做高產出作業，其表面也可與鋁及金線產生鍵結。

製程狀況與功能

浸銀的製程步驟呈現在表 3-5 中。

▼ 表 3-5　典型的浸銀程序步驟

製程步驟	Temp (˚C)	時間 (min)
清潔劑	35–60	4–6
微蝕	25–35	2–4
預浸	RT	0.5–1
浸銀	35–45	1–2

* 對於傳動設備，這裡的浸泡時間必然可縮短，可與設備與藥水商討論。

- 清潔劑：這個步驟是爲了清潔銅面準備做後續處理。清潔劑可移除氧化物及多數有機與無機殘留，且確保銅面會被均勻微蝕。
- 微蝕：製程步驟是要做銅面微蝕，曝露新鮮銅面以達均勻浸泡反應。
- 預浸：預浸槽是要防止污染物攜入浸銀槽。
- 浸銀：這個槽以浸泡反應析出薄層銀，此處銀置換焊墊上的銅。析鍍過程也會混雜有機添加物及有機表面活性劑，以確保析出的均勻度。表面活性劑可保護銀面，免於貯存時濕度的傷害。
- 水洗：水洗是每個化學程序後的必要程序，要去除所有化學殘留，可用單或雙道水洗完成。

典型的浸銀表面處理品質狀況，如圖 3-3 所示。

▲ 圖 3-3　典型浸銀板氧化與無氧化範例

應用的方式

- 浸銀是理想的焊接面，在組裝中銀會融入焊錫，允許銅 / 錫介金屬在接點產生，這類似於熱風整平與 OSP。它提供良好的共平面性，是熱風整平所沒有的，它也是無鉛製程。不同於 OSP，它提供了易於檢驗的表面，適度解決了三次高溫處理的問題，也容易做電測。
- 銀也可作爲打鋁線與金線的平台。
- 目前應用於接觸式組裝表面仍待考驗，多數廠商都不做這種選擇。

它的特性限制

- 有關銀一直被質疑的，都是在電子環境中離子銀擴散的問題。這是因爲銀的基本特性，會在濕氣曝露與偏壓 (Bias) 下，產生水溶性鹽類。浸銀中混雜了有機共析，降低了這種現象的程度。
- 以浸銀爲焊接面，銀在焊接組裝中會完全融入焊錫。
- 經過打線，曝露的銀已經被覆蓋住，因此與環境可完全隔絕。
- 目前這種金屬處理最大問題是重工，因爲銀完整剝除困難度高。
- 有技術文獻討論有機共析的化學銀會有焊接面有機物氧化影響強度的風險，這方面目前有廠商在努力改善中，必須觀察。

3-6 浸錫

基本原理

浸錫是取代熱風整平非常合邏輯的方法，主要原因有二：其一是平整度與共平面性，其二是它屬於無鉛製程。然而錫會與銅很快產生銅 / 錫介金屬，這不利於焊接性的維持。

浸錫要成爲可用金屬處理有兩個問題必須克服，就是晶粒尺寸及銅 / 錫介金屬的形成。析出處理的部分，經由工程設計改善，可做出非常緻無疏孔的鍍層。較厚的析出層 (40μ” 或 1.0μm) 是可行的，這可確保無銅的焊接錫面，這方面目前有新的白錫 (White Tin) 製程可用，它是利用甲基磺酸、甲基硫酸及硫裴等化學品做主要反應。

製程狀況與功能

浸錫的製程步驟呈現在表 3-6 中。

▼ 表 3-6　浸錫製程

製程步驟	Temp (℃)	時間 (min)
清潔劑	35–60	4–6
微蝕	25–35	2–4
預浸	25–30	1–2
浸錫	60–70	6–12

* 使用傳動設備，浸泡時間必然會縮短，可與設備及藥水商討論。

- 清潔劑：這個步驟是爲了清潔銅面準備做後續處理。清潔劑可移除氧化物及多數有機與無機殘留，並確保銅面會被均勻微蝕。
- 微蝕：製程步驟是要做銅面微蝕，曝露新鮮銅面達成均勻浸泡反應。
- 預浸：預浸槽是要活化銅面，並防止帶入污染物到浸錫槽。
- 浸錫：雖然是浸泡反應槽，但它會隨浸泡時間延長而持續成長。這個現象是因爲銅產生了銅 / 錫介金屬而能維持浸泡反應。當整個反應完成，要有適量純錫留在表面，才能維持穩定的焊接性。
- 水洗：水洗是每個化學程序後的必要步驟，目的要去除所有化學殘留，可用單或雙道水洗完成。

應用的方式

- 浸錫處理是高焊錫性的表面，也會產生標準銅 / 錫介金屬接點。錫提供緻密均勻的鍍層，並擄有良好的孔壁潤滑性。這個特性使得背板 (Backplane) 類產品，願意選用這類處理作爲組裝插件的表面。典型浸錫板品質狀況，如圖 3-4 所示。

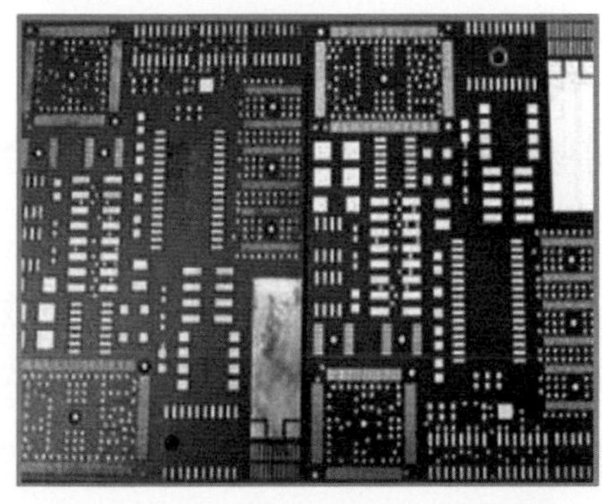

▲ 圖 3-4　典型浸錫板氧化與無氧化範例

它的特性限制

- 這類處理槽必須用硫𦣇配製槽，在某些地區是抵觸環保法規的。在電路板廠製程中，槽中主要副產品是銅硫𦣇。取得廢棄物處理許可是必要的，因為它含有硫𦣇及它的銅鹽副產品。
- 處理面壽命有一定期間限制 (小於一年)，因為銅 / 錫介金屬會逐漸成長到達表面，這會導致焊錫性衰減，這種現象在高溫濕下會加速。

3-7 最終金屬表面處理的歸類與成本比較

一系列最終金屬表面處理製程，現在可讓電路板設計、製造及組裝者所使用，每種都有它的優劣與限制。表 3-7 整理了每種處理的主要類型，與熱風整平處理作簡單成本比較。

▼ 表 3-7　本章中討論到的主要類型最終金屬表面處理相對成本比較

製程選擇	成本	接點	應用類型
熱風整平	1.0	銅 / 錫	業者首選，但是逐漸被更新更平整的處理取代
OSP	1.2	銅 / 錫	只用於焊接，多次焊接較有疑問
ENIG	4.0	鎳 / 錫	優異的接觸式組裝表面 ; 可焊接 ; 需要較多的製程控制
ENEPIG	5.0	鎳 / 錫	泛用的處理方式 ; 高成本且程序複雜
浸銀	1.1	銅 / 錫	低成本的替代方案，也可用於打金鋁線
浸錫	1.1	銅 / 錫	低成本替代方案，可用於插梢插件方面的應用

3-8 小結

組裝與構裝技術仍然在持續發展中，共通的趨勢是接點不論用何種方式做連結，其接點面積都在快速縮減中。當這些連接面積微型化，許多傳統金屬表面處理所呈現的特性就會面對考驗。

環顧目前電路板使用的金屬表面處理技術，要用到構裝載板金屬處理都會產生不同的顧忌，特別是一些覆晶構裝應用。目前產、學、研都還在做不同研討，希望能找出更為完美的金屬處理方案。不過可肯定的是，這類論戰不會在短期內結束，而本章所述的技術議題也可能在不同應用中面對困境。要如何選用相關技術，筆者才學實在有限也僅能提出前述參考內容而已。

CHAPTER 4

焊料與焊接的原理

4-0 焊料與焊接概述

焊接是用熔融的填充金屬將接合點表面潤濕，並在零件金屬間形成冶金性結合，填充金屬的熔點要低於 450℃。對較高熔點溫度的金屬填充焊接，被歸類爲硬焊技術，其定義與低溫焊接並不相同。焊接是重要電子互連技術，電子工業各階組裝都會用到此技術。了解焊料與焊接基本原理，對建立高品質、高良率製作技術一定有幫助。

4-1 焊接的原理

人類使用焊接有千年，近代冶金學的進展讓理解能更深入。焊接行爲可粗分爲三個階段：(1) 擴散分佈 (2) 基材金屬熔解 (3) 介金屬層形成。完成焊接作業後，金屬狀態還會有後續變化，這在本書後續內容中會進一步討論。焊接作業中助焊劑、氣體都保持流動，所謂基材金屬是指基板負載的導通金屬，也包含表面處理如：浸金、浸錫、浸銀等在內。

擴散分佈階段的行爲

要做焊接，填充材料必須先加熱到熔融狀態。熔融焊料會開始潤濕基材金屬面，與多數液體潤濕其它物質行爲類似。潤濕涉及液體的力平衡，可依據介面張力物理平衡規則分析，其關係如圖 4-1 所示。

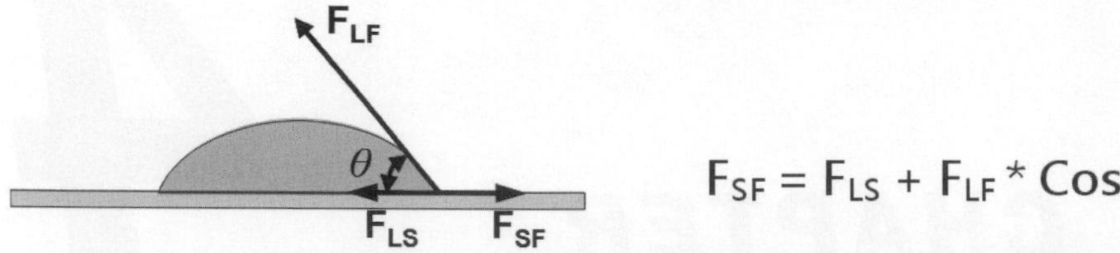

▲ 圖 4-1　液體表面張力平衡關係，其中 F_{SF} 為金屬與助焊劑間介面張力、F_{LS} 為融熔焊料與金屬間介面張力、F_{LF} 為融熔焊料與助焊劑間介面張力 、θ 為焊料與基板接觸角

當接觸角縮小到較小時，兩組向量就會達到平衡而在固體金屬表面呈現平衡穩定狀態。在電子焊接應用的所謂好焊點，就是可減少應力集中，產生一個較小的焊料擴散 θ 值，如圖 4-2 所示。實質上小的接觸角也代表了較佳的潤濕，較容易產生良好的焊接特性。

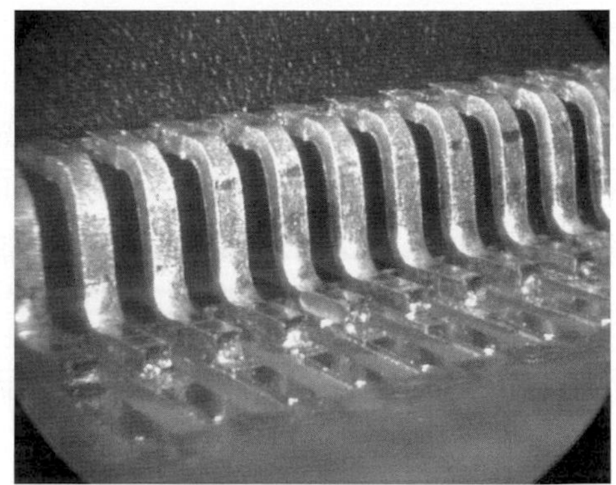

▲ 圖 4-2　理想的焊接點範例

要獲得較小的接觸角，可採用不同的物理和化學方法，它們都可幫助降低相對接觸角。物理法可在作業過程中調整焊料表面張力，如：低表面張力助焊劑、高表面張力基板、低表面張力焊料等，這些都有助於降低接觸角。必需注意的是，張力平衡只是決定潤濕現象的要素之一，其它諸如：流體黏度、金屬熔解度、焊料與基材金屬間化學作用等也都有重要影響。

流體流動的影響

流體擴散分佈決定於介面間張力平衡，但實際電子焊接時間短暫，若熔融焊料黏度高就會影響焊料流動範圍，未必會滿足實際平衡條件。因此時間對作用程度的約束性，也是重要考慮事項。影響黏度的因子，除了較大的材料特性因素外，溫度也是重要影響因子，這也是在討論黏度議題時常會考率溫度的原因。

而要增加焊料與助焊劑間的介面張力 F_{LF}，就要降低助焊劑的表面張力。因爲依據專家的理論推導有以下的相互關係：

$$F_{LF} = F_L\,(\text{液態焊料表面張力}) - F_F\,(\text{助焊劑表面張力})$$

公式中可看到要提升 F_{LF} 值，必需降低助焊劑表面張力 F_F。因此採用低表面張力助焊劑，不僅可幫助擴散且可增加液態焊料流動。

基材金屬的互熔作用

金屬上熔化的焊料擴散分佈，不足以形成良好金屬鍵結，否則理論上所有能接觸融熔焊料的材料應該都可以結合。要形成良好鍵結，焊料與金屬必須在介面產生適當交互作用，通常基材金屬會部分熔解到焊料中完成鍵結並產生結合力。

對電子焊接採用的技術，經常受到參與作用材料允許作業溫度偏低限制，例如：220℃。且可受熱的時間也較短，經常不會超過幾秒或幾分鐘，這當然是受材料限制與產能考量所致。基於這些原因，基材金屬互熔性必需容易而快速，才有利於大量焊接作業。

以往業界普遍採用錫鉛焊料，可用基材金屬或金屬鍍層不少，如：錫、鉛、鉍、金、銀、銅、鈀、鉑和鎳等都可採用。一些金屬鍍層如：60 錫 /40 鉛，以往常被用作焊接面處理。金屬在焊料內的熔解率，是時間和溫度的函數。圖 4-3 所示，爲銀在錫中熔解深度的變化。

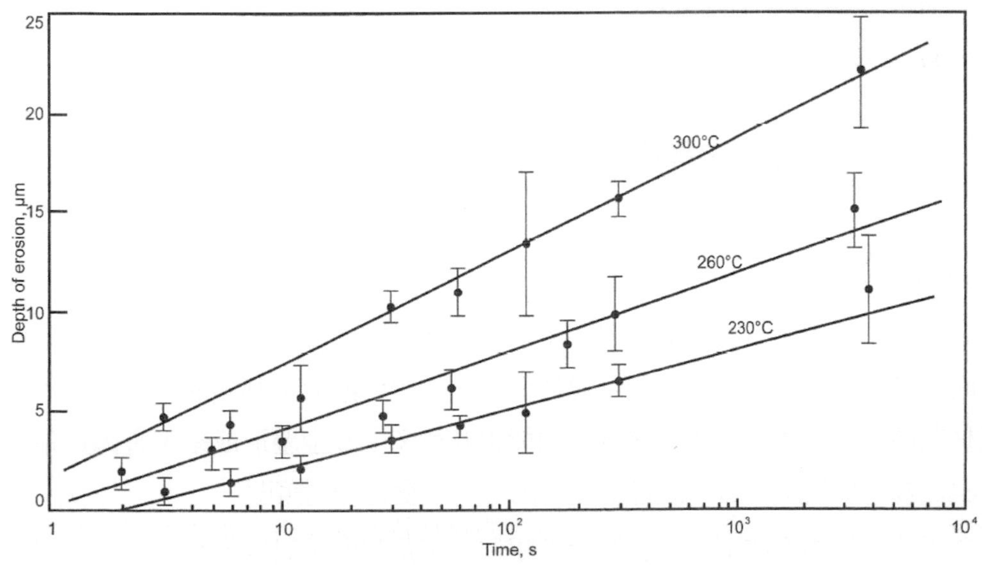

▲ 圖 4-3 銀在錫中的熔解度，是溫度與時間函數

依據研究許多金屬在操作溫度下，可在幾秒內達到平衡。基材金屬進入焊料熔解度，除與時間、溫度、基材金屬有關，也與焊料合金類別有關。如：對銅而言，不同焊料也有不同熔解度，其排行如後：Sn > (60Sn/40Pb) > (35Sn/65Pb) > (57Sn/38Pb/5Ag) > (62Pb/33Sn/5Ag)。

另外利用調整焊料內金屬含量，也可改變焊接作業中基材金屬的熔解速度。如：添加適量銀到錫鉛焊料，可降低基材金屬銀熔解速度。大體而言，金屬鍍層可潤濕性，會隨其在焊料中熔解速度增加而提升。熔解總量會隨時間和溫度增加而增加，這方面也可利用作業條件調整。

雖然基材金屬熔解率是形成鍵結的重要因素，過快熔解速率會導致嚴重浸析現象而降低結合力，並引起焊料成分與介金屬含量變異，造成焊點強度衰減。

金屬間的化合物 - 介金屬

焊接不僅是基材金屬物理互熔，也包括金屬與焊料成份間的化學反應，這種反應會在焊料與基材間形成介金屬化合物 (IMC)。介金屬化合物組成中，若其一是性質強的金屬，當與另一較弱金屬搭配，往往可產生良好化合物特性。如：介金屬化合物 Cu_6Sn_5、Cu_3Sn，這類介金屬通常會在錫鉛與金屬銅間產生。這類介金屬化合物都較脆，主要是因為結晶結構呈現低對稱性，而這也限制了它們的塑性流動。

這類物質焊接會產生不同程度影響，包括：(1) 增強焊料在基材金屬上的潤濕能力 (2) 產生擴散阻擋，減慢基材金屬融入的溶解率 (3) 因為介金屬化合物的氧化，使鍍錫表層的可潤濕性退化等。

4-2 介金屬的影響

提升潤濕性能

依據熱力學觀點，只要能量呈現不平衡，整體系統就會朝最低能量與最大亂度發展。金屬表面能量的不平衡，會導致能量釋放而有利於焊料擴散，某些液態金屬如：銻、鎘、錫和銅材間產生介金屬化合物，會讓自由能提升很多。介金屬形成率，會因為這種現象產生的潤濕性提升而增加，這方面可由介金屬形成率變化得到證明。

介金屬化合物的形成率與金屬互熔性相似，也是時間、溫度、基材金屬、焊料類別的函數。經由減少作業時間和溫度，可減少介金屬化合物的厚度。在低於焊料熔點溫度下，介金屬化合物會以緩慢速率繼續成長，成長速率與環境溫度有關。以實際冶金現象看，即使是在常溫下多數電子焊接金屬都會產生介金屬。這方面電路板業者若曾採用線路電鍍製程，應該都會有經驗。表 4-1 所示，爲幾種錫膏回流焊後即刻產生的介金屬厚度參考值。

▼ 表 4-1　錫膏回流焊焊後立即產生的介金屬化合物厚度

焊料	介金屬化合物的厚度 (μm)		
	Cu	Au / Pt	Au / Ni / W
63Sn / 37Pb	2.4	2.0	2.0
62Sn / 36Pb / 2Ag	2.1	2.0	2.0
50Pb / 50In	3.5	2.0	< 1.0

熔解的阻擋層作用

介金屬熔點溫度比焊接溫度都高，它在焊接過程中是保持在固體狀態。許多系統在熔融焊料與固體金屬間，會產生一片連續介金屬層，可利用圖 4-4 的介金屬化合物 Cu_3Sn 來說明。

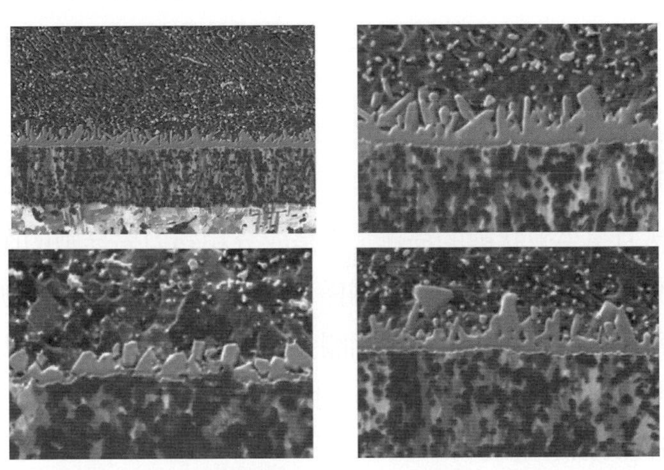

▲ 圖 4-4　在銅基板上錫鉛層與銅層間的介金屬 Cu_3Sn 和 Cu_6Sn_5 生成狀況

IMC 形成後降低了底層金屬原子經由介金屬層擴散的速率，這是因爲固態擴散要比液液擴散反應慢兩個數量級，結果底層金屬融入焊料的速率就降低很多。

並非所有介金屬都會產生層的結構，如：共融錫鉛焊料與銅所形成的介金屬化合物 Cu_6Sn_5 會在焊料內呈現扇形晶粒。在扇形晶粒間所產生的焊料通道會一直伸展到銅介面，這會幫助銅在焊料內的快速擴散和熔解 [7]，這類結構在銅與無鉛焊料間也會發生。

對氧化的敏感度

雖然介金屬的產生增強了潤濕，但產生的介金屬可焊性就要比基材金屬差。由測試結果發現，其實介金屬化合物是可潤濕的，但經過貯存後其潤濕性會產生相當嚴重的退化。介金屬化合物氧化的弱點，點出了潛在貯存壽命的問題，而貯存壽命又與焊錫層的狀態相關。

接點可焊接性與重工能力相關，介金屬化合物在表層沒有受到破損情況下，內部仍然會產生氧化，一旦介金屬層在焊接中熔化就會出現潤濕困難 [8,9]。焊點潤濕性會隨開始的焊料鍍層厚度降低而下降，也會隨介金屬化合物厚度的遞增而下降。浸錫處理的電路板，經驗上最小安全厚度爲 60 微寸 (1.5μm) 以上，被定義爲組裝作業臨界值。

4-3 組成元素對潤濕行為的影響

焊接的潤濕性會受介金屬形成的影響，介金屬化合物的形成則取決於元素間反應強度，焊料基本組成成分對焊料合金潤濕有重要影響。研究報告指出 [10]，當溫度超過焊料熔點，二元共融金屬系列的擴散特性會受到元素類別影響，其促進擴散能力的順序爲：錫 > 鉛 > 銀 > 銦 > 鉍，這個順序也適用於三、四元焊料。元素成分對潤濕影響只是趨勢，許多其它條件如：黏度、添加劑的影響，可能比基本成分影響更大，且會改變相關焊料擴散順序。

金屬相位圖與焊接的關係

金屬相位圖是熱力學平衡狀態的描述，它是成分和熱力學參數的函數。它可提供概略相位與組成熔化溫度，但因爲熱力學特性關係，相位圖並不能預測運動性質，如：某成分的反應率和潤濕性等。適度使用相位圖與相關資訊，會對焊接有進一步理解與預測能力。典型錫鉛二元焊料系統相位圖，可參考圖 4-5 所示。且可對該圖中的三個代表性成分 A、B、C 狀態，作概略性的描述與說明。

在 B 線成分組成下，固相溫度爲 183℃時焊料開始熔化，但未達到 257℃前不會完全轉變成液體。固相線限制它必須用在溫度低於 183℃以下，而溫度低於 257℃時焊料呈現糊狀，這不可避免會導致擴散不良。要確保適當流動，焊接溫度必須比 257℃更高，其所需高作業溫度可能導致電子零件損壞，因此這類焊料很難用於一般電子焊接。糊狀範圍寬是另一個缺點，會引起焊接處翹起問題，在波焊作業時常見到引腳沿著焊料與基板介面翹起，如圖 4-6 所示。

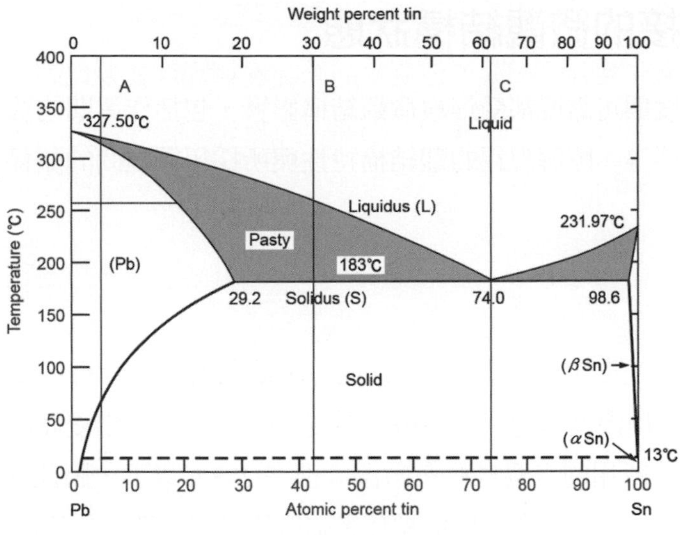

▲ 圖 4-5　二元錫鉛系統的相位圖

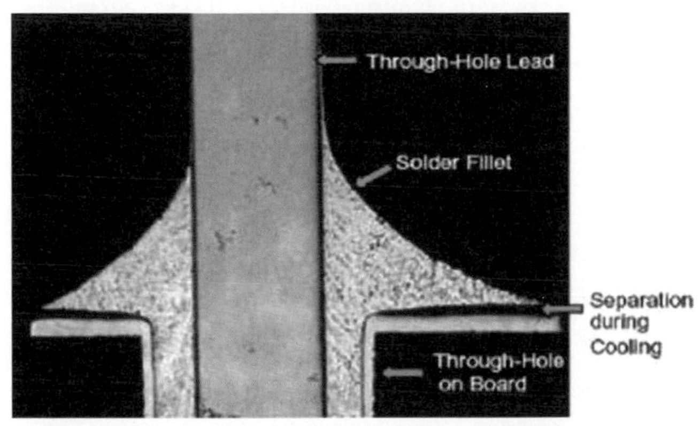

▲ 圖 4-6　通孔零件引腳附近產生的焊錫微裂翹起現象

作用機構是焊料與部件間熱膨脹係數不匹配，寬黏滯性範圍會進一步加重此現象。降溫後電路板 Z 軸過量收縮，加上水平方向的收縮讓焊點產生提升力，全部固化之前提升力會使焊點產生裂痕應力高度集中。翹起高度與材料的組成有關，含有約 5% 鉍 (錫 91.9%/ 銀 3.4%/ 鉍 4.7%) 的焊錫金屬會呈現嚴重翹起現象。

(63 錫 /37 鉛) 焊錫共晶點是 183℃，與其它相鄰成分比較黏度是最低的，可在焊接中快速擴散，有利於焊接作業順利進行，且因爲液化溫度較低而較常被選用。另外 (97 鉛 /3 錫) 焊錫的固相線爲 316℃，而液相線則爲 321℃，其間有一個黏滯糊狀範圍存在，若超過 340℃又有好的潤濕表現。因爲它有良好的潤濕性及較窄的黏滯範圍，因此可做特殊焊接應用，如：C4 覆晶技術。可惜這些優點，都因爲無鉛製程的使用期限陸續到達而無法利用。

4-4 焊接的微觀結構狀態

焊點的機械強度與可靠度都受焊料微觀結構影響，包括作業間的移位、結晶結構生長狀態、重新組合狀態等。瞭解焊錫的觀結構特性與所採用製程間的關係，較容易獲得想要的微觀焊接結構。

變形的機構

潛變是材料受到張力、剪切力下，經過一定期間所產生的材料變形。潛變是在熱活化中產生，當產品使用溫度超過焊料的熔化溫度 (°K) 一半時，潛變就開始發生了。從這個角度來看，電子產品所用的焊錫材料多數溫度都在 273℃以下，因此在 0℃下其實作用仍然在進行著，這也是爲何電子產品焊接點疲勞強度特別受到關注的原因。

潛變是焊料中最重要變形機構，行爲可概略分成三個階段：初期、穩定期、第三期潛變，如圖 4-7 所示。初期應變率會逐步達到穩定狀態，保持一段穩定的時間後就會進入第三期狀態，此時應變會迅速增加最終導致破裂故障。

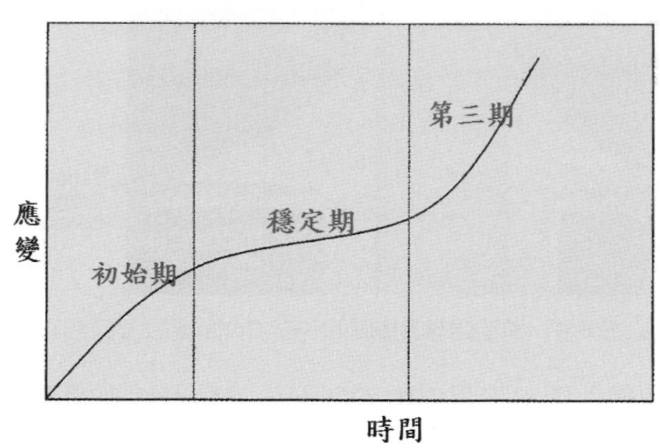

▲ 圖 4-7　典型的焊料潛變反應

應力低的時候，焊料潛變機構主要是整體晶粒錯位移動，它只對成分敏感而對微觀結構不敏感，整體變形機構保持與邊界和三維晶粒交叉線相接觸。應力中等時若溫度夠高，晶粒尺寸小且呈現等軸狀態，會發生晶粒間潛變。晶粒間潛變是由晶粒邊界滑動產生焊料變形，晶粒彼此間產生滑動相對替換行爲。顆粒朝向最大剪切力方向移動而可保持其內聚力，而晶界遷移軌跡就是空穴與微裂好發的區域。

應力高的時候，機構轉換爲第三期潛變，並延伸至斷裂發生。此潛變對微觀結構較敏感。其機構包括：先在晶界開始產生空穴，之後因爲塑性不穩定而導致非均勻變形。有論點提出產生空穴，是導致第三期潛變的原因 [11]。空穴成核會發生在多個晶粒接點間，並因爲應變生長匯合成大空洞逐步劣化產生斷裂。

在焊料中產生不穩定微觀共融結構時，剪切區域的擴張尤其明顯，它們很容易產生再結晶現象，如：共融錫鉛就有這類行爲模式。在這些共融焊料中，初期剪切區域造成焊點再結晶範圍的擴張，會引起剪切中的潛變和疲勞發生。這種局部再結晶材料 (通常好發於鄰近介金屬層)，會加速損壞過程和縮短焊點抗疲勞壽命。錫和鉛的再結晶邊界很容易形成，並沿最大剪切應力方向排列。

厚的 IMC 層構造會導致拉力強度下降，但它對可靠性影響是相當複雜的。除非 IMC 層厚度相高，否則潛變疲勞斷裂會發生在整塊焊錫內。在焊錫 60 錫 /40 鉛拉力驗試中，若焊點固化速度很慢又形成雙層 IMC 的共晶微觀結構，破裂時常會發生在 Cu_6Sn_5 層 [12]。

理想的焊料與焊接製程

共融晶粒層結構會呈現較大表面積，性質並不穩定，會隨時間遞延而形成較粗等軸晶粒。爲獲得良好晶粒間潛變特性，從而具有良好的抗疲勞強度，要形成等軸細晶粒結構，就需要用快速降溫焊接製程。在焊接中爲減少 IMC 厚度形成，應該要用較低焊接溫度，焊料熔化溫度以上的停留時間也要短。合金抗潛變能力隨組成而不同，如：62 錫 /36 鉛 /2 銀的組成就有不錯表現。另外 2% 銀對細化和保持共融錫鉛焊料的顆粒尺寸，似乎相當有效，因此可獲得更好的抗疲勞強度。另外若加少量銦和鎘，可抑制錫鉛共融構成的片狀微觀結構，它對於抗剪切疲勞壽命也有幫助。

雜質對焊接的影響

含有約 4 ～ 5% 鉍或銻金屬的錫鉛焊錫，會因爲加入的量增加而呈現非線性表面張力下降。含有 0 ～ 2% 銀或 0 ～ 0.6% 銅的 (60 錫 /40 鉛) 焊錫表面張力，會隨第三元素的增加而遞增。當然其它不同元素的添加，也會產生不同行爲影響。

焊料與基材金屬間的低介面張力有利於潤濕，然而介面能量卻受內含雜質影響。焊料加入少量表面活性雜質，會使表面能量顯著下降，但同量非活性雜質卻不會增加表面能量。因此焊料非活性雜質含量應該保持最小，就不會對潤濕性產生重大影響，也不會劣化接合強度。

有些雜質元素對焊接性明顯不利，表 4-2 所示爲 (60 錫 /40 鉛) 焊錫中允許的雜質含量標準限制 [13]。若焊點中產生砂粒狀外觀，都會被認定是不良狀況。

▼ 表 4-2 使用 60 錫 /40 鉛焊料無不良影響的雜質濃度標準

雜質	含量 (%)	產生的影響
鋁	0.0005	● 會促進氧化，導致黏性不足，砂粒狀黯淡的焊料表面 ● 在銅或黃銅上半潤濕，在鋼和鎳上 0.001% 就開始呈現半潤濕 ● 可利用銻經由鋁銻化合物的排除來達成消除鋁的目的
銻	1	● 隨著銻含量增加使擴散面積略微減少 ● 預防在零下的低溫時 α 錫向 β 錫轉變 ● 經由產生熔渣從焊料中去除鋅、鋁、鎘
鉍	0.5	● 焊料層產生變色與氧化 ● 擴散面積略微縮減 ● 增加整體的擴散率
鎘	0.15	● 25% 時減少擴散面積 ● 存在於表面的氧化膜造成黯淡色澤
銅	0.29	● 由於銅錫 IMC 產生砂粒外貌 ● 過量會增加焊料液相線的溫度使它變得更黏滯
金	0.1	● 砂粒狀的外貌 ● 含量接近 4% 時焊點強度減弱很多
鐵	0.02	● 焊料層產生砂粒狀外貌
鎳	0.05	● 超過 0.02% 時產生砂粒狀結構
磷	0.01	● 脫氧劑 ● 0.012% 時在銅和鋼上半潤濕 ● 0.1% 時在銅上砂粒狀外貌
銀	2	● 增加擴散和焊料強度，過量會產生砂粒狀外貌 ● Ag_3Sn 的 IMC 是柔軟韌性的結構
硫	0.0015	● 硫添加到 0.25% 會產生潤濕效果，但由於 SnS 和 PbS 離散的 IMC 粒子的存在，焊料表面出會現嚴重的砂粒狀態 ● 強大的晶片細化劑
鋅	0.003	● 形成氧化物的元素 ● 達 0.001% 時半潤濕 ● 達 0.005% 時失去焊料光澤

4-5 小結

焊接過程包括有熔融焊料的物理擴散、基材金屬的熔解、焊料和基材金屬間的化學反應作用等。不管是熔解還是 IMC 產生的構造，都受時間、溫度、焊料組成、基材金屬類型等所影響。雖然為了潤濕需要形成 IMC，但它的存在會降低基材金屬在後續作業可焊性。至於焊料變形方面，包括：晶界滑動、移位、晶粒旋轉、成穴等等。

細緻晶粒結構焊點對於抗潛變、抗疲勞表現都較好，它可經由回流焊後的快速冷卻來達成，也可使用晶粒細化添加物如：硫來改善。採用較低的焊接溫度和較短焊接時間，有利於產生較薄的 IMC 層，具有較高的機械強度和較好的抗疲勞能力。

雜質會影響表面張力、潤濕、抗氧化性、焊料外貌等。整體而言，焊接提供了低成本、高產量、高產速、高品質的連接技術。但是恰當的焊接設計、良好焊料選擇、穩定的電路板與零件製作品質，仍然是良好焊接的重要關鍵，業者必須要在這些地方多所著力。

CHAPTER 5

焊接設計及可焊接性

5-1 前言

本章要討論有關電路板材料系統規範及設計參數，這些都是最終線路設計與佈局所必須考慮的。焊接作業在電路板佈局初期就必須加以考慮，以確保能夠滿足期待的產品表現。採用規則應該是簡單而直接，若能讓作業順利又有效率就是好規劃。若這些需求未被適當重視，就會面對相當多問題，如：架橋、冷焊、填充不良等，這些都需要人力修整、造成產品問題、成本增加。

5-2 設計時的考慮

當電路板佈局時，有幾個主要焊接參數應該要考慮，它們是 (1) 引腳與孔尺寸比例 (2) 接點區尺寸與形狀 (3) 延伸平行線的數量與方向 (4) 焊接點密集度與數量。

引腳與孔的尺寸比例

引腳與孔尺寸比例，表達出理想組裝 (大孔與小引腳直徑) 與焊接間的妥協。一般最小孔徑設計規則，應該是引腳直徑加 4mil，最大孔徑應保持在引腳直徑 2.5 倍內。當然若電路板有電鍍通孔或採多層板設計，則引腳與孔比例應低於 2.5 以下，以強化助焊劑與焊錫作業的毛細作用。

焊墊區域的尺寸與形狀

接點銅墊設計，常是圓形或輕微拉長(淚滴狀)，電路板襯墊直徑不應高於三倍孔徑，這方面的規定與經驗可參考相關技術手冊。某些時候在特定低密度電路板，會傾向於在孔邊留下較大而不規則的銅墊，這種作法應該儘量避免。過大銅墊會在錫槽中曝露過多銅面，導致需要過量焊錫來形成接點，容易產生架橋及網狀分佈現象。

延伸平行線的數量與方向

使用自動化電路板佈局程式及面對高密度載板，都傾向於將大量線路群組化，也將它們平行引導到另外一個長距離位置上。若這些線路與波焊方向垂直，(例如：與傳動作業的方向呈現直角)，則會產生架橋或網狀連結。當線路方向與電路板走向必須要垂直時，設計就應該要將線路間距離加大。

焊點的分佈

過量的接點集中在同一區域，會提升架橋、冰柱現象及網狀連結的發生機率。它也會產生散熱的效應，干擾到良好焊接點的形成。

5-3 採用的材料系統

焊接製程，選用助焊劑前要考慮兩個表面狀態，就是引腳表面及焊墊表面。多數組裝者，對零件引腳材料控制能力都極薄弱。因爲這類材料選擇權，常落在零件製造商手裡。多數零件是量產產品且是用大型捲帶包裝，沒辦法經濟而隨機爲個別組裝調整。因此選擇零件時，必須注意引腳可焊接性，應該建立良好進料檢驗機制以確保引腳可焊接性。

至於電路板本身又是另外一個故事，因爲每種電路板都是客製化的，組裝或焊接工程師可經由大量練習控制用在電路板上的材料系統。這是重要課題，爲了要讓缺點率降到最低，電路板應以方便焊接材料製作，其電路板可焊接性也應列入進料檢驗。後續內容，將討論在焊接程序會面對的典型材料狀態。

金屬表面的一般狀況

裸銅

因爲銅的低價及方便性，裸銅普遍用於電子業金屬導體製作。化學清潔過的銅，是最容易焊接的材料，它可用最緩和的助焊劑做焊接。但是除非用松香類塗裝保護，其可焊接性會快速衰退，這是因爲氧化物或污漬所導致。對受污染銅面的可焊接性，可利用表面調整劑輕易回復。若電路板是採用裸銅處理，在操作與貯存期間要特別小心，以保持良好可焊接性 (貯存時間應最小化)。電路板不應該與含硫材料共同貯存，如：紙張。硫會產生頑強銅面污點，會嚴重影響其可焊接性。

金面處理

金是最常見的零件引腳與插入接點表面處理金屬，它是高可焊性又昂貴的材料，可快速融入融熔焊錫。因爲會影響焊點性質，導致接點鈍化及晶粒粗大，業者常避免使用或焊接前做錫化處理。各種研究顯示，鍍金引腳的金在錫槽中兩秒內就會完全熔掉 (電鍍厚度約 50μin)，因此預先以錫做處理是經濟簡單的作法。

Kovar 合金表面處理

許多 DIP 構裝及相關半導體晶片，是以 Kovar 合金做引腳處理。Kovar 合金是非常困難焊接的金屬，因爲它不容易產生良好潤濕。就因爲這個原因，零件製造商及組裝廠商較傾向於以錫作 Kovar 合金預處理。錫預處理，一般只是用酸性有機助焊劑及特定酸性清潔劑來完成。

銀面處理

儘管銀曾普遍用於電子業，但並不用於端子領域或零件引腳處理。原因是銀有擴散遷移問題，這在 1950 年代發現，並在 1960 年代廣泛研究後認定應該避免使用。若必須使用，它是容易焊接的材料，應該經過類似裸銅面處理 (如：避免含硫材料接觸及縮短貯存與作業時間等)。

浸錫處理

浸錫是一種裸銅面無電化學析鍍的錫面處理。當錫析鍍初期，鍍層焊接能力非常好。然而它衰退速度非常快，後來比裸銅焊接性還要差。原來浸錫是用來保護裸銅面可焊接性，可延伸電路板壽命。經驗顯示，共融性錫鉛電鍍這方面表現優異得多，不過無鉛觀念讓浸錫被優先考慮。

錫鉛處理

錫鉛會製作在電路板及零件引腳，以保持焊錫性。它可用電鍍、熱浸泡 (Hot Dip)、滾塗 (Roller Coating) 等方式處理。正確的錫鉛表面處理，可表現優異可焊接性與耐久性 (約

九個月至一年)。錫鉛塗裝可用多數松香類助焊劑做焊接，甚至沒有活化能力的助焊劑都可以。但最佳的結果，仍然是以有活化能力的助焊劑會得到最佳結果。不過全球推廣綠化材料，這類焊料使用量已經相當少。

5-4 潤濕性與可焊接性

焊接被定義為冶金銜接技術，包含潤濕兩個銜接金屬面並融熔填充金屬，經過固化產生鍵結力。從定義顯示，焊接物件不會融熔，因此鍵結發生在兩種金屬介面間，鍵結力與融熔焊料對焊接物的潤濕能力及可焊接性都強烈相關。

儘管受焊金屬未融熔，但若受焊金屬可熔於焊料填充金屬就可產生介金屬。鍵結來自金屬產生的自然力，且沒有化學反應在金屬表面產生共價或離子鍵結。要瞭解焊接機構，必須瞭解潤濕熱力學。幸運的是若只想瞭解潤濕作用，不需要瞭解如此複雜的學理。兩種材料潤濕能力或可焊接性，可測量兩種材料間相像程度。這個特性可觀察水滴落在表面的狀況瞭解，如圖 5-1 所示。

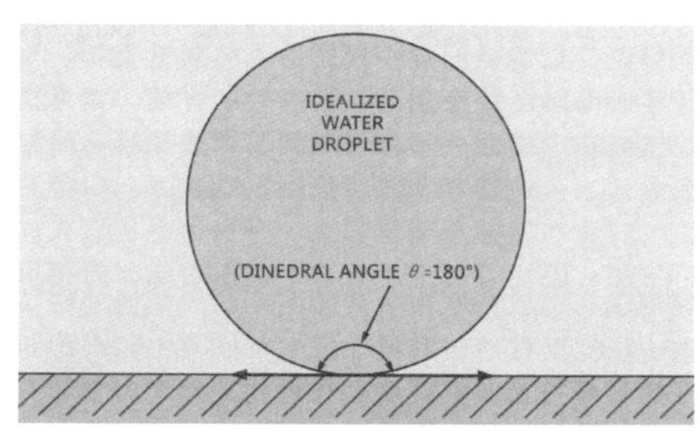

▲圖 5-1　一個完全無潤濕的理想表面

當水滴與所停滯表面並不相像，就會收縮成球狀，理論上接觸區可成為一個點。水滴與平面夾角，稱為兩平面構成的角 (Dihedral Angle)。若水滴與表面相像，會延伸散佈在整個面，並產生親密接觸。各種程度的潤濕能力，與液滴在物件面的散佈、延伸能力相關。圖 5-2 所示，為夾角與各種潤濕狀況的關係。

θ　θ

TOTAL NONWETTING (θ=180°)　PARTIAL WETTING (180°>θ>0)　TOTAL WETTING (θ=0°)

▲圖 5-2　潤濕程度與夾角間的關係

潤濕能力或可焊接性，與材料表面能量相關。若表面清潔度及活性都好，潤濕能力會明顯改善。(如：若污物及油脂去除，沒有氧化層存在金屬表面)。因此要有效產生焊接鍵結，必須要從可被焊料潤濕的材料系統起步，而焊接零件必須保持清潔。

5-5 可焊接性測試

可焊接性測試在電子產業中，是重要品質控制程序。它是簡單程序，但若沒有清楚瞭解測試原理仍可能有問題。可焊接性測試，是測量融熔焊錫潤濕零件面難易程度，所採取的測試方法。當融熔焊錫保持一個持續長久的膜在金屬面上，就認定爲潤濕表面。潤濕是一種表面現象，時常與清潔度有直接關係。助焊劑可以靠清潔表面促進潤濕性，而表面清潔程度則與助焊劑活性相關。

然而電子業的助焊劑應用常有限制，多數電子焊接需要用較弱的松香系統助焊劑，以避免助焊劑殘留造成的漏電現象。爲了強化特定表面可焊接性，並免於使用活性過高的助焊劑，業者常採用電鍍析出可焊接塗裝在金屬面，這樣可讓要焊接又容易污染或氧化的金屬易於操作。

測試的程序

可焊接性測試，可以是觀察生產零件、助焊劑適用性或電路板在焊錫槽中表現的一種簡單程序，潤濕性好壞可經由目視確認。問題是看上去像是良好的可焊接性，可能會很快退化。爲了降低可焊接性衰退，需要用緩和的助焊劑在最少時間與溫度下焊接，這才能獲得較適當的結果。

有效的可焊接性測試，包含使用無色松香系助焊劑及焊錫槽。在要檢測表面先做助焊劑塗佈，之後做焊錫槽約 3 ～ 4 秒浸泡，槽溫約維持在 260℃。之後焊錫可做冷卻固化，零件做目視觀察前必須做助焊劑殘留清潔，這個檢查常直接觀察或以 5 ～ 10 倍目鏡檢查。多數可焊接性測試，可允許約 5% 整體表面缺點率，另外整體缺陷不可集中在同一區域。

更仔細的可焊接性測試，展示在相關公設單位與產業規範中。零件引腳測試，美國電子工業協會 (EIA) 測試方法 RS17814 有詳細介紹。這個測試涵蓋一個浸錫治具，可提供相等浸錫比例與時間，如圖 5-3 所示。

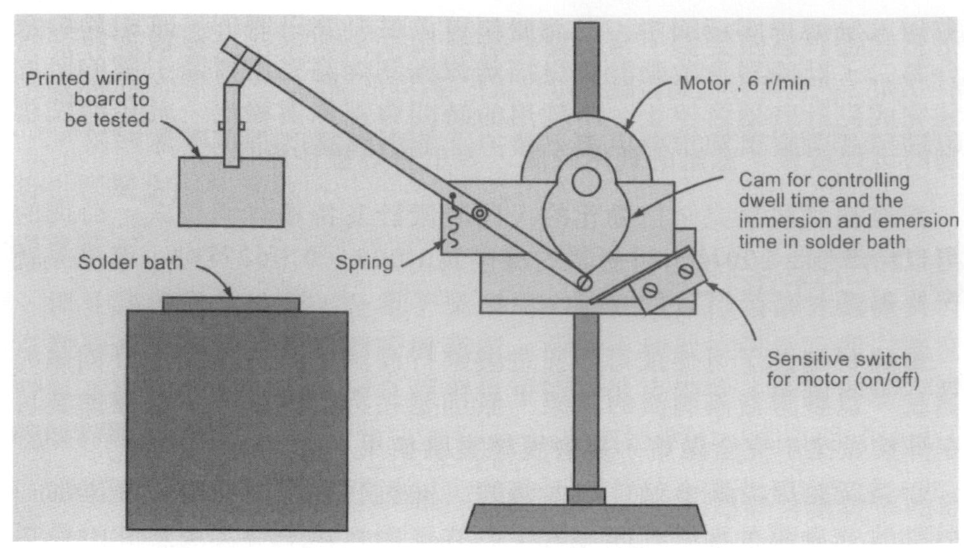

▲ 圖 5-3 可焊接性浸泡測試機

浸泡測試

對電路板浸錫測試，EIA 規範 RS319 或 IPC 規範 S801，都常被引用。先將電路板的板邊浸泡到溫和助焊劑中，之後依據原來規畫的溫度與時間進入焊錫槽中浸泡。完成後清除殘留助焊劑，電路板做潤濕品質目視檢查。類似測試，可用在線狀引腳、端子、周邊部件的可焊接性驗證。相類似的測試規範，也可從美國軍規中查詢。

執行浸錫測試，作業者必須將測試件放入夾持臂，降低夾持臂到可將樣本送入焊錫槽中的高度。經過預設浸泡時間，夾持臂會自動化提起樣本，之後做可焊接性目視判定。浸錫測試也可用手工執行，但會產生較多作業者變異。

由於結果的解讀是依賴作業者判斷，必須要提供作業者不同程度好壞等級的基本說明範例。錫槽溫度、清潔度、助焊程序、浸泡時間及焊錫純度等，都必須要小心控制，以獲得有意義的結果。

液滴測試

這是普遍在歐洲執行的作法，特定狀況還會被強制要求執行。它也記載在國際電化學委員會出版物 68-2 測試法，可焊接性檢測項目中。液滴測試用於線材與零件引腳檢驗，是數據化的可焊接性設計標準，它是用來測量焊錫潤濕引腳的能力。

一支引腳塗佈無活性助焊劑，之後置放在治具中，樣本會被夾持擺直送入融熔焊錫液滴中，液滴體積與溫度是受控制的。當引腳將液滴一分爲二，計時器會啓動計算從接觸焊錫到焊錫完整覆蓋引腳的時間。到達完成點計時器會停止，所耗時間會紀錄與輸出。耗用時間標定引腳的可焊接性：愈短耗用時間，表示可焊接性愈佳。

液滴測試法是完全自動化的，並設計爲持續作業模式，時間測量可精準到 1/100 秒。可測試線徑爲 0.008 ～ 0.062 英吋，溫控系統可保持錫溫約在 1℃差異內。當線材電鍍了可熔或可焊接塗裝做測試，就會建議做補強浸泡測試，以驗證液滴測試的結果。原因是在特定狀況下，電鍍沉積會在焊接做業中完全融熔，這會誤導實驗結果。

標準的可焊接性測試

產業中有不少可用的可焊接性測試法，IPC 公布了一份 IPC-S-804A 文件，內容在討論有關允收與重複性的相關結果。若電路板有特定表面處理，爲這個材料做特殊測試設計是必要的，但對銅或焊錫面電路板，這種測試設計是沒問題的。圖 5-4 呈現焊錫塡充電鍍通孔允收與否的範例。這個吹孔 (Blow- Hole) 的產生，雖然常被當焊錫議題討論，但並不是可焊接性問題。是因爲在電鍍程序中殘留濕氣，受到焊接時高溫影響產生氣泡所致。這種排氣作用，在焊錫冷卻凝固後時常留下孔內空洞，實質上這種問題，鑽孔或電鍍程序才是問題來源。

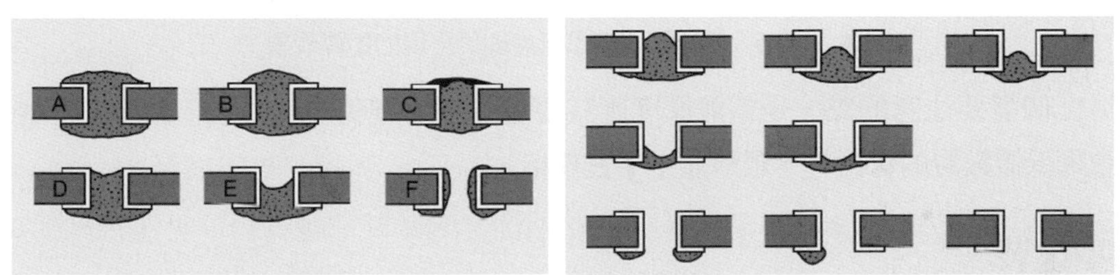

可接受的狀態　　不可接受的狀態(孔壁未潤濕)

▲ 圖 5-4　焊錫潤濕電鍍通孔的有效性 (IPC)

5-6 保持可焊接性的電鍍塗裝

常用可焊接電鍍塗裝處理類型有三種，這些類型爲易熔型、可熔型、不易熔或不熔型。

- 易熔、可熔型電鍍塗裝：提供抗腐蝕面並可在活化下做焊接。焊錫是與電鍍層材料結合或底部金屬結合，要依據焊接狀況及塗裝厚度而定。
- 不易熔或不可熔型電鍍塗裝：在電子應用中常用來作爲阻隔層，以防止底層金屬的擴散。

易熔塗裝

錫及錫鉛電鍍沉積，是電子業應用中最常見保持焊接性的塗裝，因爲它們易熔且不易污染錫槽或填充區。污染不利於抗張性及剪力強度，也容易產生潛變問題。另外污染也可能降低流動性，影響焊錫在零件上的散佈能力。

若塗裝作業沒有良好控制，電鍍沉積可能會產生局部污染面。若這種狀況發生，拒焊就會發生在污染區，因爲電鍍沉積會在此熔掉。因此在電鍍前適當的清潔，是獲致良好可焊接性的必要工作。圖 5-5 呈現回流焊作業後產生的拒焊表面。

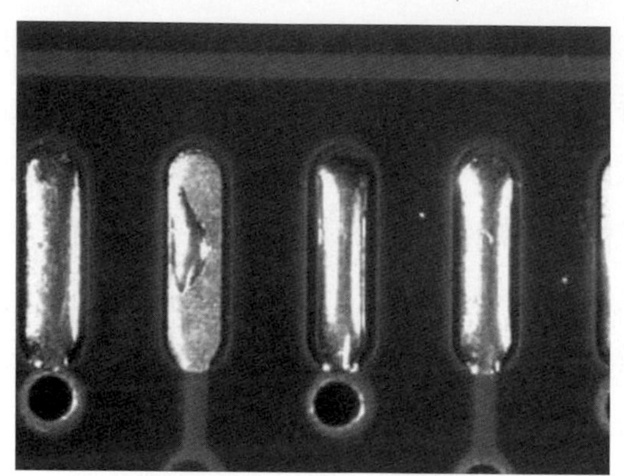

▲圖 5-5　電鍍面回流焊作業後所呈現的拒焊現象

另一個需要注意的點，是電鍍厚度應該要足夠，要避免疏孔現象。疏孔及不純物共析，會降低電鍍層的保護性，最終產生不良焊接。

可熔型塗裝

可熔型塗裝一般包含金、銀、鎘及銅，在焊接時這些金屬塗裝會完全或局部熔解。熔解量依據塗裝金屬熔解度、電鍍厚度、焊接狀況等而定。銀與銅容易在表面產生污點，因此採用溫和的助焊劑有幫助。鎘提供犧牲性抗腐蝕保護，時常需要使用較高活性的助焊劑才能有效。

可熔性金塗裝，提供優異抗腐蝕及耐化學性。然而因爲成本高，只會採用較薄鍍層。另外必須注意，因爲金塗裝若低於 50μin 厚度都會有某種程度疏孔性，這會降低其保護價值。若底部金屬或阻隔屏障層電鍍受到腐蝕，會導致焊接問題。因爲金幾乎在焊接時會瞬間完全熔解，此時焊錫很難潤濕受腐蝕的底部金屬。

另外用於增加合金硬度的元素含量增加，共析金屬或雜質也會降低可焊接性。至於較厚的金鍍層，會導致焊錫接點的脆化，因爲它會產生金錫介金屬混合物。

不易熔與不可熔塗裝

鎳與錫 / 鎳電鍍沉積，被認定爲不易熔或不可熔金屬，因爲它們提供了有效的阻隔，防止焊錫與底部金屬合金形成，它們可提供如：鋁、矽等材料有效焊接的可能性。然而焊接問題還是可能從鈍化層發生，這可能來自不純物的共析，或者從鎳電鍍的添加劑帶入造成。

這種狀況下，鎳與錫 - 鎳電鍍沉積應該以錫或錫鉛保護，以改善焊接位置貯存壽命。鎳與錫 - 鎳對焊錫有微量的熔解度，薄層塗裝無法產生有效阻隔。當無電化鎳用作鋁面的阻隔塗裝，需要厚度必須依據焊接狀況而定，多數作業狀況下厚度 50 ～ 100μin 是足夠的。

有機塗裝

儘管金屬塗裝被用來保持材料可焊接性，是最可靠而有效的保護方式，但它們也相當昂貴。對貯存時間不需很長的應用，採用有機保護塗裝是較經濟的選擇。業者有使用幾種基本的有機保護塗裝，如：水溶性亮漆、有機保焊膜、松香保護塗裝及 Benzotriazole 類塗裝等。有機保焊塗裝必須容易移除，且它們必須與電路板產業用的助焊劑相容。

5-7 融熔的焊料 (以往含錫鉛)

某些易熔塗裝製作是以電鍍執行，低熔點金屬或合金則會加溫到高於熔點，成爲融熔金屬後執行表面塗裝。在融熔狀態下，合金在液體與底材間加速產生，固化析出物是緻密無孔隙的。製程如一般採用的回流焊方式，表面處理常以錫、錫鉛、錫銀等電鍍製作。但是，也可採用融熔熱浸泡塗裝方式。

採用易熔塗裝處理時，必須確保電鍍前表面有適當清潔度，也要產生較爲緻密無疏孔的析出層。對於塗裝表面狀態應該要做適度改善，回流焊後產生光亮的析出物是客戶的必然訴求。

厚融熔金屬塗裝

用於回流焊的焊料鍍層，厚度常落在 300 至 500μin，提供適當厚度可保護組裝面減少回流焊問題。當電路板回流焊，焊料會在焊墊上產生球面狀析出，因此焊墊周邊厚度會比原來電鍍厚度要薄，也會比中間厚度薄。平均厚度應該是一致的，但分佈狀況卻有變化。當電鍍厚度超過 500μin，表面張力可能已經不足以在較大焊墊上維持球面外型，在固化過程就會產生不平整。這種現象，檢驗時可能被認爲是拒焊現象，但實際是融熔焊錫在固化過程中偏離位置所致。

當回流焊中焊料厚度超過 500μin，電路板必需保持水平，否則融熔焊料移動難免。美國軍方規格，已有焊料電鍍厚度規格 1 ～ 1.5mil 的規定，主要是保持最佳抗腐蝕能力，但高電鍍厚度又不希望產生組裝困擾。

電鍍焊料回流焊的問題

共析不純物特別是錫鉛中的銅，可能會讓電路板產生拒焊問題。合金組成變化，可能會升高熔點導致回流焊問題。特別是有機污染會造成較差貫孔能力，產生孔內鉛含量偏高。化學攻擊造成的嚴重氧化或污點，都必須在回流焊前去除，這些物質會在回流焊成爲阻隔層影響焊錫表現。

5-8 可焊接性與電鍍作業的關係

電路板吹孔缺點在電鍍通孔偶爾會見到，肇因是溶液陷在孔內，但也可能因爲過多有機物共析。焊接的熱量讓濕氣與吸附在基材內的化學品產生壓力，之後竄出產生孔隙或電鍍層裂痕，最終就出現吹孔現象。某些這類問題，可利用烘烤做改善。

部分吹孔問題，可能因爲過量有機物共析所致，這個問題在亮面錫電鍍容易發生。當吹孔問題來自過度有機物共析，烘烤就無法改善這種問題，這些吸附材料必須經過金屬液化才能釋放。

電鍍製程中有機添加的影響

焊料電鍍順利析出，來自於適當添加劑添加，因此藥劑添加需要小心控制。添加的控制會影響焊料合金析出狀況，電鍍中會依據配方添加提升鍍層特性。部分特性可以靠添加改善，如：貫孔能力、平滑度、硬度、平整度、光澤度及析出速度。

當雜金屬或異常有機物在鍍槽中出現，析出物特性就會受到負面影響。在特定案例中，微量其它金屬共析可得一些好處，當這種狀況發生時這些材料就不稱爲污染物而被稱爲添加物。當它們產生光澤性析出，這種添加劑就稱爲光澤劑，簡單說它們就是被控制的雜質。

當電鍍製程使用有機添加物，部分形式化合物會被吸附在陰極表面，這些吸附化合物常是原始添加物的分解物。這些化學品吸附量，與其先天濃度及電鍍時間有關。這些有機分解物會隨時間累積，可能會對析出物產生負面影響。

半年到一年，多數電鍍槽都會累積到夠高分解物濃度，應該要考慮更槽。若雜質可用活性炭處理淨化，問題可得到適度控制，這種處理每年應該做兩到三次，這可保持槽液淨化不致達到污染高峰值。

電鍍陽極的影響

當無機物污染在電鍍槽中共析，添加物濃度增加當然會產生影響。陽極品質不良，是構成無機污染的主因。在錫與錫鉛電鍍中，純度 99.9 % 陽極是必要的。高純度化學品及電鍍前有效水洗，都是保持高純度電鍍槽液的基本工作。錫電鍍槽作業在 20℃以下可降低有機物共析。

當過量有機物與錫或錫鉛共析，焊接常會看到氣泡，這也常是電路板吹孔問題的肇因。然而應該留意的是，多數吹孔問題來自於電鍍或清潔殘留。當後烘烤無法解決問題時，才較有可能是有機物吸附問題。

5-9 利用清潔劑前處理來回復可焊接性

在電子產業中，常對助焊劑活性有限制，因爲假設焊接後的清潔可能無法達到 100 % 有效。若離子殘留在清潔後仍停留在電路板上，在高濕度狀況下就可能發生漏電現象。就是因爲這種限制，某些案例不能有效焊接就可理解。這種狀況下，可焊接性必須回復，或者零件必須報廢。

可焊接性變差的原因

瞭解可焊接性變差的原因，是組裝工作重要事，在一些案例中，油脂、污物或有機膜都可能是原因。簡單的溶劑或鹼性清潔劑，都可能改善這類問題。多數可焊接性降低的肇因，是嚴重污點或氧化殘留在焊接金屬面引起。事先在酸性清潔劑做清潔，常能回復焊接能力。經過清潔後，酸性清潔劑殘留必須用水洗完全去除。在關鍵性應用，中和步驟加上另一道水洗，較能確保酸性殘留完全去除。處理後須有快速乾燥，以免氧化再度發生。

可焊接性問題，也有可能因爲兩種狀況混合而發生。這時候必須用溶劑或鹼性清潔劑去除有機膜，再利用酸性清潔劑去除污點與氧化物。若雙清潔劑作業不易，則溶劑中含酸也是另一種選擇。用這類溶液，清潔作業可有效經一道作業加水洗乾燥完成。這種清潔所需空間及設備不大，對表面有機物不多，又影響氧化物去除的工件，是理想的選擇。

溶劑含酸性清潔劑，對清潔銅、黃銅面相當理想，因爲它可溶解多數存在表面的有機膜，又可確實去除污物與氧化物。直接酸性清潔劑，如：鹽酸、硫酸、氟硼酸、硫酸鈉等，都必須去除有機膜才能發揮效用。

較嚴重的銅氧化，有時也會用到蝕刻形的清潔劑如：過硫酸銨。儘管這些溶液非常有效，但要提醒的是，它們讓金屬存在於活性狀態，因此很容易會再次氧化。較好的處理，就是在後面做溫和酸浸再水洗乾燥。

清潔焊錫表面

引腳與電路板常會塗裝錫或焊料，以保持可焊接性。當這類塗裝以電鍍處理，重要的是析鍍表面必須有可焊接性，因此電鍍前必須適當清潔。蝕刻或貯存沾污的錫或焊料塗裝，會減損其可焊接性。用於去除錫或焊料污漬的酸性清潔劑，常含有硫婁、氟硼酸、潤濕或複合劑。若用噴流設備，內裝鈦金屬盤管或滾輪者，不可用含氟硼酸清潔劑。

必須注意的是，若錫或焊料是電鍍在沒有焊錫性表面，則只有剝除活化重新電鍍一途。含有冰醋酸、雙氧水的溶液，常用來處理這類產品。剝除並重新電鍍是高成本作業，爲了經濟考慮有時不如報廢。

5-10 小結

適度做電子產品組裝焊接考慮，設計時就將組裝顧慮一次納入，有助於產品後續生產順利。零件與電路板焊接面，如何能維持良好焊接性，讓焊接作業能順利進行，是順利完成產品焊接組裝的關鍵。

焊接製程與設備

6-1 綜合討論

當高密度電子部件進入組裝業，傳統組裝概念都必須要適度修正。電路板組裝複雜度明顯增加，單一電路板零件數量大幅增加，零件引腳數也快速成長、多樣化。電路板尺寸壓縮，平均層數仍在增加，高階電路板厚度有所成長，而零件間空間也快速壓縮。

特別是可攜式產品、高階伺服器產品變化特別明顯，個人電腦主機板幾乎與當年工作站一樣複雜。這些產業變動，增加了現代產品組裝困難度。大家不能只注意焊接組裝變化，從產品發展看，已經有不少積體電路構裝及堆疊在業界出現，理解這些變化可幫助大家預知未來。

至於相關產業，也因爲電子組裝而有生態改變。代工生產的電子組裝快速成長，使電子製造服務 (EMS) 必須能做電路板組裝 (PCBA) 設計，並能讓產品達到穩定自動化組裝。然而當業者要縮減某些設計，若電路板是外製就較難以追蹤變化。假設發生組裝問題，相較於廠內製作，委外較難判斷問題根源。代工業者的設計修正準則，會較限制在零件焊墊形狀、零件間距、尺寸、最終金屬表面處理、零件形式等。這些必然也有特定製造費用增加規則，以面對特殊設計變化。

電子構裝尺寸大形化或極小化也是業者關心重點，陣列構裝零件 (如：BGA) 腳距逐漸的從 1.27mm 轉換到 1.0mm 以下，部分高階陣列構裝有超過千點接腳。晶片級構裝 (CSP) 最終尺寸不大於 1.2 倍晶片尺寸，已經大量用於消費性及可攜式產品。這些陣列部件典型腳距，都落在 0.8 ～ 0.4mm 間，其焊接相對麻煩，且非常依賴良好的錫膏印刷。

小型鋼版開口是這類產品製作必要能力，困難的地方在於小開口會影響錫膏通過能力，且微小開口會有毛細管表面張力問題。因此設備與印刷治具尤其是鋼版，從 PCBA 觀點看是十分具挑戰性的。

6-2 產業變革

儘管表面貼裝零件已十分普遍，但仍有部分通孔零件無法轉換為表面貼裝，因此波焊還是廣泛使用。因為現代 PCBA 複雜度不斷增加，波焊難度也隨之提高。選擇性波焊治具 (波焊架) 是必要工具，常用於遮蔽底部表面貼裝零件，這可避免它們接觸波焊焊錫。這個遮蔽治具有時候也作為絕熱工具，可避免表面貼裝部件焊接點在波焊中再度熔解。

這種發展還擴及焊錫冶金學，國際上限制電子組裝使用鉛，但部分產品因為顧慮信賴度衝擊，管制方面略有延遲。法規要求轉換無鉛，必然會影響產業可用資源。所有實用性無鉛焊錫，都有較高熔解溫度。對半導體結構、構裝材料、電路板基材、灌膠零件、端子等，都必須摒棄傳統觀點在設計與作業方法上持續精進。

傳統回流焊爐未完全退役，其升溫能力、爐道長度對新合金處理彈性仍不足。助焊劑、電路板、引腳的最終金屬表面處理，相關信賴度驗證模式，也都要不斷更新來面對無鉛需求。電子產品密度提升，固然讓產品設計得到便利，不過卻挑戰著電路組裝。前所未有的大量線路及部件整合在積體電路上，而晶片之外的表面貼裝線路需求卻受到限制，這種矛盾似乎讓大家認為目前欠缺增加晶片與產品功能的條件。

面對這些挑戰，提升線路密度及採用更新零件形式與製程技術，成為業者的必然選擇。線路運作後愈來愈熱，散熱材料與結構持續在進步中。當系統功能提升，單一功能的電路板尺寸也會增加，即使在系統中有散熱機構設計搭配，但要在行動產品上搭載仍然是挑戰。我們每天接觸的消費性產品及配備，行動電話、CD 影音設備、微波爐、攝相機、筆電及其他個人電子產品，持續影響著我們的生活。所有產品及相關電子消費品、事務機具，持續在縮小尺寸並增加功能。

網路化讓更多電子產品能提升連結性，電腦以往對家庭曾是稀有產品，如今一家多台不足為奇，且相互間有無線網路連結。掌上型產品可配備更多記憶體，有時功能比家用電腦還好。腕錶型電視、數碼相機、侵入性醫療器材，所有產品都朝向小型、高密度發展。構裝形式與組裝技術，是推動高密度化及產品進步的要因，這些方面會在後續內容討論。

壓入適配 (Press-fit) 是發展已久的技術，如今因為通信網路的普及才逐漸受到重視。這些年來，這種連結器組裝對大型通信網路推廣，突然變得非常重要。特別是厚而高階的電路板，靠插梢推入電路板通孔做連結，連結器組裝已是厚板及背板標準。它是一種避免熱衝擊的方法，熱衝擊會導致信賴度問題，這種端子連結器可用在非波焊板上。而壓入適配連結器，可在電路板單、雙邊組裝，也可在完成最終焊接後安裝。

過去高腳數 IC 如：中央處理器，曾經以 PGA 構裝，之後以表面貼裝 BGA 及 CGA 組裝，新一代高腳數高功能構裝開始採用 LGA。這類新無焊錫構裝連結，主要依賴機械壓力接觸與電路板部件連結。LGA 看起來與 BGA 相似，只是沒有底部球體做連結，是在基板上做硬金焊墊，用來承受引腳壓力做接觸導通。

LGA 提供複雜晶片免除熱衝擊的安裝、更換方法，LGA 可重複使用多次，只要金焊墊及電路板金焊墊能維持完好。組裝時必須小心，確保系統可靠接觸。所有表面保持無污染，不可有助焊劑或其它污染物。LGA 腳位必須與承接端子腳位搭配，以免構裝或電路板表面受到傷害。

此外線路變化，也有許多鉅細靡遺的事情要注意，這樣才能順利做電路板組裝。製造最重要的部分，是電路板設計及製程準備。本章內容要討論基本焊接技術，並檢討關鍵背景與確保操作順利。儘管如此，這裡所談技術仍有相當比例較傳統老舊，恐怕讀者都有一定程度瞭解。

不過若工程師沒有良好基礎知識，很難介入製程做整合與最佳化。對電路板組裝，作業者必須廣泛關注每個紀律性問題，化學特性、物理特性、冶金學、熱力學、機械工程、信賴度及材料科學等，每個項目對產品品質都可能是關鍵，必須注意。累積愈多基本知識，製程工程師的工作就愈順利。本章撰寫的目的，以提供基礎組裝製程理解爲目的。留意細節、小心管控溫度曲線，測量必要設備零件並保證其表現正常。學習基本程序，可確保進入製程的順利成功。

6-3 產品與製程的設計

對電路板組裝及接點形成，有些重要考量點必須注意，產品會曝露在甚麼環境下，也必須做瞭解：

- 組裝產品會經歷怎樣的熱環境？
- 組裝中會經歷怎樣的機械衝擊及震動？
- 產品預期會經過幾次熱循環？
- 焊接組裝會曝露在怎樣的氣體及濕度下？

這些項目與思考，牽扯到材料選擇、焊點結構及組裝設計規則。想用特定設計規則、概念廣泛應用，不是簡單實際的事。相反的，作業者須瞭解影響焊接及產品信賴度的基本現象，才是我們要探討的本質。有些固定規則是可遵循的，就是電路板進料清潔度、焊錫純度等。這些規則，有標準文件可參考，如：IPC 發行資料。傳統想法希望用一般性規則覆蓋所有應用，這種概念不應該繼續存在。桌上型電腦用材料與焊接特性，與汽車用啓動系統電路板不同。而汽車電子會增加對產品耐震、耐機械衝擊需求，對計算機、行動電話、筆電等都會有類似要求。

這些需求，與實際可攜式產品市場量產連結，促使產業必須提升焊接良率，並改善接點對接點與組裝到組裝的重複生產性。修補成本成爲製造的重大負擔，包含重新處理的材料與人力耗用，這進一步給予製造者第一次就做好的壓力。有幾個重要事項會在製程中討論，就是冶金學、助焊劑及操作程序。能將正確方法銘記在心，應可獲致好的焊接良率與信賴度。唯一能確認組裝符合使用環境的方法，就是發展出適當的加速測試法，這樣可精確預言產品信賴度，這將在後續內容討論。

焊接作業也有大量陷阱，焊錫中過多金會導致接點脆化，過長製程時間或過高溫度也會有相同影響。殘留助焊劑，可能產生腐蝕問題。助焊劑腐蝕性產物化學遷移，是線路故障模式且難用電測偵測。只要其間有偏壓，樹枝狀細絲也可能會在兩導體間產生。微觀樹枝結構會有小載電能力，可能扮演類似保險絲角色。它們會飄移，之後又再度長回來。這種電氣短路影響可能是瞬間，對電路板級或系統級故障診斷十分困擾。

另外一個焊接製程的線路測試，就是免洗 (Non-Clean) 助焊劑及錫膏產生的殘留問題。這些助焊劑殘留物，在配製時以無腐蝕性配方製作，意味著在產品生命週期中可留在電路板上。這些殘留物一般都是絕緣硬質，會遮蔽電氣測試探針穿透。殘留物特性主要與助焊劑或錫膏選擇有關，但焊接製程還是會影響殘留物特性。因此事前思考及材料測試，都可降低電子組裝對新產品起步的衝擊。

一般的金屬連結方法三種最普遍使用的金屬連結技術爲：

- 焊接 (Soldering)
- 銅焊 (Brazing)
- 熔接 (Welding)

爲避免檢討這三個技術細節，只在此做金屬連結法的粗略比較，進一步討論會在電路板焊接階段進行。

焊接

爲達成焊接製程合金鍵結，焊接材料必須與金屬基材或底層金屬的表面處理相容。所謂金屬基材，指的是主體金屬，就是支撐形狀及強度的金屬結構，如：電路板的焊墊、電鍍通孔或零件焊墊等。這些金屬基材可能是單一元素如：銅，或是合金如：Kovar。基材金屬可能需要做表面塗佈，以維持或提升可焊接性。金、錫或焊錫塗裝在 Kovar 合金上就是一種範例，後續會討論一些替代金屬系統。

銅焊

銅焊與焊接只有些微不同，主要差異是接點形成所需溫度。銅焊與焊接比較，會在高溫下完成。多數人同意，當填充金屬熔點高於 500℃，就稱這種製程爲銅焊，當然這種區別並不絕對。填充金屬是焊接金屬還是銅焊金屬，必須依據採用製程而定。焊錫被認定爲柔軟、低熔點、高延展性材料，相對的就是銅焊材料。連結主體金屬，只是在接觸焊接或銅焊表面，經歷了冶金變化。連結主體金屬內，並沒有填充金屬進入產生合金 (焊接或銅焊合金)，也不會如同熔接一樣加熱到它們的熔點溫度。

因爲電路板組裝幾乎完全採用焊接，本章主要還是專注於傳統連結法。主要會以軟性共融性焊料系統，具有熔點接近 200℃的合金爲主。電路板組裝會採用焊接，與材料相容性及容易操作有關。有關合金選用部分，也會陸續做討論。

熔接

熔接包含加熱一種或多種相容金屬，使它們達到熔點能與另一個體產生銜接。它們可能是相同材料，這樣就只是相互融入。若熔接兩種不相同材料，就是執行兩合金材料熔接。作業不需要用填充材料，因爲要連結的材料會交互融熔相互浸潤，當然爲了種種原因也可加入填充金屬。

熔接可非常局部性，或者也可延伸到整個金屬表面，熔接與另外兩種作法非常不同。在後兩者，不同材料 (填充金屬) 必須要夾在連結的金屬面間，填充金屬必須與基材金屬產生冶金或合金現象。這個融熔合金，就好像兩面金屬的水泥一樣在其間產生接點。

6-4 焊接作業

當焊錫融熔時，它必須潤濕接觸材料，依靠擴散、熔解、產生合金與基材金屬產生冶金形式鍵結。要顯示這點，特別是在電子焊接的背景，最一般的範例就是錫鉛連結銅。這個範例並不需要討論錫鉛合金，較重要的是知道焊料與銅材產生合金的作用與過程。要瞭解接點的產生，必須檢討製程在焊接作業時的操作原則。主要涵蓋步驟如後：

- 焊錫與要焊接的材料緊密接觸
- 提供足夠的熱熔解焊錫
- 從基材與焊錫金屬上移除氧化物
- 焊錫潤濕基材金屬並產生介金屬
- 冷卻液態焊錫

每個步驟，都會在後續的內容中討論

焊錫的加熱

加熱是整個焊接的基本過程，不應該被歸類爲僅是與升溫使焊錫開始液化的程序而已。升高焊錫溫度，會讓焊錫軟化。加熱到熔化，會讓焊錫開始流動，這進一步提升焊錫與被焊件間的親合程度。其實在室溫下，共融性焊料合金 (如：63% 錫 /37% 鉛)，若以絕對零度作爲參考點 (183℃或 456°K)，已經在液化 65% 的狀態。熱量輸入也負擔啓動化學反應所需能量，這也會產生輔助與抑制焊接程序。最重要的是，熱驅動產生介金屬所需要的冶金程序。

氧化的產生

多數材料與含氧環境共存都會產生氧化現象，加熱過程中焊料及基材金屬表面會進一步快速氧化。若含銀焊料合金在含硫 (含硫氣體) 環境中加熱，硫化反應就會發生，且污漬會遮蔽焊接作用。愈高的焊接溫度與愈長焊接時間，氧化與污漬產生就愈嚴重。氧化物與污漬成爲焊料、基材間屏障，合金的物理性反應可能會被阻隔。當然在金處理表面，未必有大量氧化降低焊接性，但除非焊錫本身氧化被去除，否則要產生合金還是有困難。不過多數焊接製程可人工改變週遭環境，以減緩氧氣或其它氣體污染的不利影響。

焊接面化學處理

普遍補救焊接氧化與污漬的方法，是用化學藥劑、助焊劑，它們會攻擊移除污漬、氧化，並進一步保護金屬面避免連結程序中再氧化。助焊劑 (Flux)，來自拉丁字 Fluxes，意義是流動。助焊劑可確保一旦焊錫融熔，可流過鍵結面而不受氧化膜影響，包括焊錫及基材。

焊錫潤濕與介金屬產生

產生介金屬 (IMC) 是焊接形成的關鍵，它介於焊料與基材金屬間的局部性合金。或許業者有不少錯誤介金屬認知，但有件事情十分明確：沒有介金屬產生，就不會有焊錫接點產生。這種看法似乎曾有爭議，因爲部分錯誤主張認爲雷射焊接這種製程缺少 IMC。在這個焊接技術案例中，會在焊接後即刻產生極薄的 IMC，但要完成焊接它必然要出現。高溫與緊密接觸的液態焊錫，會提升介金屬化合物產生的速度與面積。

焊錫冷卻

一旦金屬再度低於熔點，焊錫冷卻而介金屬化合物產生的速率會明顯降低，此時焊接點形成。在程序完成時，固態下焊點的焊錫獲取量是關鍵，在輸送電路板前應該防止零件在焊錫融熔狀態下意外移動。

6-5 焊錫填充的狹窄區域

焊錫填充的狹窄區域，是整體焊錫表面張力與潤濕能力的整體表現形式。圖 6-1 所示，爲焊錫潤濕焊墊及零件引腳產生的填充狀況。狹窄區填充的狀態，是一個潤濕程度合理的指標。因此製程表現好壞可由焊錫填充狀態獲知，適當高度的接點填充效果最好。

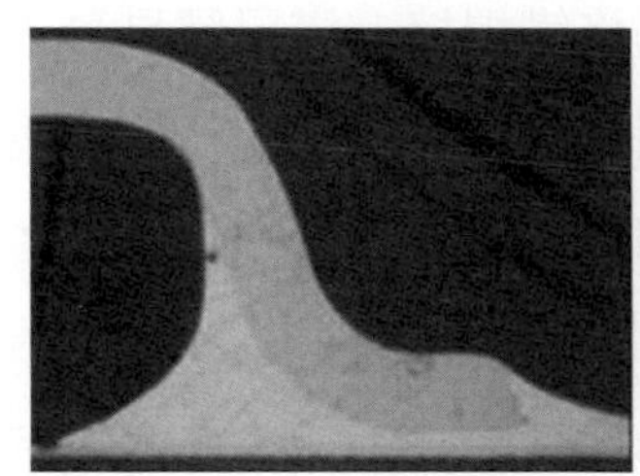
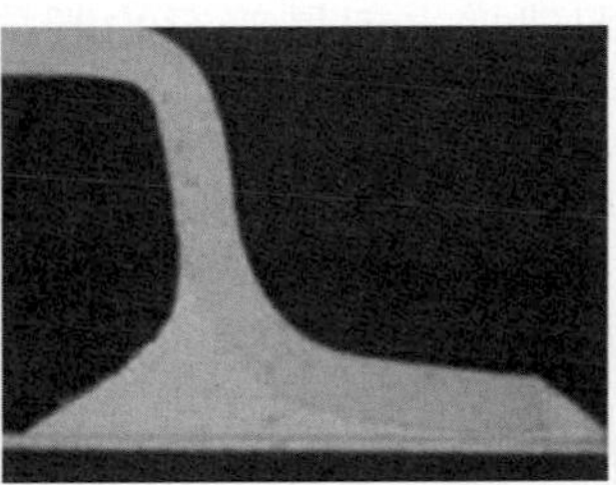
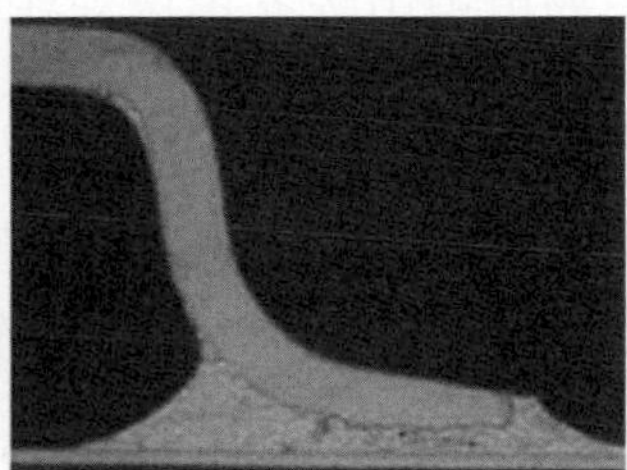

▲ 圖 6-1　焊錫潤濕焊墊及零件引腳產生的填充狀態

對良好焊接的結果看法會有混淆，比較兩片非同時作業的板子，填充較高的可能表示液態下時間較長。若這是事實，焊點脆化可能也來自介金屬成長。介金屬是脆性的，會降低接點強度。大的焊錫填充，也表示有較大焊錫體積。因此，只檢查填充狀態不足以精確評估焊接表現。在一定溫度曲線下，焊錫合金、接觸面冶金形式與狀態、焊錫體積、助焊劑、焊接曝露環境、焊錫填充狀況等，還是可作爲各種零件連結組裝首件產出品質的參考。爬升過多的焊錫，會造成架橋短路，特別是引腳細緻、間距小的構裝零件。引腳上過量焊錫會降低引腳彈性，也可能影響接點熱循環承受力，提早發生故障。

到目前爲止所討論的焊接程序，液體金屬系統介面都有氣體防護，這是製程的基礎。從另一個角度看，保持焊錫及焊接面可連結性，最好也是保持在低氧化物狀態下。因此助焊劑配方，並不只是去除現有氧化物，也要在高溫下保有無氧化清潔的金屬。要達成這種要求，助焊劑必須用分子量夠高的原料做設計，才能防止它們在高溫過程中被快速燒掉。而焊錫流動及表面張力會影響液體介面行爲，因此焊錫散佈的能力，必須研討液態焊錫與液態助焊劑系統的表現。

6-6 介金屬化合物與冶金學

在焊錫與連結金屬邊界間，會有一種中間型合金相，它們會佔部分或全部接觸面金屬組成，這個相是以化學計量觀點及金屬結合狀態來表達。高合金濃度區，會與焊錫或基材金屬特性極大同，多數會呈現較高脆性行爲，它可能是導電性或半導體性的，這種結晶材料被稱爲介金屬化合物 (IMC) 或簡稱介金屬。多數人認爲焊料是一種柔軟、寬容度大的材料，並具有較低熔點。但焊接本質是，連結錨接區具有脆性與高熔點，導電性也會較差，但是沒有介金屬的產生就不會有好焊接點。

6-7 焊接技術

過去業界提出許多焊接方法與建議，但最普遍的還是烙鐵焊接。這已經是最古老的方法，但至今還適用於電路板焊接。後來也有用直接供能結合法，加熱侷限在特定電路板小區域，只針對特定點或小區焊接。相反的若使用大面積加熱法，就可做大量焊接，這可視爲量產方法。因此今天的焊接技術，可依據加熱面積或接點數量產出做區分。

烙鐵焊接作業速度既低又笨拙，並不適合生產大量零件、引腳細緻零件的電子產品。當電路板及零件趨於成熟，恰當焊接組裝法自然隨之而生。儘管電子焊接組裝工具，過去這些年來快速變化，但這種二分法依然持續著。另外一種分類方法，是將作業法區分爲：流動焊接與回流焊兩種，這些後續內容會有討論。所謂的現代化焊接法，可區分爲兩種明顯類型，它們包含了如表 6-1 所示的各類方法。

每種方法都有它的定位、目的與優點，技術評斷當然是依據它們的可應用性、成本及效果爲依歸。大量焊接技術，是目前最普遍的電路板組裝量產方法。部分指向性能量焊接法，目前也被導入量產行列，這是因爲電路板尺寸縮小適合使用指向性能量法，它的重要性正持續提升。

▼ 表 6-1　兩大類的各式焊接法

大量焊接 (Mass soldering)	導向能量法 (Directed Energy Methods)
波焊接 (Wave soldering)	熱風焊接 (Hot Gas soldering)
爐回流焊 (Oven Reflow)	熱條焊接 (熱壓焊 Soldering)
蒸氣相回流焊 (Vapor Phase Reflow)	雷射焊接 (Laser Soldering)
	焊接烙鐵 (Soldering Iron)
	點狀火焰噴燈 (Pinpoint Torch)

大量焊接法概述

焊錫流動焊與回流焊適合量產，整片電路板都受熱，大量零件可一次完成焊接。兩種普遍設備，是回流焊爐與波焊機，第三種技術蒸氣相回流焊曾普及一時，不過因使用溶劑的環境顧忌，業者縮小了使用規模。選用焊接法，會依據零件型式、焊接電路板狀態、需要產出、需要接點特性等決定，沒有絕對規則。也有產品，通孔與表面貼裝零件經過回流焊爐同時組裝。這被歸類爲侵入式 (Intrusive) 回流焊，大量錫膏塗佈在通孔內，插入通孔零件，與表面貼裝零件同時經過回流焊爐。錫膏液化，被吸入通孔與引腳間隙，與表面貼裝零件同時產生接點。

若使用侵入式回流焊 (也被稱爲 PIP-Pin-In-Paste 焊接)，必須確認零件與回流焊相容性。高溫與長時間惡劣環境曝露，可能會導致不當零件熔解變形或損壞。零件內部某些部件鍵結也可能損傷，而部分電容器也可能漏電或爆開，這即便是一次回流焊都可能發生。侵入性回流焊明顯缺點是，有時無法提供足量錫膏以符合焊點允收規格。需要焊錫體積，由零件引腳間距及印刷鋼版開、厚度支配。這些又與電路板最小零件、電鍍通孔銅墊尺寸、電鍍通孔體積、引腳長度與直徑等有關。要訂出侵入性回流焊規則有困難，但對厚度 62mil 以下電路板不無可能，且可用預先成型焊錫薄片搭配通孔零件補足體積。圖 6-2 所示，爲製作案例。

▲ 圖 6-2　因為有表面張力使焊錫保留在引腳周圍，非常少的焊錫落入電鍍通孔內 (IPC)

因爲侵入式焊接需要較大焊錫體積，它是引腳與通孔體積的函數，因此縮小通孔體積有利於這種應用，特別是厚電路板。但是當孔與引腳間的體積降低時，容易有空泡增加趨勢。焊料配方，是爲表面貼裝應用而設計。內部含有錫粉及乳霜狀化學有機助焊劑，增黏劑可改善錫膏印刷時所需要穩定性，這些材料也有固定 SMD 零件的功能。

接點空泡成因是錫膏有機物揮發所致，當溫度因焊接升高，氣體會緩慢膨脹產生內壓降低焊錫密度，液態焊錫表面張力變化。若助焊劑揮發物不易吸附，接點在固化後就可符合允收標準。相反的若氣泡膨脹太快而壓力夠高，氣體爆破從通孔噴出並帶出焊錫，會使引腳周邊錫量不足，還會導致板面錫珠。相關的錫膏運用與表現，將在後續內容討論。

加大較厚電路板通孔，有利於侵入式焊錫 (PIP-Pin In Paste) 作法。若孔與零件引腳體積比例保持在恰當範圍，且若零件腳比通孔短，毛細作用會維持引腳周邊焊錫，並降低焊錫流入通孔的量。這種方法的優勢是，若通孔零件不多且與回流焊製程相容，則波焊程序可去除而降低生產成本。PIP 回流焊程序還有一些不同於 SMT 製程的特性，它們是：

- 焊錫接點可能不如波焊製程所做得好看。
- 引腳尖端可能會有錫珠。
- 這種焊接法會有較大量助焊劑殘留出現在電路板底部引腳間。這些多餘助焊劑殘留，除了外觀差外也可能造成電測及後續電性問題。

6-8 回流焊爐焊接

回流焊起初是用來做表面貼裝零件的焊接，錫膏經由橡膠或金屬刮刀透過印刷鋼版移轉到基板上。錫膏含有焊料與助焊劑，以輔助金屬表面做貼附及提供足夠焊料產生接點。零件置放在電路板錫膏上，之後眾多電路板會投入爐中回流焊。回流焊爐逐漸提升電路板與零件溫度，並活化表面的助焊劑，最終足夠熱介入導致焊料順利流動焊接。

若溫度不能正確穩定，電路板本身可能也是回流焊製程的受害者。有多種不同回流焊技術陸續出現，有助於回流焊爐與周邊設備的選用，且可輔助電路板表面貼裝技術。對不同回流焊法所做的討論，可幫助讀者選用最佳回流焊爐，也可降低使用新製程或現有設備的問題。

回流焊爐的次系統即使是最簡單的回流焊爐也會存在幾個次系統：

- 絕熱的通道
- 電路板傳動機構
- 配置的加熱器
- 冷卻段
- 排氣系統

典型的設備示意，如圖 6-3 所示。

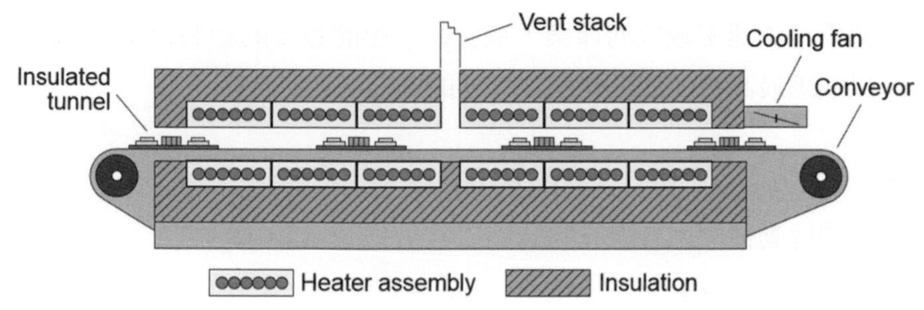

▲ 圖 6-3　回流焊爐五段系統：溫控加熱、絕熱通道、傳動機構、冷卻風扇、排氣系統

回流焊爐設計已經達到高精緻度，有某些輔助設計也可提升錫爐能力適應製造所需。這些輔助及次系統設計，都是爲提升穩定與方便性而設，主要還是依據供應商需求不同做搭配。因此無法詳述，只能針對基本大項目說明，以幫助讀者理解錫爐結構與操作。

絕熱通道

焊錫爐中的通道，是焊件通過的絕熱區域，它可讓回流焊製程持續進行。它提供加熱的絕熱環境，讓電路板從外部 (室溫) 進入，並設計成能保持所需高熱的狀態。電路板靠傳動機構通過通道，速度可調而穩定，其間通過多個加熱器。這種設計可讓電路板的回流焊處理受到控制，做到穩定預熱、回流焊、冷卻。典型絕緣通道開啓時，如圖 6-4 所示。

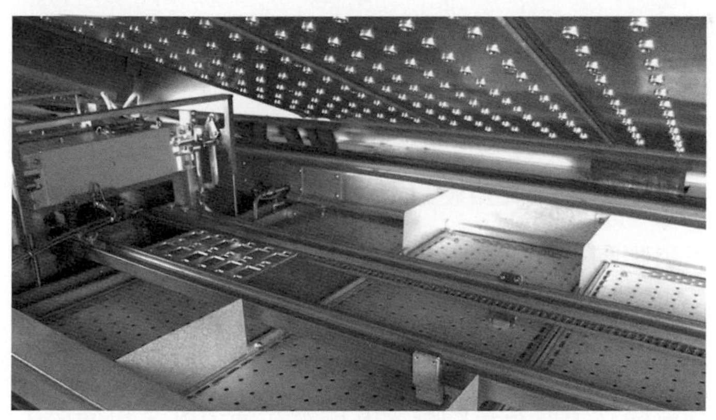

▲ 圖 6-4　焊錫爐的絕緣通道型式

每個加熱器的熱輸出可經由熱電偶感應，作爲回饋控制調整加熱的訊號供應來源。多數生產系統，加熱器設置在電路板通道上下方，其寬度至少必須與傳動機構同寬。跨越 18 英吋寬度通道的熱均勻度，變化範圍必須小於 5℃以內。廣泛的看，其表現受到幾個因

素影響，包括：通道絕熱性、加熱器狀況、抽風與氣體迴流混合的狀況等都是影響因素。而通道尺寸的考慮，也是回流焊應用的關鍵之一。較短通道無法獲致適當回流焊溫度時間曲線，尤其是需要升溫速率較快的作業，或者需要熱能較多的組裝作業。通道高度與尺寸必須要恰當，以適應最高零件或散熱零件需要的空間。

傳動機構

有兩種主要的傳動機構用於現在的回流焊爐：

- 帶插梢的鏈條傳動機構
- 鏈網傳動機構

設備需要兩者之一，任何回流焊爐都可考慮使用。插梢鏈條傳動機構，像是腳踏車鏈條邊緣有插梢內突。回流焊爐單邊各有一條這樣的鏈條，電路板置於其上傳動通過爐體。典型傳動設計狀態，如圖 6-5 所示。

▲ 圖 6-5　電路板受插稍鏈條傳動機構承載的狀況

兩條鏈條是由馬達驅動，以適當齒輪帶動確保電路板平穩通過錫爐，防止板偏斜或在爐內卡板。傳動速度爲可調，且受需要溫度曲線而定。鏈條安置在軌道上，保持平行通過整個錫爐通道。其中一邊軌道是固定的，而另一邊會平行於第一軌道但是可調，這樣可適應各種板寬度。傳動機構必須要有足夠曝露區域露在通道外，以便於人工收放板之用。

插梢鏈條傳動機構，非常適合雙面零件電路板組裝。因爲電路板靠邊緣置放，與插稍接觸只有非常小的區域，並受到熱影響也應該是最小。因爲插梢鏈條不會接觸電路板任何一面零件，因此會影響前一面回流焊零件對位度的機會很小，這類問題有時會出現在鏈網式傳動機構上。

當沒有插梢鏈條傳動機構時，雙面組裝電路板可用拖盤治具承載操作，保持反面零件免於接觸鏈網。任何多餘物質出現在回流焊製程，都會影響溫度曲線。拖盤治具也會有這種影響，因此它的影響量必須要在作業時加以考慮。當回流焊薄或大電路板，插梢鏈條傳動設計會導致電路板下垂，這種狀況在回流焊後會非常明顯。下垂原因，是因爲回流焊製程加熱超過電路板玻璃態轉化點溫度 (Tg)。Tg 就是有機材料從硬結構轉化爲橡皮態結構的溫度，這在環氧樹脂及電路板基材上都會出現。多數電路板基材 Tg 值範圍落在 135 ～ 170℃，這都低於回流焊溫度峰値。電路板在沒有支撐情況下，會在溫度超過 Tg 時中間區域產生下垂現象。

電路板銅線路會提供一些支撐，但並不足以平衡它。下垂或連帶的軌道不平行問題，可能會進一步導致電路板的掉落。許多現有錫爐製造商，採取數碼控制設計來調整軌道導正鏈條，以避免因爲不同加熱狀態導致的長方向軌道彎曲。多數市場主力回流焊爐供應商，都已經克服了軌道彎曲問題，但在驗收時還是應該做受熱測試確認其受熱影響。

電路板下垂狀況可利用機械性襯料補強解決，可以是永久性或暫時性的。需要注意的是，襯料有可能會影響電路板的熱容量，這會使回流焊困難度提高。另外也必須注意，增加襯料必須確認不會影響電路板表面零件受熱狀況，尤其是接近板邊的零件。產品生產設計規範，應該包含回流焊困難零件的考慮，或者是鄰近板邊零件的熱平衡考慮。

某些軌道式電路板傳動機構有潛在問題，系統有明顯鏈條軌道合併熱散失問題。某些系統內電路板是以各邊軌道的溝槽導引，再以傳統插梢鏈條或突出手指狀機構推動電路板。這種以邊緣導引的系統，會嚴重影響電路板邊緣熱傳送，可能會過熱或產生散熱現象，部分廠商還提供軌道加熱器來平衡這種影響。建議業者最好避免使用這種設計，因爲這會使錫爐進一步複雜化，且使製程控制更加困難。

使用傳統插稍鏈條傳動機構應該不成問題，因爲實質上插稍鏈條傳動只不過與電路板做點狀接觸而已，這些點的熱傳送應該極爲有限。另外多數新回流焊爐設計，已經以不銹鋼鏈條替換傳統碳鋼鏈條。不銹鋼鏈條具有更佳耐磨特性，也比其它材料製作的鏈條導熱性低。

用在回流焊爐中的鏈網，是以粗略的不銹鋼編織，在焊錫爐的通道中運動。鏈網提供額外的彈性，對各種不同尺寸電路板作業並不需要做調整。鏈網寬度與通道寬度搭配，電路板的掉落現象可大幅減緩。圖 6-4 中通道底部就有鏈網的設計。

最佳的狀況是混和兩種傳動機構的設計，可拯救電路板並節省保養時間，另外或許還可提升人員安全。此處鏈網設計是一種選擇性作法，既可作爲單面板的作業平台，又可作爲插梢鏈條傳動電路板掉落時的保護裝置。若鏈網機構未與插梢鏈條機構混用，掉落電路板會在加熱器上悶燒，因而導致釋放刺激有毒煙霧氣體。另外加熱器可能受到分解基材影響，也會影響整體加熱表現。若控制爐溫的熱電偶受損或受分解基材隔絕，也可能導致錫爐過熱造成爐體損壞。

回流焊爐應該避免不當使用矽膠或其它耐高溫高分子材料，做爲傳動機構邊緣的材料。不均勻的張力或熱差異，可能會使單邊機構伸張而與另一邊機構長度不同。有兩個不同長度，儘管是受到同一個馬達驅動，仍然會在不同速度下運行。這會導致差速運動，並讓電路板卡住。

加熱器

經過多年技術進展，有幾種加熱結構被用在回流焊爐設計。聚焦式紅外線燈管已被放棄，另外兩種則是平板式及強制熱風對流設計。

紅外線 (IR) 加熱器的形式

早期回流焊爐使用聚焦與非聚焦 IR 燈管，裝置在回流焊爐通道內。這種設計將塗佈錫膏的電路板及相關零件，以較大比例紅外線末端光譜能量做處理。輻射能量被電路板與材料吸收，導致焊錫及電路板上零件受熱，最終達到維持回流焊所需達到熔點。當電路板通過最終出口的加熱器，電路板的熱會散失到環境或利用強制冷卻空氣冷卻。這可讓融熔焊料回復到固體狀態，完成焊接的循環。

因爲導入回流焊的材料 (零件本體材料、引腳、焊墊金屬、焊錫、電路板、錫膏、助焊劑、貼裝劑) 都常態被製作者隨機調整，因此要靠直接紅外線輻射，產出重複而可預期的回流焊製程必然有問題。

因爲局部 IR 吸收所產生的熱點 (Hot Spot) 效應，會導致部分零件或電路板過熱，而其他區域卻可能發生熱量不足，導致無法回流焊的問題。更糟的是，輻射式紅外線加熱可能導致電路板及零件損傷而影響良率，特別是塑膠構裝的積體電路產品。幾乎所有主要回流焊爐製造商都停止這類設計的設備生產。

紅外線平板加熱器

在回流焊爐設計進展中，以紅外線發射體平板鋪設在回流焊通道內部，是另外一種方法。發熱體是金屬或陶瓷片加熱器，利用導電孔附上電阻加熱器或平板背面紅外線直接輻射來加熱。在回流焊中電路板可受遮蔽作用，而免於受到加熱器較短波長紅外線衝擊，這種加熱器是以黑體輻射來加熱平板。這種加熱方式，會帶出較長波長的紅外線輻射，產生較緩慢但較均勻的加熱型式，明顯改善直接紅外線燈管加熱的缺點。

這個方法的另外一個變化，是採用強制對流設計製作的焊錫爐，此技術是依靠輻射或平板紅外線加熱器加熱，不過爐中空氣是靠風扇攪拌來提升加熱均勻度。現在這種技術如：紅外線燈管、紅外線輻射體及組合對流單元設計，都已經被較好強制空氣對流的方式所取代。

其它加熱器

有另外兩種加熱器被廣泛用於製作現有回流焊爐，第一種是加大型的電阻卡匣式加熱器，鑲嵌在鰭狀金屬或長型熱傳送封套中。另外一個是開放盤繞式電阻絲，有點像老式廚房用爐具。這兩種設計都可用來連結強制空氣對流式的回流焊爐，後續內容中會做進一步討論。

之後發展的加熱器，都以較低加熱量爲考量，這種設計比卡匣式加熱器要敏銳。對加熱器控制線路及溫度控制方法需求較嚴的系統，它是一種較有效的方式。這種設計若控制不良，過熱現象就可能發生，會使製程中電路板過熱損壞。而嵌入式卡匣型加熱器，也可能因爲對回流焊爐狀況反應過慢，產生不可預期的問題，特別是高熱容量電路板的組裝。結果可能是先進入爐內的電路板熱能不足，而後進的電路板卻發生過熱問題，因爲加熱器反應過慢提升太多供應熱量。這類設計，長時間熱穩定度與供應熱量有關，嵌入式卡匣加熱器可能無法符合這種製程目標。

強制對流加熱

這種方法，主要依靠回流焊爐通道內的高速循環加熱空氣來運作。電路板唯一的直接輻射源，是由波長最長的紅外線提供。這個輻射是由黑體輻射加熱部件所產生，這方面的熱僅佔整體加熱的小部分。

電路板曝露於高速循環熱空氣中，具有優異的熱均勻度，有利回流焊製程控制。它因爲有適當加熱程序，可免除電路板、零組件過熱問題。儘管紅外線與對流組合可幫助回流焊作業，但還是無法對抗現在主流的熱空氣對流爐技術。

對流回流焊爐，其傳動機構上下方安裝有強制對流空氣加熱器。空氣靠氣流通過電阻加熱器，透過打孔電阻加熱平板或組合式設計加熱。各式加熱器都會製作適當檔板，以減緩紅外線對電路板直間接衝擊。高速空氣承擔了出風均溫的重責，才能控制整個回流焊製程均勻性，也能應對各種嚴謹加熱控制需求。

冷卻

部分回流焊爐依靠自然冷卻降低組裝板的溫度到低於焊錫熔點，電路板僅是通過沒有加熱器的地區，這種作法適合低熱容量電路板。但是實務上現在多層板設計，都是較高組裝密度的產品，這意味著必須有一些冷卻方法設置在出口端才能使接點快速固化。許多半導體與被動部件製造商，會要求較快的降溫速率，建議範圍大約在 2 ～ 4℃ / 秒。

有效冷卻有許多模式，以風扇做強制空氣冷卻是最普通的一種。風扇可裝置在上下兩邊，或者可與其它機構組合做電路板冷卻。在各種方法中，最有效率的做法是水揮發爲氣體的熱交換方式，在某些回流焊爐設計可看到。它提供回流焊爐出口一個溫度控制的冷氣流，可幫助爐內電路板冷卻，在較簡易的回流焊系統中有明顯優勢。

這種方法優於其它多數回流焊冷卻程序，冷卻必須經由冷處理空氣重新導引到板面做處理。若這種模式用於簡易回流焊設計，不需要額外的氮做冷卻工作。另外這種設計並不需要安裝冷卻風扇在鄰近出口處，這也可降低爐口紊流狀態。空氣擾流，可能會造成氣體流入穩定爐體，這是作業中所不希望發生的。水揮發氣體冷卻十分有效率，但它必須要涵蓋於回流焊曲線中，以確保降溫速率不至於過高。

部分回流焊爐使用塑膠平面風扇，這些零件必須與熱區分離，以防止過熱造成的葉片、塑膠零件軟化與損壞。其它方式還有導引空氣與加壓機制，來強化電路板的冷卻效果。回流焊爐內冷卻設計有其劣勢，就是助焊劑揮發物及助焊劑分解物凝結問題。當析出物產生在爐體冷卻表面，就會影響冷卻系統熱傳送特性，這會改變溫度曲線的表現，並隨時間遞延逐漸呈現。而助焊劑凝結物，也有可能滴在通過的電路板上。

氮氣回流焊錫爐使用免洗錫膏，就面對控制這些凝結物的重大挑戰。週遭環境空氣干擾必須要儘量降低，以利精準的控制爐內環境穩定，而降低氮氣使用體積則可降低電路板處理成本。因此大致結論是，爐體內氣體交換少，可凝結蒸汽稀釋量就會小。凝結物在冷卻表面的成長會較快速，這些凝結物不容易避免與去除。

設備商提出許多精巧助焊劑凝結控制結構建議，冷卻區域空氣過濾、易於更換的過濾器、冷卻補集器、冷卻片合併自我清潔燃燒的循環系統，都曾經被用在一些新回流焊爐設計中。幾種回流焊爐具有快速拆換的輻射片，可更換後清潔以備下次再更換，但可惜的是沒有一種助焊劑管制系統被證明可完全有效避免這些問題。除了降低氮氣消耗，助焊劑凝結管理仍然是回流焊爐設計的一大挑戰，特別是在氮氣、免洗回流焊系統成爲產業作業標準後。

排氣

另外一個回流焊爐常被關注的次系統就是排氣系統，從產業保健的觀點看，這是最重要事項，但是它對焊接製程本身卻會產生深遠影響。有三個基本原因，使回流焊爐必須做排氣作業。在焊接程序中，僅有少量高含鉛粉塵物質會累積在爐體內或爐面上。這種工作人員長時間曝露在微量鉛或鉛化合物的風險，當然在任何程序中都要做必要排氣。

揮發物及煙氣

當回流焊時，錫膏揮發物及錫膏反應物屬於廢棄物質。因為多數錫膏及助焊劑是機密性配方，供應商既不會明確告知藥劑組成，也不會報告分解物材料細節安全資料。另外若電路板落到傳動機構外，或零件經過網鏈帶掉落在高溫表面，不論是加熱器本身、強制對流機構或加熱器打洞板上，都可能有過熱燃燒風險。不論電路板或塑膠零件都有過熱、分解機會，其產生令人不舒服的氣味，也可能產生健康危險。

排氣與成果表現

高速排氣會對回流焊爐表現產生深遠影響，過多排氣會導致明顯的邊對邊或中間對邊流量增加，可能導致不希望發生的紊流。這些紊流可能會產生與設計者規劃流向相反的流動，使溫度控制更為困難，降低區塊的隔離效果，也降低了溫度曲線建置效果，成為製程變化重大來源。

最好遵照製造者排氣需求建議，並安裝壓力計或其它排氣壓力、排氣速度測量設備在排氣通路上，以監控它的設定與實際運作表現。這樣可確保回流焊爐排氣流量，並讓回流焊製程穩定且安全。

回流焊爐排氣結構

有兩類典型回流焊爐排氣結構，廣泛用在現今設備設計中，它們各是被動式與主動式排氣系統。被動式排氣系統包含室外的排氣導管，沒有提供排氣能量的風扇，這個方法主要依賴煙囪效應排出氣體或顆粒流出物。被動式系統的表現，與區域性氣候相關性高。溫度變化快速、氣壓計的壓力也一樣，當風的動量產生變化就會造成排氣表現變化。這種變幻無常的現象，對系統控制造成重複性差且會產生不可預期操作狀態。至於主動性排氣，使用部分動力部件做爐內排氣，目前有三種較主要的類型如下：

- 壓差導管
- 爐內安裝排風扇
- 爐內安裝排風扇及動力排氣導管

壓差導管是靠壓縮空氣流動來運作排氣凡氏管 (Venturi Tube) 部件，它可抽取爐體內的空氣。在這個模式中，如同其它排氣法一樣，混流氣體從通道入口進入再從出口排放。使用壓差導管是一種噪音高又沒有效率的排放方法。由於凡氏管小開口是產生壓差的主要機構，因此表現受助焊劑或錫膏殘留影響很大，應該要定期檢查維護。差壓導管或流出物會送入裝有風扇或無風扇排氣管。

部分回流焊爐完全依靠風扇排氣管做排氣，這是一種略優於被動排氣的系統，但排氣表現仍與氣候變化關係密切。另一種主動式排氣系統，是在爐體上提供動力排氣風扇。爐體每個必要位置都安裝一個小風扇，可從爐體中抽取控制量空氣。這些抽取物會推送到主排氣管，並推送到建築物外。這個系統是最有效率又可靠的排氣法，可降低氣候干擾。主動排氣系統應做檢查，以確保風扇扇葉沒有被助焊劑或助焊劑分解殘留卡住。另外，在安裝排氣系統時加裝監控設施，也有助於發現問題所在。

回流焊爐的特性

回流焊爐有多區段 (Zone)，多個加熱模組在上下方採獨立控制，設定也不同溫。所謂加熱區段，是指頂部與底部一對加熱器。區段分隔單一加熱區段十分重要，區隔單一區段對另一區段影響的能力，可使溫度曲線控制更爲簡單，而回流焊爐表現也較容易預知。爐體加熱通道橫向溫度均勻度是重要因子，這會決定回流焊品質與均勻度，有利於參數控制性及焊接穩定性。高品質回流焊爐，具有軌道至軌道間溫度均勻度優於 5℃的表現，即使電路板寬度高達 20 英吋也沒有問題。

另一個需要考慮的回流焊爐重要特性，是加熱器反應時間及熱控制線路。當單一或多片電路板通過回流焊爐，熱會被較冷電路板通過所吸收，焊錫爐要對熱損失做補償。焊錫爐會內建熱電偶，以感應爐內變化與影響，加熱控制器會補償不足熱能。回流焊爐加熱器反應敏銳度會比其它部件高，控制配線也有類似現象。現代焊錫爐已可達高精度，包括電腦控制熱管制回路。若符合工作所需，回流焊爐應該可操作連續多片板如同單片作業一樣好。較重要的是，不要讓電路板間距過近，這會完全分離頂部與底部加熱器，最終影響焊錫爐整體表現。

電路板分隔可能是幾英吋，但是間距調整、電路板負荷量等影響，還是要依據經驗決定，看是否對製程溫度曲線有影響。任何新設備評估，都應該包含機械負荷測試，以確認回流焊爐可處理期待的製程產出與產能。回流焊爐需求溫度曲線，必須要做事前、滿載電路板檢查。

回流焊曲線

回流焊爐的溫度曲線在程序中至爲重要，它是讓電路板、錫膏達到熔點的變化控制過程，也是電路板組裝後液態焊錫固化的控制方式。溫度時間曲線是依據多變數而定：

- 錫膏組成
- 電路板的組成 -(1) 層數 (2) 電路板材料
- 零件種類
- 零件配置密度

焊接作業的溫度曲線，主要依據使用的焊錫及助焊劑而定。焊錫會受溫度狀態支配，因此焊錫用助焊劑或錫膏配方，都會影響到它的回流焊需求。多數探討內容，仍然以共融性或接近共融性焊料錫爲主，業者較有經驗的類型，仍以 Sn/Pb、Sn/Ag 錫膏爲主。對供應商所生產的錫膏配方，都會提供參考溫度曲線需求。很難有泛用的回流焊曲線，但對於單一錫膏配方而言，批間及同類產品組裝應該存在某種共通性。溫度曲線會依據使用錫膏需求而定，但溫度曲線的維持能力，還是會因爲焊接基材及製程設備能力而有差異。

回流焊爐有四個明顯區段，可調節適應焊接所需溫度曲線。它們是：

1. 預熱 / 乾燥
2. 熱吸收或是焊錫活化
3. 回流焊
4. 冷卻

可參考圖 6-6，典型調節過的溫度曲線。

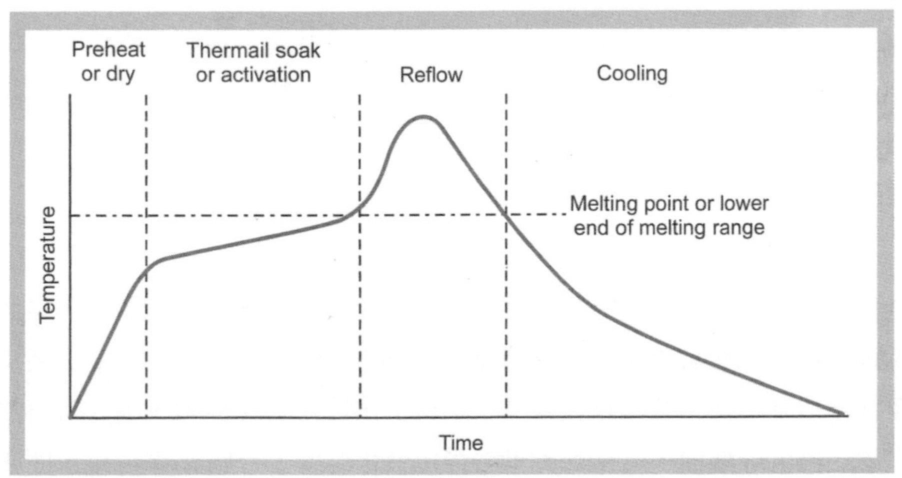

▲ 圖 6-6　一般性回流焊爐的溫度曲線，時間 - 溫度關係

預熱 / 乾燥

第一區段是預熱 / 乾燥區，這段錫膏做揮發物釋放。事先調整錫膏黏度，可使它適合印刷或點膠作業。若這些揮發物釋出太快，錫膏內液體就會沸騰而導致錫膏飛濺產生錫珠。電路板開始時是冷的，此時會先升溫到大約 150℃。電氣部件及它們的構裝對熱都十分敏感，若加熱速率過高容易產生損傷。零件製造商會限制升溫速率在 2 ～ 4℃ / 秒。若加熱速率超過這個範圍，就可能導致零件斷裂或大家熟知的爆米花現象。

其它構裝類型如：陶瓷，可能在面對熱衝擊時有不同漲縮，這也會導致構裝故障。過高升溫速率，也可能對積體電路造成傷害，有可能造成構裝基材分層、斷裂，或者損傷零件電氣連結。對各式各樣的部件，向供應商查詢升溫速率規格是明智之舉。

熱吸收

下一步驟的熱吸收，是一個更緩慢而長時間的加熱程序。這時候的助焊劑溫度，必須提升到足夠啓動活化的水準。若助焊劑活化作用在製程前段就已經開始，其作用能力可能會耗用太快。若它的功用已經喪失，助焊劑處理過的金屬表面可能會在回流焊前就開始再度氧化。

尖端區域

回流焊尖端區，被定義爲快速升溫到微高於焊錫熔點溫度區域。對共融性或接近共融性焊料，液化溫度大約爲 183 ～ 220℃。回流焊尖端區，會選擇高於選用焊錫熔點較多的溫度水準，多數會高出 25 ～ 50℃。這個高出的溫度範圍，是爲了確保所有零件能完整焊接，包括電路板、零件及焊錫都被加熱到足夠回流焊的溫度。這個步驟中，零件引腳應該充分在液態焊錫中浸潤。若融熔焊錫黏度及潤濕焊墊、引腳的狀態適當，表面張力影響會牽引零件引腳進入電路板焊墊的最佳配合位置。

冷卻

最後一個階段是冷卻區段，這裡電路板溫度會降到低於焊錫液化溫度，這個程序要在出回流焊爐前完成。同樣會建議必須注意部件加熱 / 冷卻速率。多數電子構裝及電路板材料，有阻礙快速放熱特性。若電路板較厚，基材是比較差的熱導體，因此有持熱特性。因此必須要在退出回流焊爐前，就冷卻到低於焊錫液化溫度，以防止零件移位問題。由於良好回流焊，所涉及的技術層面很廣，因此將另外專章討論更細節內容。

6-9 波焊

雖然表面貼裝組裝已成為電路板組裝主流，但是波焊法在組裝技術中仍佔有一定地位。表面貼裝技術因為相關零件多樣化而普及，特別是在腳距較小的產品 (1.27mm 或以下)，相當比例都採用這種方式。然而通孔零件還有部分保存下來，在多變的組裝領域繼續使用。似乎從電路板與產品製作看，波焊並沒有會完全消失跡象。

波焊是利用幫浦循環設備內蓄積的融熔焊錫，產生一個持續性波狀焊錫。裝有部件的電路板以三種方式做波焊：

- 較粗間距的表面貼裝零件，特別是被動部件，會先固定在電路板底部的一邊。製作時會以貼裝劑固定零件在底邊，在波焊前會做聚合固化 (部分廠商靠控制溫度來防止回流焊掉落，這時有可能不用貼裝劑)
- 有引腳零件如：連結器、PGA 或其它通孔部件，會利用引腳插入方式從電路板上方送入電鍍通孔
- 有長引腳零件由電路板上方置入，引腳會由板下方釘住電路板

之後電路板會放在馬達驅動的邊緣支撐傳動機構上，這個機構是幫助完成助焊劑塗佈、預熱並掠過波焊頂點的設計，只有電路板底部曝露在融熔的焊錫內，如圖 6-7 所示。

▲ 圖 6-7 混合 SMT 與通孔零件的電路板，安裝點過膠的電容及引腳零件通過波焊

以貼裝劑固定的表面貼裝零件，是以接觸式吸取焊錫，通孔零件不論是否釘牢在電路板上，都會經由引腳與孔壁間毛細現象來吸取融熔焊錫。若引腳與通孔都夠熱，也有良好助焊劑作用，就會產生類似燈蕊現象，在板上邊引腳處產生填充區。當電路板連續通過波焊，冷卻後焊錫會固化完成接點，如圖 6-8 所示，經過波焊後有插件的通孔切片。

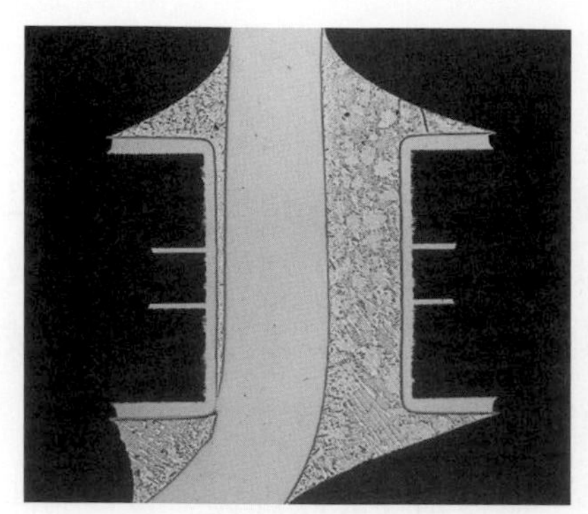

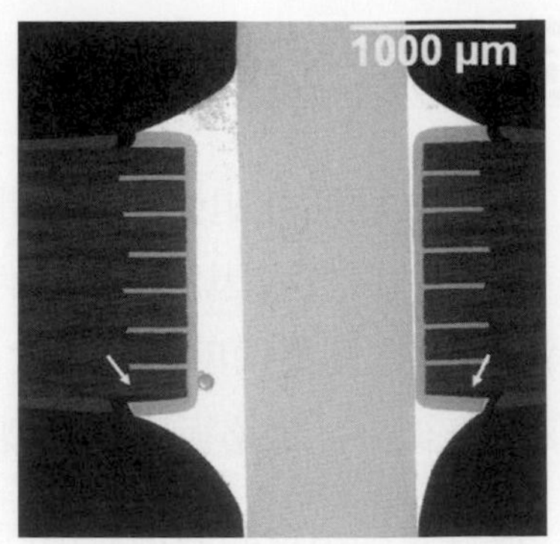

▲ 圖 6-8　通孔焊點的切片

波焊系統的種類

許多波焊系統類型，製造商都賦予自己產品特定優勢，焊接工程師必須評估這些特色與組裝焊接類型的關係。這類技術明顯趨於成熟，但是在設備複雜程度及製程測試複雜度方面卻並不低，有許多製程變數都與這些操作相關。若這些工作認知或控制不正確，波焊常見缺點如：漏接 (電氣斷路)、短路 (架橋) 都會在焊接中發生。

另一個可能的重要缺點，是第二面波焊對第一面表面貼裝零件的影響。這個作業可能會使第一面表面貼裝零件產生再次回流焊，導致斷路或缺錫接點發生。這種現象，多數與薄、高密度、具有雙面細間距表面貼裝部件 (例如：QFP、BGA 類部件) 的焊接結構有關。

波焊熱傳導是透過電路板內外孔及導線提供足夠熱源，可能導致前一個焊接零件重新回流焊，焊錫可能因而流失或因爲毛細現象被吸走。這可能會導致斷路、缺錫、焊墊結合力弱的焊點。

波焊的助焊劑應用

波焊的關鍵次製程，就是助焊劑塗佈與應用，這方面發展多樣化。其中最重要的特性，就是均勻塗佈足量及具有足夠活性可輔助焊接作用的助焊劑。簡短預熱及液體焊錫處理時間，這種製程可能無法符合部分助焊劑所需的時間溫度需求。這種現象特別在免洗助焊劑較明顯，因爲它們助焊能力都弱，無法在短波焊製程時間內去除金屬氧化。

助焊劑必需加熱到夠高溫度，才會產生最佳活性，但不能產生過度乾燥或變質。爲了經濟因素，以最薄塗佈爲原則，這樣電路板會有足夠助焊劑去除固有氧化物，但會限定其用量以降低殘留造成的清潔困擾。助焊劑量之所以是波焊關心的項目，另一個原因就是有燃燒風險。含有助焊劑的電路板經過預熱，就送入波焊設備。若助焊劑塗佈過厚，助焊劑可能會滴到預熱部件上，這會導致助焊劑快速揮發並與氧氣混合，提供了引燃的基本雛形。即便沒有直接液體助焊劑與加熱器接觸，但若揮發物在高熱零件附近濃度夠高，還是可能成爲啓動或引爆來源。

助焊劑的塗佈技術

氣泡式、波式、噴塗作業，是助焊劑塗佈三種主要塗裝處理方法，茲討論於後：

氣泡式助焊劑塗佈

氣泡式助焊劑塗佈，是利用充氣方式通過有孔隙金屬或其它材質噴嘴，提供液體助焊劑。這種噴嘴也被稱爲煙囪，可調控流動形狀輔助助焊劑流動。要焊接的電路板，由傳動機構輸送通過助焊劑的氣泡，在到達波焊前做預熱活化。當通過焊錫波時，焊錫潤濕了可焊接金屬，之後固化，完成整個製程。氣泡式助焊劑塗佈，是特別有效的鍍通孔焊接方法。氣泡會吸入通孔孔壁，在孔壁上形成均勻助焊劑層，在孔內零件引腳及一些未連結零件都會與助焊劑氣泡接觸。

波式助焊劑塗佈

波式助焊劑塗佈與波焊類同，電路板通過維持高度的助焊劑波，波高度及電路板浸入深度都經過適當調節，以獲得適當助焊劑塗佈厚度。毛細現象是主要助焊劑塗佈應用方法，通孔與零件間都會吸入助焊劑。

相對於氣泡式助焊劑塗佈技術，這種方式較不容易控制助焊劑供應量。大部分波焊塗佈助焊劑，會在焊錫波擾流狀態下去除，但若預熱溫度設定過高，有可能產生烘烤效應殘留現象。這種助焊劑殘留，可能會阻礙電路板在接觸焊錫波時對可焊接面的潤濕作用。

噴塗式的助焊劑塗佈

噴塗式助焊劑塗佈，是較精準的塗佈技術。採用低固含量助焊劑，精準控制塗佈到板面的量。也可控制塗佈區域，只集中在電路板要焊接的小區域上。這種技術困難處，在於配方調配問題，它必須使用高揮發助焊劑溶劑，使助焊劑黏度夠低可用於噴塗。因此助焊劑配方及如何維持低黏度，就成爲十分關鍵的問題，而這也意味著這種技術會比其它塗佈技術費用要高。這類助焊劑塗佈也較骯髒，因爲會有較多液體粒子或凝結液體出現在空氣流動或製程氣體飄移動線上，這會增加燃燒風險。

助焊劑維護

助焊劑曝露在空氣中必然會揮發，這種現象會因爲環境狀況改變而提升，例如：波式或氣泡式助焊劑塗佈是曝露在開放環境，不但有明顯曝露表面，還有持續循環，這些都需要有助焊劑的監控與維護。現在已經有自動化系統可用，其中最需要的是例行性測量及調整助焊劑比重。助焊劑商會提供理想助焊劑比重資訊，也會建議適當稀釋用配方。

定期清空助焊劑貯存槽是明智之舉，這可徹底清潔塡充新鮮助焊劑。助焊劑會產生高分子有機殘留，會改變助焊劑的表面張力、堵塞噴嘴或產生氣泡機構。另外它可能受電路板帶入碎片污染，影響電路板組裝焊接品質。因爲通孔是依賴毛細現象塡充助焊劑，因此就算微小顆粒進入助焊劑而卡在零件引腳與通孔間，也會遮蔽焊錫塡充。

另外若助焊劑槽清空，就可檢查承載槽體是否在長時間作業後仍然完整或受侵蝕，這種檢驗工作在採購相關設備前就應該先做一次。應該避免使用不熟悉或未經測試的材料，有足夠文件資料或測試結果確認相容性，再引進系統會較安全。

預熱

如前所述預熱是焊接的基礎作業，熱是焊接製程的重要因子，這可從三個不同觀點來看：

- 必須要有足夠的熱來熔解焊錫
- 材料 (零件、電路板) 必須要足夠熱，以產生焊錫與電路板間合金
- 助焊劑必須到達夠高溫度產生活性反應，並崩解焊接材料金屬面的氧化物及污漬

前處理的最後一個步驟，電路板與助焊劑加熱 (預熱步驟一部份)，在波焊製程中特別重要。零件在焊錫波停留時間是隨機的，它在液態焊錫中時間與回流焊爐作業相較，大約只有 10 ～ 30 分之一的時間。當電路板與零件接觸到焊錫波時，助焊作用必須要足夠產生適當焊點。

預熱機構就是負擔這個波焊製程的前置功能，它將金屬表面帶到夠高的溫度，在這種狀態下助焊劑可開始去除氧化，避免氧化影響焊接。預熱後必須有足夠的助焊劑停留在電路板上，以保護經過助焊劑作用的潔淨表面，這才能幫助焊接組裝零件到達焊錫波時順利作用。

在這些電路板焊錫作業步驟中，確實有幾個不同製程可供選擇，雖然採用上有彈性，但實際狀況會受到使用設備型式所限制。預熱對於防止零件斷裂十分關鍵，因爲這種處理可降低零件接觸融熔焊錫波時所受的熱衝擊。若面對熱容量較高的電路板，沒有足夠預熱，可能無法從波焊中吸收足夠熱，因而會產生局部固化焊接不順的問題。

如同回流焊系統，有兩種普遍使用的系統型式，它們是輻射預熱 (直接與間接紅外線) 或強制對流預熱系統，兩者都十分有效，但是後者在電路板材料與零件加熱均勻性方面有明顯優勢。另外部分波焊設備，採用頂部與底部雙面預熱機構，這種設計有利於熱容量較高的電路板組裝。

在所有大量焊接中，都鼓勵使用電路板溫度曲線來控制製程，以確保關鍵區域能保持在正確溫度，也能在製程中持續存在。在電路板上邊的 SMD 零件，焊錫接點必須保持在低於熔點狀態。通孔及其內零件必須經過液態焊錫浸潤，以保證足夠潤濕作用發生，有毛細現象吸取足夠焊錫來產生焊點。以目前如此複雜的電路板混合組裝，這種作業比以前更具有挑戰性。

波焊製程程序

業界有多種焊錫波模式提出，我們無法對每種型式做討論，但可做一些基本概括的檢討。如前所述，融熔焊錫利用幫浦維持固定形狀的波，這是靠錫槽內葉輪旋轉所產生。一旦焊錫融熔完成，葉輪馬達就會啓動，焊錫會在槽內擋板與噴嘴間湧起，產生一個完整的波形。噴嘴與擋板、葉輪速度、焊錫溫度、電路板導入角及電路板傳動速度，都是影響焊接結果的因素。這些加上預熱設定、溫度曲線參數或製程變數等控制，都是達成高良率波焊的必然條件。

因爲焊錫是融熔擾流液體，可與電路板底部產生緊密接觸，因此若電路板底部能均勻接觸焊錫波，熱均勻度控制不困難，但高溫焊錫氣液介面會快速氧化。儘管焊錫波處於動態接觸，但焊錫是在固定膜底下流動，這層膜包含錫焊料氧化物及其它污染物。這些錫槽產出的漂浮不純物，會廣泛存在於表面且被泛稱爲錫渣 (Dross)。這種表層有其優點，可抑制持續循環焊料氧化。當調整正確，電路板恰好與波頂點密貼，就可破壞這層膜。作到這種狀態，助焊處理過的零件及電路板就浸潤在焊料流體中，產生無氧化物融熔焊點。焊錫會潤濕這些零件引腳，焊點會在通過波時完整形成，之後冷卻到低於焊錫熔點溫度。

波焊設備商會建議可行選擇，幫助順利完成這個製程。風刀以高速高溫空氣或氮氣，在波焊完成後向電路板底部吹，有效降低焊錫架橋問題。當使用空氣時，會大量增加錫渣產出速率，若設定不正確也可能會影響製程。若角度偏差或速度過高，風刀還可能影響焊錫波。若設定溫度過低，風刀甚至會影響焊接結果導致架橋。另一個周邊設施，是置入焊錫波機構的高振幅超聲波。此設計可幫助焊錫送入通孔增加潤濕，特別是對較厚電路板會有幫助。必須注意的是，過高振幅可能導致過多焊錫進入孔中引起頂部焊錫架橋問題。

錫渣

系統操作電路板愈多，錫槽污染與錫渣產生愈快，錫渣的影響可從三個觀點來看：

- 從經濟因素看，錫渣是製程中焊料的流失。大量生產中，這代表每天每台機械都有大量金錢流失。這些錫渣可由回收業者回收再利用。
- 從製程角度看，焊錫表面過度的錫渣可能影響波焊動態穩定性。因爲錫氧化較快，長時間使用會讓槽中錫損失較多含量就會偏離。
- 從人體健康觀點看，操作環境中產生金屬氧化物煙塵不利於人體健康，這類問題應該列入規劃考慮。這類警示工作要小心，特別要注意系統維護的程序，以防止健康問題事件發生。穿戴防護口罩，清洗或拋棄污染衣物，都是應該要注意的小節。當然正確場所排氣，正常操作與保養的時機都同樣重要。

融熔焊錫的液滴在波焊紊流裡可能會陷入錫渣中，使氧化物與液體焊料混合。一旦氧化焊料就沒有結合能力，增厚氧化層會衝擊波焊結果，特別是大量錫渣進入焊錫波。它們會干擾焊錫波與焊件有效接觸，終致產生斷路。它們也會影響波與焊墊及引腳間動態關係，造成不良焊錫脫落及可能的架橋短路現象。有各種抑制錫渣的結構設計被提出，如：焊錫與礦物油混合循環設計，油會浮在表面隔絕空氣，液體還原劑也可加到焊錫或助焊劑內，長期觀察這些方式都未必有效。只有鈍化環境可有效降低錫渣產生，確保免洗或較弱活性助焊劑系統有最佳焊接效果，因此氮氣覆蓋法應該才是最有效錫渣控制方法。

金屬污染物的影響

金屬污染物也會對波焊產生影響，它們從兩種不同來源產生：

- 污染物從補充焊料棒帶入錫槽
- 從焊接程序中帶入錫槽

當循環波焊的焊料通過零件引腳及電路板焊墊就會洗下雜質，這是一種浸潤析出模式。即使引腳與焊墊都經過電鍍處理，仍然有機會將金屬熔出。狀況會依塗裝組成、厚度及基材金屬如：銅、金、銀等而不同，另外錫、鉛、銀及介金屬化合物沈澱也會導致污染。

單一電路板污染程度非常小，但大量生產製造時其數量會快速增加。即便小量生產，若焊錫槽維護不好，接點仍然可能劣化。錫槽污染對製程有明顯影響，最終可能會改變液化溫度或焊錫熔解範圍，這種轉變會導致短斷路增加，也可能增加接點脆性。波焊錫槽組成，可藉由不純物測試驗證。可做小量焊錫取樣檢驗其固化溫度。這種方式較粗糙，並不適合污染程度評估，但是可大略知道焊錫存在狀態。

應避免過高溫錫槽作業及過慢作業速度，這樣可限制引腳與電路板熔出量。典型波焊會維持頗高作業溫度，時常超過 250℃，電路板焊錫曝露時間很短 (2 ～ 8 秒)。實際上與回流焊比較，在波焊中電路板經歷熱衝擊比回流焊少很多，典型回流焊作業要在類似溫度下保持約 30 ～ 120 秒。如同在回流焊爐作業一樣，波焊熱衝擊可能會導致零件斷裂或損傷問題。因此預熱速度應該要較緩和，這樣就可採用廠商建議較緩和的升溫斜率，常見範圍是 2 ～ 4℃ / 秒。焊料棒的不純物，如：鋁、金、鎘、銅、鋅等都會增加焊錫表面張力，這會使製程更傾向於產生架橋缺點。

波焊的設計

儘管波焊技術已經使用多年，不過目前許多工廠的波焊缺點還是高於回流焊作業。這種現象其實可理解，是因爲各種機械結構差異及製作程序變異多所致。有許多不同波焊設計，可用於不同波焊作業應用，某些特定設計非常適合小間距引腳與表面貼裝零件作業。波焊動態狀況受到製程參數及接觸材料支配，當焊錫潤濕電路板材料，焊錫的潤濕接觸角及黏度就會影響波焊脫落特性。

熱風刀直接對電路板與焊料介面間噴射熱風，可幫助焊料從零件與板間分離掉落，可降低相鄰零件與焊墊間架橋機會。在零件接腳的領域，如：針陣列 (PGA) 構裝及連結器等，它們的尺寸都大型化而且間距也變得較小。引用交錯式針陣列 (IPGA) 構裝 (也被稱爲階梯式針陣列構裝)，再度考驗波焊能力。部件針腳交錯配置，相較於 PGA 狀態如圖 6-9 所示。

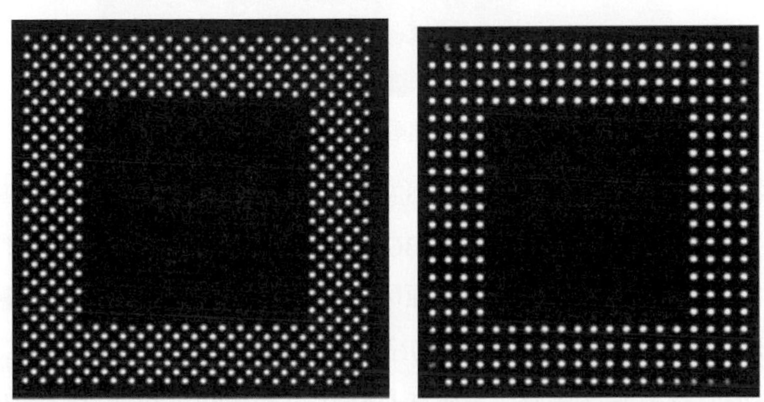

▲ 圖 6-9　交錯 IPGA 構裝中，比正交 PGA 有更高的針密度，這會阻礙焊錫流動，使陣列更傾向於斷路及架橋，需要對製程有更好控制才能順利完成焊接

當焊錫波通過這些錯置針腳區域，局部性流體淤塞就可能出現，這時斷路或焊錫不足就可能發生。IPGA 沒有其它區域的良好排出效果，可能會導致焊料架橋。有幾種波焊設計，以改善大型構裝焊接良率爲目的，但最終的最佳選擇卻不完全確定。在爲電路板設計波焊製程，較重要的是讓焊錫波確實流過電路板，避免將較高零件放在較短零件前面是明智之舉。零件間距要儘量大，兩者問題都出在從波焊中吃錫的問題上。

較高零件遮蔽焊錫波流動，會產生流動漩渦影響鄰近後方較短零件。孔配置也應該遠離引腳，以免產生回流焊接點問題，這類現象已知許久，但最近才有較完整報告出現。零件與電路板邊間距，會受波流動及周邊結構影響，但沒有固定規則只有固定趨勢。每種機械都有不同表現，就如同每種焊錫波都有自己特質，每片電路板都有自己特定線型一樣。熟悉作業系統並做電路板測試，是決定各種設計有效性的必要程序，這些設計的選擇都會影響波焊製程。

某些電路板太大也太脆弱，無法安全通過波焊製程，尤其當達到 Tg 時更有問題。某些狀況下電路板底部特定區域必須做遮蔽，可避開焊錫波的熱或焊錫本身，此時可使用波焊拖盤治具或遮蔽板。拖盤治具只是一個遮蔽部件，在治具遮蔽下電路板部分區域得以獲致保護。切割掉曝露區域，就是需要與焊錫波接觸的位置，典型拖盤治具如圖 6-10 所示。

▲ 圖 6-10 用於遮蔽局部區域的拖盤治具

BGA 經由電路板底部散佈線路，提供從焊錫波到板上邊焊點良好的導熱，這可能會導致這些接點再度回流焊。陣列部件如：BGA 不允許這種機會發生，它們不但對再度回流焊檢驗不易，修補也很困難。基於這些原因，部分遮蔽避開焊錫波就是較安全作法，可確保 SMT 焊點在做波焊製程時能保持在夠冷狀態。拖盤治具切割區域開口要夠大，這點十分重要。這樣才不會干擾焊錫波，可確保良好底部焊錫關鍵區域獲得良好覆蓋。當焊接零件過份靠近拖盤治具，拖盤治具本身可能會成爲散熱機構，這樣可能會讓接點無法獲得足夠的熱而影響潤濕性。

拖盤治具用耐高溫環氧樹脂與玻纖複合材料製作，在加工方面有一定難度，目前已經有專業廠商製作這類波焊治具。拖盤治具材料必須與製程相容，這方面在製造前應該做產品需求檢討，包含在電路板波焊時的固定結構在內。若這些細節沒有檢討，電路板可能會在接觸焊錫波時飄起。因此設計上要有足夠支撐面積，這對於薄而大的電路板才有足夠支撐，大電路板也不會垂落。特定固定機構，可輔助固定連結器及其它未固定零件，這可避免接觸焊錫波時漂浮起來。

其他應該考慮的波焊治具設計內容如後：

- 複雜電路板組裝，有 BGA 及細間距 SMD 零件在電路板上，厚度超過約 0.093 英吋，可能就不適合波焊製程。因爲做厚而高密度電路板組裝焊接，需要大量焊錫波熱量，可能會導致板上方 SMD 零件再度產生回流焊，或者因爲沒有足夠毛細現象使得焊錫未升高到通孔內。
- 要小心遮蔽金手指、用來做安裝壓入適配零件的通孔及手工焊接或手工組裝的電路板區域。金手指一旦曝露在焊錫中，就會成爲無用狀態。可用拖盤治具、聚醯亞胺膠帶或可剝離止焊漆保護這些區域。
- 焊錫一旦進入壓入適配組裝通孔，是很難再做清潔良好的壓入適配製程。可使用拖盤治具、聚醯亞胺膠帶或可剝離止焊漆，來保護這些區域，避免接觸焊錫波。
- 在電路板內部設計適當的熱緩解孔，IPC 有相關設計建議尺寸、形狀及如何應用這些緩解熱的結構特徵。

6-10 蒸氣相 (Vapor Phase) 回流焊焊接

以往蒸氣相回流焊曾經普及，但仍然沒有回流焊爐應用來得廣泛。因爲安全與環境顧慮，要遵循蒙特婁公約降低破壞臭氧層化學品使用，這種焊接技術就退出主流市場。由於這種外在限制，蒸氣相回流焊只流行了短暫時間。

基礎製程

如同其他回流焊技術，電路板必須供應足夠焊錫產生接點，普遍作法是印刷將錫膏塗佈在焊墊上。零件置放在錫膏上準備回流焊，電路板會被傳送到回流焊室中，零件及電路板會曝露在沸騰液體蒸氣相中。這個液體對焊錫及電路板是惰性的，它是一種濃稠的合成高沸點 (略高於焊錫熔點但不會高到損傷電路板或零件) 液體。多數這類液體是氟氯碳化物，可用在回流焊用途。當作業狀態最佳化時，熱蒸氣開始凝結在較冷電路板上做加熱。

當這個製程持續，足夠能量可維持回流焊作業順暢性。焊錫潤濕引腳及焊墊，直到電路板從熱蒸氣中移出，融熔焊錫開始固化黏接零件引腳與電路板的焊墊。

機械次系統

蒸氣回流焊設備是由三個主要次系統所組成，它們各是傳動機構、液體貯存槽體及加熱器。較值得提出的是，容器上有冷卻盤管圍繞在上方，可凝結溢出液體蒸氣，讓它回流到主體的貯存槽中，如圖 6-11 所示。

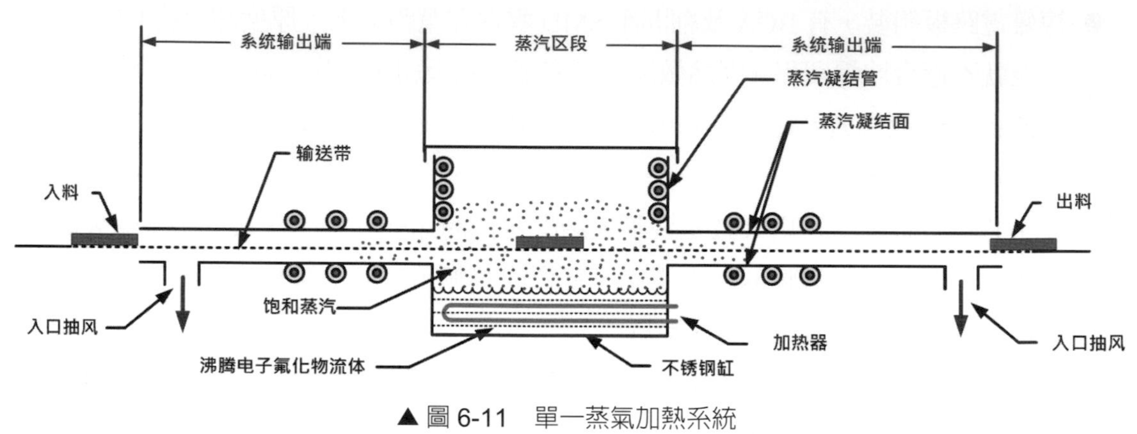

▲圖 6-11　單一蒸氣加熱系統

優缺點

這種製程有部分明顯優點，它加熱十分均勻，溫度也非常精準。對於變動外型及高熱容量零件，這種焊接都不成問題。因為回流焊是發生在惰性氣體內，接點品質都相當好。因為零件不會曝露在大量空氣環境，助焊劑可用比回流焊爐活性略低的種類。儘管蒸氣相回流焊具有快速特性，還有潛在因素必須考慮。首先它與其它回流焊一樣，必須適當使用錫膏及經過預熱，若錫膏加熱太快，錫膏揮發物會沸騰，這會有爆破焊珠產生。如同其它焊接法一樣，預熱必須防止損傷零件，最大加熱速率須遵循零件商建議，塑膠構裝爆米花現象在這種回流焊法中還是會發生。

氟氯碳化物使用限制是此製程最大負面因素，使技術退出製造領域。用在蒸氣相回流焊液體十分昂貴，持續循環使用中會有毒物產生，這些物質必需中和，副產品必需正確處理排放。當高熱容量高密度組裝板進入蒸氣相回流焊設備，另一個熟知問題也可能發生，就是蒸氣崩潰現象。這是凝結速率高於蒸發速率的現象，會導致內部氣體過於稀薄無法維持回流焊作業。蒸氣相設備採浸入式加熱器設計，較容易發生這種現象。後期設備包含高容量加熱部件，可提供足夠熱防止問題發生。立碑效應發生率、焊珠產生及零件錯位，都是這種回流焊法要注意的。製程凝結蒸氣直接傳送熱成爲最佳熱導體，可快速讓零件引腳與焊墊升溫。

過度的焊料毛細現象可能會發生，傳送焊錫從引腳與焊墊間提升到引腳以上非必要區域。這可能導致焊錫架橋，搭上零件本體。過多焊錫在零件引腳上，會降低引腳彎曲順暢性降低了它的信賴度。進一步看，引腳與焊墊間介面就會有焊錫缺乏問題，這樣會產生劣質焊點。最差的狀況，大量焊料散失可能導致斷路發生。如前所述，這個焊接方法確實有些優點，這方面的研究仍然在一些蒸氣相回流焊設備商間進行，爲了安全與生態考慮，他們嘗試取代氟氯碳化物的介質做測試。

6-11 雷射回流焊焊接

雷射回流焊焊接技術主要特色：多功能、寬廣製程範圍及未來性。

雷射焊接的應用

雷射焊接可適於精細或劣質周邊引腳表面貼裝零件。電路板部件配置密度、板厚度、板材及是否有散熱片，都不會影響雷射焊接。而引腳、焊墊或焊錫系統，也不會限制雷射使用。當正確執行雷射焊接，就有高焊接良率。儘管雷射焊接具有生產潛力，但是非常少製造商理解其潛能，它目前主要用途是在小量高混合或利基市場生產。爲了順利使用此技術，必須使用治具固定零件或特殊零件引腳，使它落在電路板焊墊上。

雷射被用做多種重工工具，系統被設計成這類重工應用。電路板在系統中，利用底部電阻加熱器加熱到大約 100℃，之後利用擴散式雷射光束及快速反射機構在構裝周邊掃瞄。這個撞擊能量加熱了表面貼裝零件引腳或整個 BGA，讓它們達到焊錫回流焊點。一旦焊錫接點融熔，構裝就可去除。這個系統具有的優點是局部性加熱，只有構裝目標重工處會達到回流焊，至於其他周邊零件只保持在系統預熱溫度。在修補的時候只有小量熱溢出，快速移動的氣流用於構裝加熱及回流焊可能會不慎熔解鄰近或背後零件接點，這種缺點對雷射焊接系統不是問題。

雷射焊接不需要溫度曲線的熱區段或維持溫度，它不會產生基材彎曲，也不需要基材預熱來完成周邊零件引腳結合，它也沒有機械加熱頭會降低或影響使用率問題。經驗顯示，構裝結構對零件焊接產生的遮蔽與吸熱影響，對雷射焊接結合能量影響很小。因爲雷射光束可高度局部化，高密度電路板設計可用這種技術順利克服密度挑戰。相較於其它技術，這種焊接法的零件空間配置可以更接近。另外較大的主動部件可安裝在電路板兩面，因爲雷射在電路板兩面結合不會相互影響。

治具

在所有雷射焊接模式中，零件引腳必然是與電路板的焊墊接觸著來產生接點。因此多數會使用特殊固定工具，以確保引腳確實與焊墊接觸。這降低了非接觸式結合的理想，但還是有幾個方法被發展報告提出，這方面的研究還在持續著，相關發展值得進一步瞭解。

結合的速率

雷射可高速度操作，儘管如此仍然很難與大量回流焊法競爭。或許未來這種狀態會有改變，特別是可作爲間距縮小設計大量回流焊的輔助製程，例如：置放零件及錫膏印刷鋼版都面對愈來愈細的引腳間距挑戰。研究報告顯示，這類技術的內引腳結合速率已經有每秒 65 支引腳的實力。外引腳焊接速率隨構裝類型而變化，間距、腳型與大小都有影響，每秒焊接點數大約爲 15 ～ 60 接點。對於特別細間距或引腳、小型構裝，例如：TAB，結合速率有可能會高一點。

雷射結合的助焊劑

這方面需求與其它回流焊法類似，助焊劑必需是活性足以去除引腳與焊錫氧化物。它的光學特性如：反射、吸收及傳輸都不能干擾焊接製程。若吸收率過高，它可能產生燒焦或碳化狀態，甚至延伸損傷電路板。在雷射焊接中，特別是掃瞄下，助焊劑增加了傳熱途徑。加熱過的助焊劑傳送能量到電路板，預熱下一個要焊接的點。若缺乏液體助焊劑，而雷射照射狀況又沒有恰當控制，電路板更容易產生焦黃現象。

在焊接中雷射光輸出是快速而強烈的，製程高能量導致特別高的製程溫度在短時間內持續其間。這個高製程溫度促使助焊劑活化，使得非常低活性的免洗助焊劑也能十分有效焊接。有許多報告討論關於無助焊劑雷射焊接，多數用來做晶片內引腳結合，都是使用非常高能量短週期的脈衝作業。在這種狀態下，當引腳及結合焊墊夠小時，愈適合熔接製程。零件引腳也被證實可熔解，並與底面金屬如：錫產生合金。

雷射焊錫接點特性

雷射製作的焊點，與其他焊接法差異不大。雷射焊接也會產生介金屬，但若加熱時間保持在最少，介金屬層厚度會比傳統製造法薄很多。若依靠冷卻，這個區域會非常侷限性且作業非常快速，雷射焊接點典型具有特別細緻的晶粒成長，是這種製程明顯現象。精細結晶顆粒成長，使得接點初期有較好強度。強度優勢儘管明顯，但會隨老化時間而逐漸降低。經過約一年室溫貯存，金屬晶粒變得粗大，還是會受到一樣的冶金特性箝制。另一個雷射焊接特性，是有飽滿焊料接點填充性，這特別是在掃瞄式雷射接點較明顯，這種焊接點與傳統焊錫法相比，會較堅固。

有關雷射回流焊焊料的來源與缺點

這種製程焊料需求與其它製程一樣，雷射焊接沒有特定合金組成需求，然而可能爲特定目的使用奇特材料，如：10：90 或 5：95 Sn/Pb，其熔點約爲 302 及 312℃。這些溫度爲傳統回流焊過高溫度，電路板會在回流焊爐中變黑、燒焦或彎曲。當採用單點雷射回流焊，電路板的品質及完整性有機會維持。電路板上焊錫需要厚度與產品信賴度及引腳間距有關，當間距降低到約 0.5mm 或更近，噴錫可能產生足夠焊料產生適當接點，電鍍重融或未重融電鍍焊料也可能足夠用於雷射焊接。 部分其它塗裝法，如：超級錫鉛製程 (Super Solder) 也是可用於雷射回流焊的焊錫塗裝。

雷射焊接若正確操作不容易產生缺點，或許最常見的特殊缺點是電路板變黃或燒焦，這可能發生在使用過高能量密度超越雷射破壞能量門檻所致。變黃或燒焦，也可能發生在電路板受油脂污染或其它有機污染時。這不表示用雷射焊接的電路板，需要特別高的清潔度，其需求應該與任何其它回流焊製程相同。另一個製程特性缺點是，當雷射聚焦於埋在錫膏內的零件引腳或錫膏被直接照射會出現錫珠。雷射焊並不建議使用原始錫膏，就如同錫膏進入回流焊爐需要逐步升溫乾燥，雷射焊接有同樣需求。若錫膏加熱過快，溶劑及揮發性錫膏填充物會揮發太快，導致部分錫膏爆破飛濺，這些揮發物爆破現象與焊珠產生直接相關。雷射焊接電鍍或噴錫及其它固體焊料塗裝，應該不會有錫珠產生問題。

雷射焊接不會顧忌架橋問題，實質上若焊錫架橋現象在焊接前出現在基材上，雷射焊接可能解除這種架橋狀態，重新分佈焊錫到零件引腳，這特別會發生在連續掃瞄雷射結合法上。焊錫斷路發生機率正比於零件導線架品質、引腳可焊接性及零件治具壓制有效性等。若製程作業正確，要有非常高良率是可能的，因爲極少有斷路出現。儘管部分人認爲這種技術太過未來性也太慢，但讓它商用化其實仍究是值得的。

6-12 熱壓棒 (Hot Bar) 焊接

熱壓焊接法已經使用多年，這種方法特別適於有引腳構裝的表面貼裝。這個技術是靠一個電阻加熱部件，壓著零件引腳與結合焊墊及焊錫接觸，並回流焊其間的焊料。持續壓著引腳到電路板焊墊上，直到溫度逐漸降低。在冷卻過程中焊錫固化，加熱部件從新焊點上脫離。加熱部件稱爲熱壓棒，這種稱謂廣泛用在類似模式的各形部件。

焊錫應用

因爲熱壓棒加熱速度快，因此並不建議使用錫膏，以避免快速揮發產生爆破與錫珠現象，而且有可能錫膏會擠出引腳及焊墊間，這可能會導致鄰近接點架橋問題。實務上即使用固態焊料塗裝在電路板上，用熱壓棒結合架橋仍然可能出問題。這常與焊墊提供的焊料體積、助焊劑的量與活性、引腳焊墊間距等因素相關。當焊料熔解，在初期焊錫潤濕焊墊時，焊料會從引腳與焊墊間湧出，這些排出的焊錫可能會橫向隆起而搭接鄰近焊墊產生架橋。一旦架橋產生，引腳與焊墊間的相關潤濕及毛細作用力就可能不夠強，不足以克服架橋產生。若這種狀態發生，架橋缺點就會持續存在，如圖 6-12 所示。固體焊錫塗裝如：噴錫焊墊或電鍍焊料的電路板建議使用這種結合方法。

▲ 圖 6-12　熱壓棒焊接的架橋缺點

助焊劑與助焊作用

液態助焊劑可在焊接前使用，助焊劑選用應該事前做抗焦化測試，焊接產生的高分子分解物或殘餘光亮物質，會沾附在電路板及熱壓棒上。殘留物沉積，會逆向遮蔽熱壓棒傳熱效能，逐漸減少熱傳送能力。當它逐漸增厚，也可能影響熱壓焊與零件引腳的正常接觸。殘留物的烘烤會使助焊劑清潔更加困難，也降低了電路板組裝表面的目視能力。

焊接操作

當做焊接操作，除非有一個機械式的停止機制停滯結合頭繼續下壓，液態焊錫會從引腳及焊墊間擠出。當然最終還是會有一層焊錫薄膜存在來組成焊點，不過缺乏焊料的接點強度會較弱，因此接點都不希望失去太多焊料。某些設備供應商提供自動化零件與結合墊對位系統，並壓著零件引腳與焊墊接觸，在回流焊時焊接頭及零件會微退很小距離，這樣可維持較厚引腳與焊墊間焊料，較穩定的接點因而產生。這個退縮步驟，也可防止架橋產生。

如同其他焊接製程，保持正確回流焊時間溫度特性十分重要，多數熱壓焊系統會在棒上加裝精準熱電偶量測機制。熱壓棒上的熱片尺寸相對小，因此電路板及零件熱容量對焊接表現就有深遠影響。它們時常提供大量熱傳導能力，也必須使用周邊加熱器來平衡熱壓焊的加熱程序。這些方法包括如：以熱風吹到電路板上下兩面，或直接接觸熱板等方式，這可使電路板結合時間週期合理化。必須要注意避免過度加熱電路板，以免發生重熔前製程焊接零件或損傷電路板的問題。

熱壓棒的結構

一個熱壓棒結合頭，可能由單一或數個單元組成。它們會設計成焊接零件單邊、雙邊或四邊引腳，每個組裝的熱壓焊單元都會架構成可適應最大引腳跨距。棒長度會製作得比焊接引腳陣列略長，這可讓所有構裝各邊引腳並焊接，棒長度也大到足以輔助與零件間的對位。對某些非常長的連結器或大型構裝，單片熱均勻度可能無法避免讓部分引腳過熱，這可利用較小熱壓焊，逐次長度移動來完成所有引腳連結。棒厚度必須依據引腳型態而定，熱壓棒必須安穩平整壓在引腳上，不應該接觸彎曲區域或讓引腳尖端懸空。

熱壓焊的設計與材料

熱壓焊頭理論上可製做成任何尺寸，但仍有其限制。較長加熱片會因爲長度關係使熱均勻度變差，熱片內溫度差可能導致熱膨脹或收縮差異，間接產生扭曲。熱均勻度是零件引腳對引腳焊接及單邊接點品質的關鍵，允許溫度偏差受到零件型式及要焊接電路板、焊料本身、產品信賴度需求影響，如同其他焊接製程對溫度控制與製程瞭解一樣，只有良好的控制才會有較高的組裝良率。壓焊結合頭必須要能快速散熱，這也才能讓焊料在合理時間內重新固化。

壓焊頭有許多不同結構與材料設計，鎢、鈦及鉬是較常見的選擇，並不只因爲它們的特殊電阻及導熱性而已，它們對助焊劑損傷的容忍度及免於焊錫潤濕也是重點，有部分陶瓷材料也被用來製作加熱片結構。

加熱頭設計必然要求整體跨距要有均勻加熱能力，且必須要在焊接循環中漲縮均勻，部分加熱片設計在加熱中採用 Z 方向為折線或微笑曲線的溫度曲線控制，藉以降低熱膨脹差異產生的金屬應力。因為相同因素，橫向加熱片彎曲也有類似現象。這些現象會導致加熱片無法完整的與所有接腳與焊墊接觸，當曲度夠大時有可能會產生焊錫斷路問題。有許多結構想法與解決方案被提出，包括結構材料、電源供應等，促使加熱片的加熱能夠高均勻化並與結合焊墊接觸良好。

維護與診斷方法

正確維護熱壓焊頭十分重要，時常檢查它是否有扭曲現象，確認它與電路板焊接區是垂直的。清理熱壓焊頭的助焊劑殘留及可能的高分子副產品，保持熱壓焊頭的平整度，這些可能在幾個結合循環後就必須要做一次，可依據助焊劑及組裝關鍵程度而調整。有幾個診斷工具可用來評估熱壓焊頭狀態，從一般性到特殊項目都可能必須管控。其中有兩種最重要特性必然需要瞭解及監控，它們是加熱表現及平整性。

熱監控

評估熱壓焊表現最普遍的方法，是用加裝熱電偶的電路板。這是所有結合法最直接的監控手段，製作這種電路板模擬熱狀態有其必要性。精密熱電偶接觸到零件引腳或結合焊墊，最佳置放位置是在整排引腳正中間，這可幫助定量焊接時的熱均勻性。另一個必要測試，就是將熱電偶放在鄰近零件上，以確認熱壓焊接製程不會影響之前的焊接點。

電路板與零件共平面性也很重要，應該避免將熱電偶置放在引腳與焊墊間，這樣會影響測量結果。當熱電偶珠狀點增加的高度使熱壓頭無法接觸鄰近零件引腳，就會產生點狀接觸加熱，無法呈現實際焊接操作狀態。相對將珠狀點安放在焊墊延伸區域，配置在引腳端點前一點或是下彎區後一點，都是較恰當的位置。

裝置熱電偶可用小量高溫焊料或耐溫導熱環氧樹脂，增加的材料量愈少愈好，以降低接點熱容量對測量的影響。這個貼裝材料必須避免干擾零件安裝平面，因為引腳要停放在無障礙與不融材料區。其實電路板焊墊上的焊錫共平面性，未必需要非常完美，熱壓焊頭會熔解焊錫自然形成自我共平面，這種狀態會保持到進入固相後。一旦熱電偶正確安裝，安放在電路板上的零件可做助焊處理並做結合測試。熱電偶的輸出資料，可直接送到記錄器上評估結合作業時的溫度曲線，當然也可用電腦輔助設備做這項工作。紅外線攝相機可直接做熱表現監控，是優異但昂貴的均勻度偵測方式。

共平面性

就整個熱壓焊頭應力分佈而言，其熱壓焊頭加熱片平直度或多片組裝的結合面極爲重要，良好表面可避免焊錫斷路發生。有許多測量方法可診斷這個問題，可惜的是它們都在室溫下做測量。如前所述加熱片會在加熱時暫時或永久扭曲，但對其熱平面測量卻困難而不切實際，因此主要測量仍然在室溫下。

較簡單的方式之一，就是使用著色方式做測量，可在平整陶瓷平面處理顏色，之後以熱壓焊頭做平面摩擦，較低點位置都會上色但凹陷的部分就呈現無色狀態。定期整平加熱片表面是必要的作法，重複這個程序可確保設備作業有效性。熱壓焊接非常適合低熱容量的單面表面組裝，每種零件類型都需要專用的熱壓焊頭做結合組裝。

製程所導致的缺點

焊錫架橋是這類作法最普遍的問題，已經知道焊錫會在這種作業下被擠出接點，這種現象很容易產生架橋。焊錫斷路問題，則是因爲缺少熱壓焊頭與電路板表面間共平面性引起，而焊接結合時引腳偏離則是另一個缺點產生的原因。當以熱壓焊頭對引腳施力而焊錫尚未液化，引腳偶爾會受力偏滑離開焊錫凸點，這個偏移會導致引腳結合錯位，也可能產生焊點應力。若力量夠大，也可能導致整個構裝移動錯位。因爲加熱快速，加熱溫度應該明顯高於必要焊料液化溫度。若時間與溫度沒有小心控制，介金屬化合物產生就可能是問題。特別是在製程中需注意，因爲焊接中可能有大量引腳與焊墊間金屬置換。在接點內，介金屬化合物 (硬而脆) 體積與其它焊料 (軟而韌) 比例可能會較大。若這種狀況發生，焊錫接點信賴度就會較差，較容易產生斷裂性故障問題。

熱壓焊接最適合用於小體積焊錫、細間距表面貼裝焊接與重工。若使用結構正確的吸著部件來維持表面貼裝部件的穩定，零件四邊都可同時回流焊或做零件移除。添加助焊劑有助於零件移除製程，因爲它可改善加熱片與焊錫區域的熱傳輸。零件移除後焊墊經過再處理 (以手工烙鐵整平與焊錫、助焊劑補充)，可用銅刷類工具去除過多焊錫，之後安裝新零件並做熱壓。過程中要防止介金屬在移除過程中產生，尤其是在整平與零件再次焊接程序中。除了介金屬層會導致信賴度風險，介金屬的黏接也較困難，可能需要更有活性的助焊劑來輔助作業。

6-13 熱氣焊接

在熱氣焊接中加壓的氣體經過加熱，對著零件引腳、焊錫、電路板焊墊及助焊劑吹，熱量被這四者吸收。若溫度升高到熔點，焊錫熔解就會發生，接著經過冷卻形成焊點，這是非接觸式導引能量法，最適合表面貼裝零件結合。儘管熱氣焊接已經推出多年，且有多種機械應用，但這個技術還是不普遍。最普遍的用法是做零件重工，也就是從電路板上移除前一個焊接部件 (通孔或表面貼裝)，再更換同樣零件。

這種焊接方式的缺點之一，就是熱量無法非常集中，多數典型機械都施放太多熱氣流，無法僅處理必要的回流焊引腳。氣流一旦衝擊電路板及其它零件引腳，反彈及擾流就會成爲問題，它可能導致先前形成的接點重融，特別是緊鄰的零件。這種問題典型的處理方式是使用擋板，這可侷限氣流在單組擋板區域內，可導正氣流到要處理的零件上。

圖 6-13 所示爲典型方法應用，噴嘴可用各種型式，最簡單的噴嘴是單一開口，也有機械提供一對可調噴嘴，可焊接兩個對邊零件。一個充滿噴嘴的組合式多噴嘴組，可同時焊接或剝除零件所有邊的接點，除了垂直方向也可依據需求做方向調整。不同零件類型需要依靠專用治具，庫存許多個別治具花費相當高。

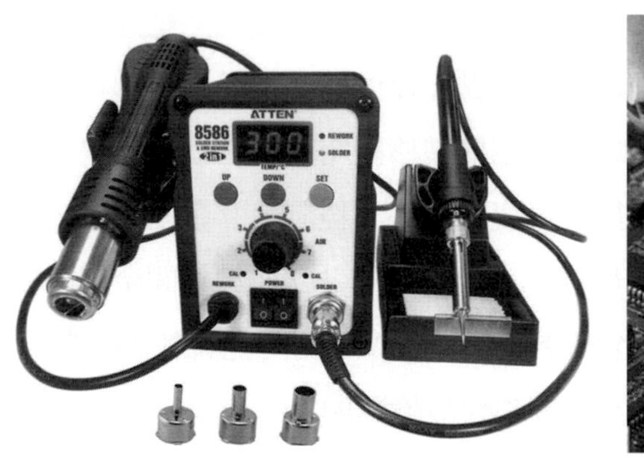

▲ 圖 6-13　用於回流焊焊接或修補的熱風噴嘴

加熱後噴流氣體被強制推送通過一個小噴嘴或噴嘴陣列，氣體可以是任何與系統及電路板材料相容加壓氣體。氣體使用會考慮其經濟性，但若它是氧化介質就可能無法使用低活性助焊劑。建議使用氮氣，因爲它是非氧化性、低價安全的氣體，使用氬氮氣混合物、氬氣及其它氣體也適合這種回流焊法。焊料可用錫膏、固態錫或塗佈焊墊的焊料等各種型式移轉到電路板上，若不用錫膏則必須靠輔助治具來固定零件，以確保零件引腳與焊墊有良好接觸。氣體壓力不能過度，否則回流焊中會移動未壓迫的零件。正確的氣體壓力、溫度、噴嘴轉換速度及助焊劑，都會影響接點的產生，這在其它類似回流焊製程中也都需要考慮。加熱升溫速率、焊錫錫膏預熱、峰點溫度、液化持續時間等，都必須要監管才能順利產生可靠接點。

使用熱電偶在空測試板鄰近焊點做溫控並不切實際，但做熱氣流焊接實際產品時，在其循環氣體感測溫度並不容易。因此建構一片裝有零件與熱電偶的模擬電路板，對瞭解各種操作參數、製程表現影響就十分有用。另外熱電偶安裝在鄰近零件焊點也是建議作法，這樣可確保選擇的操作條件不會不慎重融鄰近部件。在任何焊接作業中都要小心防止零件與電路板過熱，過熱可能會爆板、助焊劑會燒焦，會有過度介金屬化合物產生，所有問題都會衝擊產品信賴度。

6-14 超聲波焊接

這種技術靠加熱超聲波震盪焊接頭，它同時熔解及攪動焊料，超聲波能量經由焊接頭尖端，透過融熔焊錫液體傳送，最後到達底層零件引腳及電路板焊墊。這個高能量焊錫液攪拌可幫助清潔存在介面上遮蔽黏接的物質。完整的金屬氧化物包覆著焊錫、焊墊及零件引腳，破壞了幫助未氧化底層金屬潤濕的機會，使用這種超聲波焊接法可免使用額外化學助焊劑而改善焊接性。鋁及其它困難焊接的金屬，可用這種方法焊接，這類技術已經在商用市場得到驗證，尤其是在空調系統的熱交換器製作方面。更重要的是，這種連結法已經應用在電路板組裝方面。

超聲波焊接也應用在大量持續回流焊製程，在這些範例中融熔焊料是以超聲波攪動，組裝的物件是浸潤在焊錫中。類似技術用在波焊與其它焊接應用，零件在錫槽中浸潤並用超聲波震盪，這種量產製程較常見於非電子組裝。使用超聲波焊接量產，必須小心調節焊接頭震幅及頻率。過度攪拌會產生過度液態焊錫空洞，導致產生飛濺現象並產生錫珠而造成較細間距引腳或焊墊短路。另外超聲波攪拌會增加任何溫度下可熔金屬融入焊錫的速率，這會降低接點強度。

這個技術對修補斷路、安裝新零件或更換零件到完成組裝的電路板上十分有用，因為沒有助焊劑需求，清潔過的電路板經過修補或處理後仍能保持清潔。這個技術可用於所有周邊引腳表面貼裝零件，它也可適應通孔部件焊接。這方面的設備供應十分有限，全球只有少數廠家製作，有少量新舊文獻提供這類技術的研討。

CHAPTER 7

壓入適配連結

7-1 簡介

電子連結器可用三種連結結構型式：

- 尾端焊接 (通孔)
- 表面貼裝
- 壓入適配 (Press Fit)

壓入適配曾在 1970 年代普遍使用，也稱爲壓入插梢 (Press Pin)，參考圖 7-1 所示順向插梢。這類組裝曾一度完全用在背板 (Back-Planes) 領域，最近壓入適配連結器逐漸普及，會混合用在一些較複雜的電路板上，組裝方式主要用於鄰近主動部件及相關介面卡。

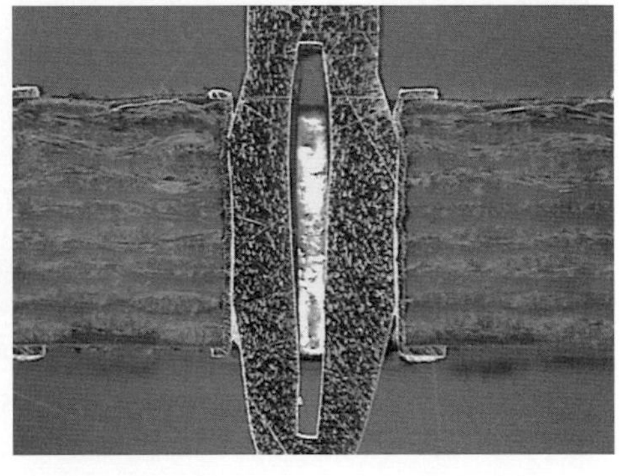

▲ 圖 7-1　壓入後的順向壓入適配引腳

當電路板變得更複雜 (更厚、更高層數、更高繞線密度及更多零件)，就會導入壓入適配連結。它可用在高插梢密度 (插梢間距 <=2mm) 領域，每個連結器可高於數千插梢，也可提供線路遮蔽提升高速訊號表現。壓入適配連結器可在電路板單或雙面組裝，也可做修補。壓入插梢的程序較簡單，也比焊接信賴度更好，又不需要面對電路板組裝增加的受熱或化學程序，這對高密度電路信賴度有其優勢。

連結器本體未必會與嚴苛回流焊或波焊熱製程相容，因此壓入適配連結器的典型組裝法，是在所有電路板組裝焊接完成後才進行。壓入式連結器不是以焊接固定位置，重工較麻煩且有限制，實務上並不切實際。

壓入適配系統的優勢

壓入適配連結再度普遍使用的驅動力，來自電路板複雜度及組裝密度增加，且背板面又有許多主動部件所致，這種方法的典型優勢如後：

- 壓入適配連結器典型用於厚電路板，這種產品很難或根本不能做波焊。因此複雜組裝限制經過一到兩次表面貼裝熱循環以提升信賴度。對於密度高的電路板組裝是重要的，因爲增加波焊受熱程序會損及前一個表面貼裝零件的焊點或整體組裝機械結構完整性。
- 使用壓入適配連結器是一種免除用焊料的方法，因爲壓入適配安裝沒有焊錫需求。這增加了它在維持生態環境領域的重要性，無鉛技術已十分普及，因此使用壓入適配零件應該會增加。

圖 7-2，爲典型背板的壓入適配應用範例

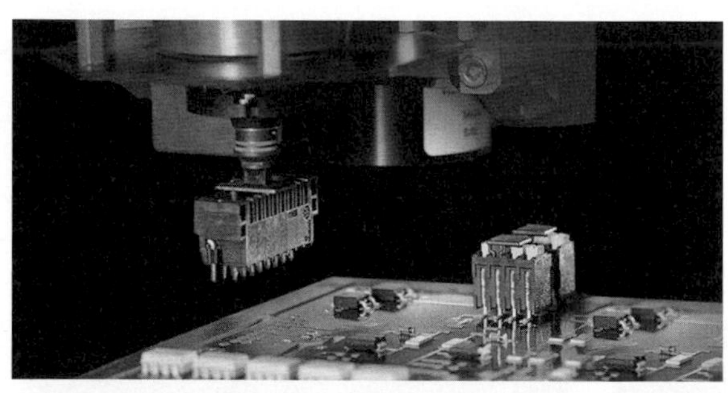

▲ 圖 7-2　壓入適配的背板應用範例 (來源：http://pcbway.com)

壓入適配系統種類

壓入適配程序理論上是簡單的，執行也確實如此，作法就是依靠略大導電引腳施力壓入電路板通孔。兩種主要類型壓入適配系統如後：

- 其一系統是使用相對較硬的引腳，它們設計成在插件時可輕微讓電路板通孔變形的型式，就是一種變形作法將方形插梢壓入圓孔。
- 另一種普遍系統，是可折疊或塌陷插梢，如圖 7-1 所示。當在插件程序中施加壓力，在控制狀況下折向自我軸向，如圖 7-3 所示。電鍍通孔的孔壁只有輕微切割並有小量變形，這樣與最終壓入適配引腳產生接觸力，產生足夠而可靠的插梢與孔壁電性接觸。

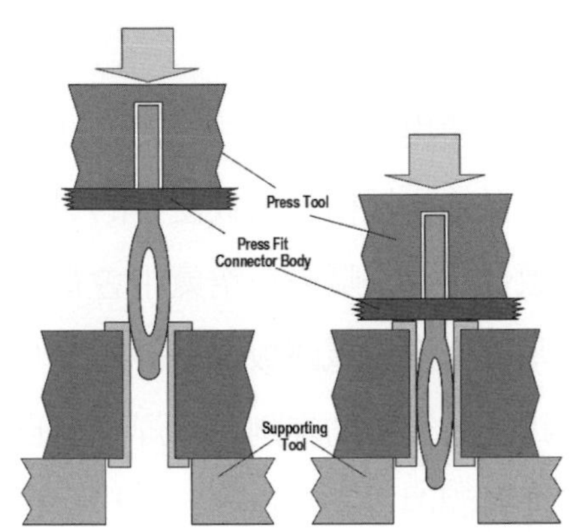

▲ 圖 7-3　機械驅動壓入工具，插梢朝內部塌陷，外張力推擠插梢與通孔孔壁緊密接觸

壓入適配設計的問題

壓入適配連結器引腳必須設計成與鍍通孔產生緊密配合尺寸，當它們被壓入位置，接觸設計必須符合幾個要件：

- 順向插梢放射力施加到電路板通孔孔壁上，必須要強化連結器與電路板接觸，並產生可靠鉚接狀態。
- 插梢到孔壁放射力必須要高到足以產生氣密接觸，足以支撐長期電氣與環境接觸信賴度。
- 插梢在軸向必須足夠強壯，以防止在壓入操作中彎曲。
- 插梢徑向力必須最佳化，以避免損傷鍍通孔的孔壁。

輔助裝置與插入的問題

裝置壓入適配連結器必須注意的一些因素包含：

- 引腳設計與材料
- 電鍍通孔最終金屬表面處理 / 材料
- 電鍍厚度均勻度

- 引腳或插梢尺寸
- 電鍍通孔尺寸
- 每個連結器的引腳數量

因爲壓入力量的大小範圍，從每支腳或插梢幾克到幾公斤都有，必須要搭配良好的壓入機械設備與治具，來搭配壓入適配連結器的應用。

材料的問題

爲了符合組裝應用能力，不論使用何種組裝法，都要注意插梢的機械完整性、電氣特性、材料保存性、電氣性接觸等目的。插梢是由較便宜的導電金屬製作，之後電鍍最小厚度貴金屬或選用材料。因爲多數金屬材料曝露在空氣中會很快氧化，金或其它貴金屬常用來防止或抑制鍍通孔、SMT、零件引腳、電路板焊墊等的氧化。然而多數電路板及零件引腳會以較廉價金屬處理，如：錫，之後靠助焊劑去除焊接前自然發生的氧化。在一個焊接點，引腳及焊墊介面材料會被焊料潤濕並密封在內。焊料提供了相互機械連結強度，且封閉焊接面與環境接觸。

壓入適配連結器引腳，是一種沒有物理性材料潤濕、金屬覆蓋保護的相互連結，它也沒有使用化學性助焊劑。而壓入適配連結器只依靠機械性介面接觸，建立連結器引腳與電路板鍍通孔間互連。壓入適配插梢表面及鍍通孔孔壁氧化物，會因爲受到壓入適配組裝的操作高摩擦力作用而破開，因此金屬材料貯存壽命問題並不如焊接那樣被重視。

壓入適配製程包含連結器插梢與通孔孔壁間氣密性接觸需求，這個氣密性概念達成必須正確使用壓入插梢才能獲得可靠信賴度。若電氣性接觸可靠，兩個搭配表面產生的介面必須保持化學與機械穩定度。氣密融爲一體的金屬對金屬接觸，在壓入適配作業後可減緩氧化並防止腐蝕，這是機械式接觸產品面對震動常見的故障機構。壓入適配互連，被認定與焊接有同等信賴度。

7-2 電路板的需求

因爲使用壓入適配連結器的基本目的，是要搭配電路板，因此電路板特性尺寸就是這個連結系統整體成功使用的關鍵。

最終金屬表面處理的需求

電路板鍍通孔的最終金屬表面處理，會對壓入插梢連結器與孔壁間接觸力產生明顯影響。焊錫塗裝的孔壁提供潤滑作用，可幫助插梢順利進入鍍通孔。當最終金屬表面處理採用噴錫製程，電路板業者應該小心避免過多焊料留在孔內影響孔徑。噴錫處理被認定在安裝連結器時，是導致產生刨除現象焊料裂片的原因。這些裂片可能會成爲鬆弛片狀物，最後成爲導致系統其它位置電氣性短路的來源。

可熔塗裝如：錫或錫鉛，也可能在經過後來 SMT 或波焊熱循環在電鍍通孔內產生凸面。這個凸面會改變孔徑，導致過高壓力需求，或者可能增加焊料裂片傾向。高縱橫比孔 (板厚度 / 通孔直徑)，可能在電路板表層孔邊產生過高電鍍厚度，但是卻在鍍通孔中間產生過薄析出厚度。這是因爲電鍍槽貫孔能力不足所致，這種不平整狀態如圖 7-4 所示，可能會產生不利壓入適配插梢操作的影響：

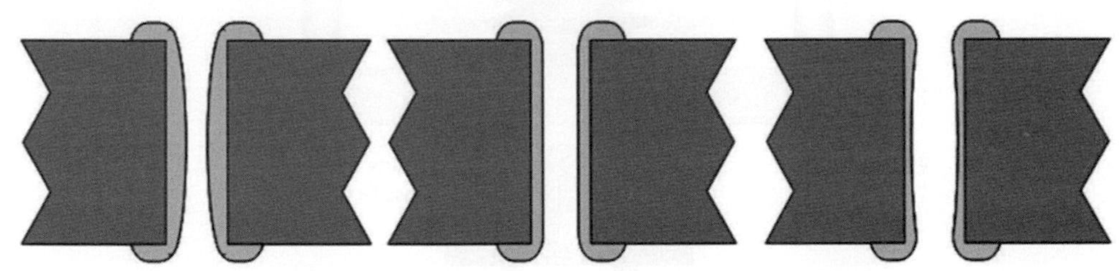

▲ 圖 7-4　孔形對於壓入適配程序具有深遠的影響

- 若孔壁過厚，壓入力可能超過插梢機械強度，會有撓曲風險。
- 若施力過大高於電路板結構承受力，會損傷電路板導致孔壁破裂影響連結，損傷互連迴路甚至磨損擠出孔環。
- 可壓入端子通過連結器平順區域力量，已經足以穿破過薄孔壁金屬。

裸銅

銅保焊劑處理厚度，除了高縱橫比孔外，都可良好控制，對於其它最終金屬表面處理也有類似現象。但是因爲缺少潤滑本質，裸銅相對於鎳 / 金、錫鉛、銀最終金屬表面處理，是較難以讓插梢壓入的處理。

7-3 設備的基礎

有幾種機械壓床被用來推擠壓入適配連結器進入電路板，損桿式壓床是最原始的設備，但只能滿足簡單低引腳疏鬆間距連結器。一次完成的氣動式壓床，雖然比損桿式壓床容易操作，但它在製程控制或組裝重覆能力方面並不理想。更進一步發展則是氣壓與油壓組合 (所謂氣壓驅動油壓的壓床)，它提供更可控制的製程。因爲新式壓入連結器有易碎本體、易碎電氣遮罩、精細插梢間距，所以要具有高精度施壓循環能力，用電腦控制機械是較明智的做法。

除了製程力與速度精度重覆性，壓力循環數據也應該與製程參數一起儲存，來控制壓力桿的力量、壓入速度及零件壓入位置。數據處理對統計製程控制是有用的，有助於壓入循環缺點分析或機械問題改善。連結器壓入是電力機械驅動程序，依賴馬達轉速驅動螺桿控制速度、Z 軸位置控制器及負荷回饋系統來完成準確壓入循環，如圖 7-5 所示。

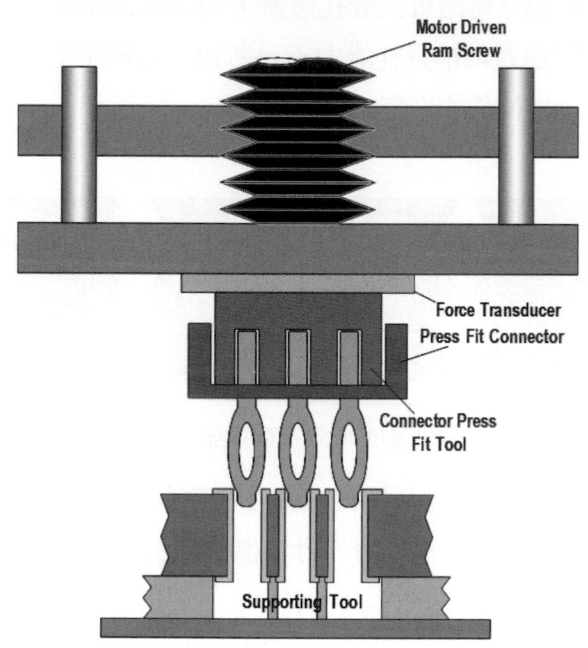

▲ 圖 7-5　圖示電動機械連結器壓床

部分商用機械是自動化的，它們可自動將電路板移入壓床，選擇 符合連結器適當壓力工具及支撐工具，旋轉工具到正確方向並依序壓入同片電路板的多個連結器或多個串接電路板，有多種方法可控制這種壓入適配程序。

壓入循環

開始的時候，先選擇連結器所需壓入工具及支撐平板。作業者手工將連結器送入電路板適當電鍍通孔，壓力桿與工具正對要壓入的連結器。當壓入適配連結器引腳受力進入電路板鍍通孔時，不同連結器與電路板類型相對於其垂直行程距離都有一定特性可循。

當壓力升高，連結器引腳被力量壓入鍍通孔，且插梢順向部分開始產生彈性變形，之後就會產生塑性變形。此時會面對持續阻力，這源自於塌陷變形插梢沿著孔壁滑行產生的摩擦力。當阻力再度增大，可被認定爲連結器完全達定位，進一步施力只能產生高度的些微變化或完全沒有變化，此時壓力循環停止。

7-4 例行壓入作業

爲了獲致最佳結果，若能夠採用即時回饋測量控制是最佳的選擇，有四種主要壓入作業方法可供選擇：

- 不加控制壓入程序
- 依據高度壓入程序
- 依據力量壓入程序
- 壓入力量梯度控制程序

當然只有後三者可獲得力量感應、距離感應或即時回饋好處，可控制連接器壓入狀況。連結器類型是複雜的，而設備製程能力會支配壓入適配組裝方法的選用。

不加控制壓入程序

開始時，不加控制的壓入程序是最普遍採用的技術，但它因爲面對更複雜作業需求而失去以往既有地位。它依靠一個簡單壓床，作業者靠手工力量施力到壓入適配連結器上，促使連結器進入電路板，既沒有力量感應也沒有速度控制，這是一種最不可靠的方法。

面對易碎的連結器，若用太高壓力桿速度，連結器插梢可能會產生折曲。儘管並不鼓勵使用這類壓床，但它還是可適用於低引腳數寬間距的非關鍵性連結器組裝。如同其它例行壓入作業，必須使用適當支撐治具墊在板下方，以支撐插梢通過並提供適當彈性。治具必需要搭配適當開放區域，允許壓入插梢能突出低於電路板的底部。

依據高度壓入程序

如前所述連結器壓入法有長足進步，某些可精確控制壓入過程，這包含精準控制壓力桿高於基準面的方法。若電路板間距穩定，則連結器可精確壓入電路板，並依據規格保持精確離地高度。連結器插梢尺寸隨連結器不同而變化，電鍍通孔也有同樣問題。依據高度壓入程序，可確保每次連結器都產生同樣安裝形式，不論插梢或孔狀態爲何，處理連結器所需力量也一樣。可惜電路板厚度變化或塑膠射出斷面都有變化，這些會導致壓入結果不準確性，使這種做法優勢大打折扣。

依據力量壓入程序

這個方法依靠一套智慧型壓床設備，精確感應是否壓力限制已經達到，此時壓入循環已經終止。極限力量可較粗略設定，可用每單支插梢所需要平均力量乘單一連結器插梢數量決定。應用單一插梢壓力上下限，搭配以往經驗所得知識測試，這對精緻化某種材料壓力控制能力有幫助。此技術對材料狀態、插梢及電鍍通孔直徑，都有高度敏感性。

壓入力量梯度的控製程序

如前所述，壓力與距離可用來操控壓入循環最終狀態及壓力桿退回動作。這是一種有用的作業，可確保不論插梢尺寸、直徑、電路板或連結器變化，連結器都不會過度加壓。這是一種十分有用的方法，若使用非常陡峭的斜率並經過精緻測試，可得到良好製程重複性。

7-5 壓入適配連結器的重工

壓入適配連結器壓入後，插梢已經產生塑性變形，因此使用過的連結器無法再去除重用。因此多數壓入適配連結器被設計成可重工，也就是可修補或更換。在某些狀況下個別引腳 / 接觸點可被更換，某些狀況則可做區域性引腳 / 接觸點替換。部分壓入適配連結器，需要完全移除損傷連結器才能更新。市面上有許多不同壓入適配連結器，每種都有其製造商建議的修補方式。

更換工作

壓入適配組裝設計，都可承受三次更換步驟，其重點可用兩點來描述：

- 採用加壓退出法，加壓在電路板通孔插梢平整區。
- 經過後續發生的壓入適配連結器移除與更換，必須保持電路板鍍通孔壁面品質與狀態良好。

若受壓插梢徑向力過大，它可能會切破孔壁甚至損傷週圍內層的互連或線路，因此徑向力要做最佳化以產生氣密性，但不會過度變形或刨切電鍍通孔孔壁。

一旦連結器或連結器插梢被更換，新連結器 / 插梢必須重新產生氣密性可靠接觸。每次新壓入插梢插入電鍍通孔，都有機會讓孔壁產生變形，插件愈進入孔內其變形量愈大。基於此，產業插梢連結器標準設計目標，會要求要能達到允許三次更換程序。超過三次則有可能會發生孔壁變薄與損傷問題，這會影響壓入插梢接觸信賴度。作業前後必須確認通孔品質狀態，插梢若偏移會壓傷通孔，某些狀況是報廢性缺點會損及整體良率，通孔壓傷範例如圖 7-6 所示。

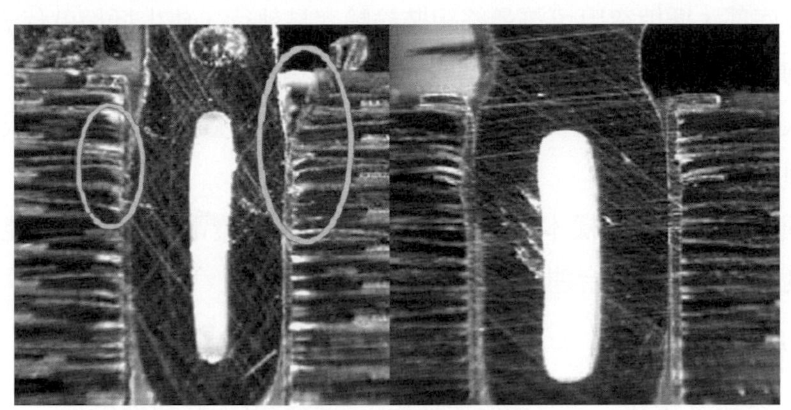

▲ 圖 7-6 通孔軋傷範例

重工工具

壓入插梢重工工具變化多，某些狀況它們被設計成更換單一插梢的形式，也可能被設計成從電路板上移除整個連結器的形式，部分工具則只被設計成去除灌膠連結器本體。插梢可能會一支一支拔出，並準備做更換程序。偶爾多支壓入式插梢引腳被一起經鑄模壓到分離膠塊內，這些膠塊是連在一起的，之後由鋏子抓取產生出單一壓入適配連結器。在這種狀況下，單一膠塊可個別去除更換，這比更換單一引腳或整個連結器方便。修補工具與修補方法，可從連結器製造商處獲得。單一退插梢工具範例，如圖 7-7 所示。

當重工時必須支撐電路板，這可讓它不在修補操作中軟化彈動，可避免電路板、零件、焊錫接點損傷。在修補前後以電氣測試驗證電路完整性，以確保其沒有在後續修補作業中產生損傷。

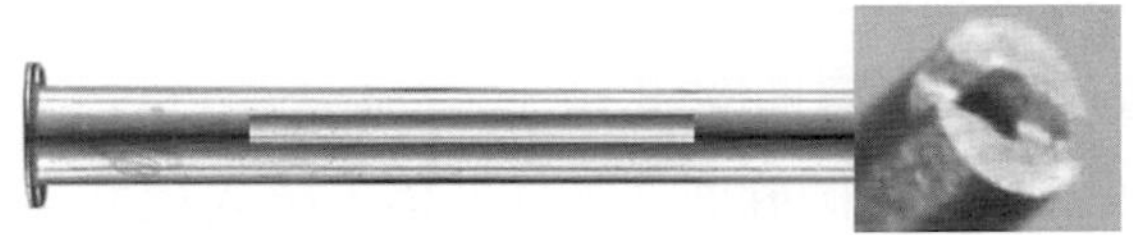

▲ 圖 7-7 單 Pin 退出的工具

7-6 電路板設計與處理的細節

設計的細節

- 爲了避免製程問題及損傷鄰近零件，必須有足夠的間隙預設在電路板組裝中，以保留空間給壓入工具及其它相關重工工具。
- 在可能狀態下，使用略長於電路板厚度的接觸式壓入插梢，這樣連結器插梢就可突出電路板底部，插梢突出可讓最終組裝檢驗容易執行，缺少插梢就代表粗短或彎曲。
- 提供足夠間隙給任何壓入插梢連結器的重工工具。
- 遵循壓入適配連結器製造商建議的電路板最終孔尺寸、公差及允收或測試最終金屬表面處理。
- 對高縱橫比電路板應做樣本切片，檢驗孔品質並驗證電路板供應商能力。確認孔壁電鍍厚度是均勻的，符合連結器的規格需求。

壓入適配操作的細節

能夠完整執行幾件事情，就可確保適當的壓入適配操作順利進行：

- 在插件進入電路板前，檢查壓入適配連結器的插梢平直度及完整性。一個廉價的判定治具，就可機械性檢查連結器插梢是否彎曲。它的結構應該達到不需加壓就可檢查，不會損傷表面塗裝。這特別有助於細間距壓入適配連結器，也比目視檢驗插梢完整性好。
- 保持電路板的開口，沒有來自表面貼裝、波焊、手工焊接留下的額外焊料、助焊劑或其他污染物。使用波焊拖盤或高溫膠帶遮蔽壓入適配位置是建議做法。小心檢查半成品，確認膠帶殘留未污染壓入適配孔。
- 建議使用連結器製造者指定壓入工具，以免損傷連結器或電路板組裝。
- 在壓入操作時適當支撐電路板組裝，這樣連結器可完全安裝到應有位置，也不怕電路板過度柔軟。過度柔軟的電路板會導致焊料接點斷裂、拉斷線路或產生基材剝離，對於球陣列構裝零件特別重要。
- 最佳支撐位置在要壓入連結器的正下方，確認該支撐物具有足夠間隙讓插梢從背面突出，否則插梢會產生變形彎曲問題。
- 支撐治具設計應該帶有適當閃躲底部零件結構，壓入後檢查連結器是否有均勻底部插梢突出、頂端連結器本體高度、連結器本體損傷、搭配插梢位置及連結器是否損壞等。

- 檢查壓入區表面是否有損傷，錯置、壓入工具損傷或電路板支撐都可能會損傷零件。過度壓迫基材，也會導致內層線路損傷。
- 噴錫處理的電路板，檢查板底部是否有焊料裂片產生，必要時刷除出現的裂片並檢查。鬆散的裂片可能會導致短路，與電路板供應商共同確認鑽孔及電鍍尺寸是否適當。要確認它可搭配壓入適配程序。
- 在較高摩擦力最終金屬表面處理方面，如：銅保焊劑處理，當施力做壓入適配程序時，會因為過高壓力導致鍍通孔或鄰近內、外層線路損傷。以目視檢查電路板，並以電氣性測試做首件檢驗。
- 檢查過度的工具磨損或損傷，工具損傷可能會損及連結器或電路板。
- 在 SMT 及波焊作業後再使用壓入適配連結器。
- 不要試圖焊接壓入適配連結器到固定位置，壓入適配連結器本體可能與回流焊不相容。焊接壓入適配連結器，也會導致重工困難或不可修補的問題。

助焊劑與錫膏應用

8-1 前言

除了直接打線、插接，使用焊接法與助焊劑幾乎是最廣泛使用的組裝方法，因此助焊劑選擇當然是電子組裝的重要課題。當電路板組裝使用細間距與陣列零件時，助焊劑扮演的角色將更加關鍵。過去焊接後會有一道清潔步驟，以去除助焊劑殘留確保信賴度。這種作法面對 CFC 溶劑禁用及成本壓力，必須改弦更章開始採用不同系統。以往主流助焊劑以松香爲基礎，現在助焊劑有了長足進步，使用不同配方與化學品製作。

助焊劑具有兩種功能，其一是幫助焊接且是它最重要功能，在焊接中助焊劑可去除金屬氧化物或其它物質如：油脂或金屬碳酸鹽。這可讓焊料聚集，且能以熔融焊料做潤濕零件工作。其二是作爲焊料粉體的載體，助焊劑爲錫膏提供流變可能性，在貯藏和操作時可作爲載體讓粉體均勻懸浮，方便塗佈設備作業。這裡所要討論的，是有關助焊劑在焊接中扮演的角色，檢討可用的各種助焊劑優缺點。

錫膏是具有沾黏性的焊料粉體與助焊劑混合物，這種材料特性可讓它能運用自動印刷、點膠、轉印等塗佈設備做塗裝，因此能實現高速、大量生產，典型錫膏如圖 8-1 所示。

錫膏內的金屬顆粒尺寸，是依據應用領域決定，愈小的塗佈區域需要愈小顆粒尺寸，是爲了達到更高均勻性需求所致。錫膏的流變狀態，必須保持在回流焊作業中不出現嚴重塌陷和架橋現象。適當調配錫膏特性，可讓所設計混合物在焊接區能保持良好一致性。

▲ 圖 8-1　典型錫膏的流動狀態

8-2 焊接的助焊劑

焊接的定義就是一種金屬連接製程，連接過程中並不熔解基材金屬。爲了讓連接發生，金屬表面必須清潔無污染、氧化。這個清潔作用是由助焊劑執行，是一種化學活性的化合物，當受熱後會移除表面微量氧化物，提升焊錫與基材間介金屬層產生能力。焊接用的助焊劑有幾個功能必須達成，它們是：

- 與焊接表面氧化物及其它污染物反應或去除。
- 當與金屬氧化物反應，熔解反應中產生的金屬鹽類。
- 保護焊接面，避免在焊接發生前再氧化。
- 提供一個熱散布層，使焊接熱能夠均勻化。
- 降低焊錫與基材間介面表面張力，以提升潤濕性。

要達成這種功能，助焊劑配方必需包含後續類型原料：(1) 載體 (2) 溶劑 (3) 活化劑 (4) 其它添加物

載體

載體是一種固體或非揮發性液體，這些物質會被塗裝在焊接面，可熔解活化劑、金屬面氧化物、反應中產生的金屬鹽，理想狀態能作焊錫與零件、電路板間的熱媒。松香、樹脂、乙二醇、多醇類、多醇類介面活性劑、聚酯及甘油是較具代表性的化學品。

松香或樹脂是較良性的化學品選擇，因爲它們的殘留較不會導致信賴度問題。乙二醇、多醇類、多醇類介面活性劑、聚酯及甘油等，是用在水溶性助焊劑的配方，因爲它們提供優異的電路板表面潤濕性，可使配方溶解更多活性物質。

溶劑

溶劑主要是用來溶解載體、活化劑及其它添加劑，它會在預熱及焊接程序中揮發掉，溶劑選擇必須依據對配方中組成的溶解力而定。醇類、乙二醇、醇酯類及醇醚類，是典型的溶劑。

活化劑

活化劑在配方中是要提升表面金屬氧化物移除能力，它們在室溫下也有活性，但活性會因預熱升溫而提高。氫溴化胺類、雙羧酸類如：己二酸或丁二酸，有機酸類如：檸檬酸、蘋果酸、松香酸，是較容易在助焊劑配方中發現的酸類。含有鹵素及胺類活化劑，可產生優異的焊接良率，但這類物質不正確去除會導致信賴度問題。

其它添加物

焊接助焊劑常包含小量其它組成，這些物質提供特定功能。例如：介面活性劑可提升潤濕性，這個成分也可能作爲輔助起泡功能，以符合泡沫式塗裝目的。其它添加劑，可能包含降低焊錫與電路板介面間表面張力的物質，目的是爲了產品離開焊錫波時降低產生架橋的機會。錫膏配方需要添加劑提供良好黏度、流變性及預熱中較低塌陷性，它必須要有良好黏性來固定零件。另外在含有助焊劑線材方面，主要用來做手工焊錫，包含塑性材料來硬化線材的助焊劑組成。

8-3 助焊反應如何發生？

助焊劑具有多重功能，它必須達成焊點熱傳、強化金屬可潤濕性、阻止高溫金屬面再氧化等。而其中最重要的部分，還是從金屬點上去除氧化層讓焊接順利完成。對多數用在業界的助焊劑，其反應可看做金屬、金屬氧化物、電解質溶液介面間的交互作用，這個反應會發生在氧化物與溶液介面上，包括酸基反應和氧化還原反應。金屬氧化物的結構、溫度、PH 值、電解質厚度、溶質與溶劑化學特性，這些都會影響反應率及機構 [14]。

有關酸基的反應

如前所述，助焊劑最主要的功能是去除金屬氧化物，而其中最普遍的反應類型就是酸基反應。較常用的化學品如：有機或無機酸，可作爲助焊劑配方之一，以發揮此最重要的除氧化功能。助焊劑與金屬氧化物間的反應，可用簡單方程式來說明，其簡式如後：

M_n + 2n R-COOH → $M(RCOO)_n$ + n H_2O

MO_n + 2n HX (MXn + n H_2O)

其中　M 代表金屬

O 代表氧

R-COOH 代表羧基酸

X 代表鹵素，如：F、Cl、B r

雖然助焊反應的概念在一些文獻中有清楚交待，但是詳細的反應還是相當複雜。例如：在共融錫鉛焊接中，助焊劑裡若加入 HBr 則它與銅之間的反應可表示如下：

Cu_2O + 2 HBr → $CuBr_2$ + Cu + H_2O

$CuBr_2$ + Sn → $SnBr_2$ + Cu

2 $CuBr_2$ + Sn → $SnBr_4$ + 2 Cu

$CuCl_2$ + Pb → $PbCl_2$ + Cu

助焊反應發生的條件，會設計在焊接操作溫度附近。對涉及多種化學成分反應的系統，反應機構研究相當困難。對於有機酸的系統，這種問題可能更爲複雜。不過慶幸的是，我們較需要注意的還是效果，確認殘餘物對成品影響及它們是否可順利去除，機構可慢慢研究。多種有機溶劑可溶解 $SnCl_4$ 和 $SnBr_4$，丙酮、乙二醇、酒精等都是可嘗試採用的溶劑，有機酸方面最好做確認並採用適當清潔處理。

助焊劑的氧化還原反應

另外一種助焊反應是氧化還原反應，範例如下：

N_2H_4 + 2 Cu_2O → 4 Cu + 2 H_2O + N_2

典型的氧化還原反應，如：使用甲酸 (HCOOH)。建置適當設備 (因爲甲酸對特定金屬有相當強的腐蝕性)，甲酸可有效去除金屬氧化物，其反應如下：

MO + 2 HCOOH → $M(COOH)_2$ + H_2O

在焊接高溫下它的產物並不穩定，會進一步產生以下分解反應：

$M(COOH)_2$ → M + 2 CO_2 + H_2

因爲還原能力與物質間還原電位相關，因此反應條件與控制方法都必須要考慮。此反應有氫氣與二氧化碳產生，可強化甲酸還原機制。

8-4 助焊劑的型式與焊接

儘管多數人常認定助焊劑爲液體，實質上助焊劑可呈現幾種不同形式。液體助焊劑般用在波焊或手焊應用，膏狀助焊劑則是一種黏稠助焊劑，用在電路板回流焊前的零件固著，直接安放有凸塊晶片或 BGA 構裝到電路板焊墊上就是一種應用範例。錫膏包含膏狀助焊劑，是用來安裝表面貼裝零件如：構裝載體、散裝電阻、電容等被動部件，另外含助焊劑的焊線是用於手工焊接。

松香助焊劑

早期電子組裝助焊劑配方使用松香，是一種從松樹自然垂流的樹脂材料，其實際組成會隨地區及生產時間而有變化。松香包含樹脂酸混合物，其中兩種主要物質是松香酸 (Abietic Acid) 及海松酸 (Pimeric Acid)。

松香是焊接中最喜歡用的材料，因爲它在焊接程序中會液化溶解金屬鹽類，而冷卻時固化抓住多數污染物避免其流動。另外松香還有一些固有助焊劑行爲，因爲它的分子結構包含弱有機酸。以松香爲基礎的助焊劑，因爲修補作業中提供了良好熱傳特性，在手工焊接中表現良好。

以松香爲主的助焊劑活性，受到活化劑及介面活性劑的狀態影響，這些是配方的一部份。部分活化劑幫助去除金屬氧化物，但也留下沒有腐蝕性的殘留物。電路板上含有鹵素的活化劑殘留，若太多就會產生腐蝕性，有多種不同規格用來定義助焊劑殘留的影響，如：美國軍方規格就有相關規定，要瞭解細節可自行參閱。

水溶性助焊劑

水溶性助焊劑也被稱爲"有機酸"助焊劑，這個名稱可能有誤導問題，因爲所有用於電子焊接的助焊劑都包含有機成分及許多有機酸活化劑。這個語彙"有機酸"助焊劑，或許源自於設計水溶性助焊劑的時候採用了有機物質及有機酸活化劑所致。其它用於這類助焊劑的活化劑，還包括含有鹵素鹽類及胺類的物質。儘管這類助焊劑的正確名稱應該是水溶性助焊劑，但需要注意的是這類助焊劑溶劑一般都不是水，而是醇類或乙二醇類等。

顧名思義水溶性助焊劑可溶於水，它們的焊接殘留也應該溶於水。這些助焊劑的活性比松香助焊劑要高，具有較寬的操作範圍，也具有較高的焊接良率，這意味著最終組裝所需要的修補會減少。較負面的部分是，水溶性助焊劑含有腐蝕性殘留，若沒有正確去除處理，會導致腐蝕發生及長遠信賴度問題。

如前所述，水溶性助焊劑常含有乙二醇類、多醇類、多醇類介面活性劑、聚乙烯氧化物、甘油或其它水溶性有機化合物，作爲原始載體。這些載體搭配活化劑而提供了良好的可焊接性，而這些活化劑時常是較具有腐蝕性的胺類及鹵素型活化劑。

若採用高效能清潔設備，這類助焊劑可普遍用在電腦及通信應用。但目前多數組裝業者爲了簡化製程，避免零組件受到清洗製程限制，還是希望在可能狀況下採用免洗製程。

低固含量助焊劑

在 1980 年代中期前，液體焊接助焊劑被配製成固含量 25 ～ 35% (重量百分比) 或無揮發物液體。之後助焊劑的化學品配方有所改變，新配方有較低的固含量，這些助焊劑理論上都有弱的有機酸成分，時常含有小量樹脂或松香。較早期的配方含有 5 ～ 8% 固含量，但是現在的低固含量助焊劑只有 1 ～ 2% 固體成份。而這些助焊劑稱謂，由低固含量助焊劑變成低殘留量助焊劑，之後又變成免洗助焊劑。這種思維主要是因爲焊接後助焊劑殘留量極低，並不需要做去除所致，但這種想法只有在無腐蝕情況下才成立。

這種助焊劑應用會面對挑戰，研究發現當較大量低固含量助焊劑用於組裝，樹枝狀金屬遷移現象會在特定區域出現，因此需要限制組裝助焊劑使用量，這促使精細控制塗裝量的噴灑塗佈機用量增加。這種方式可確保通孔被助焊劑覆蓋，但也限制了助焊劑在波焊中被推擠到板上方的量。電路板上方局部加熱的助焊劑殘留腐蝕性，會與曝露在電路板下經過波焊的助焊劑非常不同。另外一個低固含量助焊劑的挑戰，則是操作範圍問題。不同水溶性助焊劑可有非常低的缺點率及寬作業範圍，要使用低固含量助焊劑焊接必須小心設計。

首先在預熱溫度部分就不同於含松香類助焊劑，喜好採用的波焊溫度也比松香系統助焊劑要低。另外電路板進料及零件可焊接性必需確認，水溶性助焊劑較能穿透厚重金屬氧化物層，但低固含量助焊劑配方就不足以完成這種工作。若可免除清潔步驟，則可用低殘留助焊劑的低成本製造法完成工作。這就必須假設進料零件及電路板是足夠清潔的，作業人員在操作電路板時也要小心避免導入污染物。另外助焊劑殘留必須是非腐蝕性的，不會妨礙或污染電測的針床端子。

應該注意的是新型低固含量助焊劑導入是在 1990 年代前期，主要是爲了符合區域性揮發有機化合物 (VOC) 調整的需求。這些助焊劑註記了無 VOC 或低 VOC 助焊劑，此處的溶劑是 100% 水或至少高於 50% 的水。使用這些助焊劑需要小心預熱步驟，此處的水 (溶劑) 必需要在到達組裝焊錫波前揮發，沒有做好可能會產生過多錫球。

8-5 助焊劑的特性測試法

電子焊接助焊劑有傳統的組成特性描述，例如：松香、樹脂或有機物等，在過去軍方規格限定製造商使用松香類的助焊劑：

R	純松香
RMA	松香輕微活化
RA	松香活化
RSA	松香超級活化

這些材料的活化程度，已經被抗水粹取測試法所定義，抗力超過 100,000Ω 爲 R，而 50,000 ～ 100,000Ω 定義爲 RA。這些特性測量方法，被發展成一種控制腐蝕性助焊活化劑量的方法，例如：助焊劑含鹵化胺，被用於軍事產品。

在 1980 年代初期，IPC 發展出依據助焊劑及助焊劑殘留活性來定義助焊劑特性的方法，因此助焊劑被歸類如後：

L 低或無助焊劑 / 助焊劑殘留活性
M 溫和的助焊劑 / 助焊劑殘留活性
H 高助焊劑 / 助焊劑殘留活性

這些等級的指定，是由一系列測試所決定，包含銅鏡測試、定性銀鉻試紙做的氯化物與溴化物測試、定性氟化物點測試、定量鹵化物測試、助焊劑殘留活性的腐蝕性測試，以及在加速溫濕控狀態下的表面絕緣電阻 (SIR) 測試。

最新的產業標準，“焊接助焊劑的需求標準”(J-STD-004A)，是更新早期的 IPC-SF-818 助焊劑規格，包含部分的 ISO-9454 標準。另外要定義助焊劑類型 L、M、H，會以 0 或 1 標記鹵素是否存在來做描述。平行於國際的標準，可用基本化學組成進一步歸類助焊劑，因此助焊劑可能被列爲松香 (RO)、樹脂 (RE)、有機物 (OR) 或無機的 (IN)。這些規格的測試法，包含在 IPC 測試方法文件 IPC-TM-650 中。這裡的每個測試方法，後續資料都有一些簡單描述，測試的結果被用來定義助焊劑爲 L、M 或 H。

銅鏡測試 (TM 2.3.32)

在這個測試中，一滴助焊劑會滴在玻璃片的一端，這個位置會以蒸鍍析出 5000 Å 厚的銅。一滴 25% 水白 (WW) 的松香助焊劑則滴在另外一端。助焊劑處理過的試片保持在

25℃ /50%RH 的環境下 24 小時，之後試片以異丙醇清洗。若測試區域沒有銅鏡穿透證據 (放在白紙上沒有白色穿透現象)，則助焊劑會被歸類爲 L 型助焊劑。若穿透部分小於 50 % 測試面積，則定義爲 M 型助焊劑。穿透超過 50% 測試面積，就將這個助焊劑歸類爲 H 型。

鹵素含量 (TM 2.3.33)

氯及溴出現在助焊劑中，可用銀鉻試紙做測試。當一滴助焊劑滴到試紙上，出現黃色反應就代表鹵素存在。這個測試是主觀性的，但敏感度可達到大約 0.07 %。若助焊劑無法用此簡單測試完成，硝酸銀低定測試也可用來標定實際鹵素含量。鹵素總量低於 0.5%，可將助焊劑歸類爲 L 型，若其值介於 0.5 ～ 2.0%，則助焊劑落入 M 型，若鹵素含量高於 2%，則助焊劑會是 H 型。離子色層分析法，也可用來定量鹵素的濃度。

氟化物的測試 (TM 2.3.35)

更新的 J-STD-004 文件，將測試氟的方法加入篇幅。定性測試是一個點狀測試，使用鋯茜草紫 (Zirconium Alizarin Purple) 作爲新的偵測藥劑，若顏色從紫變黃，就代表氟元素出現，若有草酸鹽出現就會讓測試失敗。對氟定量分析，有特定氟化物電極標定氟量。這個測試所得的氟濃度，加入氯及溴定量濃度，就可標定出助焊劑鹵素總百分比。

腐蝕性定性測試 (TM 2.6.15)

這個測試使用一張小銅片，銅片具有良好凹陷，是採用球狀凸點鐵鎚所製作出來的。樣本經過以硫酸所作預處理，及以過硫酸胺去除金屬氧化物，將助焊劑固體樣本及一些焊錫線放在凹陷處。之後樣本漂浮在 235+/-5℃的錫爐上約 5 秒鐘，之後這些焊錫就會開始融熔，產生助焊劑殘留。之後樣本冷卻並放入條件設在 50℃ /65%RH 的爐中 10 天。若沒有產生腐蝕，就代表是 L 型助焊劑。局部腐蝕在邊緣，則可定義爲 M 型助焊劑。出現嚴重腐蝕，助焊劑應該歸爲 H 型。

表面絕緣電阻測試 (TM 2.6.3.3)

電路板基材都有特定電氣特性，包含一組容積與一組表面電阻值。這個測試是在測量兩個表面導體，在承載電流狀態下所具有的電阻，語彙表達則爲表面絕緣電阻 (SIR) 測試。這並不同於從孔到孔間的電阻測量，它主要的定義是在體積絕緣電阻。般時常會利用交錯式梳型線路來測量 SIR，典型的測量線路設計如圖 8-2 所示。

▲ 圖 8-2　IPC-B-24 SIR 測試樣本，有四組梳型線路含 0.4mm 線寬、0.5mm 間距

此梳型線路加上偏壓，做定時絕緣電阻測量，是在恆溫恆濕環境下進行。當濕度超過 65 ～ 70%,，水分子層出現在表面，這個水膜可溶解導電離子提升腐蝕及劣化速率。在 ANSI J-STD-004 文件中，SIR 測試是在 85℃ /85%RH 環境下執行。IPC-B-24 樣品，具有 0.4mm 線寬及 0.5mm 間距，可用來做此測試，較常見偏壓如：45 ～ 50V 及 100V(反向偏壓) 被用來測量。測試數據的取得時間為 24、96 及 168 小時，但是 96 及 168 小時的讀數必須要通過最低的 SIR 等級。

8-6 回流焊用助焊劑的化學組成

用於回流焊作業的助焊劑

錫膏助焊劑在室溫下對金屬應該不會產生反應，這樣錫膏才能有較長貯存壽命。另外化學品必需能穩定維持在錫膏中，若反應太快或容易揮發都不適合作錫膏助焊劑成分。較常用的錫膏助焊劑為：有機酸、有機鹼、有機鹵化物、無機鹵化鹽等，後續內容會作討論。助焊劑在回流焊作業中必須發揮多項不同功能，可理解它採用的製劑會較複雜，常見內容物包括：樹脂、活化劑、溶劑、流變添加劑等。對特定應用，還可能加入增黏劑、表面活性劑、腐蝕抑制劑、抗氧化劑等添加劑，以符合實際作業需求。

液態樹脂的功能

液態樹脂有恰當流動性及中高分子量，較常使用的包括天然生成物如：松香或合成樹脂。它們可提供助焊劑活性、黏性、阻擋氧化、流變調整等，這些都是助焊劑必備功能。常用的樹脂是水白色松香或化學改質松香，水白色松香主成分是 80 ～ 90% 松香酸 ($C_{20}H_{30}O_2$)、10 ～ 15% 脫氫松香酸 ($C_{20}H_{28}O_2$)、二氫松香酸 ($C_{20}H_{32}O_2$)、和 5 ～ 10% 中性物質。

松香是松樹蒸餾產物，不同品種產出的松香組成會不同，性質如黏度、顏色、助焊活性等當然有差異。松香具有相當的熱穩定性，多數松香異構體對熱、空氣、光都有敏感性，所以松香酸曝露在空氣中會變黃。高溫下松香酸的歧化反應會產生脫氫松香酸、二氫松香酸、四氫松香酸混合物，這些異構體中以脫氫松香酸有較佳的氧化穩定性。松香表現出非極性而不利於水洗，較常用於免洗類助焊劑，或者藉由皀化劑處理用於水洗系統。較常被用到的皀化劑，如：鹼性胺、酒精和活性劑的混合物等，通常在水中加入 2 ～ 10% 就可順利作業。

活化劑添加的類型

電子零件焊接需要一定程度的活性，不易只靠樹脂的助焊活性獨立完成，這時候必需靠添加活化劑來強化助焊活性。較常使用的活化劑，包括線性二羧酸、特殊羧基酸、有機鹵化鹽等，如表 8-1 所示。

▼ 表 8-1　線性的二羧酸及其它酸性活化劑 [15]

名稱	結構	熔點 (˚C)	水溶性 %
典型的線性二羧酸活化劑			
丁二酸	$HOOC(CH_2)_2COOH$	187	7.7
戊二酸	$HOOC(CH_2)_3COOH$	97.5	64
已二酸	$HOOC(CH_2)_4COOH$	152	1.4
庚二酸	$HOOC(CH_2)_5COOH$	105.8	5
辛二酸	$HOOC(CH_2)_6COOH$	140	0.16
典型的特殊羧基酸活化劑			
檸檬酸	$HOOCCH_2C(OH)(COOH)CH_2COOH$	152	59

▼ 表 8-1　線性的二羧酸及其它酸性活化劑 [15](續)

名稱	結構	熔點 (˚C)	水溶性 %
反丁烯二酸	HOOCCH=CHCOOH	299	0.6
酒石酸	HOOCCH(OH)CH(OH)COOH	210	139
蘋果酸	$HOOCCH_2CH(OH)COOH$	131	55.8
苯甲酸	C_6H_5COOH	122	0.29
典型的有機鹵化鹽活化劑			
二甲胺鹽酸鹽	$(CH_3)_2NH.HCl$	170	----
二乙胺鹽酸鹽	$(C_2H_5)_2NH.HCl$	227	----
二乙胺氫溴酸鹽	$(C_2H_5)_2NH.HBr$	218	----
苯胺鹽酸鹽	$C_6H_5NH_2.HCl$	196	----

線性二羧酸分子量相對低，比單羧酸活性佳且作用性更有效。而水溶性較好的活化劑如：戊二酸與檸檬酸等，特別適用在水洗助焊劑系統。水溶性差的活化劑，用在免洗系統方面較適當。鹵化鹽普遍有更高的助焊活性，但在室溫下也會反應而影響錫膏貯存壽命。爲了改進這個問題，某些錫膏利用有機共價鹵化物 R － X 作活化劑，這樣在到達焊接作業溫度時共價鹵素才分解出來，產生鹵化鹽並發揮助焊反應。如此可避免室溫下作用的問題，降低貯存與使用時的困擾。

溶劑的添加

樹脂、活化劑、錫粉都是固體或高黏度物質，這些材料混合後無法用量產塗佈設備作業，常用的印刷機、點膠機都無法做加工。利用適當溶劑稀釋，錫膏才會具有適度的機械操作性。乙二醇 (甘醇) 因爲具有平衡溶解力，有助於焊接性與黏性調整，是業界較常採用的溶劑系統。對含有松香助焊系統，乙醇也被選用，因爲它對松香溶解力不錯。較常見的助焊劑用溶劑，如表 8-2 所示。助焊劑系統的化學溶劑成分選擇，必須搭配助焊劑化學性質決定，如：檸檬酸用於可清洗的活化劑系統。要溶解特定極性活化劑，使用極性溶劑可能是必要選擇。還有一些因素也可能被考慮，如：氣味、鋼版壽命、黏度變化等。想要有較長作業壽命與穩定黏度，採用高揮發性溶劑就不恰當。工業安全也是考慮重點，有機物的工業傷害較不易察覺，這方面也應該是選用考慮的重點。

▼ 表 8-2 典型的錫膏助焊劑溶劑

溶劑類型	代表性溶劑
醇類	異丙醇、異丁醇、乙醇、松油醇
胺類	脂肪胺
酯類	脂肪酯
醚類	脂肪醚
乙＝甘醇	乙烯甘醇、丙烯甘醇、三甘醇、四甘醇
乙＝醇醚	脂肪乙烯甘醇醚、脂肪丙烯甘醇醚
乙＝醇酯	脂肪乙烯甘醇酯、脂肪丙烯甘醇酯

流變劑可調整操作性

如同電路板使用的油墨，爲了方便生產作業做自動塗佈，且希望在作業時能流動順利，但印刷完成後又希望能保持其既有形狀，這種功能表現必需靠添加流變劑來達成。通常錫膏是將助焊劑、溶劑、錫粉混合，用於表面貼裝的貼片作業。在錫膏印刷中，會要求錫膏要容易流動，但完成印刷後最好能保持外型。另外會要求錫膏不過黏，能順利從鋼版開口通過並釋放出來，但它的黏性又必需要能黏住基板，讓錫膏停滯在板面做後續打件工作。

爲了滿足各種特定應用需求，必須爲該應用定義出適當的錫膏流變性水準。而適度在助焊劑系統中添加適量流變劑，可實現這種技術需求，表 8-3 爲典型助焊劑用流變調整劑。對於希望能水洗的助焊劑，選擇聚乙烯甘醇或聚乙烯甘醇衍生物是較恰當的，因爲它們具有較好水溶性。

▼ 表 8-3 典型的助焊劑用流變調整劑 [15]

流變添加劑	代表性制劑	備註
石油鹼蠟	凡士林	免洗／RMA 助焊劑
合成聚合物	聚乙烯甘醇 (可溶解於水) 聚乙烯甘醇衍生物 聚乙烯	水洗助焊劑 免洗／RMA 助焊劑
天然蠟	植物蠟	免洗／RMA 助焊劑
無機觸變 添加劑	活性矽酸鹽粉劑 活性黏土	免洗／RMA 助焊劑

8-7 錫粉的選用與特質

業界使用錫膏做組裝，當然期待能利用自動塗佈作業。焊錫必須採用粉粒狀態添加，才能讓材料具有流體化特性。粉粒製備方法很多，而噴霧製作技術可將材料轉換成非常細的顆粒，是目前較常用的製作技術。噴霧粉粒製作法，有多種不同作業型式，水噴、油噴、氣體噴、眞空噴、旋轉電極噴等方法都有使用案例。這方面的內容不是我們主要關注議題，因此不做太多討論。在選用材料的時候，較相關的事項是選用低氧化、高均勻、高球狀的產品，因爲這有利於表面貼裝作業進行。

錫粉顆粒大小與形狀

用於電子業的錫粉，可按尺寸大小分類，如表 8-4 所示 [16]。由於整體電子組裝技術明顯朝向微型化發展，錫粉尺寸小型化也成爲必要條件。

▼ 表 8-4　錫粉尺寸的分級 [16]

型式	最大尺寸小於	低於 1% 尺寸大於	80% 以上在此範圍	Max <10%
Type1	160μ	150μ	150-75μ	20μ
Type2	80μ	75μ	75 － 45μ	20μ
Type3	50μ	45μ	45-25μ	20μ
Type4	40μ	38μ	38-20μ	20μ
Type5	30μ	25μ	25-1.5μ	15μ
Type6	20μ	15μ	15-5μ	5μ

可用篩選處理做粉粒分級，錫粉不但要符合顆粒尺寸分佈，且爲了在印刷作業中有良好流動，外型必須保持良好球狀。有光滑表面的球狀粉粒，代表噴霧製作過程表面存在較少氧化物。典型錫膏用錫粉，如圖 8-3 所示。

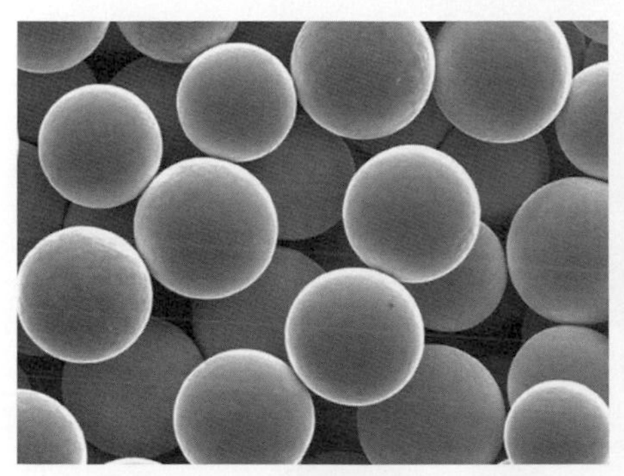

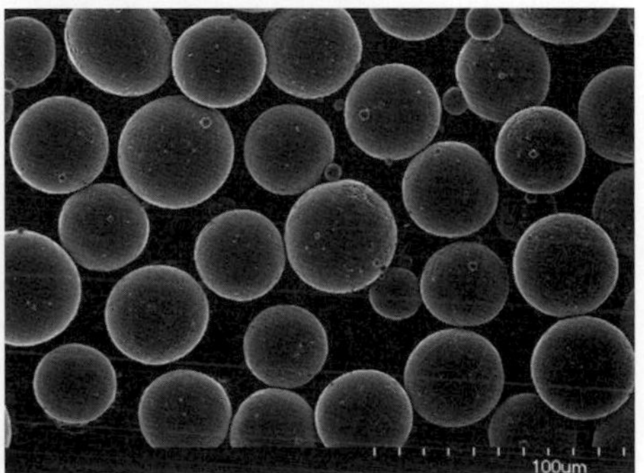

▲ 圖 8-3　外型類似球狀的錫膏粉體 (SEM 圖片)

8-8 錫膏組成與製造

在完成助焊劑與錫粉製備，就可將兩種成分混合產出錫膏。依據應用差異，錫膏組成大略可依照表 8-5 所示，區分為幾種主要應用途徑與規格範圍。

▼ 表 8-5 典型共融錫膏組成

粉體尺寸	金屬含量 (%w/w)	應用
類型 2	88-90	印刷，50 mil 間距
類型 3	85-88	點塗小至 16 ～ 20 mil 間距
類型 3	88-91	印刷小至 16 ～ 20 mil 間距
類型 4 或 5	85-88	點塗小至 12 ～ 16 mil 間距
類型 4 或 5	88-91	印刷小至 12 ～ 16 mil 間距
類型 5 或 6	89-91	用於印刷製作晶片級凸塊

依據前人經驗的使用規則，所使用粉粒尺寸不能大於印刷孔尺寸的 1/7，或者不大於注射孔內徑的 1/10。若使用的粉粒尺寸較粗，就可能不利於塗佈進行。表中金屬含量適用於共融錫膏，對於非錫鉛焊料合金必需要依據其密度，相應調整錫膏焊料體積比。為了讓錫膏維持適當焊料比，應該要調整焊料含量，以發揮期待表現性質。保持焊料體積比的穩定，是良好錫膏操作品質的必要條件。錫粉與助焊劑的混合作業必須小心，錫粉特性是柔軟的，混合時應該避免高速、高剪應變攪拌。為了保持黏度穩定，混合應該避免混入濕氣和空氣。在溫控下以真空或惰性氣體保護，緩慢徹底混合是最佳處理方式。錫膏不具有良好流動性，混合機械攪拌應該涵蓋每個混合空間，圖 8-4 所示為工業用漿料混合裝置，採用非傳統混合模式設計，展現出相當優異的均勻混合效果。

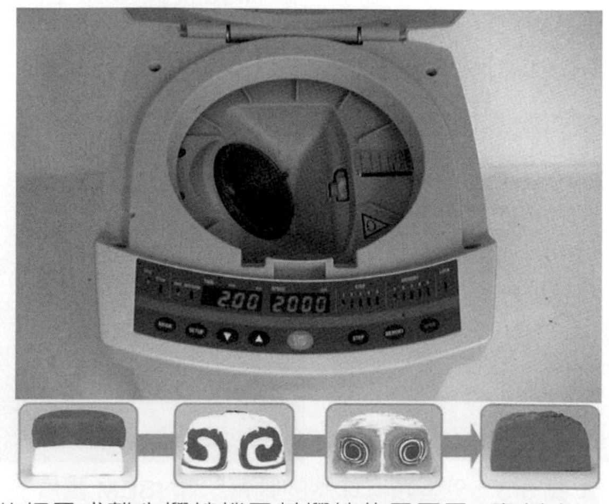

▲ 圖 8-4 用於錫膏混合的行星式離心攪拌機及其攪拌效果展示 (資料來源：日本 THINKY 株式會社 - 煉太郎)

8-9 錫膏的流變表現

錫膏印刷與回流焊順利作業，其錫膏流變設計相關性很高。在貯藏和操作中要有足夠黏度，才能保持系統內金屬粉粒穩定懸浮。在錫膏印刷時，則需要夠低的作業黏度才能迅速從鋼版開口或點膠機針孔流出。至於回流焊前與回流焊期間，錫膏仍然要有足夠黏性來保持既有形狀避免塌陷與架橋。然而同樣材料，既需要刮印、點膠低膠性，又需要夠高黏性黏住零件與保持外型，這些都必需有良好的流變控制才能順利完成。

流變的現象說明

流體黏度是最常見的一種流變特性，黏度是由流體內分子或原子間吸引所產生的內部摩擦，會造成流體表現出抵抗變動的趨勢。牛頓利用平行板概念來描述黏度，如圖 8-5 所示 [17]。V_1 是流體頂部平面速率，V_2 是流體底部平面速率。模型中的推力 F 用來保持速率差值 dv，兩個平行平面的表面積爲 A，則 F/A 與速度梯度 dv/dx 成比例，其關係可表示如下：

$$F/A = \eta\,(dv / dx)$$

此處的 η 是一個常數被稱爲“黏度”，由此觀之黏度也可解釋爲達到定量流動 (剪切率) 所需要的變動量 (剪應力)，以轉換表達模式來書寫，公式如下：

$$\eta(\text{黏度}) = \Gamma(\text{剪應力}) / S(\text{剪切率})$$

此處　$\Gamma = F/A$

$S = (dv / dx)$

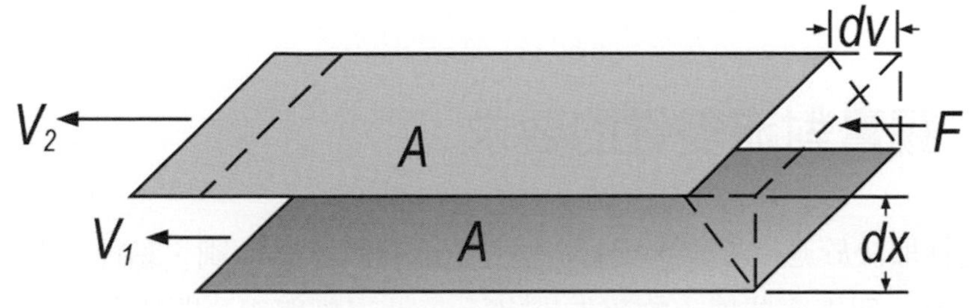

▲ 圖 8-5　牛頓對黏度的定義模型

材料特性不同，流動的特性隨之變動很大。牛頓流體在化工原理中，定義爲黏度與剪切率無關，其黏度在固定環境溫度與狀態下維持不變。高分子材料並不完全遵循簡單牛頓流體模式，會呈現出各種剪切率變化而產生塑性流體行爲，黏度會隨之增加或減少，這種現象恰好可作爲調整材料黏度的工具。圖 8-6 所示爲各種流體模型的黏度變化關係圖。

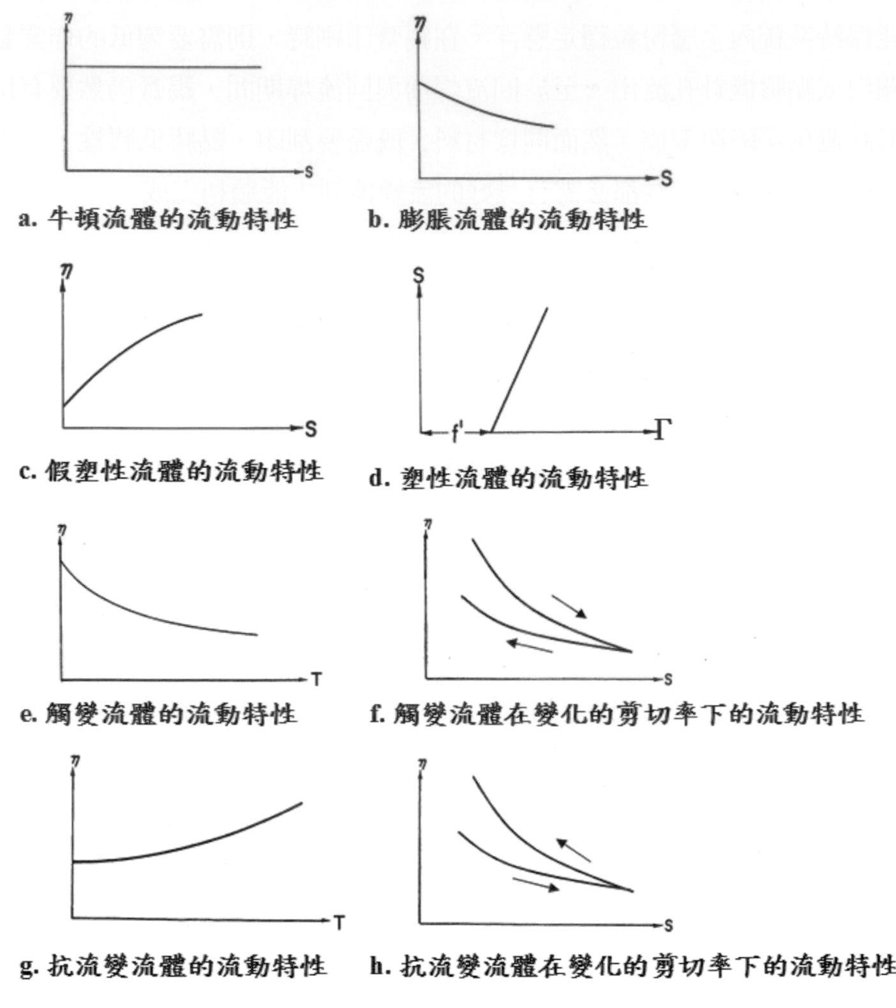

▲ 圖 8-6　各式流體的流動特性表現

8-10 錫膏對流變性的要求

錫膏流變性取決於應用要求，錫膏流變性對錫膏的鋼版印刷、黏性、塌陷性都有重大影響。依據 X.Bao 與李寧成博士的報告 [18] 顯示，助焊劑與錫膏間的關係是否良好，只能觀察其屈服應力與恢復性能狀態，而這兩種性質主要都要看助焊劑的表現而定。該報告提出幾個錫膏流變性，對作業狀況所產生的影響，整理如表 8-6 所示。

▼ 表 8-6　錫膏流變性對作業狀況產生的影響

特性	影響
印刷缺點與柔順性成正比，與彈性和降伏應力成反比	● 要讓錫膏有較低柔順性，較高彈性與屈服應力，可減少印刷時鋼版下滲流出的傾向，這樣可減少污斑 ● 較高彈性，在鋼版釋放時可幫助材料彼此牽拉，因此會減少堵塞機會
抗塌陷與彈性 (恢復性)、固態特性、剛性成正比	● 讓錫膏有較高彈性 (恢復性)、較高固態特性和較高剛性，會減少塌陷機會。彈性材料可明顯阻擋塌陷，就算有輕微塌陷也會很快平衡，不會進一步塌陷 ● 高固態特性和較高剛性，可提供較佳塌陷抵抗力，這類似於彈性狀況。就是說，高黏度可使塌陷過程減緩
需要高彈性 (恢復性)、低柔順性與低固態特性，以便獲得較高黏性值	● 錫膏有較高彈性、低柔順性、低固態特性，可獲得較高黏性值。認為黏性是內聚力和黏附力兩者的函數，材料高內聚力可防止料本身破裂引起的黏性失效 ● 另一方面錫膏也需要高黏附力，避免介面黏合失效。高彈性、低柔順性都有助於高內聚力形成。而低固態特性則提升錫膏與零件間的潤濕能力相應改善黏附力

報告中指出，有高屈服應力、高彈性材料，有利於鋼版印刷和點膠塗裝作業應用。錫膏在塗佈時需要低黏度，但在塗佈前後皆需要高黏度，假塑性材料較適合這類應用。然而因為很難排除時間對黏度的影響，業界所可獲得的錫膏流變性，主要還是以觸變性為多。

8-11 錫膏成份對流變性的影響

錫膏流變性主要是由助焊劑成分決定，然而錫粉大小與含量也會影響流變性，針對這些我們做以下討論：

金屬粉粒含量的影響

通常錫膏被看作混合系統，做填充物或錫粉體積含量的探討會相當有意義，此處所有的討論會以體積含量參數作為基礎。焊料體積含量在初期增加金屬含量時成長很慢，之後隨著焊料重量比的增加而迅速上升，體積含量快速上升會導致錫膏黏度上升更快。理論上會以金屬原子堆疊結構來探討粉體最大體積含量，面心立方最大的粉粒體積含量是 74%，而體心立方最大粉粒體積含量為 68%。

如前所述錫膏用錫粉尺寸是一種分佈狀態，錫粉尺寸分佈頗寬呈現出相當低的填充密度。通常 63% 焊錫粉填實密度大約爲 4.9 gm/cm^3，這個值對粉粒尺寸分佈並不敏感。依據這種密度推估，相當於佔有 59% 焊料體積，而此時錫膏有 59% 的體積含量卻相當於有 92.5% 的金屬含量。換言之，92.5%(w/w) 是錫膏允許的最大金屬含量，焊料含量超過 50%(v/v) 或 89.5%(w/w) 時，黏度就會快速增加，這可能是因爲粉粒集結成簇引起。結果金屬含量高的錫膏，其黏度開始取決於焊錫粉連續性，而助焊劑黏度變化對錫膏黏度影響相對減少。

粉體尺寸的影響

焊錫粉體尺寸在流變性表現上也有重要影響，錫膏黏度會隨粉體平均尺寸減少而逐漸增加 [18]。當粉體表面積增加時，會導致助焊劑與粉體間相互作用增加，因而產生較高黏度。相互作用力主要源自於表面的吸附現象，因爲它有助於錫膏提升黏度，因此這種材料應是觸變性較小的材料。對於極細間距印刷，較細粉體將會增加錫膏黏度並減少觸變性能，這可用來調整所需操作特性。整體而言，錫膏流變性可由金屬含量與助焊劑調整，獲致流變性改善，使它在極細間距塗佈應用上有較好印刷表現。

8-12 小結

目前多數可攜式電子產品，都大量使用微型電子零件，表面貼裝技術當然是這類設計的首選。而錫膏又是此技術的重要材料，膏狀設計還能讓生產塗佈自動化，錫膏發揮零件臨時沾黏的功能，可產生後續固著、電氣、機械連接。助焊劑的化學性質有酸基反應與氧化還原反應，前者爲 SMT 所使用的最主要系統。錫膏技術的發展，促使微型化表面貼裝技術繼續向前邁進，目前在低成本凸塊印刷技術也有長足進展，這方面的技術値得業者繼續關注。

CHAPTER 9

表面貼裝技術的應用

表面貼裝的主要技術是整個回流焊製程，如前所述：它包含錫膏印刷、打件、回流焊與可能的波焊、清洗等。詳細 SMT 技術會包含更多技術領域，但是本章將重點放在涉及錫膏技術與設備操作參數的討論。

9-1 錫膏材料

錫膏的使用與貯存

錫膏對曝露環境中的熱、空氣、潮濕都相當敏感，熱會引起助焊劑與錫粉間反應，也會導致助焊劑與錫粉分離。若曝露在空氣或潮濕環境，將會導致乾燥、氧化、吸濕等問題。生產廠商會建議貯藏在冷凍環境中，在曝露到空氣前溫度應該與周遭環境溫度平衡再行開啓，這樣可避免發生結露。回溫所需時間依據容器尺寸與貯藏溫度而有異，解凍所需要時間範圍可從一小時到數小時不等。

9-2 常用的錫膏塗佈作業

業界最常使用的錫膏塗佈技術是鋼版或絲網印刷，當然還有其它相關技術也被使用，包括：點膠法、點對點轉印法、滾輪塗佈法等。

鋼版印刷作業

鋼版印刷源自於絲網印刷概念，與絲網相比使用鋼版印刷可準確控制錫膏塗佈量，適合用於細間距零件組裝印刷作業，圖 9-1 爲典型的鋼版印刷作業狀況。

印刷鋼版由薄金屬材質構成，金屬開口圖案與電路板需要做錫膏塗佈的焊墊匹配。鋼版在印刷前會與電路板對正，接著以刮刀將錫膏批覆過整個鋼版，通過鋼版開口的錫膏就移轉到需要的區域。最後電路板從鋼版下分離，錫膏就停留在相應焊墊上。

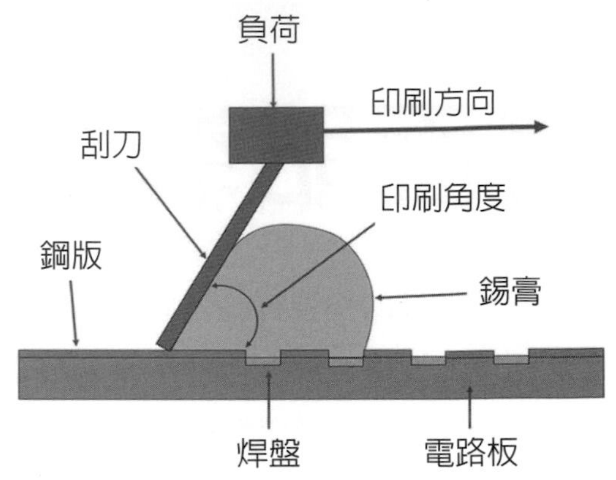

▲ 圖 9-1　鋼版印刷技術

印刷普遍用在錫膏塗佈，與其它技術相較有較高速度、適合產量與良好對位、錫量控制等優勢。使用鋼版印刷的主要限制，是工作表面需要平坦才能做鋼版放置。而這種需求，也限制了不平坦表面施工的可能性，對於組裝技術做重工有較大障礙。印刷用錫膏黏度，較常見範圍是 800 ～ 1000Kcps，典型共融錫鉛金屬含量爲 88 ～ 91%。如前所述，若要降低印刷缺點，採用粉體尺寸小於鋼版開口 1/7 較恰當。

使用於絲網印刷的錫膏，無論黏度還是金屬含量都會略低於用在鋼版印刷的錫膏。絲網印刷不能像鋼版印刷那樣，提供穩定精確的錫膏供應量，因此對細間距應用較沒有機會使用。圖 9-2 所示，爲典型絲網印刷網版。

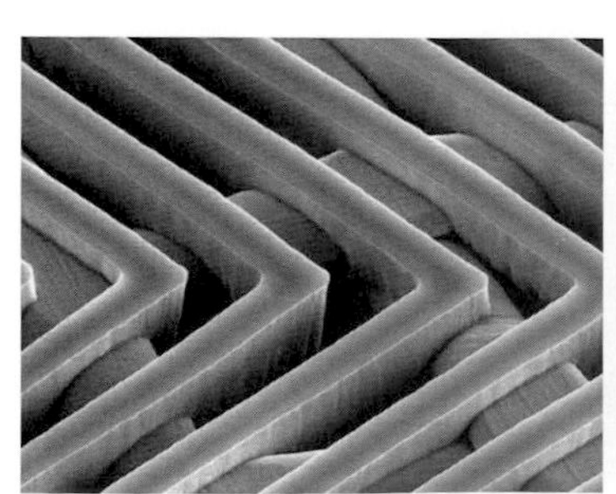

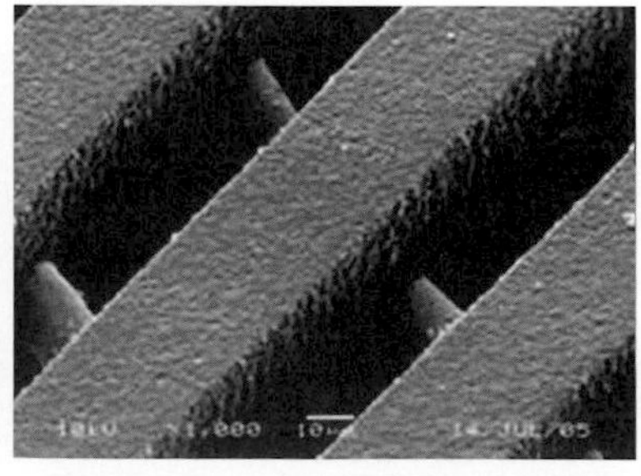

▲ 圖 9-2　典型的絲網印刷網版

點膠塗佈法

點膠塗佈技術是經由壓迫錫膏彈匣，將錫膏擠壓穿過針頭來做定點定量的塗佈作業。較典型常見的設備類型，如圖 9-3 所示。

▲ 圖 9-3　典型的精密點膠塗佈設備

點膠系統作業原理與設計方式多樣化，細節不是我們所關心的，一般採用上只要確認能符合穩定、快速、適合應用所需的體積供應能力，這種系統就可選擇的系統。點膠塗佈是多用途技術，可在不平坦表面做塗佈，利用程式控制可做不定點、不定量隨機塗佈作業。但是因爲作業速度比印刷慢，因此經常用於零件製造或重工作業。

它可用在零件固定的點膠作業，對於某些手貼零件回流焊處理如：板邊連接器安裝，也是可採用的處理技術。用於點膠塗佈技術的錫膏黏度，其範圍大約爲 300 ～ 600Kcps，焊料粉粒尺寸以不大於針嘴內徑 1/10 爲佳。從微觀角度看，點膠塗佈法還必需要注意針頭的品質及操作狀況。除了針頭要保持暢通外，針管形狀與加工品質也是重要注意事項，圖 9-4 所示爲典型針管品質差異比較。

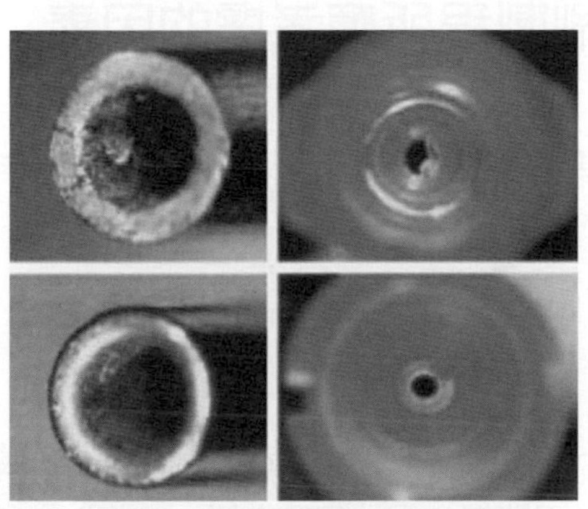

▲ 圖 9-4　點膠用針管的品質比較

點對點轉印法 (Pin Pin Transfer)

對較大間距小零件，點對點轉印法的錫膏塗佈作業，在速度上是不錯的選擇，其作業示意如圖 9-5 所示。

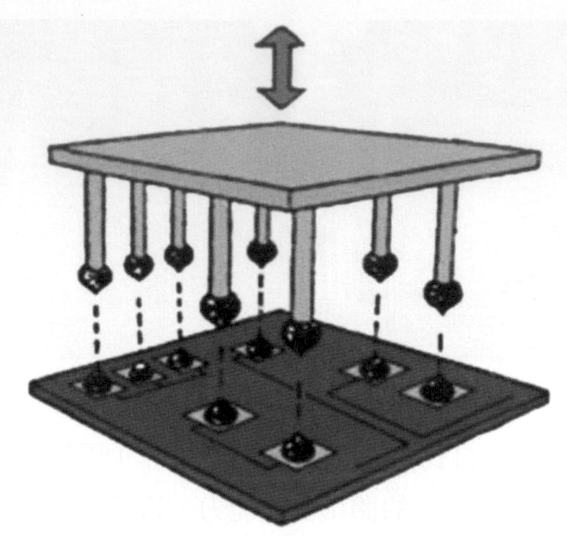

▲ 圖 9-5　點對點轉印法

使用這種技術，會有一組針安裝在固定板上，其針點與待焊墊間會有位置相對應關係。作業時在平底容器上建立一定厚度錫膏，然後這組針就穩定浸入錫膏後舉起，針尖所沾附的錫膏會維持在針頂端。之後這些有錫膏的針會將錫膏轉印到焊墊上，緊接著重複下一個循環作業。

9-3 錫膏印刷製程所應考慮的因素

錫膏印刷製程中較重要的參數，包括鋼版材料、鋼版製作技術、開口設計、刮刀類型、印刷參數設定等，我們嘗試逐一討論。

印刷鋼版方面的考慮

根據需求狀況、用量、成本、鋼版製作技術考慮，鋼版選用的製作材料會有不同，較常見的製作材料有黃銅、不鏽鋼、鉬、鎳和塑膠，如表 9-1 所列。典型印刷鋼版製作設備，如圖 9-6 所示。典型錫膏印刷鋼版，如圖 9-7 所示。

▼ 表 9-1 鋼版製造技術整理

製造技術	類型	材料
化學蝕刻	傳統的	不鏽鋼
		黃銅
		鉬
電鑄		鎳
雷射切割		不鏽鋼
		塑膠
特別處理	電解研磨	不鏽鋼
	鎳電鍍	黃銅
	階梯版	不鏽鋼
		黃銅

▲圖 9-6 典型的雷射印刷鋼版製作設備

▲圖 9-7 典型的錫膏印刷

不鏽鋼和黃銅是常用的蝕刻型鋼版材料，鉬鋼版也可採用影像轉移與蝕刻方式製作，只是會採用不同蝕刻液處理。由於鉬有緻密顆粒結構，可改善錫膏脫離的表現，目前是替代不鏽鋼或黃銅的良好金屬。

在化學析鍍方面，電鑄技術仍然以鎳為主要材料。對於雷射切割技術方面，不鏽鋼則是首選。至於塑膠材料運用，由於少量多樣與速度的要求，部分材料被引用進入鋼版製做應用，這類材料加工主要是以雷射切割為主。這類技術製作速度快、成本低、易清洗，但相對使用壽命較短有待改善。

鋼版製做技術

最常被使用的廉價鋼版製作模式，是採用影像轉移與蝕刻技術，製作程序大致為：(1) 金屬面清洗 (2) 感光膜塗佈 (3) 曝光 (4) 顯影 (5) 蝕刻 (6) 去除感光膜。然而採用化學蝕刻的問題在於，作業中必然有側蝕現象發生，這會產生鋼版開口中間有尖點突出現象，如圖 9-8 所示。這種曲線會防礙錫膏通過，不利於印刷穩定性及錫膏移轉性。

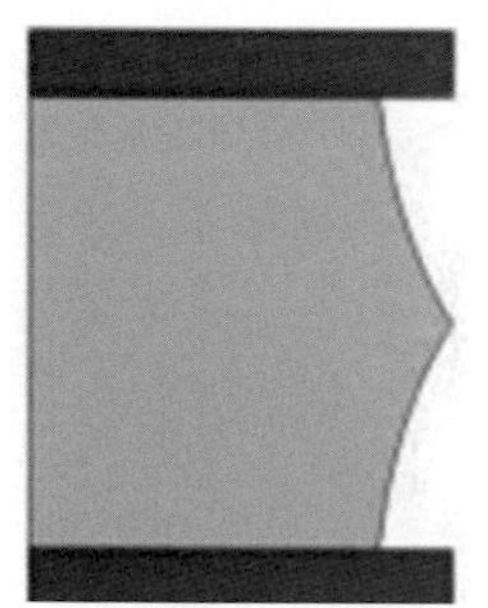
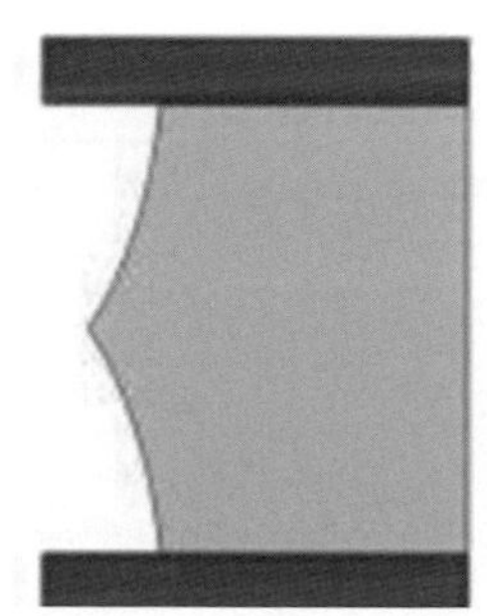

▲ 圖 9-8　化學蝕刻鋼版所呈現的開口形狀

常見的最小開口對鋼版厚度比為 1.3 ～ 1.5，因為要做雙面蝕刻，蝕刻反應在垂直與水平方向都會發生，因此最初的設計必須對這些影響尺寸因素做補償。影像轉移用在鋼版製作，如同製作電路板一樣需要注意影像轉移的處理。底片本身的變化與作業中產生的機械應力，都對製作出來的鋼版產生形狀與尺寸影響，這些應該要做補償性調整，要留意操作細節，鋼版愈薄愈要小心。化學蝕刻技術因為製作成本低，因此是鋼版製作的首選作法，但在尺寸精度方面若要求較高可能此法會受限。當間距變得較小時，開口品質影響會逐漸變大，何時該轉換為其它製作方法，必需看實際產品需求而定。

雷射切割鋼版技術，是直接採用 CAM 資料做切割處理，會採用不鏽鋼或低鋅含量材料製作。這種技術較常出現的問題是，產生鋸齒狀側邊及鋼版表面呈現熔渣，切割加工後續處理會採用如：電解研磨等方式來去除加工熔渣。對於雷射所能加工的最小尺寸及允許誤差，與雷射光束型式及作業參數有關。一般最小開口是 2 ～ 4mil，允許公差爲 +/- 0.25 ～ 0.3 mil，垂直方向略帶錐度的孔很容易製作。圖 9-9 所示，爲雷射切割鋼版開口狀況。如同電路板雷射鑽孔製作，鋼版所需加工程序愈複雜成本愈高。某些廠商爲了節約成本，採用混合技術先行製作粗零件位置蝕刻部分，之後再以雷射加工較細密部分，也是一種可節約成本的作法。

▲ 圖 9-9　典型雷射加工鋼版外型開口狀況

電解研磨法是在不鏽鋼開口完成後，再做的一種輔助微蝕作業。電解研磨是將已完成蝕刻或雷射切割的鋼版投入處理槽，槽內有酸或鹼溶液，此時將鋼版接電並輸入電流。電解研磨法因爲有提供電流，電流會產生尖端匯聚，可從表面除凸點和粗點，最後產生較光滑的面。利用此技術產生的鋼版，可促進錫膏通過小間距開口順暢性。

但是在過度光滑的表面，會因爲印刷時錫膏不易滾動導致漏印。解決問題的方式，可選擇再度粗化印刷面的方法。電解研磨會增加開口平均尺寸，增大的量與處理程度有關，原始設計與蝕刻應該做補償，電解研磨前後的鋼版開口外觀品質狀況比較，如圖 9-10 所示。

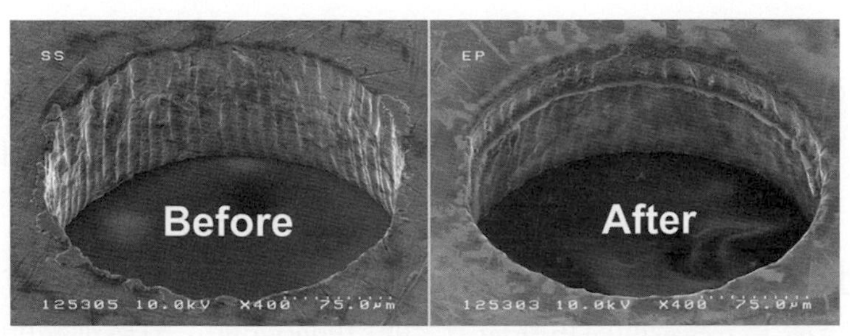

▲ 圖 9-10　鋼版開口在電解研磨前後的外觀品質比較

電鑄是一種精細圖形製作法，會利用載板成像產生開口區遮蔽，之後將載體送入鍍鎳槽做電鑄。開口區因爲被遮蔽而無法成長，金屬就會在周邊區域漸次形成厚度，直到完成需要鋼版厚度爲止。電鑄精確度比化學蝕刻好，但要注意鎳的脆性問題。電鑄鎳光滑的內壁與低表面張力，錫膏很容易通過並從開口釋放。表面太滑以致錫膏無法適當滾動，容易造成漏印問題是這類鋼版較會發生的問題。這類電鑄鋼版的厚度範圍，多數落在 1 ～ 12mil 間，最小開口與厚度比爲 1.1，也可形成錐形內壁，電鑄鋼版範例如圖 9-11 所示。

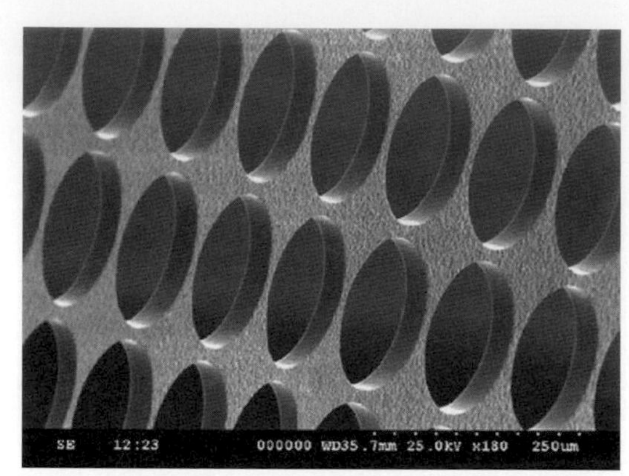

▲ 圖 9-11　電鑄鋼版開口外型

印刷鋼版的另一種製作方法，是做鍍鎳表面處理，就是在鋼版完成開口加工後在鋼版上電鍍金屬鎳約 0.3 ～ 0.5mil，這樣可將開口區域的表面平整化。這種處理會增加鋼版厚度縮小開口尺寸，這些都應在最初蝕刻階段加以補償。鍍鎳不能增加抗拉強度，對蝕刻製作的鋼版鍍鎳也沒有改善空間。採用鍍鎳的目的是將鋼版處理平滑，這會改善小間距開口錫膏順暢性。另外鎳處理的表面，可減少刮刀磨損並延長刮刀和鋼版使用壽命。

細微間距開口設計

印刷是錫膏塗佈最主要技術，而細微間距應用更是面對高品質塗佈的挑戰。爲了面對這些挑戰，有幾種開口設計可採用，例如：交錯式開口、錐形處理等都已經在使用中。傳統的鋼版設計，幾乎都是依據焊墊位置直接複寫設計。對於細微間距應用，尤其是面對 QFP 類較高密度引腳零件，在相鄰塗佈空間狹小狀況下，很容易在回流焊前或回流焊後產生架橋現象。爲了避免這類問題發生，開口圖案可修改爲交錯式設計，如此相鄰塗佈空間就是原來的三倍。

如前所述微量修正可作爲校正側面蝕刻或電解研磨的補償，相同的方法也可用在改善細微間距的錫膏塗佈上，微縮開口也就加大了開口間的空間，對於細微間距焊墊的作業會有幫助。這類作法可減少塗佈錫膏量，能有效減少錫膏污斑、坍塌、架橋等問題。錐形孔的底部比頂部要寬，如圖 9-12 所示，看上去有利於錫膏順暢釋出。印刷鋼版的錐形開口，是雷射切割與電鑄鋼版製作技術的常態。

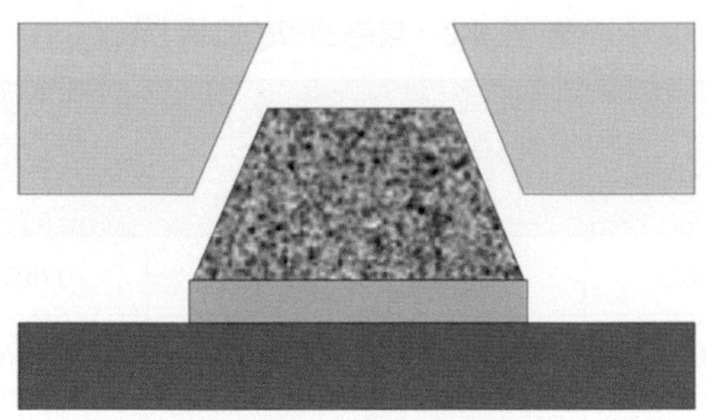

▲ 圖 9-12　錐形孔示意圖

雖然錐形開口對錫膏通過有幫助，但也產生一些周邊問題。錐形開口會呈現較高污斑率，這要歸咎於錐形開口底部放大使錫膏在印刷壓力下更容易流出。錐形處理之所以能稍減總缺點率，是因爲降低了錫膏量不足問題，這與錐形開口有較好錫膏通過率有關。對於極細間距的印刷技術，理論上應將鋼版厚度變小，此時錐形處理必要性就可降低。

階梯鋼版通常用於間距差距較大的應用，如圖 9-13 所示。在同一片鋼版上，採用兩種不同鋼版厚度，對大間距部分採用較厚鋼版以提供足夠供錫量。常態上階梯差不應大於 4mil，且階梯開口與正常開口間的距離應不小於 75mil，表 9-2 提供了經常使用的鋼版結構建議值 [20]。

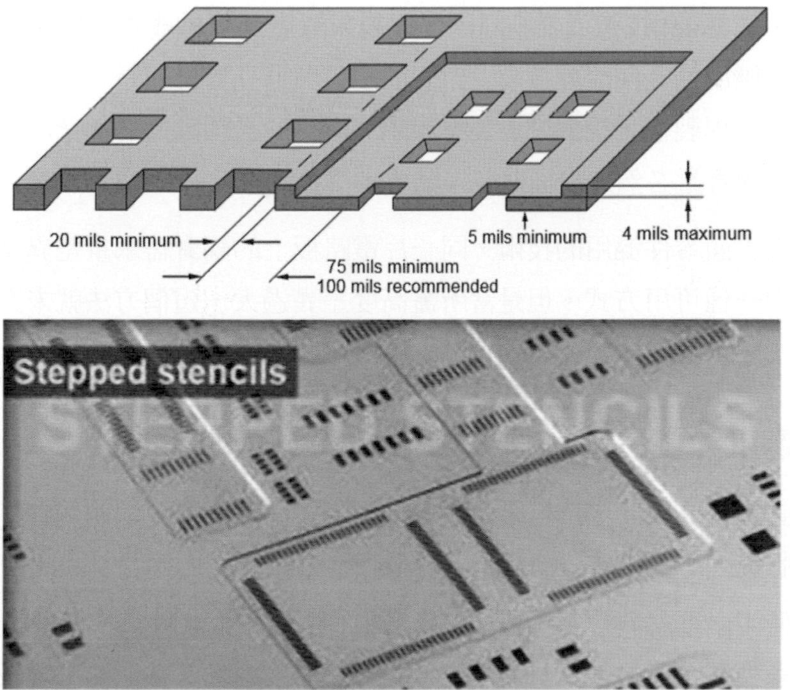

▲ 圖 9-13　階梯鋼版窗孔的設計方式 [19] (下圖資料來源：http://www.christian-koenen.de)

▼ 表 9-2 常用鋼版的結構 [20]

單層鋼版結構			多層鋼版配置		
鋼版厚度	間距	開孔減少	鋼版厚度	減薄	間距
0.008	0.025	15%	0.008	0.007	0.025
0.007	0.025	10%	0.008	0.006	0.020
0.007	0.020	20%	0.008	0.006	0.025
0.007	0.015	25%	0.008	0.005	0.020
0.006	0.020	10%	0.008	0.005	0.015
0.006	0.015	20%	0.008	0.004	0.015
0.005	0.015	10%	0.008	0.004	0.012
0.005	0.012	20%			

* 單位英吋

階梯鋼版的特性是可提供不同錫膏塗佈厚度，可用於正常間距與細微間距零件混合系統，也可用於表面貼裝與通孔零件混合系統。通孔結構利用回流焊技術處理，被稱爲錫膏入孔 (PIH-Paste In Hole) 技術或通孔回流焊技術。考慮到降低成本與環境因素，業者在適當狀況下傾向於應用通孔回流焊技術。對表面貼裝與通孔零件而言，採用錫膏回流焊技術做焊接，可跳過波焊製程，相對減少製程步驟。但是通孔焊點需要大量焊料才能形成夠強焊點，通孔印刷錫膏量必然比表面貼裝焊點要多得多。

對於通孔與表面零件混用的技術，同一片電路板上的錫膏需求量差異又很大時，階梯鋼版法就是其中一種可用方式。但是當所需高度差異過大，這個方法就未必有利，此時應該考慮採用分次印刷方法作業。

印刷刮刀的選用

刮刀是驅動錫膏的板狀塗佈器，當它推動鋼版表面的錫膏會迫使錫膏壓入開口中。當印刷機械將鋼版提起，在電路板的焊墊上會留下定量錫膏塊，如圖 9-14 所示。

刮刀主要使用兩種材料，第一種是聚氨酯橡膠，其形狀由刮刀夾具設計決定。聚氨酯刮刀形狀有很多種，隨用途與夾具而變化，標準矩形、菱形、楔形端、雙楔形端、雙刃等都是容易取得的產品，如圖 9-15 所示。

▲ 圖 9-14　電路板上印刷定量的錫膏

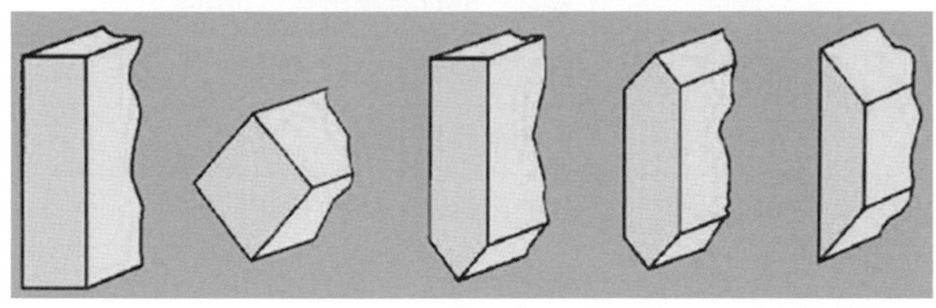

▲ 圖 9-15　各式橡膠刮刀外型

第二類刮刀材料是金屬，主要是以聚合材料注入高硬度多孔貴金屬的彈性合金刀刃層，這樣就成爲具有聚合材料的柔潤、平滑性，又具有貴金屬硬度、韌度、平滑彈性的刮刀。圖 9-16 所示，爲典型金屬刮刀示意圖。聚合塗佈材料成爲低摩擦接觸的刀刃，這樣可防止因印刷所造成的鋼版刮傷，而它對溶劑和熱都有一定承受力，硬質金屬片刀刃可防止刀面陷入的挖取效應。

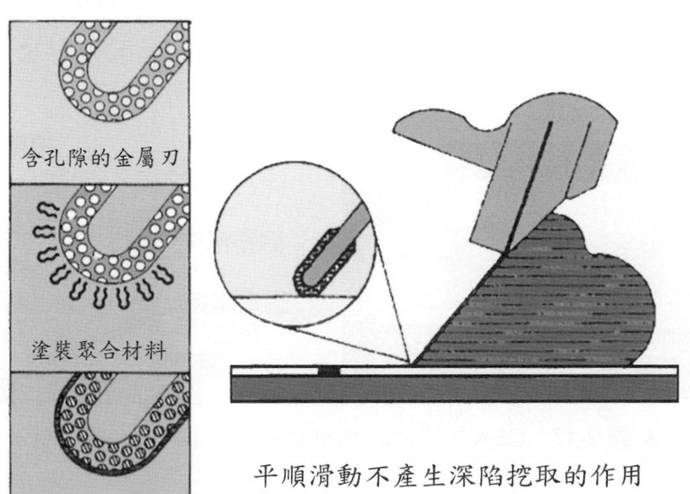

▲ 圖 9-16　典型的金屬刮刀作業狀況

相對的，聚氨酯橡膠刮刀由於橡膠的柔軟性，會陷入開口挖取錫膏。很明顯地，刮刀頂端硬度是影響勺挖程度的重點，較高硬度可減少勺挖的產生。表 9-3 所示爲橡膠刮刀的應用案例整理。

▼ 表 9-3　橡膠刮刀材料和應用的案例

硬度等級	柔 韌 度	應用
#60	柔軟	一般絲網印刷，一些厚膜印刷
#70	介質	廣泛用於大多數的厚膜印刷
#80	硬的介質	厚膜印刷，SMT：錫膏
#90	硬的	錫膏，SMT。應用
#100	較硬的	細節距錫膏，SMT 應用
#110	很硬的	細節距錫膏，SMT 應用
#120	特別硬的	細節距錫膏，SMT 應用
#180	最硬的	細節距錫膏， SMT 應用

金屬刮刀採用薄刀片而能保持所要求的柔順性，經由適當刮板角度和刮板壓力，金屬刮刀不但可用在平坦表面，也可用在階梯鋼版上。階梯與焊墊開口間的距離爲 1.6mm 時，金屬刀刃可彎曲適應 2mil 階梯高度差值，當然如前所述每個階梯差需要有 5mm 的間距。

傳統的印刷技術讓錫膏曝露在空氣中，由於溶劑揮發、氧化、濕氣吸取等不可避免的問題，導致錫膏變質與操作性變異。有許多家印刷機公司都採用新的印刷頭設計，新設計將錫膏封閉在密閉的刀體中，這樣可避免傳統設計的問題，在加壓印刷運行速度方面也有不錯的改進，圖 9-17 所示爲英國廠商 DEK 所設計的 ProFlow 設備以及其結構示意。

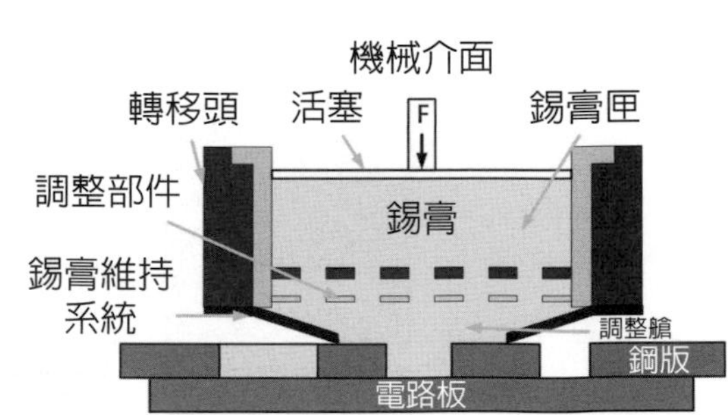

▲ 圖 9-17　DEK 所設計的 ProFlow 及其印刷頭結構示意

目前市面上除了 DEK 外，還有 MPM 的 RheoPump 也採類似的設計。至於日本方面，日立、Minami 等公司也都有類似但是差異化的設計。Panasonic 印刷機械，也向 DEK 授權採用這種封閉式設計。這類設計，消除了錫膏曝露、乾燥、氧化、吸濕等相關問題，另外印刷室加壓擠出錫膏，也較能確保更好的填充性，並得到更穩定的印刷品質。

但是這類設計有其負面影響，錫膏在密室內隨印刷而增加內部剪切，容易讓錫膏產生性質變異，這方面目前廠商較傾向的解決方式是縮小彈匣容量，讓錫膏的更新率提高以避開這種問題。

錫膏印刷與檢測

印刷作業中，錫膏經人工從罐子取出分佈到鋼版上。添加錫膏的量取決於使用的錫膏類型及單位用量多寡。普遍在刮刀前形成的錫膏直徑，約為 0.6 ～ 2 公分。印刷模式可設置為接觸或非接觸式，非接觸式的最大印刷間隙 (Snap -off)，應該不大於鋼版厚度的 10 倍。通常使用的印刷間隙範圍從 0.75 ～ 1.25mm 不等。非接觸式作業，能減少因對位系統不良所產生的污斑，它可採用掀背式機構打開。接觸式印刷精度較高，此模式應該將離版模式設計為垂直運動的機構。理論上緩慢的離版速度，可形成較良好的印刷品質，6cm/分是較理想的操作速度。

較常見的刮刀行進速度，多數落在 1 ～ 6 米 / 分。理論上對較小間距，印刷行進速度應該要減慢，4.5 米 / 分用於 50mil 的間距，1 ～ 1.5 米 / 分用於 20mil 的間距。但是若印刷速度過慢，錫膏可能因為無法滾動不能均勻流入開孔，當刮刀速度過快錫膏會從開口滑過而產生漏印 (Skip)，結果容易產生不足與陰影效應。由於大量生產的需求，業界目前多採用較快的刮印速度，而封閉式刮刀的設計號稱可在這方面有較好的表現，值得做嘗試。錫膏印刷完成後會做塗佈量抽樣檢驗，非接觸式雷射檢測器可掃描電路板檢測錫膏的供應量，代表性設備類型如圖 9-18 所示。目前這類設備都已經可連線自動化作業，在程式更新方面也相當的方便，機種間差異主要在於辨識率及速度。

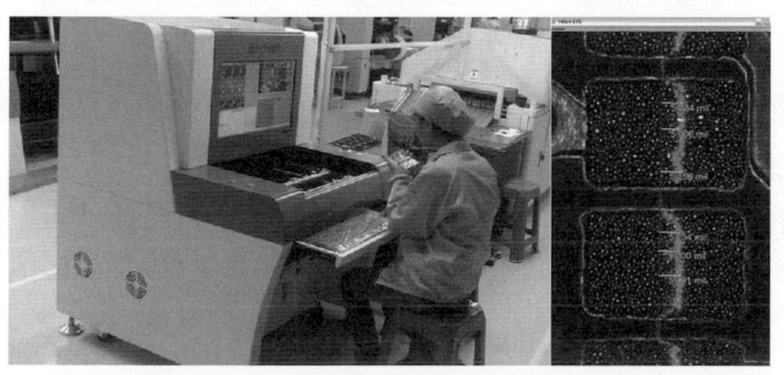

▲ 圖 9-18　使用雷射光學檢測錫膏塗佈狀況

9-4 打件作業

電路板錫膏印刷後，會傳送到下個工作站做零件抓取與貼片步驟。雖然以往有許多不同設備設計分類，但是由於零件逐漸小型化，多數傳統設計目前都已經不適用。對非常小而簡單的顆粒零件安裝，可使用高速貼片機執行生產，這類機械可依據零件運動方式做分類。第一種設計以固定置放頭、移動電路板模式做設計，電路板移動、零件一次塡飽之後以高速砲塔模式做打件。圖 9-19 所示，爲這類打件機典型設計。

▲ 圖 9-19 電路板移動的打件機設計

▲ 圖 9-20 表面貼裝貼片設備

這種設計的優點是高速置放 (理論値達 25,000 Piece/Hr) 以上，但是當改變料號時對產出影響大。打件過程中不可做零件補充，快速電路板移動會引起已置放零件移動，小零件運作尤其是 0402 以下的零件作業不易，而拋件率 (零件失準) 高也是這類設備的缺點。

第二種設計是以固定電路板與供料匣爲基礎，將抓取機構設計爲可移動旋轉頭，以靈活抓取置放的模式做高速貼片功能設計。因爲系統採多頭設計，懸臂系統帶著旋轉頭快速移動，搭配各種吸嘴可應付高速、大量的零件變化。且儘量增加數量、密度與利用率，提升整體效能。比傳統高速機更有優勢的部分是，改變料號時效能降低少，固定的零件供料匣允許在操作中補充零件，當電路板是固定的，置放完成的零件就不會滑動。圖 9-20 所示，爲典型的新式貼片設備，可擔負更小的零件作業。

貼片設備是電容器斷裂肇因之一，眞空吸嘴從鏈帶與卷盤抓取零件後，夾爪做零件方向調整與焊墊對正。夾爪的夾力過大會損害零件，即使調整到適當壓力水準還是有風險，因爲高速運動會產生類似錘擊的效應。另外在市面上各式貼片設備不勝枚舉，各家都強調自己的設備表現優異，很難有一定結論。某些人會以大廠牌作保險，認定若採用就沒有問題，但是相對生產設備成本就會增加。

依據筆者的經驗，其實選用機種並沒有絕對標準答案，這類設備主要是在比打件單位成本與拋件率，這與其它製造業所在乎的其實是一樣的。但所謂的打件單位成本，應該要考慮的包括：穩定度、稼動率、方便性、料號變換速度等，其中尤其是拋件率要小心。所謂拋件率，指的是吸嘴抓取零件又掉落的機會。這種機率是選用設備時最要小心的部分，因爲文件資料所呈現的都是理論速度，但實際作業若拋件率高，所有高產出數據就變得沒意義。

另外業者還要考慮生產彈性及產品特性，若不需要高速設備或料號更換頻繁無法發揮高速機功能，購買高速設備就變成招牌效益大於實質效益。而目前電路板業者，爲了進入埋入式零件產品市場，已經導入相關技術，其中打件機機選用就是重點。因爲這類技術採用薄電容，偶爾還會搭配主動部件設計，因此選用打件機所需的彈性與精度都非常不同。圖 9-21 所示爲新一代小模組化、高彈性的高精度打件機，特殊設計精度可達 10μm 以內。

▲ 圖 9-21　新一代小模組可彈性更換打件頭的打件機設計

9-5 回流焊作業

當電路板上所有零件已經安裝完成，電路板就準備進入下個回流焊步驟。雖然第六章中已經對於相關回流焊設備做過介紹，但基於整體連貫性，本章還是概略做連接陳述。

業者常使用的回流焊法，有紅外線回流焊、氣相回流焊、強制對流回流焊等。表 9-4 針對這些回流焊法特性做特性整理，除了表列方法外還有一些輔助方法也被使用，如：雷射回流焊、熱壓焊接 (Hot Bar) 等，這些方法已在第六章內容有交待，不在此重複討論。

▼ 表 9-4 回流焊方法特性比較整理

特性	紅外線回流焊	氣相回流焊	對流回流焊
優點	● 迅速熱傳遞 ● 迅速熱恢復 ● 可獲得的溫度範圍廣	● 組件熱質量大時，仍能均勻迅速加熱。 ● 最高溫度已知 ● 熱恢復迅速	● 低設備與生產使用成本 ● 所有物體均勻加熱 ● 緩慢的熱傳遞減少零件破裂機會 ● 熱傳遞提供了適當的助焊劑預熱
缺點	● 不同的表面特性和物體顏色引起非線性加熱 ● 熱源溫度高於焊料熔點，難以監控 ● 每種組件要求單獨的溫熱曲線	● 熱流太快會損害一些零件和材料	● 緩慢的熱傳遞 ● 緩慢的恢復率 ● 設備可能很大

以幾種方法比較，氣相回流焊的加熱速率最難控制，容易造成零件缺點，但對高熱容量零件加熱能力強。紅外線加熱效率高，然而加熱率與材料類型和顏色相關性高，在維持均勻溫度方面挑戰大。對流回流焊在熱傳遞方面較有效，對材料類型與零件顏色都不敏感，因此應該優先選用。

業者較常使用的溫度曲線，如圖 9-22 所示。許多零件廠商規定升溫度速率要保持在 2 ～ 4℃ / 秒，表達方式為 dT/dt。過高的升溫速率會導致零件破裂，主要因為溫度梯度、濕氣、零件材料熱膨脹係數不匹配等因素的綜合熱應力影響，這對陶瓷零件特別明顯。

在錫膏方面，若迅速升溫會促進塌陷產生，是因為溶劑沒有時間適當地揮發前，黏度就已經迅速下降所致。另外迅速揮發的氣體，會影響離板面高度 (Stand-Off) 較小的零件，會在其周邊產生錫珠，如：顆粒式電容、電阻。均勻加熱的目的之一，是要使溶劑適度揮發並活化助焊劑，大部分助焊劑活化溫度落在 150℃以上。不同錫膏的溶劑揮發率變化很大，它取決於所使用的溶劑類型。均勻加熱的第二個目的，使電路板在進入回流焊區前讓溫度達到平衡狀態。這樣當進入回流焊區時，零件間就有較小溫差，到達最高溫的時間差也不會太大。

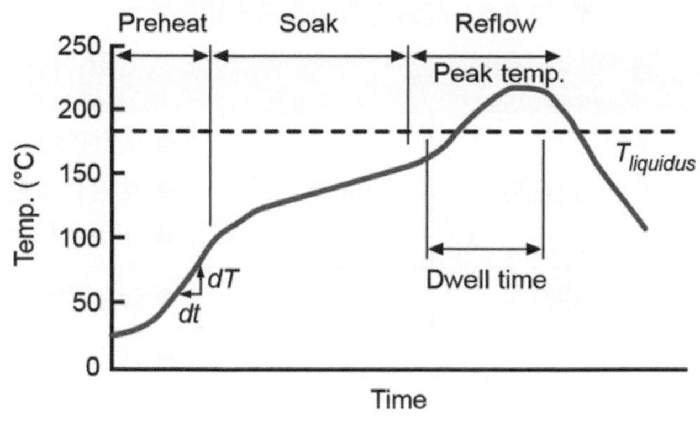

▲ 圖 9-22　比較常見使用的溫度曲線模式

若回流焊升溫速率 (斜率) 較大，有可能會產生下列幾種問題：

- 冷焊與電路板或部件燒焦共存。
- 立碑效應或零件偏移，因爲零件兩端發生潤濕不均問題。

然而過長的加熱時間，會使焊料過度氧化或助焊劑揮發，會引起錫球、空洞、潤濕不良等問題，尤其對小間距零件更明顯。另外許多低殘免洗錫膏與水洗錫膏，對熱較敏感不適合長時間加熱作業，最常用的加熱時間範圍是 30 ～ 150 秒。回流焊區若用共融焊料在 183℃就會液化，但焊料還是需要適當流動、潤濕才能完成焊接工作，這需要較高的溫度。爲了維持基本焊接品質，峰值溫度最小應該高於 200℃，較理想的最低峰值溫度是高於 210℃，不過無鉛類錫膏的回流焊條件需要個別調整。

最高允許峰值溫度是由錫膏化學成分、零件特性、電路板材料所決定，整體而言太高的峰值溫度會引起電路板或零件材料變色、劣化、功能損壞、焊點表面出現顆粒、褶皺、焦化的助焊劑殘留等。通常使用的最高峰值溫度範圍是 230 ～ 250℃，超過液相線溫度的停留時間要儘可能短，過長時間和過高溫度都會讓介金屬更迅速地成長，這會影響焊點的機械特性。業界採用停留時間範圍落在 30 ～ 90 秒，取決於峰值溫度的高低程度與焊料類型。

紅外線回流焊製程

紅外線波長範圍位於光譜可見光與微波之間，0.72 ～ 1.5μm 是近紅外區、1.5 ～ 5.6μm 是中紅外區、5.6 ～ 1,000μm 是遠紅外區，紅外光波長的類型由產生器型式決定，典型光源特性如表 9-5 所示。

▼ 表 9-5 紅外光源與應用表現的特性

產生器類型	產生光波類型	能量密度	應用時的特性
聚焦鎢絲燈管	近紅外	300 W/cm^2	● 部件的陰影效應 ● 熱老化：層分離、板彎曲、碳化 ● 顏色選擇性
鎢絲燈管散射陣列	近紅外	50-100 W/cm^2	● 顏色選擇性
鎳鉻合金絲燈管散射陣列	近到中紅外	15.50 W/cm^2	● 適合高零件密度 ● 低顏色選擇性
面源二次發射器	中到遠紅外	1.4 W/cm^2	● 沒有陰影效應 ● 無顏色選擇性

- 近紅外光的優點是穿透力好，可控制揮發物排出並讓錫膏均勻升溫。
- 遠紅外光的優點是陰影效應低，對零件顏色敏感也低。遠紅外光能加熱爐內空氣，並提升熱傳遞率。

氣相 (Vapor Phase) 回流焊製程

氣相回流焊在 80 年代就已經是重要回流焊技術之一，氣相回流焊設備所提供的熱，主要源自於沸騰氟碳化合物流體，回流焊結果不受零件結構與位置影響，且只要有充分的反應時間就不會產生過熱或過冷焊點。就算電路板設計變化多，也不需要刻意定義溫度曲線，這種優勢對小批量、高混合型產品十分有利。因爲回流焊區被惰性氟碳化物蒸氣佔據，過程接近無氧環境，因此助焊劑可用中等活性，仍能達到滿意回流焊結果。

雖然立碑效應或晶片破裂，會受到氣相焊接快速加熱的影響，但是經由事先預熱及適當焊墊設計，提升零件和電路板的可焊性，應該可避免問題發生。目前業界已經有氣相回流焊與波焊混合設計的機種推出，圖 9-23 爲氣相回流焊設備的結構示意。

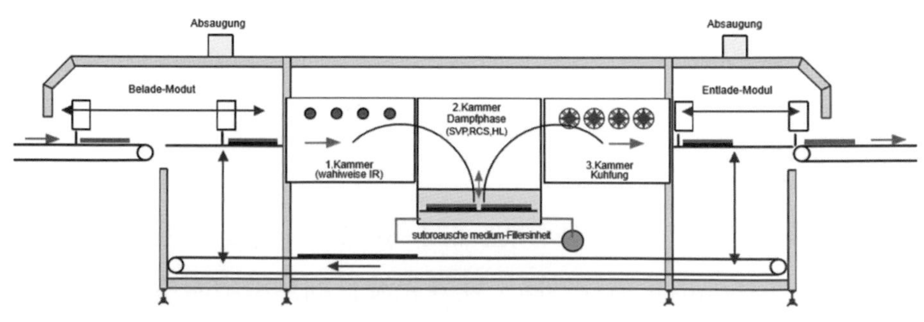

▲ 圖 9-23 氣相回流焊爐結構 (資料來源：IBL 網站)

強制對流回流焊製程

強制對流系統是利用在加熱室內的強制空氣對流，做整體組件與環境溫度控制。它們幾乎都是多段系統設計，對流設計將設備切割成多段個別溫控區。加熱方法以氣體對流爲主，使用非常小的 IR 零件。

某些設備設計，會在隧道內安裝輔助紅外線零件來加熱電路板，多數製作方法是用多孔陶瓷板型加熱器搭配加壓裝置。這樣可強制空氣通過熱板加熱，並與電路板產生接觸。某些設計採用垂直氣流，以消除電路板表面靜止的氣體，這可改善熱傳效率。

強制式對流的缺點是，需要大量氣體流動產生有效加熱。這不容易維持低含氧環境，而耗用大量惰性氣體對作業成本不利。而低含氧量作業條件，強制對流比紅外線系統更容易產生多量錫球和不潤濕問題，使用低殘留免洗製程與水洗錫膏特別明顯。因爲在零件周邊，有較高的氣體流動更容易產生氧化。典型強制對流系統結構，如圖 9-24 所示。

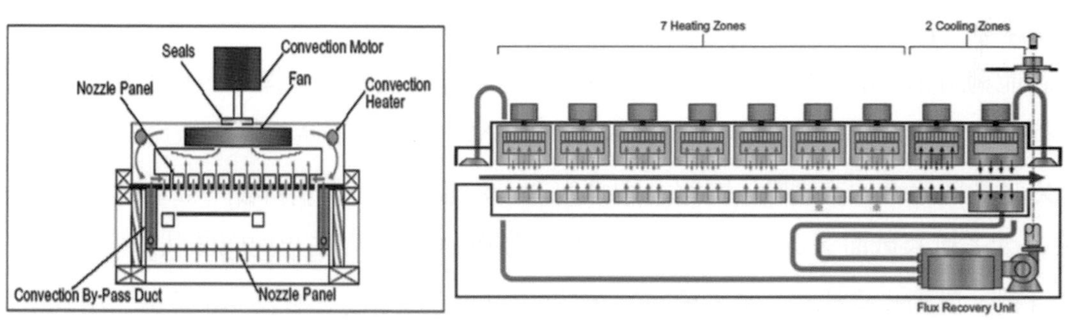

▲ 圖 9-24　氣體強制對流的回流焊爐結構 (資料來源：古河電工網站)

通孔回流焊

電子組裝對作業成本、環境管控不斷壓縮，因此努力希望能夠降低或去除波焊。由於 VOC 多數來自於波峰助焊劑，去除波焊可有效降低生產線上的 VOC 產生率。當然減少了波焊裝置與作業，操作與佔地成本也都可降低。可惜的是，並非所有零件都有 SMD 型式，另外由於高機械強度要求，還是需要通孔零件如：連接器，這些狀況都使得這個理想無法完全達成。

爲了解決通孔零件焊接問題，可採用通孔回流焊處理技術。一般方式是在通孔位置上印刷錫膏並插入零件，然後送進回流焊爐中與表面貼裝零件一起完成焊接。通孔零件焊點比 SMT 焊點需要更多焊料，孔的尺寸和鋼版厚度都必須增大便提供足夠焊料，解決途徑有階梯鋼版或二次印刷技術如前所述。對於免洗技術，通孔焊點助焊劑殘留物的數經常是遠超過 SMT 焊點的，這是由於每個通孔焊點使用了大量錫膏。

回流焊氣體對焊接作業的影響

回流焊助焊劑反應包括金屬氧化物的清除，能減少金屬氧化物產生的作業氣體可減輕助焊劑負荷，有助於獲得更好焊接結果。因此鈍性氣體如：氮氣、氦氣等，都會有改善回流焊效果的能力。改善的大小與助焊劑有關，對較強的助焊劑效果可能不明顯，但對於如：低殘留助焊劑這類效果就相當明顯。

9-6 焊點檢查

焊點檢查可用目視檢查、自動光學檢查 (AOI)、X 光檢查、紅外線雷射檢查、超聲波顯微檢查等。目視檢查能發現漏焊、架橋、潤濕性、零件對位、錫珠等，但無法檢出內部結構性缺點。目視檢查的準確率並不穩定，一般水準落在 75 ～ 85% 以下，人工檢查受限於速度，每秒可檢查 I/O 數不高，目視檢查的結果與檢驗者極相關，這也是這類做法最大不穩定來源。圖 9-25 所示，爲線後即時人工檢查狀況。

若能夠有相對品質標準，可對接點外觀做自動光學檢驗，這樣可簡化焊點品質檢查作業，提升整體檢查穩定性。圖 9-26 所示爲典型 SMT 光學檢查產生的影像比對狀況。

X 光系統適合檢查虛點、斷路、隱藏錫珠、隱藏短路、偏斜焊點等。較常見的系統爲透視 X 光系統及截面 X 光系統，圖 9-27 所示爲 BGA 零件焊點空泡成像狀態。

目視、自動光學檢查、X 光檢查系統間的檢驗能力比較，如表 9-6 所示，由其中可找出選用檢查系統做產品檢驗的參考方向。

▲ 圖 9-25　回流焊線後及時人工目視檢查 (IPC)

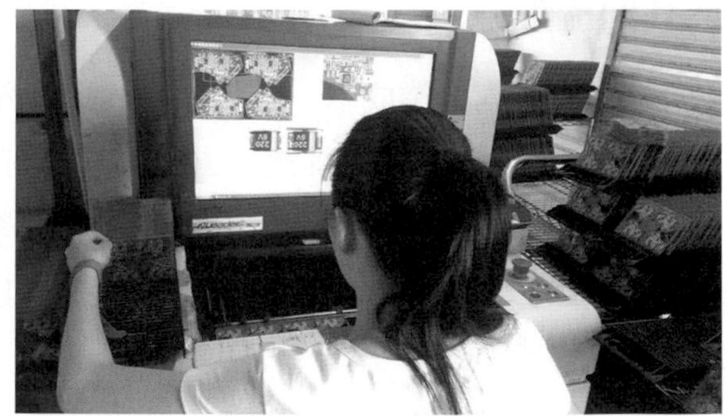

▲ 圖 9-26　典型 SMT 自動光學檢查產生的影像比對狀況

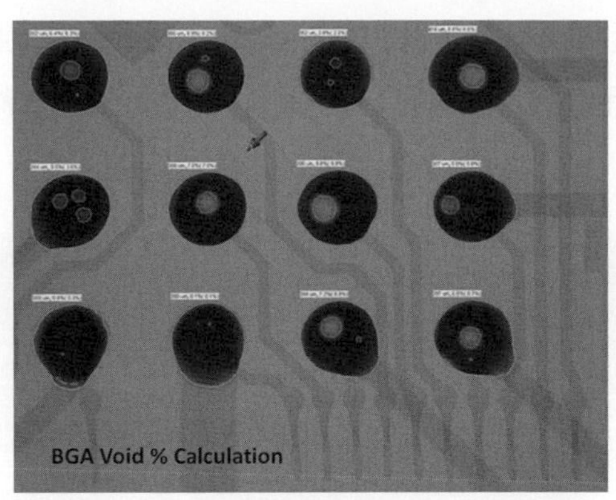

▲ 圖 9-27　BGA 焊點空泡 X 光成像畫面

▼ 表 9-6　目視、自動光學檢查、X 光檢查系統檢驗特性比較 (資料來源：耀景科技公司)

缺陷	人工檢查	光學檢查	X 光
空焊	尚可	好	好
短路	尚可	好	好
彎腳	尚可	好	尚可
錫珠	差	好	好
位移	好	好	好
缺件	好	好	好
冷焊	差	好	差
極性相反	好	好	差
錯件	好	尚可	差
BGA 焊點	差	差	好
零件破損	好	尚可	差
電路板損壞	好	差	差
錫多	尚可	好	差
錫少	尚可	好	差

紅外線雷射檢查系統利用可控制脈衝，對焊點表面做小量加熱，產生的溫度升降曲線變成焊點偵測訊號。將電路板上每個焊點位置與合格偵測訊號比較，按事先給定標準反應各個位置的偏差量。紅外線雷射檢查系統在實際製造中並不常用，大概是因爲偵測訊號的複雜性所致。

超聲波顯微檢查會產生非常高的圖像辨識率，常用的超聲波頻率範圍爲 10 ～ 500 MHz 或者更高。圖 9-28 所示爲典型用於電子產品內部缺點的聲波偵測結果，可偵測產品中的空洞位置。

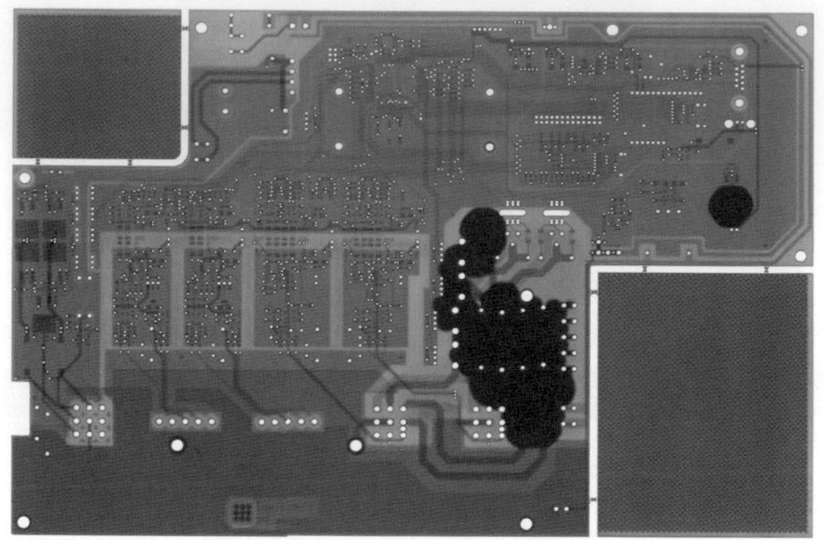

▲ 圖 9-28　電子產品內部空洞超聲波顯微影像 (資料來源：日立建機株式會社)

9-7 清洗

電路板組裝是否需要清洗，與使用的錫膏材料類型有關，雖然業界逐漸趨向採用免洗技術，但仍然有一定比例產品採用電路板焊接後清洗製程。電路板上的污染物，可分爲顆粒、離子型極性、非離子型非極性等不同的類型，表 9-7 所示爲一些典型的污染物整理與分類。

▼ 表 9-7　在 PCB 上主要污染物類型的分類

顆粒纖維型污染物	極性、離子、無機類	非極性、非離子、有機類
鑽沖孔產生的樹脂、玻纖碎片 機械、修剪產生的金屬與塑膠碎片 灰塵 操作污染物 清潔布纖維屑 毛髮 / 皮膚	助焊活化劑殘留 焊接產生的鹽類 操作污染 (氯化鈉和氯化鉀) 電鍍鹽殘留物 中和劑 乙醇胺 離子型介面活性劑	助焊劑樹脂 助焊劑松香 油脂類 蠟 合成聚合物 焊接油 金屬氧化物 操作污染物 潤滑劑 矽膠 非離子型介面活性劑

焊接後清洗的目的包括：去除加速離子遷移與漏電的殘留物、降低電路與零件腐蝕性、保持產品可靠接著性、確保針盤測試準確、可靠度及重複性並保持良好產品外觀。爲了避免損害臭氧層，過去使用含氯氟碳化物的清潔溶劑多已被其它化學品取代。以水性與半水溶性系統爲主，因爲水的低成本和再循環性是較受重視的清洗系統，但幾乎所有用於業界的錫膏不是松香就是非吸水性樹脂系統，並不適合水洗。因此必要用半水溶性或皀化液清洗系統，解決它們的水洗問題。圖 9-29 所示爲典型油水分離清潔系統設計。

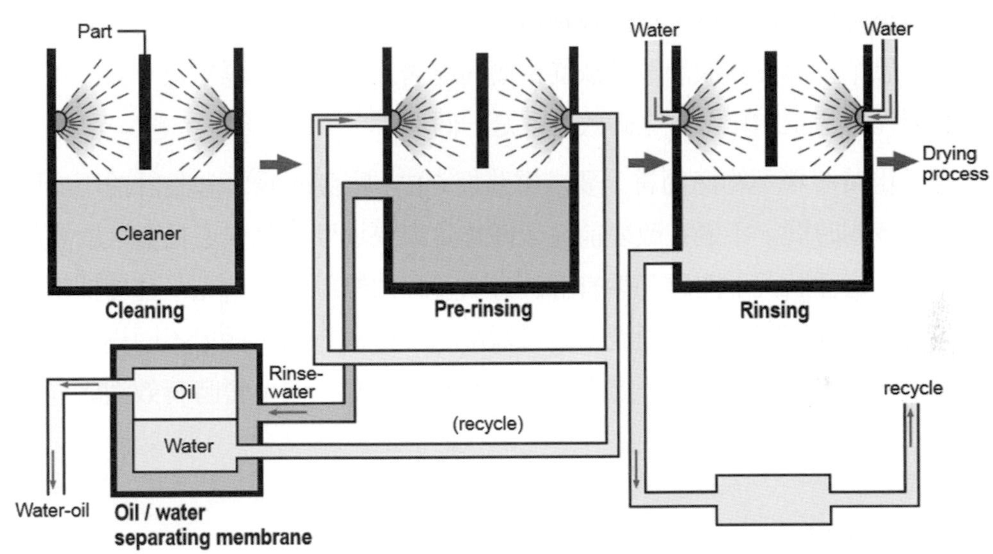

▲ 圖 9-29　典型的油水分離清潔系統設計

選擇了清洗劑後就必需要決定清洗設備，電路板尺寸和產能是決定設備類型的主要因素。目前在大量生產設備，多數都採用連續自動化控制。這類大量生產與應對大型產品的設備，多數都有完善加熱、噴霧、超聲波攪拌等可改善清洗效果的設計。但使用超聲波有可能會產生打線部件損傷問題，另外對一些結構較弱的零件也可能產生裂化作用，這些在設計與使用時都要小心。

9-8 線路內測試 (ICT)

在焊接組裝後需要做線路內測試以確認產品功能性，免洗製程若存在過多助焊劑殘留物，會阻礙探針電氣性接觸，這樣假性斷路就成爲測試問題，若助焊劑堆積在探針頭處問題會更嚴重。雖然增強探針壓力可減低問題程度，但要確切降低假斷路率，必需做持續針頭清潔工作。當然有部分業者在使用助焊劑時就考慮到這種問題，因此這種現象發生比率較低。

回流焊故障的分析原則

存在於 SMT 的潛在問題，可分爲回流焊前與回流焊後兩階段來討論。所有問題幾乎都可回溯到三種主要因素：材料、製程、設計，雖然還是有些例外狀況，但多數問題幾乎都可透過這三個方向找到問題。回流焊故障處理的第一步，是確認產生問題根源，然後才做調整產生根源。

但某些時候產生根源不在製造者可控制範圍內，這種狀況多數應該先確認問題，然後經過最佳化調整降低問題程度。或許這種做法效果並不徹底，但多數可有效降低問題傷害性，徹底改進恐怕要靠實際設計改善或從供應商處著手。例如：焊墊尺寸設計不一致，會在一些組裝製程中產生顆粒電容立碑效應就是一個例子。

對於電子組裝服務契約商而言，要求電路板 OEM 廠商改變焊墊設計並不成問題，但可能會耗用較多的時間。不過在改變前完全停止生產或退回成品未必恰當，對實際生產運作也未必有利。這種狀況下問題仍然有解決方法，經由控制焊料熔點、速度採用緩慢升溫的溫度曲線，有機會可降低問題程度。也可採用調整材料方法，採用不同糊狀區合金錫膏來解決。這兩種方法當然都沒有考慮處理產生問題的根源，但可暫時有效消除立碑效應問題。

9-9 小結

表面貼裝技術利用錫膏作爲主要焊料，順利實現表面貼裝零件的組裝技術，要理解錫膏表現行爲狀況、適當的鋼版設計及印刷設備、參數設定與操作、零件置放、適當回流焊、完整檢查測試，這一系列工作都是完成良好焊接的必要條件。這種技術是電子產品趨向微型化、降低成本、兼顧環保等必需的技術，也是展望未來多年內必然的主流技術。

CHAPTER 10

SMT 回流焊作業常見的問題

10-1 前言

討論 SMT 回流焊作業問題，會將討論重心分為前、中、後三個段落，也就是錫膏印刷後回流焊前、回流焊進行中及回流焊後發現的問題來討論。這三個階段各有特色，也可從其中發現其連貫性與可調整性，對問題釐清與改善較容易層別與驗證。

10-2 SMT 回流焊作業前較常見的問題

表面貼裝技術在錫膏印刷後，必需要面對錫膏回流焊問題。此時錫膏回流焊前產生的任何變化，都會與後續製程表現、最後產出結果產生關連性。現在要討論的部分，主要集中在回流焊前錫膏相關課題，以貯存、塗佈、打件為探討核心。

助焊劑分離問題

正常錫膏應該是均勻助焊劑與錫粉混合物，但取用時卻可能會看到分離狀態。較常見的現象是灰白色層表面有黃色助焊劑出現，有點類似面霜發生油水分離，這種現象在罐裝與注射筒類包裝都可能發生。輕微助焊劑分離是允許的，但若發生嚴重助焊劑分離，將會導致污斑、塌陷，塗佈焊料量也會呈現不平坦狀態，這些都不被允許。

引起分離的可能原因包括：所處環境溫度過高、貯存時間太長、錫膏黏度太低、錫膏觸變性太低等。要消除分離問題方案有兩種，各為處理技術與選用材料：

- 處理技術解決方案包括：在儲存壽命內使用錫膏、在旋轉架上貯存錫膏、低溫貯藏錫膏、使用前做好錫膏攪拌等。
- 選用材料解決方案包括：使用夠高黏度錫膏、使用夠高觸變性錫膏等。

錫膏表面發生結塊問題

使用錫膏時可能會發現表面結了一層硬皮，新開容器或使用過的存放錫膏都可能有這種現象。它可能是因爲錫膏含有太高焊料合金所致，如：97 鉛 /3 錫、97.5 鉛 /2.5 銀、97.5 鉛 /1.5 銀 /1 錫、98 鉛 /2 銻等。當然也可能是因爲貯存時，助焊劑腐蝕性或活性過高所致。由於助焊劑與焊料已經產生反應，產生金屬鹽分子量較大使黏度增加，並在錫膏表面產生皮層或硬殼。

另外也可能是使用導致的問題，如：錫膏過度曝露在空氣中或吸收水分，也可能因爲使用舊錫膏、容器打開過久、包裝不當、貯存溫度過高等。業者也曾經有因爲作業環境抽風量大，而容器的封蓋又沒有密封，以致產生表面硬化結塊的案例。

改善方式可從以下方向思考：

- 使用貯存時反應性較小的錫膏。
- 使用較低鉛或銦含量的焊料合金。
- 避免用過錫膏放回容器再度使用。
- 使用過的容器取用後應確實蓋好，內蓋應壓下與錫膏接觸。錫膏包裝要密封，避免使用會讓濕氣、氧氣滲透的材料。
- 除非錫膏供應商要求，否則建議錫膏貯存在低溫下，較低貯存溫度會有較長貯存壽命。

錫膏產生硬化的問題

未開過的錫膏容器或沒用過的錫膏也可能變硬或變黏，這在完好包裝下也可能發生。某些反應，可在沒有氧氣與濕氣情況下發生。問題可能是選用原料的因素所致，或許是因爲助焊劑在貯存狀況下太容易反應，助焊劑若與氧化物反應形成金屬鹽，其黏度會比助焊劑本身還高。

理想的助焊劑應該在接近焊接溫度時才反應，若在貯存溫度很容易發生反應，則錫膏會因爲產生大量金屬鹽而變黏。此外錫粉並沒有氧化層保護，容易引起冷焊與形成硬粉粒團，這會進一步使問題惡化。較有效的解決方案包括：降低搬運與貯存溫度、採用低活性助焊劑。另外如：使用較高氧化含量錫粉也可減輕這類問題，這對軟合金尤其適用，但必需注意附帶影響是否能被接受。

在鋼版印刷時壽命過短

某些錫膏印刷之初品質正常，但很快就開始變稠，這樣就容易發生漏印、塡充不足、刮刀運作不良、鋼版開口堵塞等問題。而也會有相反狀況，印刷次數增加錫膏逐漸變稀，而且會導致污染、滲漏等問題。這類情況，當然都會影響錫膏在印刷鋼版上的使用壽命。傳統印刷機錫膏變稠的可能原因包括：作業環境溫度下助焊劑有高活性、助焊劑溶劑揮發性高、錫膏耗用率太低、作業環境溫度過高、濕度過高、鋼版區迴風率高等。

對免洗或 RMA 錫膏來說，濕度對錫膏黏度可能有兩種影響：錫膏黏度在高濕度下隨時間而增加，因爲水分促進了助焊劑與金屬間的化學反應。即便是在低濕度下 (如：20%RH) 也會產生問題，因爲含揮發性溶劑系統，錫膏黏度會因低濕溶劑損失增加。對水洗性錫膏，在高濕下黏度會隨時間增加而減少，因爲水洗錫膏較傾向於吸濕，黏度當然會迅速減少。因此使用水洗錫膏，應該要保持低濕度。

若使用傳統印刷機要解決這類問題，在材料選用上可考慮非腐蝕性、低金屬含量、非揮發性溶劑系統錫膏較理想。在作業方面可注意，減少鋼版區空氣流動率、作業環境保持適度溫濕條件較有效。若使用密封刮刀印刷，可避開曝露環境問題，理論上應該可延長壽命。但某些錫膏在密閉空間內隨印刷次數增加而變黏稠，也有些錫膏會變稀和滲漏，這些反而會出現製程問題。因爲密閉式刮刀印刷機，錫膏在密閉空間內會做過多剪切作用。這就要看錫膏整體化學性質是否搭配，過多剪切是否會引起過稀或過黏問題。

另外在室溫下，助焊劑活性或腐蝕性將會迅速破壞焊料氧化物保護層，在過多剪切下導致錫膏增黏，這些都是必需注意的部分。目前業者較嘗試改善的方法，是將密閉空間與補充袋體積縮小，以提升錫膏的替換率來降低這種影響。

刮刀對錫膏釋放不良

我們也可嘗試從印刷機單邊刮刀行爲來瞭解問題狀態，圖 10-1 是一片單向刮刀經過一次印刷後，錫膏沾黏在刮刀上釋放不良的範例。當刮刀循環提起移回準備印刷的位置，刮刀上過多殘留的錫膏會被拖動越過鋼版表面。這過程中，一些錫膏會留在鋼版開口頂部，以致成爲產生污斑和堵塞的誘因。

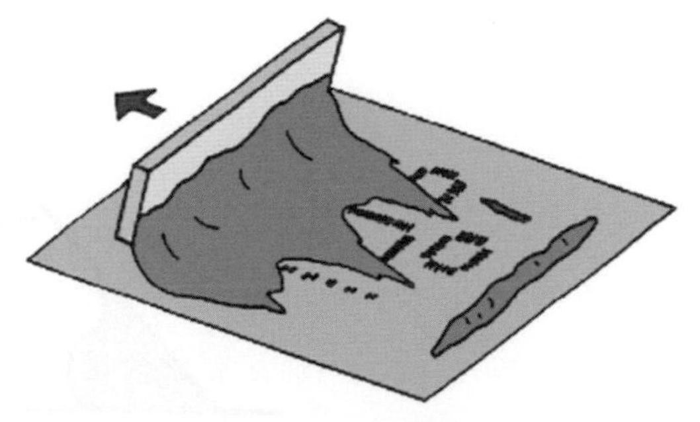

▲ 圖 10-1　印刷中刮刀對錫膏釋放不良的簡圖

圖 10-2 則嘗試描述雙刮刀系統對錫膏釋放不良的範例。第一支刮刀向右方印刷完成後，舉起刮刀有不少錫膏沾黏在刮刀上，此時第二支刮刀準備著下一次向左印刷，但只有很少的錫膏留在刮刀前供第二次印刷。

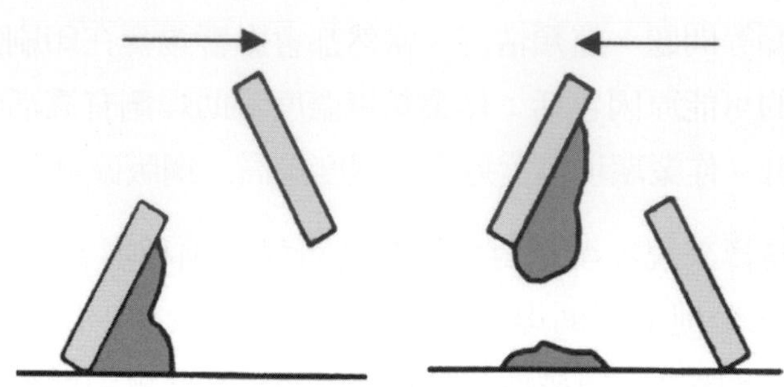

▲ 圖 10-2　雙面刮刀系統較差的錫膏釋放狀態略圖

類似錫膏懸掛的問題，也會導致刮刀來回印刷時，所刮印的是上一次印刷結束時留下的錫膏堆積。刮刀對錫高釋放不良，發生在單刮刀系統的污染現象，如圖 10-3 所述。

▲ 圖 10-3　單刮刀系統錫膏釋放不良，刮刀提起跨越鋼版時留下錫膏堆

錫膏難從刮刀上釋放的原因包括：錫膏太黏、錫膏太稠、鋼版上錫膏逐漸乾燥、鋼版上添加錫膏量不足、刮刀柄太突出且刮刀太低、刮刀鋼版間接觸角太小、鋼版表面太光滑等。印刷過程中，錫膏沿著刮刀方向輕微上升是正常狀態，這可能導致錫膏與刮刀接觸面積比與鋼版略大，如圖 10-4 所示。之後在提起刮刀時，錫膏就承受兩力抗衡，也就是錫膏對刮刀及鋼版的黏附力與重力。

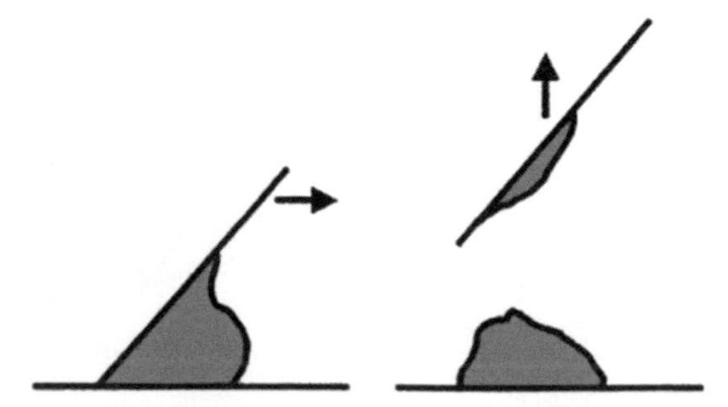

▲ 圖 10-4　典型印刷中與刮刀提起後的錫膏分佈狀態

錫膏分佈的位置取決於力平衡，若適當配置錫膏重力與鋼版沾黏力，讓它們超過錫膏與刮刀黏附力，則絕大多數錫膏就會停留在鋼版上。若錫膏非常黏稠，黏附力大小就變得較重要。此時若有較大刮刀接觸面積，就會主控錫膏分佈將多數錫膏留在刮刀上。若錫膏逐漸乾燥黏性增加，同樣會出現類似狀況。雖然低黏性錫膏較容易從刮刀上釋放，但會損及錫膏對零件的固定能力，這種狀態也不可取。錫膏還是應該具有適中黏性，最好採用非揮發性溶劑才能有穩定黏度。當然較低金屬含量，也可減少黏性幫助改善錫膏從刮刀上釋放，但這種作法將導致較高塌陷狀態，因此未必是好選擇。對較細間距 SMT 應用，金屬含量保持在 90%(w/w) 是較理想的狀態。

若錫膏量少重量就小，則刮刀會比鋼版有更大接觸面積，沾黏效果隨之加大。這可想見，會導致刮刀對錫膏產生不良釋放現象。所以依據錫膏類型，建議錫膏滾動直徑要大於半英吋以上。對於較高黏性值錫膏，理想滾動尺寸不應少於 3/4 英吋。爲了讓錫膏確實從刮刀上釋放，一次印刷結束後與下一次印刷開始前，最好刮刀舉到適當位置維持 10 ～ 20 秒，較能夠讓錫膏確實釋放。當然其它防止錫膏乾燥或增黏法，也都對刮刀釋放錫膏的能力有所幫助。

錫膏從刮刀上釋放，是錫膏、刮刀、鋼版間的表面黏附力與重力平衡結果，調整各表面特性也可改善錫膏釋放。原則上較光滑的表面及低表面能，都可產生降低黏附力效果，因此可獲得滿意的錫膏釋放狀態。多數製程使用的刮刀，包括橡膠刮刀與金屬刮刀表面都經過拋光處理。另外鋼版表面保持適當粗糙度，也會增加錫膏與鋼版間黏附力，這個方法都被證明是有效的。

錫膏印刷厚度不良

統計較明顯的 SMT 缺點包括：引腳共面性差、漏零件、架橋、斷路 (如：立碑效應、零件對位不良、錫膏量不足) 等。在組裝焊接過程中，若以缺點百分比衡量 SMT 在電路板上的相關缺點，業者發現與錫膏印刷相關的問題比例最高，其次依序是打件、回流焊與清洗、進料等問題。雖然各家狀況有異，但明顯看出在 SMD 組裝，印刷品質是最關鍵部分。

錫膏印刷厚度與供應量相關，也主導了缺點發生的類型。例如：斷路、不飽滿焊點、過多焊料、立碑效應、偏移、架橋等。錫膏印刷時若能均勻適當控制厚度，就可獲致穩定後續作業品質。可惜的是，印刷厚度經常因爲作業問題偏離目標厚度，偏高偏低問題時有所聞。除了鋼版厚度影響印刷厚度，錫粉尺寸平均值與分佈狀況、焊墊表面處理、止焊漆厚度、鄰近標記、鋼版與電路板間異物、刮刀水平度、刮刀速度、刮刀壓力、刮刀硬度、刮刀磨損、鋼版與電路板間隙 (Snap-Off)、鋼版與電路板間對位、鋼版開口變形、鋼版開口尺寸、鋼版開口方向，都會影響印刷效果。

顯然太大的錫粉無法順利產生平滑印刷面，會影響錫膏印刷均勻性。爲了有高品質印刷，粉粒大小不應超過鋼版開口尺寸的 1/7。電路版焊墊表面處理也會影響印刷厚度，HASL 經常會引起不一致印刷厚度，尤其是具有凸面的錫墊。這是由於錫墊圓型突出頂入鋼版開口，進而產生焊料勺挖或跳印問題。其它表面處理如：鎳金、浸錫、浸銀、OSP，則較有利於印刷厚度控制。若止焊漆厚度大於焊墊高度，錫膏印刷厚度會大於鋼版實際厚度。不規則止焊漆厚度，會直接產生不一致錫膏厚度。同樣的若標記或文字符號非常靠近開口，印刷厚度也可能會加大。在鋼版與電路板間有異物，當然會導致印刷厚度增加。

刮刀類型和印刷機參數設置，對印刷厚度有很大影響。因爲印刷厚度隨著印刷間隙加大、刮刀速度增加、刮刀壓力下降狀態而增加。在快刮刀速度下，印刷厚度甚至會大於鋼版厚度，這是由於刮刀強制錫膏回到刮刀下而生成高流體壓力所致。在較低刮刀速度下增加或降低刮刀壓力，比在較高刮刀速度下產生的印刷厚度變化要大，或許這是由於流動時間因素所致。在較低刮刀速度下，錫膏有較長時間承受刮刀壓力流動，因此刮刀壓力較高，印刷厚度就較小。另一方面，在較高刮刀速度下，錫膏沒有充足時間承受刮刀壓力，印刷厚度變得對刮刀壓力不敏感。從刮刀壓力效果看，刮刀水平校正對印刷厚度一致性有很大影響。

刮刀硬度在印刷厚度控制方面也有明顯影響，當印刷時較軟的刮刀受壓力較容易變形並陷入開口面，如圖 10-5 所示。不可避免地會導致勺挖現象，因此會得到較小印刷厚度。印刷厚度也會隨刮刀磨損的增加而增加，這是因爲沒有鋒利刀刃無法陷入開口所致。

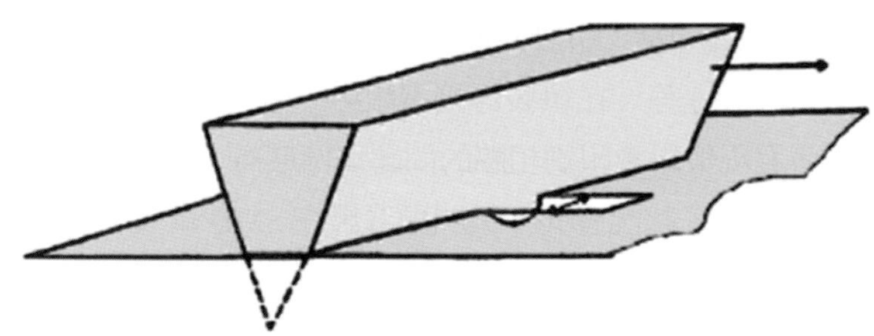

▲ 圖 10-5　當移過鋼版時刮刀在壓力下的變形。

較大的印刷間隙會導致較大印刷厚度，同樣狀況若鋼版沒有與基板表面達成適當水平一致性，印刷厚度也會有變化，出現較大印刷間隙區域會有較大印刷厚度。顯然鋼版開口變形，也會導致較大印刷厚度。開口方向對印刷厚度有複雜影響，與印刷方向垂直的開口比平行開口有較大印刷厚度，這有可能與刮刀陷入開口的量有關。金屬刮刀對開口方向就較不敏感，但是當使用金屬刮刀非常低速印刷時，平行方向的印刷厚度可能會大於垂直方向 [21]。由於開口方向引起不同印刷厚度問題，可採用對角線定向印刷來消除這個問題。

既然印刷厚度受到如此多因素影響，爲了穩定印刷厚度保持每個因素的一致性很重要。包括適當的：鋼版電路板水平校正、均勻止焊漆厚度、印刷間隙、刮刀壓力、刮刀校準、鋼版底面清潔等。污斑源自於印刷作業中提起鋼版時，錫膏塗佈到不應該塗佈區域。它會在焊墊周遭呈現出錫膏模糊狀態，或是錫膏在相鄰焊墊間產生架橋現象。污斑多數是由鋼版底面開口的周遭錫膏殘留所引起，因爲在下次印刷時開口周遭的錫膏會傳遞到基板並導致污斑。

產生污斑的因素有：鋼版厚度、孔錐形處理、間距大小、開口方向、粉粒大小、刮刀壓力、壓力深度、鋼版與電路板密封性、印刷間隙、鋼版底面累積錫膏、HASL 品質等。污斑會隨著鋼版厚度的增加而減少，可能是因爲施加錫膏的印刷壓力隨鋼版厚度增加而減少。使得使用較厚鋼版，作用於間隙的洩漏力也變較小所致。

表 10-1 爲有錐形處理與無錐形處理鋼版印刷的缺點率比較範例。可發現錐形處理鋼版比沒有錐形鋼版呈現出更高的污斑比率，這應該是因爲錐形開口底部較寬，受到錫膏印刷壓力下更容易流動所致。

▼ 表 10-1　鋼版開口錐形處理對缺點率影響的範例

鋼版開口的特性	污斑缺點率	焊料不足的缺點率	總的缺點率
無錐形處理鋼版	0.86%	20.95%	21.81%
有錐形處理鋼版	1.97%	19.19%	21.16%
錐形／非錐形	2.29	0.92	0.97

對小間距印刷技術，鋼版厚度都較薄，不論是否有錐形處理都容易存在問題。當間距 50mil 降到 8mil 時，某些實驗結果顯示污斑影響總缺點率從 0% 增加到 8%，這或許可解釋爲錫膏滲出與間距減少的相對比率。若看到錫膏滲出量隨鋼版開口縮小而減少，這是因爲傳遞到孔底面附近的印刷壓力也減少了。

應對極細間距印刷問題，使用較細錫粉是最常採用的方法，污斑會隨著顆粒尺寸降低而減少。這應該可解釋爲，較細焊粒會有較高的黏度，從而限制錫膏流動所致。壓沉 (Downstop) 是印刷行程中，刮刀允許越過板表面的向下距離。過度刮刀壓力或壓沉將強制錫膏滲出鋼版開口底面導致污斑。若鋼版與電路板間密封不良，容易讓錫膏輕易漏出。

引起密封不良的原因包括：電路板與鋼版間對位不良、止焊漆厚度過高、電路板與鋼版不平行、鋼版與電路板間隙太大、錫膏在鋼版底面開口周遭堆積。不良的 HASL 品質如：短路或錫凸，也會產生密封不良導致污斑。錫膏在鋼版底面發生堆積，簡單的解決方法是採用擦拭鋼版處理。然而值得注意的是，應該正確選用鋼版擦拭溶劑。揮發性與適度極性溶劑會較恰當，例如：異丙醇就是不錯的選擇。若溶劑沒有足夠揮發性，剩餘溶劑會在印刷過程中與錫膏混合，造成進一步污斑問題。目前較設計完善的錫膏印刷機，會有輔助清潔機構設計，可幫助降低這種缺點，如圖 10-6 所示。

▲ 圖 10-6　錫膏印刷機的輔助清潔機構 (資料來源：網頁 http://www.asys.de)

焊點焊料不足的問題

鋼版印刷常見問題之一就是焊料不足，塗佈在焊墊上的錫膏量少於期待量，常是因爲鋼版開口堵塞所致，這類狀況還包括錫膏印刷不全或較薄印刷厚度等因素在內。錫膏量不足的原因包括：鋼版厚度不當、鋼版錐形處理問題、間距大小、鋼版開口方向問題、錫粉顆粒大小、不當開口設計、鋼版開口品質不良、刮刀壓力不足、錫膏流變性不足等。

隨著鋼版厚度增加，印刷缺點較會來自於填充不足與鋼版堵塞所產生的問題。但對 2mil 厚的鋼版，也會有相當的不充足率，這在粗細錫粉的錫膏印刷都會發生，這種問題據經驗分析發現可能是在印刷中產生勺挖效應所致。當鋼版作錐形處理，可稍微減少總缺點率，這當然是強化錫膏釋放效果減少不充足率的效果。

印刷 30mil 以下間距的焊墊時，缺點率會隨間距減少迅速增加，主要缺點類型又以焊料不足爲主。這當然是因爲隨著開口尺寸下降，會容易發生更多開口堵塞所致。鋼版開口設計，是影響錫膏從開口釋放的決定性因素。當開口對鋼版厚度比率小於 1.5 時，要從孔裡完全釋放錫膏就較困難。另外開口側壁光滑度，也是影響錫膏是否容易釋放的關鍵。

雷射切割技術產生的鋼版開口，經常有鋸齒或碎屑堆積鋼版表面的問題，切割後可後處理改善，如：電解研磨就是常用於排除這種問題的方法。鋼版開口堵塞，也可能是由於刮刀刮過鋼版後，錫膏膜留在鋼版表面所引起。錫膏膜產生原因有：太低刮刀壓力、太小刮刀接觸角、錫膏流變性差等。錫膏流變性對錫膏釋放影響大，甚至鋼版刮面很清潔的情況下，堵塞仍因為錫膏流變性不良產生問題。它的原因可能是：過低觸變性、過高黏度，也可能是因為不良的配製、使用過期錫膏、錫膏沒有適當解凍、錫膏因溶劑損耗過於乾燥、助焊劑與錫粉反應引起結塊等。

針嘴堵塞

SMT 向微型化發展，使用點膠作業的錫膏塗佈針嘴尺寸必然會更小，當然就更容易產生堵塞困擾。堵塞發生的主因，是在高剪切力下錫粉逐漸從助焊劑中分離，分離使錫膏變得更黏稠，助焊劑會先被擠出導致金屬百分率逐漸上升，最後針嘴因為過高金屬比率被堵塞。迅速與重複塗佈操作會加速堵塞。產生的現象是：錫膏塗佈量逐漸下降、漏點等。

針嘴堵塞可能原因包括：過大顆粒、金屬含量過高、黏度不當、環境溫度過高、低觸變性、軟而活性的合金、過高活性助焊劑、塗佈頭錫膏流動路徑不當、不當塗佈機構等。極小量塗佈是困難的技術，塗佈中產生高剪切力及金屬與助焊劑密度差異大的效應所致。要減少這種問題，可使用較小平均顆粒與適當尺寸分佈來改善，要確保錫膏有適當黏度。黏度太低會導致粉粒沉積產生堵塞，但黏度太高會使通過針嘴產生困難。作業環境溫度太高，會降低錫膏黏度，也可能導致堵塞。

較低金屬含量，有助於減少粉粒簇集機會，這也可減少堵塞。但它的副作用是，較容易產生較大塌陷，因為回流焊時有更多助焊劑被除去而產生。這方面可在錫膏配製時，增加觸變性來改善錫膏穩定性減少分離，執行良好膠態助焊劑設計可產生這種系統。若焊料是軟性合金，如：高銦含量焊料合金，重複加壓可能導致錫粉冷焊和產生堵塞。若合金較容易與助焊劑起反應，在錫膏表面金屬氧化物保護層可能會被過早除去，從而更容易發展成冷焊問題。當使用非常細錫粉時，錫粉與助焊劑間反應也會產生堵塞，這是因為錫粉有較大表面積與助焊劑起反應所致。

若能夠消除塗佈裝置死角，可改善針嘴堵塞問題，在重複加壓循環作業下，若錫膏流動路徑上有死角，加壓累積可能導致冷焊與產生錫粉簇集引起堵塞問題。消除針嘴堵塞的解決方法包括：選用適當粉粒大小、控制金屬含量、黏度、觸變性與作業環境溫度，採用室溫下低活性助焊劑與適當塗佈系統設計。

錫膏塌陷的問題

依據現象發生時的溫度差異，錫膏塌陷大略可分爲冷塌陷和熱塌陷兩類。冷塌陷發生在室溫下，印刷後錫膏在常溫環境下逐漸擴散，錫膏塗佈外型逐漸由方正變成光滑圓頂形，熱塌陷則是指發生在回流焊階段的塌陷。產生冷塌陷原因有：過低觸變性、過低黏度、低金屬含量或固含量、小顆粒尺寸、顆粒尺寸分佈太寬、助焊劑表面張力低、高濕度或吸濕性錫膏、高零件置放壓力。至於熱塌陷，除了在較高溫度下發生以上原因外，也受到回流焊溫度曲線升溫速率影響。

塌陷是錫膏黏度不足，無法抵抗重力產生倒塌而擴散超過塗佈區域的現象。金屬含量對減少冷塌陷的影響較小，但專家實驗發現當金屬含量低於 90% 時，熱塌陷會隨金屬含量下降迅速增加。高金屬含量錫膏有較低塌陷率，這應該歸因於金屬粉粒熔化前不能流動產生的高黏度。印刷後錫膏塌陷狀況，如圖 10-7 所示。

▲ 圖 10-7　正常與塌陷的錫膏印刷狀況

當溫度超過焊料熔點時，熔融焊料流動進一步受到高表面張力與粉粒聚集限制。對於間距細的線路設計，正常間隔與焊墊寬度比率大約是 1 或稍小於 1。這時若採用 90.5% 或更高些金屬含量，可滿足細間距類應用而不產生短路。除了金屬含量影響外，塌陷也隨著助焊劑的固體含量增加而減少。固體含量較高的助焊劑不但在室溫下，且在提升溫度下都呈現出較高黏度，所以有較大塌陷抵抗力。

錫膏顆粒大小和顆粒尺寸分佈也影響塌陷，因爲在室溫和 100℃時錫粉都還保持固體狀態，助焊劑在 100℃時會熔化，故在 100℃時可觀察助焊劑變稀引起較大塌陷。助焊劑液化效應，會被小顆粒尺寸導致的錫膏黏度增加抵銷，因此塌陷會隨著粉粒尺寸減小而降低，特別是在 100℃的情況下。另外較寬顆粒尺寸分佈，比窄顆粒尺寸分佈更容易在兩個溫度範圍加重塌陷。在加熱時，顆粒間助焊劑熔化而產生潤滑作用，這會讓粉粒滑過和塌陷。顆粒間接觸機率高，就會對滑動有更高抵抗能力，當然也就會出現較少塌陷問題。

助焊劑表面張力是影響塌陷的重要因素之一，較高的助焊劑表面張力有減少表面積增大的趨勢，因此有較大的抵抗力來阻止擴散和塌陷，在室溫和提升溫度下這個模式都應該相同。助焊劑的高表面張力不但可減少錫膏塌陷，也能減少熔融焊料的擴散程度。若錫膏加工區域的周遭濕度太高，錫膏會吸取大量水分導致低黏度和塌陷。對於許多水溶性具有相當吸濕能力的錫膏而言，這種現象尤其明顯。對於大多數錫膏作業而言，30 ～ 50% 相對濕度是較適當的推估。高的零件置放壓力會擠壓錫膏，這當然會加重塌陷程度。然而嚴格地說，錫膏受到擠壓並不屬於自然塌陷範疇。

塌陷也可受到回流焊升溫速率的影響，具有固定組成和化學成分的材料，黏度會隨溫度增加而下降，這是因爲增加分子間熱攪拌作用所致。在較高溫度下黏度下降會產生較大塌陷，另一方面溫度增加通常會加速脫除助焊劑溶劑，導致固體含量增加而增加黏度。圖 10-8 所示爲典型錫膏受熱與溶劑損耗對黏度的影響關係。

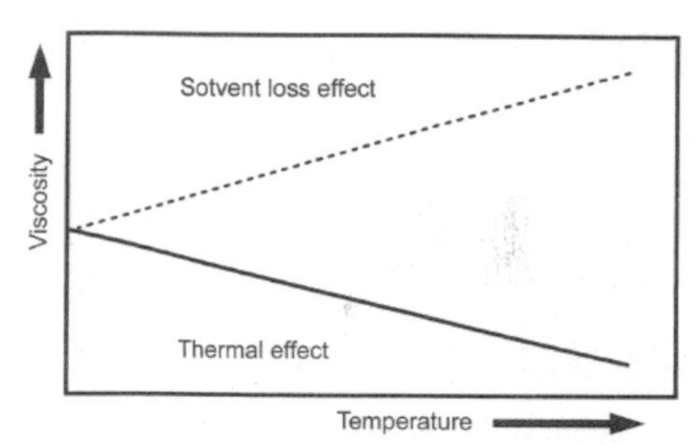

▲ 圖 10-8 典型錫膏受熱與溶劑損耗對黏度的影響關係

物質受熱會影響內部屬性，這個屬性只與溫度有關而與時間無關，所以升溫速率對它沒有影響。但溶劑損耗速率是動態現象，會受升溫速率影響。溶劑汽化速率與溶劑具有的熱能、溫度成正比，溶劑損耗量與汽化速率及時間的乘積成比例。整體溶劑損耗與時間及溫度相關，這方面可透過改變回流焊升溫速率來調整。對於緩慢升溫，在任何給定升溫度範圍下，由於大量溶劑損耗問題，錫膏黏度都比快速升溫黏度還高。典型升溫速率對溶劑損耗與黏度變化關係，如圖 10-9 所示。

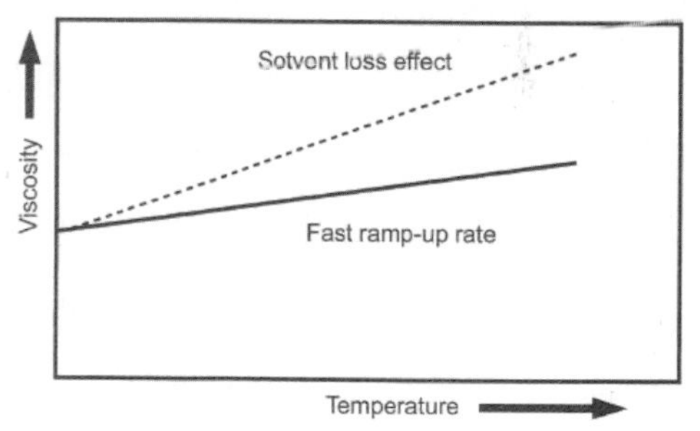

▲ 圖 10-9 升溫速率對溶劑損耗與黏度變化的關係

所以，經由應用相當緩慢的升溫，可增強溶劑損耗量的影響，熱會導致黏度下降但卻會因爲溶劑含量降低而黏度遞增，因此塌陷會隨著升溫速率下降而減少。建議從室溫到熔化溫度期間，使用 0.5 ～ 1℃ / 秒升溫速率是較好的作業參數。塌陷是錫膏材料主要特徵，減少塌陷的重要解決方案是在材料設計。在技術方面，控制濕度、控制升溫速率都對減少這類問題有幫助。

錫膏低黏性的發生

所謂錫膏低黏性的狀態，指的是在打件期間或打件後，零件沒有辦法被錫膏黏住的現象。黏性低可能原因包括：錫膏塗佈不足、助焊劑黏性不足、不適當金屬含量、顆粒尺寸太粗糙、打件期間電路板迅速移動、打件期間電路板支撐不佳、濕度影響等。

若錫膏印刷量不足，錫膏不能保持住打在電路板上的零件是可理解的。助焊劑是錫膏黏合性決定因素，低黏性助焊劑自然會產生低黏性錫膏。因爲錫粉本身無法提供黏性，過量粉粒對黏性保持是不利的。但金屬含量與黏性間的關係相當複雜，隨著金屬含量增加逐步降低，開始的時候黏性迅速下降，然後降低速度漸漸減緩，降低趨勢很可能與測試樣品厚度有關。

粉粒含量越少，在黏性測試期就有愈多錫膏被擠壓，在測試探針和基板間的間隙就越小，較小間隙有利於維持印刷的完整性免於滲漏。金屬含量超過約 40% 時，依據某種錫膏測試經驗值，黏性會隨金屬含量增加略微增加後又降低。黏性增加，應該是因爲填料增強效應產生的內聚力增加。當金屬含量超過某個臨界值，黏性會繼續下降，這是因爲助焊劑對錫粉包覆性與黏合不充分所致，這種黏合不充分的狀態會逐漸增加。

黏性與錫膏黏附力和內聚力成比例，黏附力是由助焊劑單一元素所支配。內聚力會隨粉粒尺寸下降而增加，這是錫膏黏度增加所致，因而導致黏性增加。打件牢固性不但由錫膏黏性決定，也由打件設備涉及的複雜問題決定。對一個打件設備而言，某種錫膏使用狀態不錯，但可能換了設備就發生問題。影響零件維持能力的重要因素之一，就是電路板移動問題。若在打件階段電路板移動得快，零件慣性可能會超過錫膏黏力，導致零件偏斜滑落。

另外一個影響因素，是在打件時電路板本身的穩固性。若電路板未受到良好支撐與固定，當受到置放臂碰撞時，電路板會有較大搖晃，因此會有掉件拋件問題。適當的製程設計，應該包括支撐合理機構及夾持電路板堅固治具。黏性是助焊劑重要特性功能，某些助焊劑會迅速地吸收水分，濕度必然會影響到錫膏的黏性表現。高濕度可能會引起表面結硬皮、錫膏變稀及黏度降低，這些問題都應該避免。

錫膏黏性時間過短問題

當錫膏剛曝露於空氣中，會有適當或較高黏性存在。但是在印刷後黏性很快地隨時間下降，會讓加工作業範圍變得非常狹窄。黏性時間過短可能原因包括：金屬含量過高、溶劑揮發性過高、粉粒尺寸粗大、印刷完成錫膏表面開始結硬皮、操作環境空氣流動大、濕度不當、環境溫度高、使用鋼版太薄等。

金屬含量問題已經一再討論，保持黏性時間會隨金屬含量升高而縮短。很明顯的若增加助焊劑含量，必然會增加錫膏保持黏性時間，這方面也可解釋爲溶劑含量增加的影響。這樣就可理解許多廠商或文獻陳述，都有保持錫膏金屬含量不要超過約 90% 建議的原因。粉粒表面積增加會幫助溶劑保留較長時間，這是由於粉粒與溶劑間的表面吸附作用加強所致。但若粉粒小，導致助焊劑與粉粒間化學反應加大變快，也有可能因此產生表面結皮降低黏性的時間。

10-3 SMT 回流焊中常出現的問題

在回流焊過程中發生的問題大致可分爲兩大類：

第一類與冶金現象有關，包括：(1) 冷焊，(2) 不潤濕，(3) 半潤濕，(4) 滲析，(5) 過量介金屬化合物等。

第二類與異常焊點形態有關，包括：(1) 立碑效應，(2) 偏移，(3) 燈蕊虹吸，(4) 架橋，(5) 空洞，(6) 斷路，(7) 錫球，(8) 錫珠，(9) 飛濺物等等。

冷焊現象

冷焊是指焊點回流焊不完全的現象，例如：出現粒狀焊點，不規則焊點形狀，或錫粉不完全融合，如圖 10-10 所示。

▲圖 10-10　冷焊的範例

表面上冷焊只是回流焊不足產生的焊點現象，但是還有其他因素也會影響冷焊形成。可能產生冷焊的原因包括：回流焊加熱不足、冷卻時擾動焊點、表面污染抑制助焊作用、助焊劑能力不足、不良錫粉品質等。回流焊時熱量不足，可能因爲溫度太低或在液相線溫度以上時間太短，這會導致錫粉不完全融合。對於共晶錫鉛焊料，建議峰值溫度約爲215℃，且建議超過液相線溫度停留時間要達到30～90秒，這方面的參數應該依據電路板材質以及實際零件狀況作調整。

在冷卻時若焊點受到擾動，表面上會呈現高低不平的形狀。尤其是在接近熔點而略低溫度時，焊料是非常柔軟而黏稠的。這種缺點可能是由於強烈冷卻空氣，或是不平穩傳送帶移動所造成。焊墊或引腳及其周邊表面污染，都會抑制助焊劑的能力而導致沒有完全回流焊，在某些況態下焊點表面還會觀察到沒熔化的錫粉。典型污染案例如：某些焊墊、引腳的金屬電鍍處理殘留物，對於這些污染狀況的處理，應該要強化電鍍後的清洗程序。

助焊能力不足會導致金屬氧化物清除不全，這會導致後續作用不完全。類似的表面污染問題，也時常導致在焊點周遭出現錫珠。不良的錫粉品質當然也會引起冷焊，如：有高度氧化的粉粒夾雜在錫膏中，就可能是冷焊肇因之一。

焊點不潤濕的問題

不潤濕指的是在基板焊墊或零件引腳上，焊料覆蓋範圍少於目標潤濕面積，如圖10-11所示。

▲ 圖 10-11　銅焊墊上與引腳不潤濕的範例

不潤濕也指焊料可能接觸到面積卻沒有與基材金屬形成冶金的鍵結，如：在焊點內的不潤濕點。產生不潤濕的原因包括：金屬濕潤性差、焊料合金品質不良、錫粉品質不良、助焊劑活性不足、不當的回流焊曲線或氣體等。金屬表面潤濕性差，可能是焊墊、引腳的金屬雜質、氧化、本身性質所造成。例如：化鎳浸金處理表面磷含量過高、金層針孔形成鎳氧化物、銅焊墊氧化、#42合金在引腳端曝露處、OSP析出層太厚等，這些現象都可能是產生不潤濕的原因。

對焊料合金方面也有一些顧慮，如：焊料中有鋁、鎘、砷等雜質可能會產生不良潤濕。錫粉品質不良、不規則錫粉形狀會反映出較大氧化物含量，因而會消耗更多助焊劑和導致不良的潤濕，此時顯然不良的潤濕是由不良助焊劑活性所產生。

時間、溫度、回流焊氣體、作業時間等，對潤濕性也可能有很大影響，若回流焊時間太短或溫度太低而引起熱量不足，會導致助焊劑反應不全及不完全冶金潤濕反應，結果就產生不良的潤濕。另一方面，焊料熔化前過多熱量不但可能使焊墊與引腳金屬過度氧化，且會消耗掉更多助焊劑，這兩種現象也都將導致不良的潤濕。若在空氣回流焊下作業會變得更加嚴重，氮氣回流焊的方式通常對潤濕產生會有重大的改善。

在 HASL 處理過的焊墊上，焊料很容易充分潤濕，因爲潤濕過程就是 HASL 焊料和錫膏焊料的融合。對於不是 HASL 的表面，如：OSP 或鎳金，焊墊並不容易產生充分潤濕，因爲它不是一個直接融合的過程。它可被認定是少量焊料在非 HASL 表面擴散的過程，它需要能量和時間來產生焊料、表面鍍層、基材金屬反應，形成冶金的鍵結過程。

不潤濕對焊點可能成爲問題，若形成的焊點沒有足夠結合強度與疲勞抵抗力，長遠就是一個重大問題。然而若焊接間隙生成適當接觸角，即使在焊墊上某些面積仍未被焊料潤濕，也會判定焊點是可靠的。對於細間距應用，爲了保證獲得滿意鋼版氣密效應，也減少架橋的可能性，其開口尺寸常常小於焊墊尺寸。這時常在非 HASL 處理焊墊表面邊緣形成不潤濕爭議區。是否被接受取決於設計需求，一般認爲大約 90% 覆蓋面積是可接受的。

半潤濕

回流焊錫膏半潤濕現象與水在不潔表面一樣，如圖 10-12 所示。最初表面是潤濕但隨後收縮，過了一段時間焊料聚集成爲分立的小球和隆起狀。雖然在基材金屬表面的剩餘物仍保持錫膏的灰白顏色，但這焊料層已經是很薄且可焊性不良。這個薄層主要是介金屬化合物。半潤濕可發生在不同基板上，它減少焊縫尺寸而損壞焊點品質 [22,23]。

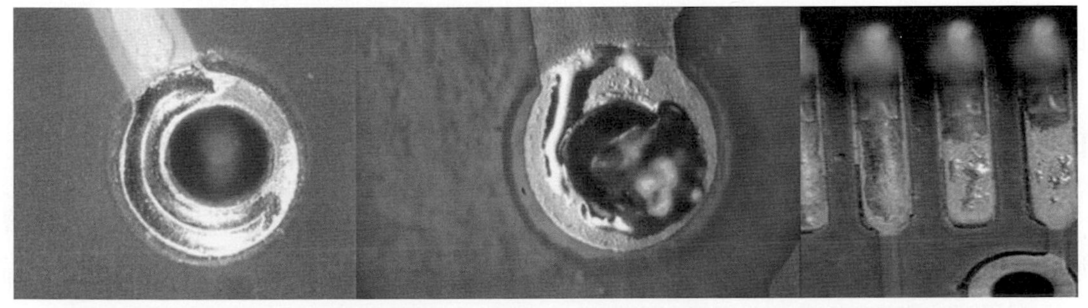

▲圖 10-12 回流焊時焊錫收縮，只有部分覆蓋面積潤濕，其它區域只形成焊錫薄膜

產生半潤濕的原因有：基材金屬可焊性不良與不均勻、基材金屬可焊性退化、出氣、使用不當回流焊曲線與氣體等。即使基材金屬最初是可潤濕性的，但隨著時間可焊性退化仍然會導致半潤濕。可能是在基材金屬上有污染物在錫、錫鉛、銀或金處理層下面，在焊接時塗層溶解而污染物曝露出來所致。介面的介金屬增長也可能產生半潤濕問題，因爲當介金屬曝露於空氣中會迅速變成不可焊性物質。在這兩種情況下，可焊性會快速退化並產生小的不潤濕性區域。

半潤濕也會因零件與熔融焊料接觸時釋放氣體而產生，有機物熱裂解或無機物作用釋放水氣，又或水受熱汽化等都有可能造成影響。在焊接溫度下水蒸氣具有非常大的氧化性，會在熔融焊料膜表面或是熔融焊料的介金屬表面產生氧化。一旦曝露的介金屬氧化，就會變成不潤濕面。至於合金電鍍的析鍍層裡，共析有機物產生氣體釋放也會導致介金屬表面鈍化。半潤濕的影響程度視氣體釋放量、組成、場所而定，較大、較高的水蒸氣含量或較深位置的污染物氣體釋放，都會加重半潤濕程度。

不當回流焊曲線與環境氣體也可能產生半潤濕問題，對需要潤濕的表面沒有給予充足熱量，如：太低回流焊溫度或太短處理時間都會加重不良潤濕問題，會導致焊料與基材金屬介面產生更多不潤濕點。至於過多熱量，也可能因退化或出氣產生半潤濕狀態。在可潤濕表面塗裝焊料會溶解，隱藏在基材內的金屬污染物會曝露出來形成半潤濕性狀態。

如前所述，退化的可焊性也會導致半潤濕現象，若產生氣體的來源是基材金屬，也可能發生半潤濕現象。較高作業溫度會增加反應率產生更強烈氣體釋放，且較長浸潤時間也增加了釋放時間，這兩者都會導致釋放量增加與半潤濕嚴重性。

一個氧化性氣體回流焊環境，也會降低焊料與基材金屬的可焊性。由於環境不穩定性與退化機構的存在，將使半潤濕現象更加嚴重。避免半潤濕的解決方案包括：提升基材金屬可焊性、排除基材金屬雜質與氣體來源、採用惰性或還原性回流焊氣體、應用適當回流焊曲線等。

表面金屬滲析的現象

滲析是在回流焊時基材金屬溶解到熔融焊料裡的現象，這些相異的金屬滲入焊點會達到飽和狀態並產生鬆散結構，這些結構可能含有此金屬爲主的大量介金屬顆粒。由於這類顆粒表面堆積，焊點表面會出現砂粒狀外觀。基材金屬在過度滲析下，例如：厚膜表面金屬處理層可能會被完全奪取，因而導致不潤濕現象發生。

滲析產生的模式與原因包括：基材金屬對焊料溶解率高、太薄的金屬處理層、助焊劑高活性、高回流焊溫度、回流焊作業時間長等。圖 10-13 所示為幾種典型金屬對 60Sn/40Pb 合金的溶解速率關係。

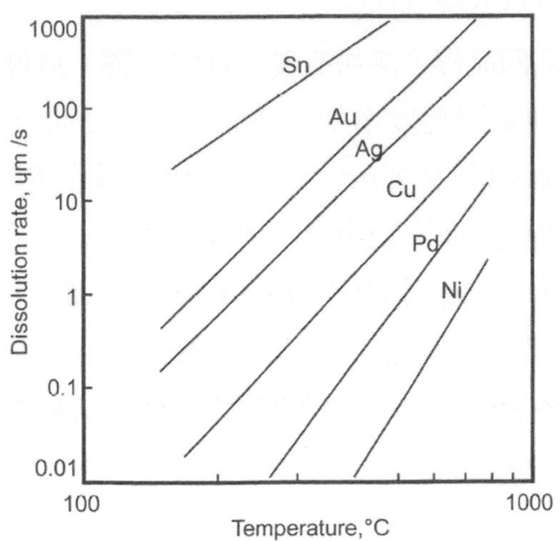

▲ 圖 10-13　幾種典型金屬對 60Sn/40Pb 合金的溶解速率

溶解速率的順序分別是：Sn > Au > Ag > Cu > Pd > Ni。理論上，滲析問題由一些高溶解速率的基材金屬所引起，可更換金屬組成或加一些較低溶解速率金屬來調節。錫有非常高的溶解速率，加上它的低熔化溫度，因此只能用作表面鍍層不能作為基材金屬。金滲析問題可用銅、鈀或鎳來替換減少滲析率，而銅易於氧化必須用某些表面塗層來保護，如：OSP。

鈀是穩定的金屬類型，但沒有很好的可焊性。鎳也是易於氧化的金屬，必須用表面塗層做保護。較實用的解決辦法，是採用混成材料製作方式，如：在化學鎳外處理一層浸金。這裡金處理厚度為 3 ～ 8 微英吋，可作為防止氧化保護層。而多數鎳厚度為 100 ～ 200 微英吋厚，可作溶解阻擋層和擴散阻擋層。當在化鎳 / 浸金上焊接時，金在零點幾秒內就會完全溶解到焊料裡，因此焊料和無氧化鎳間會直接形成冶金鍵結。

一些其它系統也可能使用化金 / 化鎳與電鍍金 / 電鍍鎳等表面處理。在使用銀時，為了減少溶解率但仍能有滿意可焊性，通常是使用銀與鈀合金。若基材金屬處理太薄滲析就會有問題，因為輕微溶解就會把它從基板上完全熔除，從而產生不潤濕問題。基材金屬的高溶解率，可藉著對基材金屬摻雜焊料來解決。例如，加入少量的銀到焊料中，可有效減少在 60Sn/40Pb 焊料合金裡銀的溶解率，這是因為焊料摻銀變動了銀的平衡所致。但此法不能用在金表面處理焊接上，加金到錫鉛系統裡會形成太多的 $AuSn_4$ 介金屬，過多的 $AuSn_4$ 介金屬會把焊料變成黏性流體導致不良潤濕。

滲析是冶金現象，但助焊劑的活性還是會產生影響，使用更高活性助焊劑經常會加重滲析。具有較高活性的助焊劑，會更迅速地除去金屬氧化物，因此很快形成金屬間直接接觸，這樣熔融焊料與基材金屬間的接觸時間就更長。用同一個固定回流焊曲線，但有較長接觸時間，這就意謂著會有較大滲析程度。

用較高溫度與較長時間回流焊，滲析有雙重性的影響。這會增加金屬層溶解到焊料裡的程度，另外助焊劑活性也會隨溫度增加而增加，這會更進一步增加滲析。多數回流焊技術的作業範圍是，目標峰值溫度 220±15℃，目標峰溫作業時間 75±15 秒。在這種作業範圍內，回流焊溫度的變化時間對滲析所產生影響更大。例如：當作業時間 60 秒增加到 90 秒時，60Sn/40Pb 裡的金溶解率增加到 1.5 倍。但是當焊接溫度從 205℃增至 235℃時，60Sn/40Pb 裡的金溶解率大約增加了 3 倍。降低滲析程度的方式包括：用較低溶解率金屬、汰換基材金屬、調整表面處理、基材金屬摻入較低溶解率元素、焊料摻入基材金屬元素、改善厚膜燒結品質、使用低活性助焊劑、使用較低熱量輸入等。

介金屬化合物

兩種金屬元素相互間都有一定溶解度限制，當液態合金凝固時合金可形成新金相，這些新金相被稱爲中間相位或介金屬化合物 (IMC)，簡稱介金屬。

一般特性

金屬原子結合在一起所具有的自由電子狀態，就是它金屬性能特徵表現的來源。當較強金屬和一個較弱金屬結合時，往往會形成準確比例的化合物。這種產物的晶體結構對稱性低，限制了膠態流動而產生脆硬特性。這些化合物和其它金相間的介面，鍵結往往也不牢固，典型的介金屬如：Cu_3P、Cu_3Sn、Cu_6Sn_5 等。介金屬也會產生非定量比例結構，其化合物成分在一個範圍內都可呈現穩定狀態。它們會有適當延伸性，並呈現高對稱性晶體結構，這時候往往可忽視它們對焊接性影響，如：Ag_3Sn，在室溫時從 13 ～ 20% 的銀比例下，化合物成分都是穩定的。

定量比例關係的 IMC，容易導致較低抗拉強度和剪切強度。較薄的 IMC 所呈現的剪切強度是焊接材料本身強度，當介金屬化合物厚度增大到大約 1.3 微米時，剪切強度大約會增加 20%。若 IMC 進一步增大就開始呈現它本身脆性，強度曲線降到焊料本體強度以下。IMC 也會導致不良焊料潤濕性，潤濕時間隨 IMC 厚度增加與啓始焊料厚度減少而增加，潤濕力與 IMC 表現出相反趨勢。因爲不牢固與不良潤濕的介面，都不是我們想要的焊點。介金屬的發生，特別是以類似化學式表達的 IMC 模式應該儘量避免出現。

IMC 狀態與產生條件極度相關，IMC 層的表面相當平，因爲任何液體流動範圍內凸出 IMC 結構都會被迅速熔解。至於冷卻期間它會排除其它形狀物，例如：在 Sn/Pb 焊料裡的鉛和其它雜質產生的瘤狀或樹枝狀結構，這個部分取決於冷卻速率與液體層在介面降低濃度梯度能力有關。

當波焊或浸焊時，IMC 表面與液體焊料接觸並相應發展成光滑的鵝卵石狀外型。但是當做回流焊時由於焊料量小又不易流動，因此會產生更硬脆的樹枝狀結構。電子業最常見的 IMC 是銅錫金屬化合物，Cu_3Sn、Cu_6Sn_5 是較常見的成分。在所有溫度下都可形成 Cu_6Sn_5，其晶相粗大如圖 10-14 所示，當溫度超過 60℃時 Cu_3Sn 開始在銅與 Cu_6Sn_5 介面間生長。影響 IMC 厚度的因素包括：時間、溫度、基材表面處理的金屬類型、焊料成分等。

▲圖 10-14　銅與錫鉛焊料間金屬化合物 SEM 圖像，左為波焊 IMC，右為回流焊 IMC

IMC 生長速度與相態有相當關連性，在達到焊料融熔溫度前成長速率隨時間平順增加。當超過融熔溫度時，IMC 成長隨溫度上升迅速增加。在回流焊中要減少 IMC 產生的有效方法，包括降低作業溫度與時間，尤其是超過融熔溫度的時間。金屬處理類型及基材本身材質，都會影響 IMC 產生速率與其相態結構，這方面並不準備在此細述，讀者可參考相關研究報告 [24]。要改善這種問題，在基材上適度處理一些阻隔障礙層，是不錯的選擇。鎳是不錯的擴散阻擋層，它可滿足一些特性包括：良好可焊接性、低 IMC 生長率、理想擴散阻擋能力。

介金屬的成長率也受焊料組成影響，整體 IMC 成長率最初隨著錫成分增加而減少，然後又隨著錫成分進一步增加而增加。有相關研究討論這方面的現象，但確切機構有待解釋。高錫成分的高 IMC 產生率，在使用無鉛焊料時更要關心 IMC，因爲所有可選擇無鉛焊料都是高錫含量合金，例如：共晶錫銀銅或共晶體錫銀系統，都將會在後面內容討論。減少 IMC 產生的方法包括：較低溫度短時間下焊接、採用阻擋層金屬如：鎳、採用適當組成焊料。

金雜質的影響

電子產品應用中，由於金的良好穩定性和可焊接性，是最常用作表面金屬鍍層的金屬之一。金成爲焊料中的雜質，對整體延展性是有害的，因爲錫金介金屬形成呈現脆性反應，主要結構組成爲 $AuSn_4$。雖然低濃度 $AuSn_4$ 能提升許多含錫焊料機械性能，但當金在焊料中含量超過 4% 時，其拉力強度、延伸性、整體 60Sn/40Pb 耐衝擊性都會很快下降。

焊墊上純金或金合金厚度爲 1.5μm 以下時，在波焊中可完全熔解到熔融焊料中形成 $AuSn_4$，這種量不足以損害它的機械性能。對於表面貼裝技術而言，可接受的金膜厚度很低，據 Glazer 等人所提出的報告 [25]，對於 PQFP 與 FR-4 電路板上的銅鎳金金屬鍍層間焊點，其金的厚度不超過 3.0 %(w/w) 時，理論上不會損及焊點可靠度 [26]。過多的 IMC 出現不但會因脆性而危害焊接強度，也會在焊點上產生空洞結構。這可能是由於過多 IMC 顆粒出現，產生了焊料停滯流動所導致。

不同於銀金屬表面處理焊接，加銀到錫鉛焊料中使銀滲析減少，添加銀到錫鉛焊料中對金錫 IMC 成長率影響極少。對含銦焊料而言，如：銦鉛 (In-Pb) 合金或銦錫 (In-Sn) 合金等，可因它的添加而大大減少其脆化性，因爲在這些合金裡的金熔解量很少。其它合金如：錫鎘 (Sn-Cd)、錫鉛鎘 (Sn-Pb-Cd) 合金，也提供高引腳跟部強度和低金溶解率加成效果。

對於在同一片基板上，有回流焊與打線應用時，需要的最佳金層厚度不一致，這時候較恰當的作法是個別製作。薄金符合回流焊應用，而厚金則可達成打線所需要特性。這方面的製作技術，在電路板製程大家應該並不陌生，只要做影像轉移作局部遮蔽處理就可製作。除了選擇適當焊料合金或控制金層厚度外，改變基材金屬含金量也可減少介金屬的形成速率。

立碑效應

立碑效應是無引腳零件 (如：電容、電阻) 的一端被提起，而另一端黏在電路板上，如圖 10-15 所示。立碑效應也被稱爲曼哈頓效應、吊橋效應等，它是由於回流焊時零件兩端潤濕不平衡引起。

▲ 圖 10-15　立碑效應的範例

潤濕不平衡導致後來兩端熔融焊料不平衡表面張力，終致產生了單邊翹起的問題，如圖 10-16 所示。

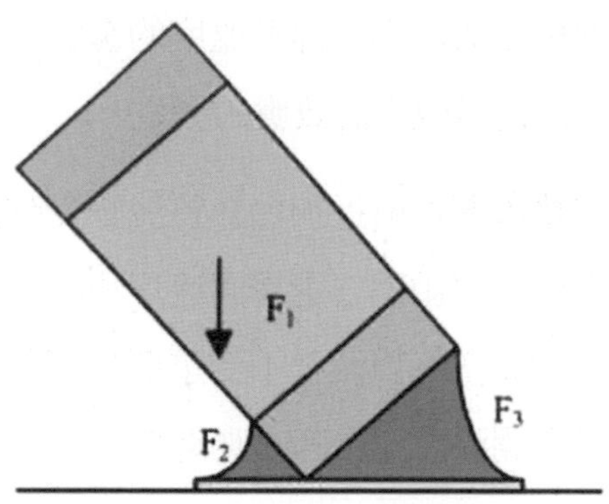

▲ 圖 10-16　立碑效應模型分析

經分析有三個力施加在顆粒零件上：(1) 顆粒部件重力 F_1，(2) 在顆粒零件下方熔融焊料表面張力產生垂直向量 F_2，(3) 顆粒零件右邊的熔融焊料表面的張力產生的垂直向量 F_3。F_1 和 F_2 力都是向下拉力，用以保持零件在適當位置，然而 F_3 力壓在顆粒零件角上，它會翹起零件到垂直位置。當力 F_3 超過力 F_1 和 F_2 的合力，就會發生立碑效應。

焊墊間隔、大小，顆粒零件的端子尺寸與熱量分佈，都對立碑效應產生重大影響。顆粒零件兩焊墊間隔不適當，容易產生立碑效應。太小間隔會引起顆粒零件在熔融焊料上漂移。太大間隔容易造成其中一端由焊墊翹起。李寧成博士與 Evans 發表的研究 [27]，對 0805 電阻焊接測試中得到，產生最低立碑效應的最佳間隔大約爲 43mil。減少間隔會導致更多立碑效應，大概是由於較大熔融焊料容易讓零件漂移。另一方面在顆粒零件與焊墊間的臨界重疊也會產生更多立碑效應，這是由於焊墊的其中一端容易脫離所致。因此較簡單的原則是，若只考慮立碑效應，焊墊最佳間隔可定爲稍短於顆粒零件端子的兩個金屬間隔。

焊墊大小也會影響立碑效應，焊墊超過顆粒零件端子向外延長部分太少會減少有效角，在焊縫面上增加拉力垂直向量，使立碑效應率更加嚴重。若焊墊太寬，顆粒零件勢必會漂移並使顆粒零件兩端支持力失去平衡，而產生立碑效應。除了矩形焊墊外，其他形狀的焊墊也在使用。有幾個觀察指出，圓形焊墊比矩形或正方形焊墊有更低的立碑效應率，但這方面差異確切原因仍待驗證。

顆粒零件端子金屬尺寸，是影響立碑效應的另一因素。若顆粒零件下方金屬端子寬度和面積都太小，它們將減少顆粒零件下方拉力 (它抵銷立碑效應驅動力)，因此加劇立碑效應。溫度梯度方面，也會受不均勻熱量分佈或附近部件陰影效應提升。前者未必可由目視檢出，就是電路板內層散熱層或大銅面對焊墊溫度的影響。焊墊連接到大散熱層，可能會比其它對應焊墊溫度要低，因而導致立碑效應的發生。

陰影效應是加熱阻礙，它是因零件附近加熱介質流動受到阻滯所產生。這個部分常可由適當的電路板設計改善，當然也可由適當選擇回流焊法降低。例如：波長較短的紅外線回流焊法更會產生陰影效應，強製空氣對流就不受這個效應影響。因爲力平衡是受熔融焊料位置支配，零件可焊性與錫膏潤濕力對立碑效應當然有重大影響。

當零件端子金屬層或電路板焊墊金屬的可焊性不一致，就容易在零件兩端產生不平衡力，這可能是受到污染或氧化產生的現象，因此會引起立碑效應。另外若焊墊處理層是錫鉛，一旦焊料熔化在焊墊上將立即潤濕。因此它對跨越焊墊溫度梯度更加敏感，往往會比普通銅焊墊產生更嚴重的立碑效應。某些業者發現，在使用潤濕較快的助焊劑時這種現象更加嚴重，較短的潤濕時間會導致較大立碑效應率。在沒有改變潤濕力下，可調整活化劑含量進而控制潤濕時間，這樣有機會調整兩端的平衡。若要作最簡單的解釋，顆粒零件一端可能在另一端才開始潤濕前就已完全潤濕，這就容易產生立碑效應。

焊料合金熔化速度快潤濕速度也快，太快也可能產生立碑效應。當使用普通錫膏遭遇嚴重立碑效應時，使用較弱錫膏有可能不會出現立碑效應。透過使用寬糊狀 (凝固) 範圍焊料，可產生延時熔化效果。例如：某些組裝廠發現，使用 62Sn/36Pb/2Ag 錫膏比使用 63Sn/37Pb 錫膏少發生立碑效應，延時焊料熔化也可使用不同成分混合錫粉產生。63Sn/37Pb 與 62Sn/36Pb/2Ag 混合物會產生較寬糊狀範圍，從而改善立碑效應。

跨越電路板的溫度梯度，會因爲使用快速加熱速率回流焊法而加大。因此與其他回流焊方法比較，如：紅外線回流焊或熱氣對流回流焊，氣相回流焊法往往會導致高立碑率。

這就是氣相回流焊技術，曾經盛行於 1980 年代，而 1990 年代逐漸淡出主流回流焊的原因之一。不過最近又有些廠商提出不同設備設計，號稱可緩和加熱值得再做研討。

在顆粒零件兩端潤濕力平衡，也可被助焊劑激烈釋放氣體打斷。激烈氣體排放是源自於助焊劑溶劑揮發，或因回流焊作業迅速加熱所致，例如：氣相回流焊。在回流焊前採取預乾燥或使用長時間均熱區的溫度曲線，這些都有助於減少助焊劑揮發影響，可減少回流焊階段的出氣量。因爲立碑效應只在焊料開始熔化時發生，在經過熔化溫度範圍時使用非常慢的升溫曲線會減緩溫度梯度，因而導致最低立碑效應率。例如：一分鐘內從 175℃到 190℃的升溫曲線，可有效減少立碑效應。

太厚的錫膏印刷也可能產生立碑效應，過高的印刷厚度會產生更多立碑效應，因爲部件容易在大量熔融焊料中行走所致。零件放置準確度太差將會直接導致顆粒零件兩端潤濕不平衡，因此也會強化立碑效應。整體而言立碑效應可透過實施後續方法，得以改善或消除。

製程技術或設計改善：

- 在顆粒零件下的金屬端子使用較大寬度和面積。
- 在顆粒零件兩焊墊間採用適當間隔。
- 焊墊超出零件端子區要適當，圓形焊墊比矩形更能消除立碑效應。
- 減少焊墊寬度。
- 將熱量不均分佈減到最小，包括焊墊與散熱層的連接。
- 透過適當電路板設計和回流焊法選擇把陰影效應減到最小。
- 銅焊墊採用有機保焊膜 (OSP) 或鎳 / 金 (Ni/Au)、錫鍍層代替錫鉛處理。
- 減少零件端子金屬層或電路板焊墊金屬層污染和氧化水準。
- 使用較薄錫膏印刷厚度。
- 提升部件放置準確度。
- 回流焊時使用緩和加熱速率，避免採用舊式氣相回流焊法。
- 回流焊前預乾或使用有長時間均熱區的曲線，以減少助焊劑出氣現象。
- 跨過焊料熔化溫度時，使用非常緩慢升溫速率的熱曲線。

材料方面的調整：

- 使用較慢潤濕速率的助焊劑。
- 使用較慢出氣速率的助焊劑。
- 使用延時熔化的錫膏，例如：錫粉和鉛粉的混合或寬糊狀範圍的合金。

偏移現象

偏移也被認定是零件漂移的問題，是零件在水平面上位置的移動，導致在回流焊時零件產生對不準的問題，如圖 10-17 所示。

偏移是直接由顆粒零件兩端熔融焊料不平衡張力所引起，實質上它被認定為一種立碑效應的早期階段。一般產生立碑效應的因素，也會加重偏移程度。而偏移也對其它因素敏感，包括回流焊時零件被高密度熱流體舉起、顆粒零件兩端焊墊設計不平衡、部件金屬層寬度和面積太小、零件引腳金屬鍍層可焊性不良、焊墊太狹窄等。

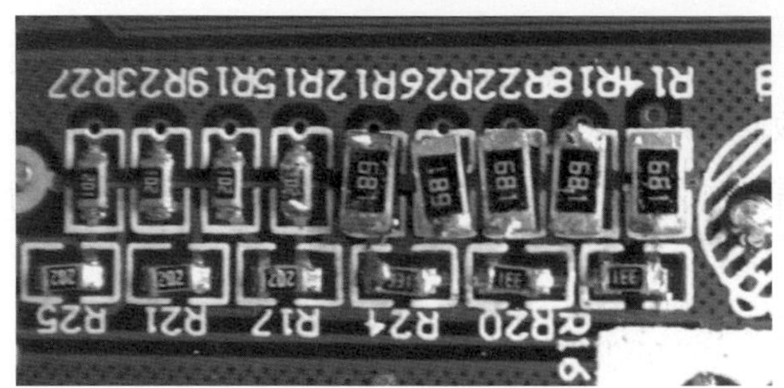

▲ 圖 10-17　偏移的範例 (IPC)

焊墊大小對偏移影響已由 Klein Wassink 等人研究過 [28]，他們分析了焊墊寬度對零件自動對中的影響。在寬焊墊下，當部件移動到一側時自動對中力會逐漸增加。當零件一邊向焊墊邊緣約移動 400 微米時，零件自動對中力會突然增加。在狹窄焊墊下，自動對中力隨著移動的增加在初期可忽略，當移動了 400 微米時會劇烈上升，然後逐漸隨著進一步增加移動而增大。因此，可推斷出比零件寬度窄焊墊，易於產生偏移症狀。就整體而言，減少偏移的參考解決方案如後。

製程技術或設計的改善：

- 降低回流焊加熱速率，避免使用舊式氣相回流焊方法。
- 平衡零件兩端焊墊設計，包括焊墊大小、熱量分佈、散熱層連接、陰影效應等。
- 增加零件寬度與金屬層面積。
- 增加焊墊寬度。
- 減少零件與電路板金屬層污染程度與改善儲藏條件。
- 減少錫膏印刷厚度。
- 提升部件放置準確度。
- 回流焊前預乾錫膏以減少助焊劑出氣率。

材料方面的調整：

- 使用較低出氣率助焊劑。
- 使用較低潤濕速率助焊劑。
- 使用延時熔化特性錫膏，如：使用錫粉與鉛粉混合成焊料合金。

燈蕊虹吸

燈蕊虹吸是熔融焊料潤濕零件引腳時，焊料從焊點位置爬上引腳，留下的缺錫焊點或斷路焊點，如圖 10-18 所示。

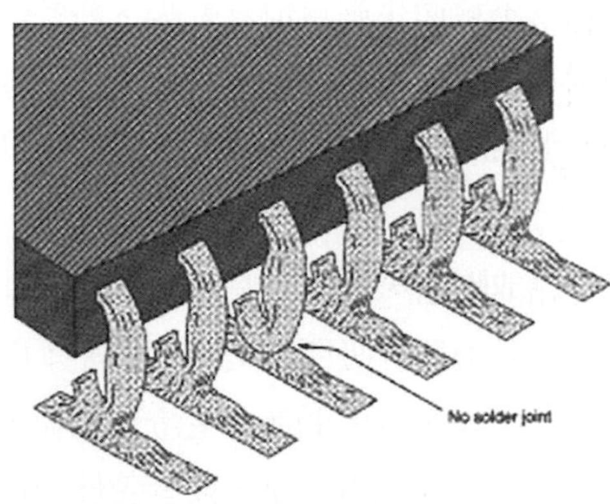

▲ 圖 10-18　J 形引腳 PLCC 上的焊料燈蕊虹吸範例。從左邊數起的第三引腳沒有形成焊點，焊料被燈蕊虹吸至引腳的寬的部位 [28]。

燈蕊虹吸發生有三個步驟，如圖 10-19 所示。

▲ 圖 10-19　燈蕊虹吸形成：左：引腳進入到錫膏裡。中間：接觸到熱引腳的錫膏熔化，潤濕引腳，和流動離開焊點區。右：當錫膏停止熔化，會形成不完全或沒有連接引腳 [28]。

第一個步驟是，引腳放到錫膏中。第二個步驟是，錫膏與熱引腳接觸而熔化且燈蕊虹吸上部件引腳。第三個步驟是，一旦大部分焊料沿著引腳向上燈蕊虹吸只留下少量時，形成了缺錫焊點或斷路。燈蕊虹吸的直接驅動力，是引腳和電路板間溫度差異及熔融焊料表面張力。在回流焊時由於引腳較小的熱容量，其溫度常會高於電路板。另一方面，熔融焊料接點形成的內部壓力，各點間是有差別的。較大曲率會有較大的內部壓力 ΔP，爲了平衡內部壓力較大曲率面將消除，並將熔融焊料壓入較小曲率區域。若新平衡結構偏離了想要的“理想焊接結構”，形成的焊點就被認爲是有“燈蕊虹吸”現象。由於內部壓力影響，較大曲率的引腳往往會截留更多熔融焊料，因此加重了燈蕊虹吸症狀。

圖 10-18 所示燈蕊虹吸現象，是引腳有較小熱容量所引起，在多數回流焊法中它變熱速度快於電路板。可用底部加熱法將焊料先熔化，這樣可先潤濕電路板焊墊。一旦焊墊被潤濕引腳隨後才變熱，焊料通常不會產生嚴重燈蕊虹吸，將多數焊料會導引到引腳上。底部加熱可經接觸式或增加底部加熱裝置方式調整，若由於回流焊爐設計限制不允許有更多底部加熱，使用較爲緩慢的升溫速率也可將熱量更均衡地傳送到電路板，從而減少燈蕊虹吸現象。

燈蕊虹吸問題如：缺錫焊點或斷路，會因引腳不良共平面性進一步惡化。任何可能讓引腳更容易潤濕的製程，都會加重燈蕊虹吸問題嚴重性。如：引腳使用共晶錫鉛的可熔表面處理，會讓熔融錫膏容易沿著引腳潤濕，促進發生燈蕊虹吸的機會。使用快速潤濕的助焊劑或容易潤濕的焊料，也會促進燈蕊虹吸現象。後者若使用緩慢熔化或較寬糊狀範圍焊料，有助於減少燈蕊虹吸問題。使用高活化溫度助焊劑會在助焊劑活化前，讓引腳和電路板有更長時間達到溫度平衡，也能減少燈蕊虹吸現象。使用可熔錫鉛處理電路板表面，而在焊墊附近有導通孔，很容易產生燈蕊虹吸現象。此處焊料很容易流入通孔，導致翼形引腳焊點在腳趾位置沒有形成焊接，如圖 10-20 所示。

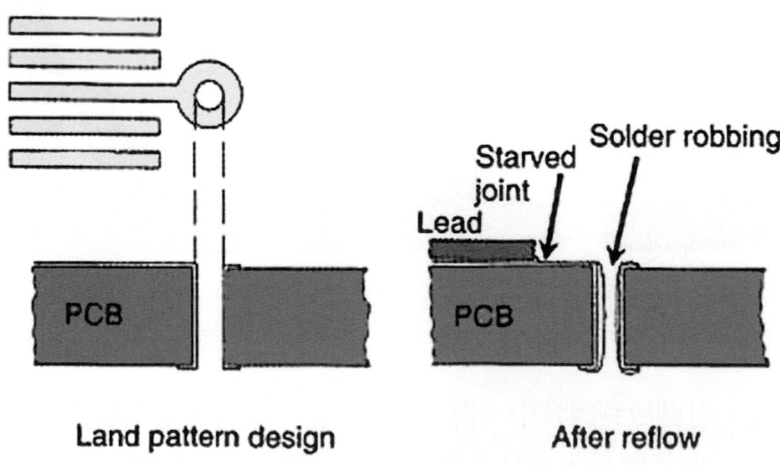

▲ 圖 10-20 在預鍍錫鉛電路板通孔附近發生的燈蕊虹吸現象

校正問題可採用：(1) 焊墊與通孔間設置止焊漆或焊料隔離帶 (2) 若孔小可用止焊漆遮蓋 (3) 在 PCB 上使用非可熔表面塗層。整體而言要消除燈蕊虹吸現象，可能的參考解決方案如後：

製程技術或設計的改善：

- 使用較慢的加熱速率，避免使用舊式氣相回流焊法。
- 多使用底部加熱法獲得均衡加熱速率。
- 提升零件引腳共平面性。
- 對電路板與引腳用錫處理或非可熔表面處理。
- 電路板加鍍錫鉛前，在焊墊與導通孔間加印止焊漆作爲阻隔。
- 做導通孔塞孔。
- 減少引腳曲率半徑。

材料方面的調整：

- 使用較小塌陷趨勢錫膏，使用較高黏度錫膏。
- 使用較慢潤濕速率助焊劑。
- 使用較高活化溫度助焊劑。
- 使用延滯融熔錫膏，例如：使用錫粉與鉛粉混合的焊料合金。

架橋

焊接架橋是因爲局部有過多焊料量，在鄰近焊點間產生接點連結現象，形成架橋可能會跨越兩個或多個焊點。架橋尤其會出現在翼形引腳，而其它顆粒式電容、電阻零件間架橋也可能會發生，如圖 10-21 所示。

▲ 圖 10-21　焊接點間架橋範例

架橋最初總是因爲錫膏架橋產生，形成錫膏架橋的可能原因包括：過多錫膏、錫膏塌陷、過度打件壓力、錫膏污斑。錫膏的塗佈量應該要適合每個焊墊，回流焊時若錫膏塌陷可能會形成穿過多個焊墊的連續錫膏帶。連續焊料帶會發生焊料分配問題，這樣會因為表面張力因素產生最小表面積或最小表面曲率。圖 10-22 所示為錫膏塌陷焊錫作用模式。

透過控制錫膏量可減少架橋的機會與量，若發生，可能至少必需要減少錫膏供應量的三分之一，可使用階梯蝕刻減少鋼版厚度或改變鋼版開口面積與形狀來達到要求。架橋也可用交替幾何圖形，這樣可降低錫膏交錯機會進而減少架橋機會。架橋機率會隨引腳間距變小而增加，主要是因為印刷厚度通常減少量比間距尺寸減少量要慢所致。例如：對 50 mil 間距的一般印刷厚度為 8 ～ 10 mil，而對於 25 mil 間距印刷厚度通常為 5 ～ 6mil，這樣錫膏往往更容易塌陷產生較高架橋率。

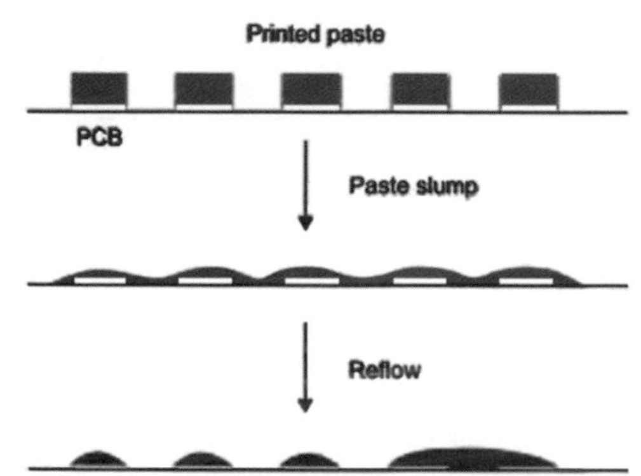

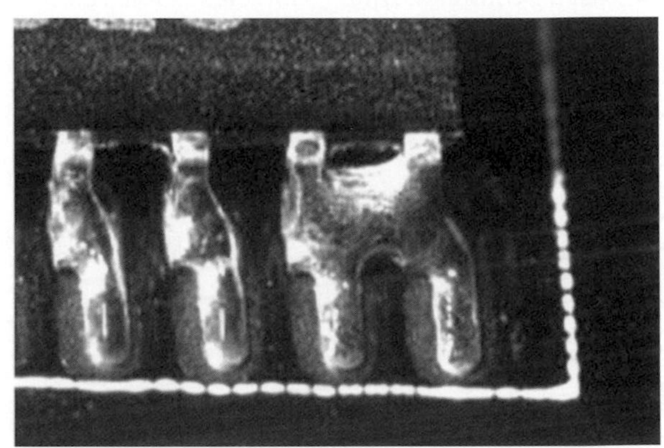

▲ 圖 10-22　焊接分配與架橋間的關係，焊料重新分配導致新的焊料分佈，形成的曲率小於未重新分配前的焊料曲率 (IPC)

架橋率隨回流焊溫度遞增而增加，較低金屬含量或較低黏度錫膏，對回流焊溫度敏感度較大。顯然它直接反映了塌陷與回流焊溫度間的關係，這在前述錫膏黏度與作業行為間的關係時已經討論過。減少或消除架橋問題的參考解決方案整理如後：

- 使用較薄、交錯開口鋼版設計，或減小開口尺寸以減少錫膏量。
- 增加開口間距或設計零件引腳間距。
- 降低打件壓力。
- 避免污斑產生。
- 使用較低回流焊曲線或較慢升溫速率。
- 電路板加熱要比零件快，避免使用舊式氣相回流焊法。
- 使用較慢潤濕速率的助焊劑。
- 使用較低溶劑含量的助焊劑。
- 使用較高樹脂軟化點的助焊劑。

空洞

空洞現象通常是與焊點有關，尤其在 SMT 錫膏回流焊時容易發生，如圖 10-23 所示。

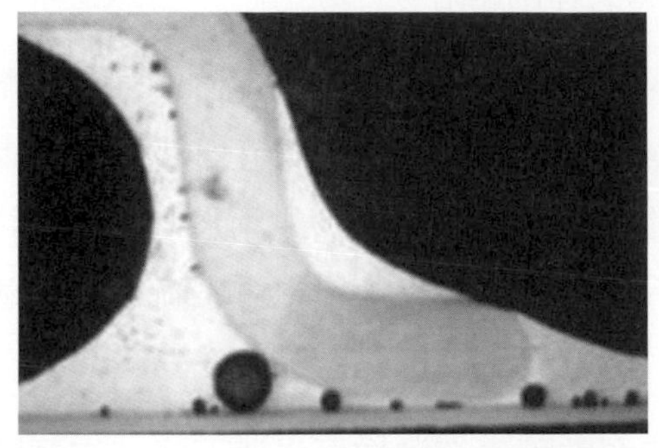
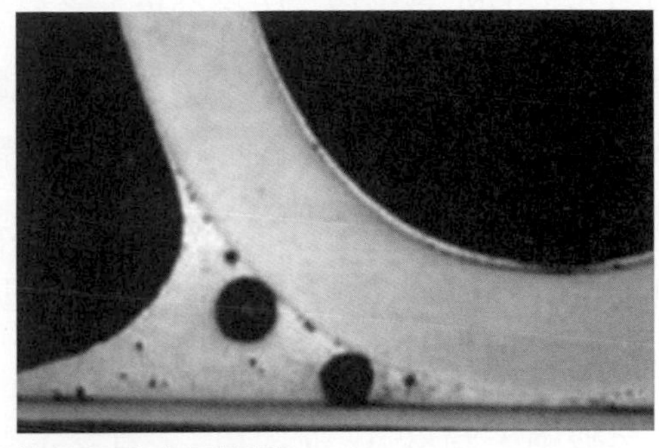

▲ 圖 10-23　SMT 零件的焊點空洞範例

出現空洞會影響焊點電氣特性與強度、延展性、潛變、疲勞壽命惡化等，由於空洞增長會使空洞連結形成延伸性裂縫隨後導致斷裂，而持續惡化也是因爲空洞提升焊料應力與應變所致。圖 10-24 所示，爲球接點微孔連結產生的斷裂現象。另外空洞也可能產生點過熱，因此減少了焊點可靠性。

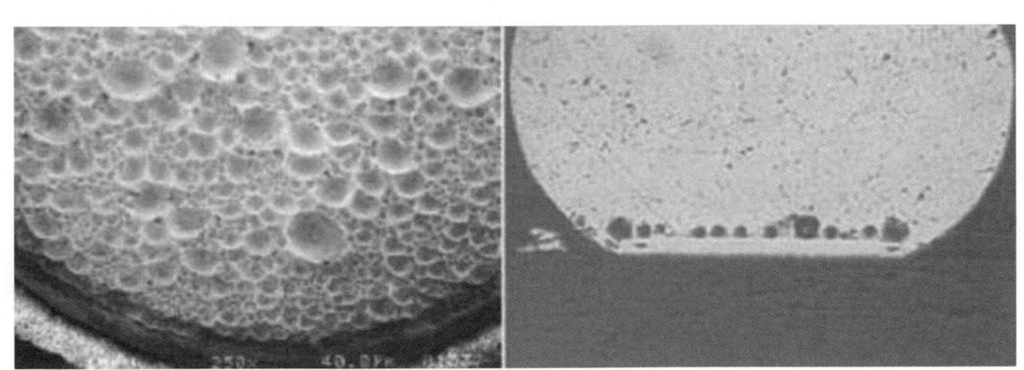

▲ 圖 10-24　BGA 產生的接點微孔最後將使銜接處斷裂

空洞肇因於以下因素：凝固期間焊料收縮、焊接鍍通孔時材料出氣、內部包含助焊劑等，至於有關錫膏方面的技術，空洞機構更加複雜。錫膏成分與結構對空洞形成有重大影響，由 Hance 與李寧成博士研究空洞產生機構的報告指出 [29]，多數空洞都沒有有機殘留物反應，只有少量空洞呈現殘留現象，這表示多數空洞形成，是由於助焊劑出氣、助焊劑反應出氣、冷卻汽化凝結等產生，沒有留下殘渣徵兆。

依據測量結果指出，空洞量隨助焊劑活性遞增而減少。較高的助焊劑活性，可想像會產生更多助焊劑反應產物。較低空洞量與較高助熔活性有關，可認定助焊劑反應或活化劑產生分解物不是出氣主要來源。換句話說，內部助焊劑出氣是形成空洞主要來源，較低的空洞量意味著較少內部截留助焊劑量。當使用錫膏時，助焊劑直接接觸粉粒表面氧化物和待焊表面，因此回流焊時任何殘留氧化物會黏附一些助焊劑。可想像較高活性的助焊劑，會更迅速完全消除氧化物，所以只留下少數點與助焊劑黏附。

空洞量隨可焊性遞增而減少，基板氧化物可被更迅速清洗，因此允許內部助焊劑形成空洞機會就很小。空洞現象並不是單獨的潤濕時間問題，它對基板可焊性比對助焊劑活性更敏感。若回流焊時錫膏凝聚比基板氧化物除去更快，助焊劑會黏附於基板氧化物表面 (固定的相) 並會陷入熔融焊料裡。陷入的助焊劑將是出氣來源，它會不斷地釋放蒸氣直接促進空洞形成。

不管整體空洞量 (Void Content) 是多少，空洞數隨直徑遞增而迅速下降，空洞體積與空洞直徑間的關係就更複雜。但是經由檢討空洞累積體積與直徑間關係，很明顯的空洞量會隨助焊劑活性下降而增加。空洞會隨錫膏覆蓋面積下降減少，因為印刷厚度和最終焊點高度保持不變，減少印刷寬度意味著增大側面斷面與總焊料量比率，可便於出氣和避免截留助焊劑。隨著極細間距焊接技術發展，覆蓋面積會越來越小。在空洞問題方面，覆蓋面積逐漸細小化有利於技術發展應用。

由於空洞主要出現在回流焊期間，因夾層式焊點截留助焊劑的出氣所引起。而空洞產生主要取決於金屬鍍層可焊性，且隨金屬鍍層的可焊性與助焊劑活性提升而下降，隨粉粒金屬含量與焊點引腳下覆蓋面積遞增而增加，不過減少焊料顆粒大小只引起輕微空洞增加。錫膏凝結快，空洞形成狀況會更加惡劣。較有效控制空洞的措施包括：提升零件 / 基板可焊性、使用活性高助焊劑、減少錫粉氧化物、使用惰性加熱氣體、縮小零件覆蓋面積、在焊接時分開熔融焊點、回流焊前減慢預熱階段以促進助焊並排氣、在峰值溫度使用適當時間等。

斷路

斷路指的是在焊點裡出現電氣接觸中斷或沒有機械接觸的狀態。

枕形 **(Pillowing)**

枕形問題是引腳擱置在焊料凸塊上，表現為引腳放在枕墊上，沒有形成電氣接觸如圖 10-25 所示，它是由於引腳焊料間不潤濕所引起。改善枕形問題的解決方案，與不潤濕所使用的解決辦法相同。

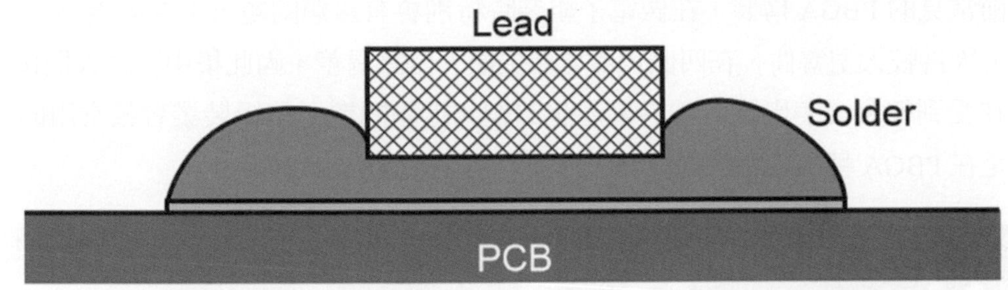

▲ 圖 10-25　pillow 效應的略圖 (側視圖)，引腳在焊料凸塊上沒有形成電氣接觸

斷路也常與其它類型焊接缺點伴隨產生，例如：立碑效應、嚴重的燈蕊虹吸現象等，這些問題可經由該缺點改善排除。斷路當然也會由打件對準不良引起，這就必須要提升打件準確度排除這種問題。零件或電路板翹曲也會引起斷路，這種現象包括 PBGA 焊接斷路問題。解決這類問題的辦法包括：強化零件構裝設計剛性、避免局部加熱等。斷路也可能是應力導致破裂的結果，如：PBGA 焊接。這是由於熱膨脹不匹配所致，它可由減少電路板和部件間溫度差異得到改善。

焊點浮離 (Lifting) 斷路

斷路的一種特殊形式就是焊點浮離，如圖 10-26 所示。

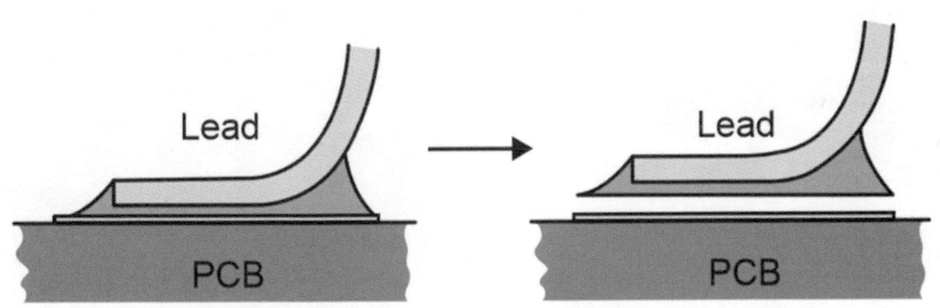

▲ 圖 10-26　焊點浮離略圖

細間距 QFP 的翼形引腳焊點在回流焊後，其焊墊介面完全浮離，分離焊點保持結構完整。一個可能原因是在回流焊後 QFP 引腳拉力測試時，機械應力傳至引腳上所致。在回流焊拉力測試前，用鑷子拔動 QFP 引腳以決定是否所有引腳已經在回流焊時焊好，當從頂部查看可見到腳趾偏斜現象。

焊點浮離也可能是由電路板操作時的機械損害所生成，機械應力產生的引腳變形，性質像一個張力彈簧的模式。一旦底部波焊加熱引起不完全的第二次回流焊，可能對焊墊 / 焊點介面的焊接強度產生重大的削弱，內部累積的應力經由引腳和焊點從電路板上浮離得到減輕，這方面 Barrett 等人在研究報告中有提到 [30]。

目前常見的 PBGA 構裝，在做電子組裝時特別會有這類問題，主要因素爲 CTE 不搭配所致。因爲較大型零件，在四個角落會產生最大位置偏差，因此集中了最大機械應力與應變，在受到較大溫差影響時就容易產生問題。這類問題目前組裝業者較常用的方法之一，就是在 PBGA 轉角接點附近做點膠補強作業，如圖 10-27 所示。

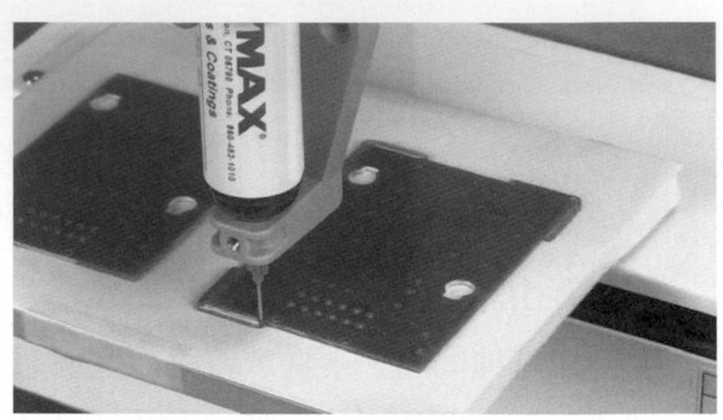

▲ 圖 10-27　陣列式構裝在組裝後做補強填膠的範例

共平面性不良的斷路

斷路也可能由引腳共平面性變動或錫膏印刷厚度變動引起，例如：QFP 引腳常在共平面性上呈現出高低變動，圖 10-28 所示爲典型共平面性不良產生的斷路問題。

▲ 圖 10-28　典型共平面性不良產生的斷路問題

使用 125μm 厚度的鋼版和傳統矩形焊墊設計，回流焊後一般會產生的焊料凸塊高度大約爲 70μm，回流焊後的凸塊高度分佈呈現球面狀。若引腳共平面性差，不可避免會導致斷路。這方面造成斷路的因素，可經由減少零件引腳共平面性差異或增加錫膏印刷厚度改善。前者較需要依靠零件製造商能力提升，後者必需小心過多焊料會產生的架橋潛在危險。

這方面的問題可利用調整焊墊外型部分解決，就是在焊墊圖案方面做擴大面積設計，如圖 10-29 所示。圖中所示爲一般矩形焊墊與有局部擴大面積焊墊的俯視圖，回流焊後焊料凸塊的側視圖顯示了焊料凸塊形狀。有擴大面積的焊墊，呈現局部凸塊高度高於矩形焊墊的高度，凸塊高度分布可克服引腳共平面性變動問題，因此避免了斷路形成。

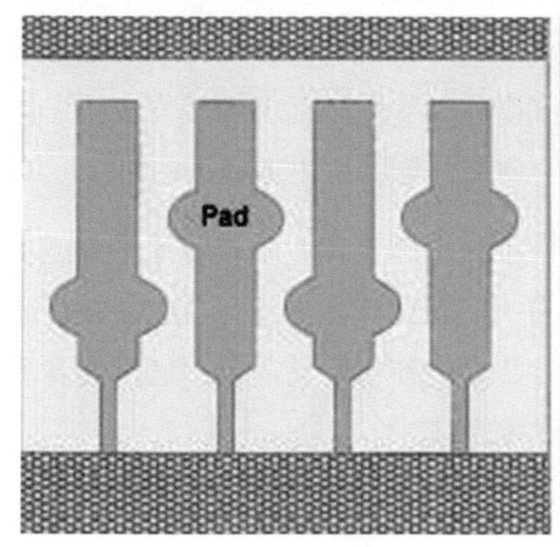

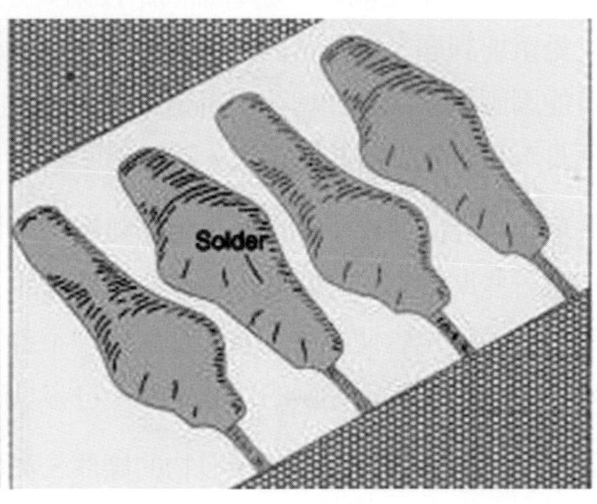

▲ 圖 10-29　焊墊圖案 (左) 回流焊的焊料凸塊 (右)，可應用於較小間距零件

整體而言斷路的可能肇因包括：來自其它焊接缺點的不良潤濕、立碑效應、燈蕊虹吸、零件與電路板翹曲、零件未對準、熱膨脹不匹配、焊點介面過多介金屬，人爲因素如：拉力測試、引腳共平面性差、錫膏印刷厚度變動等。

斷路可由下列方法防止：相關缺點的焊接改善 (如：潤濕不良、立碑效應、燈蕊虹吸的解決辦法)、使零件強化或避免局部加熱、高對準度打件、減少電路板與零件間溫差、電路板噴錫時避免形成過多介金屬、變動測試順序、調整線路焊墊設計等。

錫球

回流焊時焊料離開主要焊接區域，凝固在非焊接聚集區域，形成不同尺寸小球狀顆粒，如圖 10-30 所示。

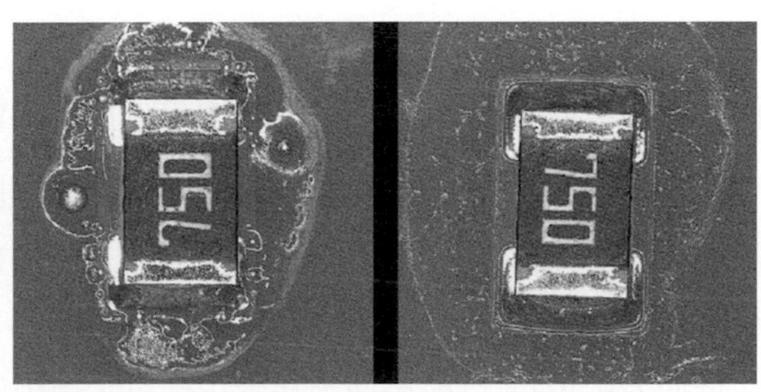

▲ 圖 10-30　錫球的範例 (IPC)

多數狀況下顆粒是由所用錫膏單一顆粒組成，但也可能是數個錫粉顆粒相結合的結果。錫球是十分常見的錫膏技術問題，錫球形成會引起電路架橋或漏電的潛在風險，也可能產生焊點焊料不足問題。隨著細間距技術與免洗焊接法的發展，要求 SMT 技術沒有錫球產生是重要課題。錫球常因為不當印刷污斑引起，如：印刷時不良密封產生的滲漏。印刷時可能因圓頂狀焊料凸塊，使得鋼版與電路板間產生較大間隙而導致錫膏洩漏。印刷時對準不良，也可能造成相同結果。錫膏過度塌陷，會使錫球狀況更加嚴重。

錫球也可能因零件引腳、基板金屬鍍層可焊性不良引起，在金屬鍍層上累積過多氧化物會消耗一些助焊劑，並相應產生不充分助焊能力，這對錫球產生也有貢獻。錫膏廣泛曝露於氧化環境，也會使錫球現象更加嚴重，不遵守錫膏操作規定使用已用過的錫膏會加重錫球產生。沒有讓錫膏乾燥的作業條件，也容易產生錫球。

對於一些讓錫膏留下較多揮發物的條件，揮發物在回流焊中會產生焊錫飛濺。因此可經由回流焊前乾燥錫膏方式，減少錫球產生。過去乾燥錫膏工作經常在空氣中進行，溫度從 50℃升到 170℃，較常用的範圍在 120℃以下。但是過度乾燥會使太多錫粉氧化，又會產生較多錫球。不適當的回流焊曲線也會產生錫球，高加熱速率會引起焊錫飛濺，尤其是在雷射焊接作業。太長時間的預熱曲線，會產生過多粉粒氧化且產生錫球。

現在所採用的回流焊技術，很少利用乾燥步驟做處理，這是由於大量生產需求並採用較好回流焊爐和錫膏技術所致。若發生錫球，這種問題可採用緩慢升溫速率，漸升式回流焊曲線緩解。若回流焊中使用的助焊劑含有不當揮發物，又是另外一個產生錫球的來源。一些加熱方法會傳送熱能到錫膏表面，表面硬化使陷在硬化表面下的揮發物會噴濺，因此會在回流焊產生飛濺錫球。

氣相回流焊不會產生氧化作用，但會經由包覆揮發物的機構促進焊錫飛濺。紅外線回流焊，採用高能量紅外線放射滲透錫膏，且反射遍及焊錫粉使錫膏內達到均衡溫度。強制對流回流焊，利用熱氣體把熱傳給零件以做焊接。對於空氣回流焊，熱空氣可使錫膏氧化而產生錫球，尤其是對於爐內設置高空氣流動率更是如此。

對較弱或無充分助焊能力的錫膏，使用氮氣回流焊能有效減少錫球。許多錫膏曝露在潮濕環境中會變質，這也容易產生錫球。因為吸取水分會加快焊料氧化，累積在回流焊時會產生飛濺物，這在吸濕性助焊劑錫膏上更容易發生。建議使用錫膏環境要控制濕度水準在低於 60%RH。目前市面上錫膏少數可承受相對濕度 85% 的作業環境，擱置 24 小時都沒有出現錫球問題。

燈蕊虹吸效應也是產生錫球的原因之一，零件容許的間距差很小，如：顆粒電容、電阻，止焊漆會將錫粉與溶劑封閉在零件下方而產生錫球。止焊漆與錫膏間的相互作用，則是另一個產生錫球的原因。一些 Tg 值較低的止焊漆膜在回流焊時會釋放揮發物，揮發物會影響錫膏產生錫球。不充分的助焊能力也會產生錫球，這是不良助焊活性所引起，也可能是因過多錫粉氧化物或污染物引起，太細的錫粉尺寸也會產生相同現象。隨著零件顆粒尺寸下降，錫球數量激烈地增加。這可能是因爲更多錫粉參與聚集，顆粒有更多機會遺留下來所致。除了機械流動機率外，細粉粒高氧化物也會是造成高錫球產生率的原因。

錫球隨著錫膏錫粉顆粒、厚度遞增而惡化，這是因爲有更多粉粒參與聚集，也有較高機會讓揮發物包覆在內，因而導致顆粒有更多機會遺留下來。就整體而言，消除錫球的參考解決方案可分類如下：

製程技術方面：

- 調整印刷作業，更頻繁清潔擦拭鋼版底面。
- 提升零件與基板可焊性。
- 不要再次使用殘留鋼版的錫膏。
- 控制錫膏作業環境濕度，多數錫膏適合相對濕度不超過 50%RH。
- 使用適當錫膏乾燥條件。
- 使用適當回流焊曲線，避免過長或太短的曲線，避免不當加熱率。
- 選擇合適的回流焊方法，底面或滲透加熱法有較低錫球產生率。
- 對無引腳零件區域，除去或減少止焊漆厚度避免錫膏燈蕊虹吸效應。
- 選擇適當止焊漆材料，避免錫膏與之相互作用。
- 印刷時要正確對準。
- 縮小鋼版開口，開口對焊墊每邊退縮 50 微米能有效改善錫球問題。
- 對於銅焊墊，減少焊料塗佈厚度或使用其它薄的表面處理。
- 使用惰性回流焊氣體。

材料方面的調整：

- 使用有好助焊活性與能力的錫膏。
- 減少錫粉的氧化物或污染物含量。
- 減少細粉量。
- 經由適當的助焊劑配製，減少錫膏塌陷和吸濕性。
- 使用較高金屬含量的錫膏。

- 只要條件允許，使用較粗的粉粒。
- 對於某些回流焊技術或回流焊曲線，調整助焊劑揮發性以消除飛濺物。

錫珠

錫珠是在某些 SMT 應用裡使用錫膏，產生錫球的一種特殊現象。簡單的說，錫珠指的是一些很大的錫球，此時可能有或沒有出現微小錫球，多數形成在非常低的底部高度 (Stand-Off) 部件 (顆粒電容器、電阻) 周遭，如圖 10-31 所示。

▲圖 10-31　錫珠的範例

錫珠是牢固黏在電路板上的，只有水清洗或溶劑清洗能清除錫珠。對波焊產生的焊珠，在電路板操作時和振動測試時能夠移動焊珠。對於在回流焊產生的焊珠，生產振動測試不會導致焊珠移動，除非可能產生短路問題，並不需要擔心可靠性。錫珠是在預熱階段，由於助焊劑出氣作用超過錫膏內聚力所引起。出氣作用促進孤立的錫膏聚集在低間隙零件下方，在回流焊時孤立錫膏熔化從零件底面射出凝結成珠。顯然預熱溫度較低錫膏出氣率也會低，因此把錫膏從主塗佈區排出的推力也較小。

錫珠產生會受助焊劑活化溫度影響，實務上活化溫度指的是助焊劑在不大於某個濕潤時間下所需要的最低作業溫度。在焊接應用上則有相當不同的看法，主觀判定是以 20 秒潤濕時間爲標準，當然這必需要考慮到正常錫膏回流焊技術，需要幾分鐘作業時間。錫珠產生率隨錫膏金屬含量遞增而下降，這是因爲當金屬含量增加時粉粒會更緊密接觸所致。另一方面金屬含量也會影響錫膏黏度，錫膏黏度會隨金屬含量遞增而增加。高錫膏黏度較能保持印刷完整性阻止出氣，較高金屬含量使出氣來源減少，也有助於降低焊珠產生率。

較高氧化物含量的錫膏，會呈現高焊珠產生率。由於高氧化物含量，粉粒有更多阻擋層讓彼此間產生冷焊。至於活化溫度，若助焊劑處理時間不變，助焊劑需要較高溫度以清理較大氧化物量，這些都對錫珠產生發揮影響力。換言之助焊劑需要更高活化溫度，這樣可能會有較高錫珠產生率。錫珠產生率會隨印刷厚度遞增而增加，這應該是因爲有較高塌陷可能性與更多助焊劑所致。

作業最常使用降低焊珠產生率的方法，是改善鋼版開口的圖案設計。設計原則是降低零件底部印刷面積，以降低該區域錫膏供應量，這就有機會降低它的發生率。當然這種問題錯綜複雜，有許多研究基於不同應用及作業狀態而提出不同論點，某些看法還認爲紅外線預熱溫度與處理時間對錫珠有最大影響，鋼版厚度只有較小貢獻。這些實務的改善做法，還是必需要在面對時做適度調整。就整體而言，解決錫珠的參考辦法可整理如下：

製程技術方面：

- 減少鋼版厚度
- 減少鋼版開口尺寸
- 使用減少零件下方錫膏印刷的鋼版開口設計
- 增大印刷錫膏間的間隔
- 減少焊墊寬度以致它比部件寬度要狹窄
- 降低預熱升溫速率
- 降低預熱溫度，延長預熱時間
- 減少打件壓力
- 零件使用前預烘

材料調整方面：

- 使用較低活化溫度的助焊劑
- 使用較高金屬含量的錫膏
- 使用粗粉粒錫膏
- 使用低氧化物錫粉的錫膏
- 使用較不會塌陷的錫膏
- 使用適當揮發溶劑

飛濺物

飛濺物是在波焊或回流焊時，助焊劑或焊料在焊點周遭飛濺產生的問題，飛濺物可達到幾毫米的距離。在波焊作業中，引腳波焊後會做熱風刮除處理，將多餘焊料除去。若此時電路板表面狀態影響到氣流，或者是止焊漆表面狀態過乾，就容易產生飛濺殘錫或產生引腳尾翼的問題，如圖 10-32 所示。

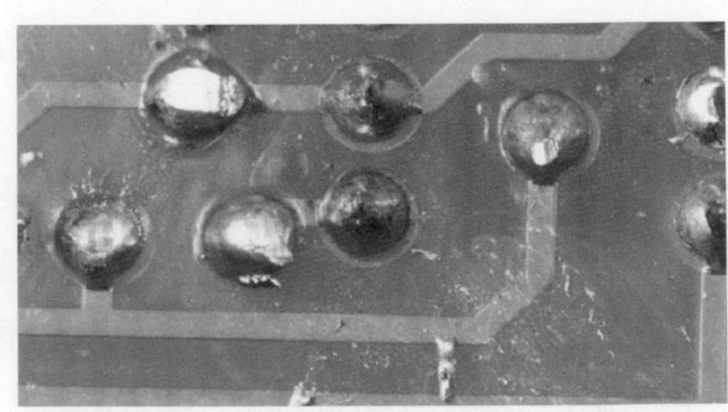

▲圖 10-32 波焊後熱風處理飛濺的殘錫與產生引腳尾翼的現象

若飛濺焊料到達連接器銜接的區域，會產生輕微凸塊並破壞或阻礙連接器順利接觸。若飛濺物不是焊料而是助焊劑，它會產生一些水印污點或微小助焊劑小滴。水印污點對功能並沒有影響，但會有電氣接觸品質的憂慮。飛濺物也可能由回流焊時錫粉的內部熔化凝聚引起，一旦錫粉表面氧化物經由助焊劑反應消除，無數微小焊料小滴將會融合並形成整體焊料。助焊劑反應速率越快，凝聚推展力越強，因而可預料到會有更嚴重的飛濺發生。

飛濺物可利用乾燥處理減少，飛濺會隨乾燥時間遞增或溫度提升而減少。乾燥對飛濺有重大影響，其原因爲：吸收水分會被脫乾、乾燥時更多氧化物集結減慢了凝聚作用、揮發物質損失、助焊劑會有更大黏性與氧化物反應會變慢、助焊劑更黏錫粉凝聚更慢。就整體而言，減少飛濺物的參考解決辦法可整理如下：

製程技術方面：

- 避免在潮濕的環境下做錫膏作業
- 使用預先乾燥的處理
- 使用較長加熱時間的溫度曲線
- 使用空氣回流焊

材料調整方面：

- 使用較小吸濕性成分的助焊劑
- 使用緩慢潤濕速率的助焊劑系統

10-4 SMT 回流焊後比較容易出現的問題

回流焊後出現的 SMT 問題，較著重在助焊劑殘留物對信賴度與後續製程的影響。

板面白斑的問題

組裝焊接後的板面白斑，指的是焊接清洗後仍留在電路板上的助焊劑殘留物，清洗可用水溶性或有機溶劑系統清潔劑。斑點的色澤也可能會呈現黃、灰或褐色，但它們大都會在焊點上或周邊出現白色薄膜或固體微小有機粒斑，如圖 10-33 所示。在某些狀況下，白斑也會在焊點周邊止焊漆上呈現白色薄膜，特別是在細間距 QFP 相鄰焊點間的區域。白斑組成相當複雜，可以是助焊劑本身、碳化助焊劑成分、助焊劑與金屬、清洗劑、板層壓材料或止焊漆等反應產物。

▲ 圖 10-33　焊點週邊殘留白斑，後續也容易堆積粉塵等物質，可能產生信賴度問題

由這些推論概略整理，白斑成分可能是：聚合松香反應物、氧化松香產物、水解松香、壓合材料與助焊劑反應物、焊料與活化劑反應物、松香酸鹽、焊料溶劑反應物、壓合材料鹵化物與助焊劑反應物、流變性添加劑、含水清洗劑等。對不能溶解的助焊劑殘留物，出現白顏色的原因之一是光散射。清洗前助焊劑殘留物通常呈現透明或半透明，在清洗期間清洗劑萃取或僅除去殘留物可溶解成分，這樣會把不能溶解的如：泡沫、鬆散結構物質都留下來。由於泡沫鬆散結構光散射效應，導致白色外表留下來。

根據白斑特性消除方法必需改變，材料方面若提升助焊劑熱穩定與抗氧化性，可減少助焊劑成分聚合、碳化、氧化反應，相關成分包括：松香、樹脂、活化劑、流變添加劑等。若選擇不會形成不溶解金屬鹽的助焊劑，金屬鹽如：氯化鉛、溴化鉛，或採用能促進金屬鹽溶解到助焊劑或溶劑的助焊劑，就可消除金屬鹽成爲白斑。當然最好也選擇適當壓合材料或止焊漆，並做適當聚合固化，以避免與助焊劑發生化學反應。

選擇適當清洗劑，可快速溶解及消除白斑，清洗劑溶解力應與殘留物有良好相容性，清洗效果才會好。助焊劑殘留物是由多種極性變化大的成分組成，若選擇清洗劑對多數成分都呈現適當溶解力，較少不可溶解物質就會被多數可溶解物帶走，這樣所有殘留物就有機會完全消除。而若選擇的清洗劑只適於小部分殘留物，帶走效應不足就難以消除所有殘留物。清潔劑的清潔效果，會隨使用時間增長變差，如：清潔劑帶走效應降低，相對不溶解部分就容易殘留下白斑。

清洗劑不可與助焊劑殘留物產生反應，進而形成不可溶解的產物。但值得注意的是，清洗劑(如：皂化劑)與助焊劑間的反應，是要增加助焊劑殘留物可溶性，相對應該是改善助焊劑殘留物的可清洗性。加強機械攪拌，如：應用超聲波攪拌或採用較高壓噴灑也是有效辦法。較高的清洗溫度，可提供較好清洗效果，提升溫度不僅能使殘留物軟化，且可使清洗劑有較好溶解力。

不過清洗溫度對清洗功效的影響，比前述狀況要複雜得多。常見較高清洗溫度會減少清洗功效，產生更多殘留物。例如：在焊接過程中助焊劑通常與 SnO_2 起反應產生金屬鹽，在熱水清洗過程中，這類金屬鹽會水解形成不溶解的 $Sn(OH)_2$，進而殘留產生沈澱白斑。一些其它殘留物的夾雜物，如：氧化物粉塵則可能會把白斑轉換成黑斑。在冷水情況下，那些金屬鹽會溶解在水中，且不會產生殘留物沈澱。提升清洗溫度，對清洗產生相反效果的案例在某些狀況下會被業者看到。

白斑也會因爲回流焊時減少熱量而排除，減少熱量或經由降低溫度、減少加熱時間，可減少助焊劑殘留物的氧化交聯，從而形成較好的可清洗性殘留物。使用惰性回流焊氣體，可幫助減少氧化並減少白斑形成。就整體而言，白斑可經由採用後續參考調整方法而消除：

- 使用較佳熱穩定成分助焊劑
- 使用抗氧化性高助焊劑
- 使用不易形成不溶解金屬鹽的助焊劑
- 使用正確聚合固化的止焊漆與壓合的電路板
- 採用對助焊劑殘留物有適當溶解力的清洗劑
- 使用較低回流焊溫度作業
- 使用較短回流焊時間作業
- 清洗時使用機械攪拌或是噴灑的輔助設備
- 採用適當清洗溫度

碳化殘留物的問題

碳化殘留物是過分加熱引起，可能無法被順利清洗乾淨。因爲碳化涉及過度加熱與氧化，助焊劑膜越薄碳化會更嚴重。無法清洗的碳化殘留物，會分佈在助焊劑擴散邊緣及焊料凸塊頂部。因爲這兩個位置的助焊劑膜比其它區域薄，因此更容易產生氧化和碳化作用。碳化殘留物主要是氧化成分，可被認定爲白斑特殊類型。消除碳化殘留物的作業調整方式，主要是針對加熱與氧化兩項因素來處理，可行做法整理如後：

- 使用熱穩定性較佳的助焊劑
- 使用抗氧化性高的助焊劑
- 使用較低回流焊溫度作業
- 使用較短回流焊時間作業
- 使用惰性回流焊氣體來降低氧化與碳化反應

若殘留物在回流焊後可做清洗，也有三種處理方法可幫助減輕碳化殘留物程度：

- 使用適當溶解力的清洗劑，以清洗助焊劑殘留物
- 清洗時使用機械攪拌、噴灑、震盪輔助設備
- 採用適當清洗溫度作業

測試探針可能接觸不良

電路板線內測試，有可能因爲回流焊殘留產生接觸不良問題，這當然是因爲探針與焊墊或焊點間出現絕緣殘留物。由於破壞臭氧層及工作健康安全考慮，也包括嘗試節約成本，因此免洗製程迅速成爲 SMT 主流技術。能免除清洗程序不但可避免因使用清洗劑造成的污染，且可節約清洗步驟工序與所有必要成本。

另外爲了進一步提升免洗製程的優勢，已經逐步不用波焊技術而只採用回流焊處理。但是業界產生的主要問題不是焊接特性或產品可靠度，而是線內測試問題。由於在電路板上有助焊劑殘留物，探針可能無法刺穿殘留物，或很快就被殘留物沾附而終致不能產生電氣連接。尤其是測試位置在引腳末端或通孔零件引腳末端的部分，這種狀況會更嚴重。顯然助焊劑殘留物，是這個問題最重要的影響因子。

當然也有人提到可用加大探針壓力來克服這個問題，但是面對可能損及產品焊接點及探針本身，整體作業成本與治具壽命也都考驗著這種做法的適切性。

助焊劑殘留物的影響

透過測試機對錫膏殘留量影響的研究發現，設備的可探測性與探針穿透性，對以空氣回流焊系統而言，焊墊的可探測性會隨殘留物量的遞增下降。這種結果是可理解的，因爲留在焊墊上的助焊劑殘留物愈多探針越不能產生有效電氣連結。圖 10-34 所示，爲典型助焊劑殘留狀態。

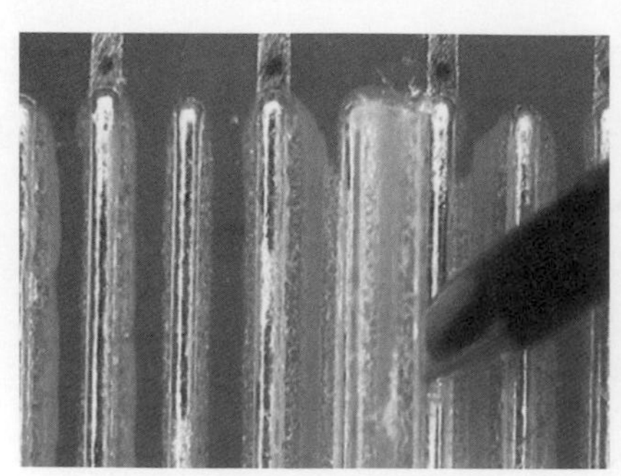

▲圖 10-34　典型的助焊劑殘留狀態

但這種趨勢無法判斷引腳末端探測性及通孔穿透性，在這些區域錫膏殘留量就不一定是主要因素，而是別的性質控制了探針可測性。這些性質包括：助焊劑殘留物的頂部擴散、底部擴散、硬度等因素。在頂部助焊劑擴散方面，助焊劑擴散性越好焊墊殘留物就愈少，有理由推估焊墊可探測性會隨擴散性遞增而增加。但在實際狀況下發生的現象與推測相反，頂部助焊劑擴散性與焊墊可探測性成反比。這種反常狀況是因爲另一個影響因素所致，高殘留物量的錫膏不但對助焊劑擴散性有影響，也對焊墊上產生較厚殘留物沉積，這才導致產生較低焊墊可探測值。

在底部的助焊劑擴散，雖然與焊墊可探測性或通孔穿透性沒有直接趨勢可區別，但它與引腳末端的可探測性的確存在明顯關係。引腳的可探測性值隨底部助焊劑擴散遞增而增加，也隨殘留物量下降而增加。這種現象的理論基礎是滴下機構，在焊接時錫膏殘留物會呈現低固含量和低黏度。在通孔中低黏度讓助焊劑從錫膏中流出，並在底面周邊迅速擴散。助焊劑在底面進一步擴散，就有較少助焊劑堆積在引腳處，因此很容易被測試探針穿透。

在殘留物硬度方面，顯然較軟殘留物對探針穿透較有利，因此會有較高的可探測性。回流焊使用的氣體也會影響探測成功率，惰性氣體通常產生殘留物量較少，而且產生的氧化與交聯殘留物也相對低，這些都是容易被穿透的因素。至於錫膏金屬含量的影響，因爲助焊劑擴散在探針測試扮演重要角色，因此它的比例調整也會影響助焊劑擴散範圍。除了助焊劑類型外，金屬含量當然也是一個指標，較高金屬含量的錫膏可預料助焊劑擴散會較少。

表面絕緣電阻或電化學遷移故障

表面絕緣電阻 (SIR)

SIR 是由 IPC 定義的一種材料與電氣系統間特性，它指的是被介電質材料分隔的兩導體間電阻。在表面電阻概念下，它也包含材料本體的導電性成分、經由電解質污物、多種介電質與金屬鍍層材料及空氣等的相互洩漏。SIR 測試作為工業標準已經很長時間，在電子應用方面最初是判定助焊劑相關腐蝕對可靠性影響的方法。一些較常用的測試方法包括：J-STD-004、Bellcore GR-78-CORE，測試條件包括較高溫度、濕度、電壓等。合格標準是夠高的 SIR 值與可忽略的腐蝕現象或樹枝狀結晶生長。

電化學遷移 (Electro Migration) 的現象

電化學遷移是由 IPC 所定義，是在 DC 偏壓影響下，導電金屬細絲在線路上增長的一種狀態。它可能發生在外部表面、內部介面或穿過整體複合材料內部。金屬細絲生長是由含金屬離子溶液電解質沉積產生，金屬離子是從正極溶解出來，經電場傳送在負極重新沉積。電化學遷移的現象包括：表面樹枝狀晶結構與玻璃紗漏電性的陽極導電絲狀結構 (CAF)。在有污染與偏壓狀態下，表面產生樹枝狀晶，從負極向正極生長如圖 10-35 所示。對錫鉛焊料樹枝將是鉛針，它是樹狀枝晶。CAF 是沿樹脂玻璃紗介面，從正極到負極的細絲成長，如圖 10-36 所示，在 CAF 作用中的陰離子，通常是氯化物和溴化物。

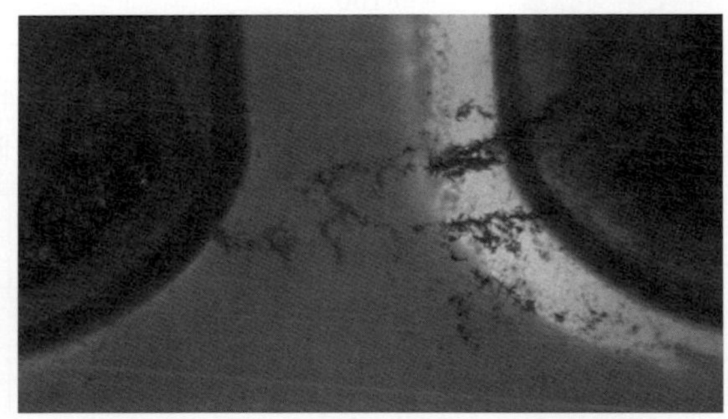

▲圖 10-35　樹枝狀晶結構，銅與焊錫的結晶狀態

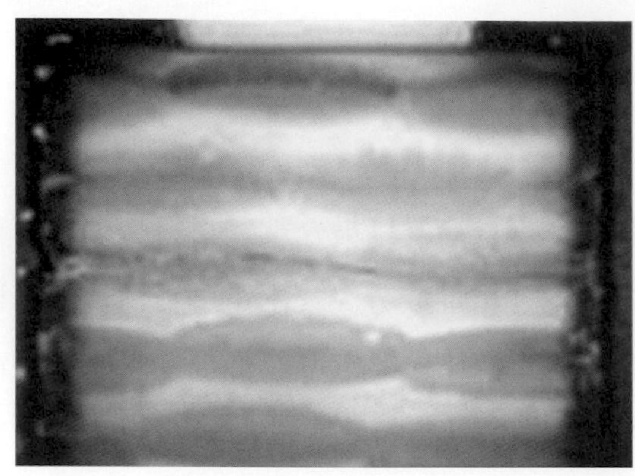
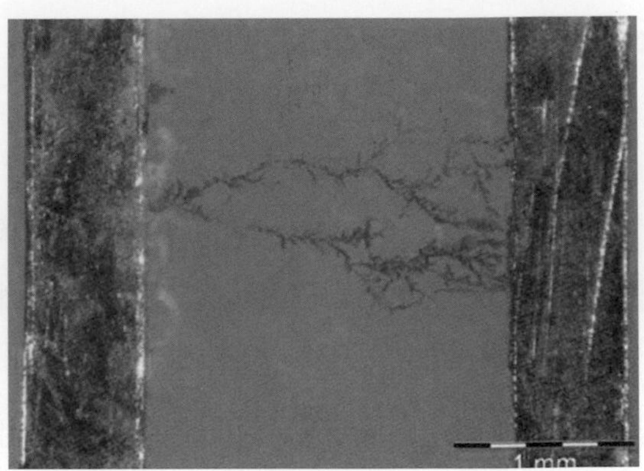

▲ 圖 10-36　陽極導電性絲狀結構 (CAF)，是電路板故障模式之一，沿著環氧數脂與玻璃纖維介面間，從陽極到陰極成長出來的。

在離子遷移測試方面，測試條件、載體設計、合格標準都很類似 SIR 測試，兩種測試都在監測絕緣電阻 (IR)。除了 IR 以外，SIR 和離子遷移測試也會監測枝晶結構。表 10-2 整理了典型 SIR 及離子遷移測試資料比較。電路板的低 IR 值，發生在焊接後或生產後一段使用時間時。樹枝狀晶或 CAF 結構產生，都需要有水分及一段成長期間。較低的 IR 容易產生一些電氣性後遺症，如：產生金屬細絲結構、容易產生電氣性短路、信號間相互干擾等，這些都不是我們在製作產品時想發生的。

▼ 表 10-2　典型的 SIR 與離子遷移測試的資料整理

測試	SIR J-STD-004	SIR Bellcore GR-78-CORE		EM Bellcore GR-78-CORE
測試條件	85℃ /85%RH	35℃ /85%RH		65℃ /85%RH
偏壓 / 測試電壓 (V)	-50/100	-50/100		10/100
持續時間	1d 沒有偏壓 在 1/4/7d 時測量	1d 沒有偏壓 在 4d 時測量		4d 沒有偏壓 在 4/21d 時測量
測試載體	IPC-B-24	Bellcore	IPC-B-25	IPC-B-25
線路間隔 (mil)	20	50	12.5	12.5
IR 合格標準 (ohms)	4.7d $> 10^8$	$> 10^{11}$	$> 2x10^{10}$	IR (21d) > 0.1xIR (4d)
其它的合格標準	樹枝 <25% 間隔	沒有綠 / 藍色污染		樹枝 <20% 間隔

備註：d- 天，V- 伏特。

助焊劑化學性質對絕緣電阻的影響

目前助焊劑愈來愈偏向採用免洗式，因此也有做不少這方面的研究針，在 SIR 與離子遷移測試樣品，並不用清洗劑來清洗就做檢測。因爲 SIR 與離子遷移測試，兩者都反映助焊劑腐蝕性對絕緣電阻 (IR) 的影響，而絕緣電阻與可靠性直接相關。

通常較高腐蝕性助焊劑預期會導致較低 IR 值，然而偶爾卻觀察到相反趨勢。這種結果呈現的是，在沒有偏壓和潮濕條件下，助焊劑腐蝕性並不能反映在 SIR 與離子遷移測試結果中。另外也可能有些參數，它們比腐蝕性更直接影響著 SIR 與離子遷移測試結果，助焊劑的 pH 值可能就是其中之一，使用不同助焊劑時可看到這類表現。在禁用氟氯碳化物規定上路後，低殘留免洗助焊劑迅速發展成長，在組裝工業扮演重要角色。爲了減少殘留物，許多助焊劑會降低或不使用松香。若沒有松香，可能無法封閉可能的活性劑殘留物，因此通常最好不含鹵素。

這類助焊劑絕緣電阻值比松香助焊劑低，專家們認定是因爲缺乏松香對殘留物包覆能力所致。較明顯的現象是，SIR 及離子遷移測試都顯現出電阻值從開始時隨著時間遞增而增加，較沒有松香系列產品初期下跌現象。這或許可用離子掃除效應解釋，因爲殘留物少的結果離子幾乎立刻被電場作用完畢，即刻進入第二個電阻揚升階段。因爲沒有涉及到電解作用，所以不同助焊劑絕緣值才能相互比較。

電路板焊接溫度產生的影響

焊接溫度對 SIR 與離子遷移特性也有很大影響，通常太低的焊接溫度將產生較低 IR 值，這很可能會產生導體間樹枝狀晶結構。較低的焊接溫度將消耗較少助焊劑，因此可能會有更多殘留助焊劑活性物質在電路板上。另外若有些溶劑仍留在助焊劑殘留物裡，也會減少殘留物阻擋濕氣能力。在提升測試溫度、濕度和偏壓條件下，剩餘的助焊劑活性物質常會與電極起反應、電解或偏壓下遷移，因此產生低電阻值的樹枝狀晶結構。

另一方面太高焊接溫度也會引起故障。對多數水溶性助焊劑測試，較高電路板作業溫度會導致 CAF 數量增加。較高作業溫度會促進助焊劑吸濕成分滲入電路板環氧樹脂與玻璃纖維介面，因此加重了 CAF 現象。

組裝零件進料清潔度的影響

目前免洗技術是電子組裝的主流，組裝材料、錫膏、波焊助焊劑都要滿足免洗條件，並具有較高可靠性標準。然而高品質免洗材料，只能確保零件清潔度不被降低。若零件進料清潔度差，在組裝程序中無法消除的，這會對可靠性產生不良影響。對於電路板採用原始原料已經被污染，組裝板的 SIR 及離子遷移特性也將受到損害，當然在操作時導入的污染也有類似不利影響。

對表面清潔度差的零件與電路板，為了防止 SIR 或離子遷移問題，採用清洗技術提升其清潔度就是必要作法。同樣地若能使用好品質的零件，這對整體產品品質也相當有幫助，在電路板上未適當固化的樹脂與多孔性材料，都可能會降低 IR 值或產生離子遷移現象。

灌膠或封膠的影響

灌膠或封膠被廣泛用在嚴苛的產品環境中，這種處理不但可保護組裝板免於機械損害，且可減少濕氣與空氣污染的影響，進而減少出現過低 SIR 與離子遷移問題的可能性。助焊劑與止焊漆的相互作用也有類似影響，尤其是對於可水洗助焊劑系統方面更是如此，相互作用會產生一層吸濕性表層而降低了電阻值。

錫膏助焊劑殘留與波焊助焊劑間的相互作用影響

類似於助焊劑與止焊漆相互作用，錫膏助焊劑殘留與波焊助焊劑間也可能產生不良反應產物，進而引起 SIR 或離子遷移問題。多數助焊劑都保有其化學物質專利，在使用前最好做相容性測試。就整體而言，與 SIR 或離子遷移相關的問題，可循以下方法降低：

- 使用低腐蝕性助焊劑
- 使用低 pH 值與低游離物助焊劑
- 使用適當焊接溫度
- 使用保護性塗裝或封膠
- 使用適當清潔度零件
- 必要時使用清洗技術處理進料零件
- 使用較好品質的電路板
- 確認電路板與助焊劑相容性
- 使用恰當助焊劑組合

灌膠或封膠的分層 / 空洞 / 固化不全

對許多產品的灌膠或封膠等保護性措施，如：頂部灌膠或底部填充，這些處理是緊跟在焊接處理之後。儘管這些聚合物並不介入焊接，它們產品的品質卻直接與助焊劑特性相關，特別是在免洗焊接方面更是如此。較常遇到的問題包括：底部塡充空洞、聚合物層分層 (包括表面塗層、灌膠封裝化合物、底部塡充等)、聚合物未完全固化。

空洞現象

在覆晶組裝結構的底部塡充空洞，可能由許多不同因素造成，例如：底部塡充塡料成分的高揮發性、基板表面的水分吸收、黏合材料上不當的晶片放置速度、不平整的基板表面、塡料流動受到阻礙等，這些都可能是空洞產生的原因。此處討論的，主要集中在與焊接有關的空洞機構。對免洗焊接製程，空洞經常隨助焊劑殘留物質遞增而增加，這可能是因物理性阻礙所致。另外底部塡充的流動，會受到助焊劑殘留的不良潤濕性阻礙，這種狀態即使在殘留物低的狀況也可能發生。例如：低表面張力助焊劑殘留，就較容易產生不良潤濕性，因此更有機會產生底部塡料空洞問題。

分層問題

這類缺點發生在底部塡充空洞特殊類型，經常是由助焊劑殘留物的不良可潤濕性引起，分層經常發生在受潮後緊跟著的回流焊製程中。分層問題比底部塡料空洞更會威脅覆晶晶片可靠度，因爲它是直接由底部塡料與基材間不良貼附造成。不良貼附也可能由底部塡料與基材間存在的助焊劑膜引起，若助焊劑與底部塡料能相容，這種問題就不會發生。

雖然實際問題機構仍然不易理解，不過助焊劑殘留物的溶解度應該扮演重要角色。助焊劑的殘留物若能迅速溶解到底層塡料中並將介面排除，這種助焊劑就被認定對底部塡充沒有損害，當然助焊劑殘留物的量還是應該保持較低水準。對於灌膠型保護塗層，也可用類似機構解釋。

密封材料固化完全

熱固性密封系統固化，如：封膠化合物，在應用免洗製程時已經觀察到會受某些助焊劑的化性妨礙。某些封膠系統使用特定助焊劑時，其殘留物會讓膠體固化不完全。爲了消除固化不完全問題，可採用與助焊劑相容的封膠系統，或者就要做清洗處理。

整體而言防止空洞、固化不全、封膠分層等問題，其較有效的參考解決方法如後：

- 減少助焊劑殘留量
- 採用殘留物能迅速溶解進聚合物的助焊劑
- 確認熱固性膠與助焊劑相容性
- 必要時使用清洗製程

10-5 小結

雖然 SMT 錫膏回流焊製程是相當成熟的技術，但爲了要達到較高良率並降低成本，每個程序都要小心處理錫膏問題。錫膏印刷技術，與多數回流焊技術缺點有關，這個階段發生的問題會造成後續品質困擾，業者最好能降低這些現象發生的機會。

在 SMT 回流焊期間出現的問題經常需要重工，由於所有零件已經焊接到板上，它本身的重工技術將會危害到產品可靠性，更不用說會增加生產成本。當然問題可從材料、設計、製程三方面調整解決，最常用的方案還是在設計、製程方面，因爲改變作業較快速而有效。

可能發生在焊接後的組裝缺點不少，其中相當比例與助焊劑殘留有關。重要缺點包括：白斑，碳化殘留物、探針測試接觸不良、不良的 SIR、產生樹枝狀晶、產生 CAF 結構、底部填充空洞、分層與封膠固化不全。多數這類缺點，可透過適當選擇助焊劑降低，當然焊接後清洗也是相當有效的方法。

CHAPTER 11

免洗組裝製程

11-1 簡介

環保法規變化管制了含氯溶劑 (特別是氟氯碳化物 CFC) 使用，這迫使電子業尋找其它方法，來確保電路板組裝不會面對有害助焊劑殘留。在 1992 年以前，電路板組裝多數去除助焊劑方式還是使用 CFC 類去除製程。當法規改變，組裝業者面臨轉換去除助焊劑的方法，或者改變製程採用免洗組裝。潛在讓業者轉換到免洗製程的動力與持續增強的環保法規，對空氣、水及廢棄物排放有更嚴格標準，使得業者意識到轉換必要性與降低成本等誘因。

轉換免洗製程幾乎是瞬間全面發生，尤其是當組裝大幅從通孔轉換成表面貼裝後。大的電子製造商耗費鉅資，在每項工程、主要設備、產品重新認證及品質問題上，所有相關免洗製程轉換事務都包括在內。電路板製造商也同樣感受壓力，助焊劑、錫膏、止焊漆供應商及設備供應商，瞬間都被下游客戶要求要符合新規定。這裡我們嘗試討論一些不同的免洗組裝製程，著重其不同處討論有關執行免洗製程關鍵因素，並提供一點免洗製程問題改善方向。

11-2 免洗製程的定義

電路板組裝免洗製程的定義，就是焊錫後免除助焊劑去除步驟。這並不意味著整個清潔工作消失，波焊拖盤治具、印錯的電路板及治具都仍然需要清潔。常見免洗製程有兩種主要類型：低殘留量製程及直接殘留製程。有部分新穎製程可有非常低殘留表現，但因爲各種原因 (多數與成本有關)，它們並未成爲主流技術。

低殘留 (Low-Residue) 的定義與免洗製程

所謂低殘留歸類爲使用特定助焊劑、錫膏、焊接空氣及特殊設備設計，來降低電路板組裝後的殘餘物量。這些小量材料殘留，沒有經過放大很難做偵測。低殘留量的材料，對針盤電氣測試干擾最小。

直接殘留 (Leave-On) 的免洗製程定義

直接殘留的助焊劑及錫膏，時常是低活性標準材料版本，會有兩至三倍於低殘留量助焊劑的殘留物。直接殘留的材料並不需要特殊焊接氣體或設備，但表現卻相當不錯。直接殘留材料有與標準設備相容的優勢，且時常比低殘留量材料更穩定。直接殘留類製程的劣勢是，它們會產生大量助焊劑殘留，會被目視直接觀察到，可能會干擾針盤測試。因爲活化劑被包覆在殘留物內，要清潔污點提升測試能力會不利於組裝信賴度，因爲這些活化劑可能因此曝露。使用直接殘留材料，最好做完整清潔或完全不做，直接殘留材料也可能干擾保護性塗裝工作。

清潔或是免洗？

若目標在簡單組裝上降低成本，並不需要針盤測試或顧忌外觀，則直接殘留製程是不錯的選擇。直接殘留製程吸引人的地方是，它們表現出最少變異性，對製程而言操作空間也大。電路板焊接後表面殘留的狀態，如圖 11-1 所示。

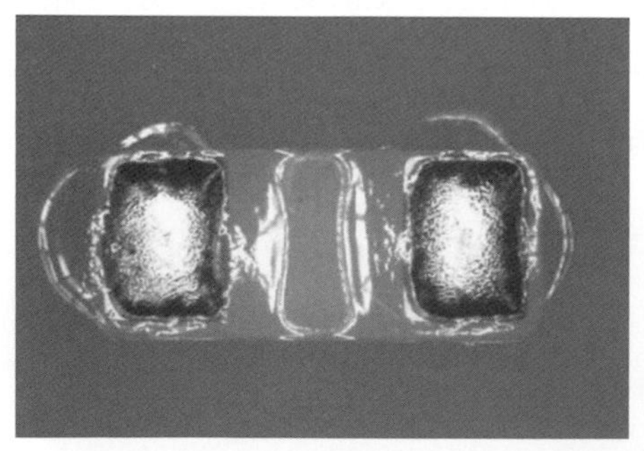

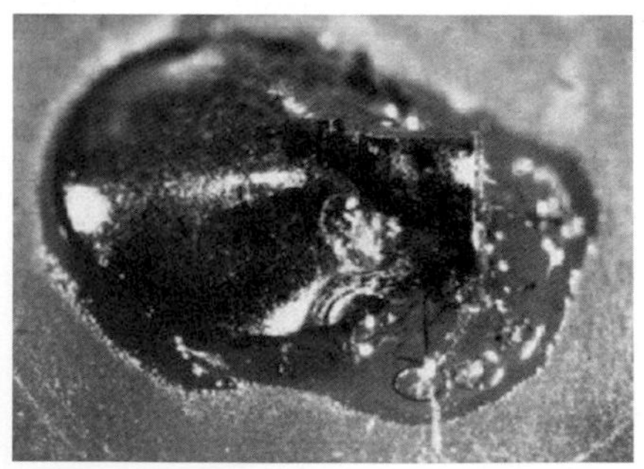

▲ 圖 11-1　電路板焊接後表面殘留狀態

若沒有強制原因要移轉到低殘留製程，較簡單低價的方法就是使用直接殘留製程或組合低殘留與直接殘留製程，以達到製程最佳化。可惜的是採用直接殘留製程，也意味著限制了工廠內組裝類型，工作內容都必須要與高殘留製程相容。

多數環境並沒有絕對必要做清潔工作，選擇製程類型主要還是依據組裝客戶需求而定。當電路板夠複雜而需要探針測試或外觀需求時，低殘留製程可能就是唯一選擇，這時並不需要清潔。組裝業者時常選擇低殘留量製程，因爲他們受到產品需求壓力。幫助訂定選用策略，要考慮的問題如表 11-1 所示，要確認受限制部分，可引導選擇技術方向。

▼ 表 11-1　選擇使用的製程

問題	選擇
有任何殘留會對產品生命週期中的電性產生負面影響？ (例如：腐蝕或是漏電)	對於產品須要較長的壽命，或產品要存在於嚴苛的環境，清潔或是更嚴謹的免洗製程驗證可能是必要的
產品會在非常高的頻率中作業 (例如：高於 50 MHz) 或非常高的阻抗需求	低殘留製程或清潔可能是唯一的選擇，去除可作爲絕緣物質的非離子殘留，這些物質在高頻時可產生交談雜訊，降低線路間的阻抗
產品是否有使用保護線路來保護敏感的電路，這可能會因爲有殘留而無法發揮效用	若保護線路只是在波焊的一邊，可採用混合式的製程，先用低殘留免洗製程之後用水洗或是半水洗製程這樣的製程就十分的有效。其它製程的部分可使用免洗製程。
是否顧客在乎外觀上的助焊劑殘留	若是這樣則低殘留的免洗製程會比直接殘留製程要恰當
是否殘留對於後製程會有負面影響？例如線路測試及覆蓋塗裝	選擇材料，可使用清潔或低殘留的免洗製程，特別強調與測試及塗裝的相容性
組裝密度是否夠高而需要探針測試焊錫外觀 (引腳或焊墊)?	使用清潔製程或是使用新類型的測試探針，它們可提供較高的壓力，對於低殘留製程是有效的

更換成熟且清楚瞭解的清潔製程，可能是昂貴而需要所有供應鏈共同努力的。多數組裝業者轉換到免洗清潔製程，並不完全爲了有利於環境因素而已，多數是因爲經過了仔細評估分析，在作業上顯現出免洗製程可降低整體運作成本所致。

儘管執行成本昂貴，但轉換成免洗製程的成本時常比水溶性或半水溶性助焊劑清潔要低。實際成本結構只有組裝業者成本資料夠詳細，並提供做實際了解才能評估。較精準的分析必然是以整體成本爲導向，思考事情的方式也不能只是反映現有成本模式。表 11-2 說明部分成本範例，它們有部分可消除，且有與轉換免洗製程有關的新成本。

▼ 表 11-2 使用免洗製程時成本的降低與增加

成本降低	成本增加
減少清除助焊劑及水純化的空間	新的回流焊及波焊設備
清除助焊劑的工程與水純化的設備技術支援	製程發展
較少的維護、材料耗用以及廢棄物與錫渣的產出	氮氣周邊設備以及材料
減少手工焊接對清潔度較敏感的零件	較好的手焊接工具
較少無意義增加的修補重工	作業人員訓練以及產品的再次驗證

其它明顯成本節約但難以量化的內容如後：

- 排除零件與清潔製程相容性顧忌。
- 解決水或溶劑吸附在連結器、電容器的問題。
- 助焊劑殘留在連結器及切換器的量降低了。
- 免除了接觸有毒清潔物質。
- 許多免洗錫膏比水性清潔錫膏更穩定，會產出更少焊接缺點，也降低了頻繁更換印刷鋼版的問題。

免洗製程作業比需要清潔製程更廉價，所有清除助焊劑步驟及相關操作支援、佔用空間成本都可排除。然而並非所有清潔程序都從製程中排除，製程中還是存在一些必要清潔工作，如：清潔部分受污染的進料電路板或零件，去除組裝中所產生的錫球，清洗錯印電路板及印刷鋼版，清潔波焊治具等。

轉換到免洗製程，也有幾個新增成本。對特定類型零件，免洗製程印刷鋼版開口並不相同，需要更換印刷鋼版來符合現有設計需求。印刷鋼版清洗作業可能需要不同化學品，也可能需要不同設備。必須要制訂某些特殊作法，來處理錯印電路板，錯印電路板才能輕易通過清潔設備。

輔助氮氣貯存或產生設施是必要投資，這明顯與操作成本有關，回流焊最好在氮氣中完成，這需要現有設備更換或翻新。波焊表現會因爲氮氣而提升，這可能需要更換或至少翻新現有設備。對低殘留或直接殘留製程考慮，是基於回流焊或波焊後助焊劑殘留固體量而定，如表 11-3 所示。

▼ 表 11-3　低殘留與直接殘留製程材料的固含量比較

固含量 %	直接殘留製程	低殘留	超低殘留
波焊助焊劑	15–40%	1.5–4.0%	1.5%
錫膏	40–70%	20–30%	20%

錫膏內的殘留物角色非常重要，松香或樹脂是保護錫膏內焊錫顆粒在回流焊中免於氧化，提升黏性並活化與潤濕焊接表面，其它添加可提升錫膏流變性。所有材料在回流焊製程中並不會揮發，會在組裝程序後留下來。

這種分類是唯一較有代表性的方式，實質上各式各樣不同組合材料會用來達成不同結果。例如：許多組裝業者會使用直接殘留製程錫膏及低殘留波焊助焊劑，獲得最佳 SMT 製程穩定度與最少波焊組裝殘留。

只有少數業者使用混合製程，利用直接殘留製程錫膏及有機酸波焊助焊劑後用 DI 水清潔，來補償零件焊錫性不足問題。直接殘留製程的殘留並不會受到 DI 水清潔影響，然而有機酸助焊劑殘留會被去除。其它純表面貼裝產品遵照同樣製程，但波焊及清潔除外。

11-3 執行免清潔製程

在開始執行免洗製程前，研討現有清潔設備是重要的，要小心注意每個可能進入製程的物件。另外對焊接組裝，有許多物件會例行性通過清潔劑：錯印的電路板、框架內的零件及重工過的組裝。有許多品質問題因為清潔而排除：大量錯印電路板、難以電測的組裝、使用較強助焊劑補償不良焊接性等都是。

幾乎每個組裝步驟都需要一些修正，才能順利在免洗環境中運作，其它與生產無關的安排也可能會影響採用製程的順利性。成本模式會因為製程變化而不同，量產執行者必須參與控制焊接材料入廠的工作。材料工程師必須決定，哪個零件要經過認證又要如何做，在生產管制系統及資料庫中必須包含可能的變化，哪些零件已經認證而哪些又還沒有。檢驗特性及 SPC 製程控制會有改變，需要給作業人員及檢驗員新訓練。文件資料必然要更新，必須包含新製程以保持 ISO 一致性。

進料品質確認 (IQA)

製程 IQA 必須要修正，包含確認進料電路板與零件，其可焊接性及清潔度。若組裝業者不在廠內引用這些測試，則供應商的方法或其它支援項目就必須評估。另外可能需要額外資源，以面對零件及電路板供應商，將他的產品也導入一致系統中。

印刷鋼版開口設計及印刷鋼版最終處理

爲防止產生焊錫珠 (鄰近被動部件小焊錫球在電路板錫膏面出現)，印刷鋼版開口必需要修正，以防止錫膏在置放時零件底部受到擠壓。一個消除錫珠的範例，及幾個可能開口修正設計如圖 11-2 所示。印刷鋼版最終表面處理，可產生明顯不同的印刷程序穩定效果。許多材料處理程序可用在印刷鋼版表面處理上 (電鍍鎳、鉬薄膜，雷射蝕刻等)，但最重要的是開口區域壁面必須要平滑，以方便釋放錫膏。完成這個目標的最廉價方法，是使用標準印刷鋼版材料 (如：合金 #42)，利用蝕刻製程及電解研磨處理印刷鋼版來平整化表面。電解研磨增加大約 10 ～ 20 % 印刷鋼版製作成本，但其結果是值得的。

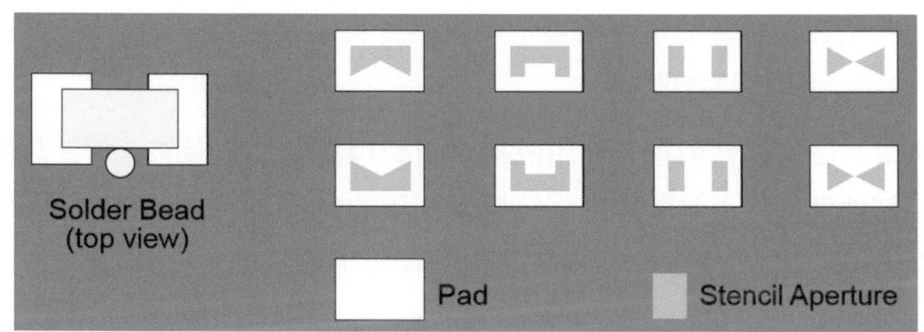

▲ 圖 11-2　印刷鋼版開口用來消除錫珠

印刷鋼版清洗

印刷鋼版清洗，常在表面貼裝製程中被忽略，但它是製程整體成功的關鍵。若印刷鋼版沒有適當清潔，助焊劑殘留會沾黏在開口壁上，這會使錫膏通過鋼版變得困難。這個問題會導致接點焊錫不足，在細緻間距部分也容易產生斷路現象，且這種問題不容易診斷。因此監控清潔介質的活性與濃度，對印刷品質控制極度重要。若清潔用皀化劑濃度偏離控制下限，局部助焊劑殘留就會產生影響，且不易用目視檢查出來。這些殘留可用大量酒精去除，之後以無塵布擦拭清潔乾燥。可在清潔過程以橡皮刮刀輔助刮除鋼版上過多的錫膏，以降低引導出流出物。鋼版應該在取下後即刻做清洗，以防止錫膏、助焊劑殘留變得乾硬影響開口狀況。清洗前後印刷鋼版狀態，如圖 11-3 所示。

清潔錯印的電路板

清潔錯印的電路板需要一些特別考慮，僅是去除錫膏及用酒精布擦拭電路板，並不能適當完成清理工作，焊錫顆粒仍會停滯在焊墊與止焊漆間。對某些狀況，同種設備可用來清洗印刷鋼版及錯印的電路板。對多數錫膏，錯印的電路板應該在印刷一小時內做清洗。

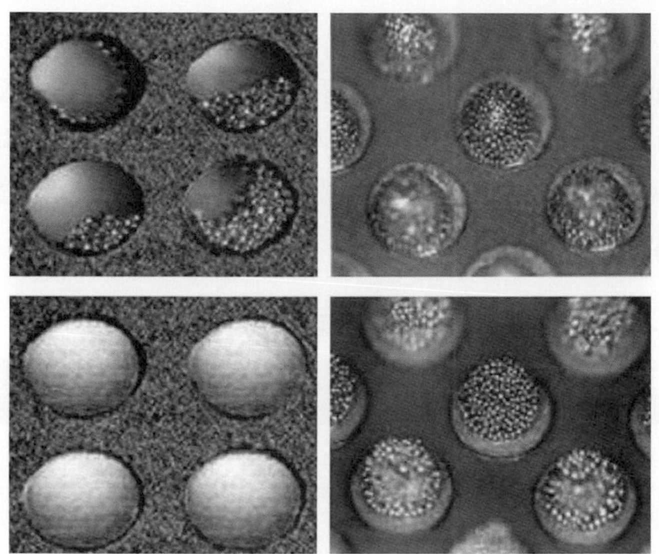

▲ 圖 11-3　不潔與清洗後的的印刷鋼版範例

印刷鋼版的印刷

低殘留錫膏的流變狀態比多數 RMA 錫膏更爲敏感，任何可改善鋼版印刷的嘗試都值得。所有作業者所管制的鋼版印刷機，最重要因子是要有穩定程序來設定與操作。正確選擇刮刀材料，對鋼版印刷程序的良率有明顯影響。有機材料刮刀會有陷入印刷鋼版開口傾向，陷入的方向與刮刀行進方向呈垂直角度，也在前述表面貼裝技術內容中有交待。

打件 (Pick & Place) 程序

抓取與置放程序本身並不受免洗製程明顯影響，但是打零件前的等待時間在低殘留製程中是必須嚴格限制的。因爲低殘留程序的黏性時間較短，對於大量電路板同時堆積在緩衝器中等待打件較沒有彈性。經過打件到電路板回流焊前，錫膏黏性會繼續降低。實務上若一片電路板在超過黏性時間 75% 還沒有開始打件，就應該以錯印方式做清潔處理再印刷。濕度高於 50% 會明顯降低黏性時間，參考表 11-4。

▼ 表 11-4　錫膏的黏性時間

錫膏類型	平均黏性時間 (小時)
RMA/ 直接殘留製程	24
低殘留免洗	2–6
水性清潔	1–2

氮氣

依據設備所需要氮氣體積與純度，氮氣可用液體型式運送或在現場透過各種方式生產(半透膜分離、壓力偏轉吸收等)。氮氣提升焊錫潤濕能力，並減少潤濕時間，因爲只有小量氧存在其間，可免除基材變色、塑膠連結器輕微色差及減少助焊劑殘留，氮氣需求的純度應該依據製程類型而定，可參考表 11-5。

▼ 表 11-5 氮氣的純度需求

免洗製程類型	最高允許氧濃度量
直接殘留製程	21% (空氣)
低殘留製程	100–500 ppm
超低殘留製程	50–100 ppm

氮氣操作成本變異大，隨地區供應狀況不同有異，對氮氣成本高的地區，組裝業者會考慮採用直接殘留製程，這就可直接在空氣中作業。

回流焊

許多研究顯示回流焊表現會因爲使用氮氣而明顯提升，組裝業者利用轉換免洗製程的機會，升級回流焊設備成爲完全對流焊錫爐。一個完整的回流焊環境，使得整體組裝溫度控制能力變得更好，讓所有組裝零件間有較小的溫度差異。

有這種優異表現的因素是複雜的，維護設備所要消耗的時間及成本都較昂貴。部分錫膏揮發物會析出到焊錫爐冷卻器表面，需要常態分解設備做清潔，特別是在焊錫爐尾段使用特殊冷卻區段更是如此。愈低殘留的錫膏材料，在排氣系統與冷卻區的析出愈多，這些揮發物殘留也會遮蔽氧含量的偵測取樣，使得檢測準確性變差(這個部分可依據流量計狀態很快診斷出來)。

波焊

波焊用助焊劑選擇，會依據想要助焊劑發揮的特性優先順序決定：

- 焊錫缺點率(跳焊、冷焊、焊錫牽扯成網等)
- 目視殘留量的程度

- 與其它製程化學品的相容性
- 與電路測試的相容性
- 表面絕緣電阻
- 離子污染等級
- 揮發性有機化合物 (VOC) 含量
- 析出的穩定度

在許多條件下，單一因素就會主導整個選擇程序。例如：若客戶對於任何目視殘留物非常敏感，殘留量程度可能就是主要影響力。在規定限制揮發性有機物使用的領域，無揮發性有機物助焊劑可能是唯一選擇。這些助焊劑使用水來替代醇類作溶劑，這種狀態下也沒有燃燒風險，它們需要額外預熱去除多餘的水。當進入焊波有任何水殘留在電路板底部，會導致融熔焊錫飛濺，讓錫球在電路板的底部表面產生。

助焊劑可用標準氣泡塗佈機或是波式塗佈機塗裝，但噴塗法應該表現更好。氣泡及波式助焊劑塗裝較難以控制多數低殘留助焊劑，因爲這些材料都有較高醇含量 (大約 98 %)，也有較快速的蒸發速率。比重控制對固含量低於 5 % 的助焊劑而言是沒有用的，而時常滴定檢測則是監控助焊劑組成的必要手段，助焊劑中大量醇類會快速蒸發而產生明顯的有機物散溢現象。氣泡式助焊劑塗佈需要頻繁清潔，而污染過的助焊劑必需拋棄成爲危險廢棄物。

噴塗助焊劑可使用旋轉網鼓、超聲波頭、氣體噴塗、無氣噴塗或其他方法執行。最穩定的方法是保持助焊劑在封閉容器中，這樣助焊劑就不會受到污染，組成變化小也不需要太多控制。噴塗助焊劑可良好控制塗在電路板面上的量，因此需要使用總量可能最少。噴塗法可輕易降低助焊劑耗用量，可使用比波式塗裝更稀薄的助焊劑。表 11-6 說明不同助焊劑的應用優缺點。

▼ 表 11-6　助焊劑應用方法的優缺點

助焊劑的應用方法	優點	缺點
氣泡或波式塗裝	設備便宜	難以控制助焊劑的組成以及析出的量，高溶劑蒸發損失，需要頻繁的清潔
迴轉的塗裝鼓	作業簡單，助焊劑析出量比氣泡或波式塗裝容易控制	迴轉的鼓處在開放的環境，助焊劑會有與氣泡或波式塗裝同樣的問題

▼ 表 11-6 助焊劑應用方法的優缺點 (續)

助焊劑的應用方法	優點	缺點
超聲波噴塗	良好的助焊劑析出量控制， 良好的組成控制	對於排氣的變化敏感，在大型組裝的中間與邊緣有差異
空氣噴塗	助焊劑析出量控制良好，良好的中央與邊緣分佈控制， 良好的組成控制與少的維護	明顯的過度噴塗
氣體輔助的無空氣噴塗	良好的助焊劑析出量控制，良好的中央與邊緣分佈控制，良好的組成控制與少的維護	明顯的過度噴塗，比空氣噴塗變異大

使用免洗製程在波焊設備上，最大不同就是增加了氮氣鈍化保護，這種保護可約降低 80 ～ 95% 的錫渣產生，也較少產生跳焊、冷焊、焊錫牽網等缺點，也較少需要焊錫成分調整。切換到鈍化保護波焊製程，時常爲了一些基本因素如：減少停機維護時間、降低錫渣移除時危險廢棄物拋棄量等，但鈍化保護法並沒有辦法改善不良設計或零件可焊接性。錫渣的產生與焊接空氣中氧含量直接相關，如表 11-7 所示。

▼ 表 11-7 錫渣產生率與氧含量的關係

氧的含量 ppm	相對的錫渣產生率
5	1
50	2
500	4
1000	5.2
5000	9
10,000	10.8

焊接設備選用及設備翻新升級方案選擇，與設備期待鈍化保護程度相關。波焊機械可能要整體鈍化保護，會有一段短遮罩覆蓋部分預熱以及錫爐，或者只是鈍化錫爐本身，部分不同類型的鈍化處理優缺點，如表 11-8 所示。

▼ 表 11-8　鈍化環境方法的優缺點

波焊鈍化法優缺點	優點	缺點
全鈍化	防止電路板與零件在預熱中的氧化	專用設備非常昂貴，氣體消耗量大
短遮罩的翻新	降低電路板與零件在預熱中的氧化	狀態落在上下兩者之間
只有錫爐翻新	簡單	無法防止電路板與零件的氧化

電路板免洗製程設計問題，是波焊製程最常面對的問題，最大的就是焊錫會跳過半導體零件、鉭及較厚零件。零件放置方向是關鍵，焊接面必需與波方向呈現垂直狀態，要小心避免零件被另一個零件所遮蔽。

手工焊接

手工焊接與重工，要用低殘留免洗材料執行明顯較困難。直接殘留重工助焊劑及中心含有助焊材料焊錫，都類似於需要清潔的配方，只是它們的活性較低。相對高固含量直接殘留材料在焊接中表現出幾個重要功能：它潤濕要焊接表面、活化它並提供焊接工具與工件間良好熱傳送，它保護焊接頭表面並提供加熱抗氧化保護功能。因爲助焊劑殘留仍然停留在工件上，較長加熱時間可幫助克服有限可焊接性，並可降低對焊接溫度與焊頭維護需求性。

低殘留手工焊接材料沒有這種優勢，它活化快速並發生在較低溫度，在焊接中容易揮發，因此工件需要較好可焊接性。這種殘留無法保護上錫焊接工具表面，因此需要較頻繁焊接頭維護。焊接必需在可能最低溫度下進行，愈快完成愈好，以防止累積在焊頭上。

另外對焊線內部有助焊劑材料，許多狀況要使用液體助焊劑來做適當表面清潔。經過焊接的殘留物可透過手工具上的熱氮氣流處理進一步揮發，這種做法也可確保所有助焊劑完全活化。即便如此，部分組裝還是需要點狀清潔來確認可測試性，提升外觀品質。

順利執行低殘留手工焊接的關鍵是，訓練、紀律、使用適當焊接工具及嚴密維護。即使是有高度經驗的手工焊接者，還是需要調整他們的工作方式，對新材料或產品若沒有良好了解，沒辦法很快接受這種作業及知道如何下手。作業者常態需要知道的事項如下：

- 學習如何在最低可能溫度下做焊接
- 當不使用烙鐵時記得要關閉它
- 焊頭保存前要記得保持表面有錫
- 使用焊頭時儘量將焊頭與工件間接觸面最大化 (時常是短鈍的一邊)

週期性檢討焊接作業，可幫助防止作業者轉換回老作業習慣，不要爲節約成本而採購廉價焊接工具。較佳工具對控制熱傳到焊頭的能力較好，開始時可能設置成本較昂貴，但對後來長期生產會有較好品質。

線路內測試

在測試方面也應該與免洗製程有適當的相容性，部分測試探針應該更換爲能施加較高力或旋轉的探針。在許多案例中，使用免洗製程會產生測試問題，根本原因與治具設計有關，必須建立緊密接觸設計治具。

11-4 免清潔產品信賴度

有關免洗製程最大顧忌，就是組裝是否能有良好信賴度。但是在討論信賴度前，較重要的應該是先討論組裝殘留物化學特性。其化學特性會決定採用的測試方法，並會影響可期待結果。測試零件最容易面對組裝錫膏殘留、波焊助焊劑、重工助焊劑及它們的相互介面，可參考表 11-9 內容。

▼ 表 11-9　免洗製程殘留化學物質特性

殘留類型	Low- 殘留程序	直接殘留製程程序
焊錫錫膏	流變助劑、黏性劑、松香或樹脂	松香，活化劑
波焊助焊劑	己二酸、丁二酸、介面活性劑	松香，活化劑
重工助焊劑	己二酸、丁二酸	松香，活化劑

若一種免洗材料沒有被完全活化 (例如：手工焊接操作塗佈液體助焊劑)，留下未反應活化劑會導致腐蝕。材料交互作用是重要的，因爲兩種材料獨立存在可能是安全的，但當混合後處於高溫高濕或被施加偏壓時，有可能會導致漏電、腐蝕或樹枝狀遷移現象。組裝後較容易測試到的物質狀態有：電路板或零件離子污染、鉛與錫金屬鹽類、電路板及零件被升溫到回流焊溫度所釋出的有機副產物等。

業者常執行三個免洗製程認證的信賴度測試，它們是表面絕緣電阻測試 (SIR)、離子污染測試及高加速性應力測試 (HAST)。另外產品特定信賴度認證測試，可依據最終產品所需適應的環境可能影響做測試。當然還有其他方法可用來偵測殘留 (例如：離子色層分析、高效率液體色層分析等)，但多數都不適合生產環境，因爲它們設置昂貴且需要訓練良好的人員去操作與資料解讀。

免洗製程表面絕緣電阻測試

測量表面絕緣電阻或許是最有效而廣泛使用的方法，可判定組裝殘留安全與否，較被接受的測試程序呈現在 IPC-TM-650 規範的 2.6.3，它對於用在製程材料間相互作用的評估特別重要。某些案例，會發生錫膏助焊劑、波焊助焊劑、重工助焊劑及特定類型止焊漆間不相容的題。

這些測試是用要測試材料塗佈到 IPC B-25 樞狀線路上，經過正常操作程序處理，測量在提升溫度與濕度控制環境下漏電狀況。用來測試的條件爲，85℃、85% 相對濕度及 40℃、95% 相對濕度。較重要的是選擇一組條件並穩作業，非常難以比較不同溫度與濕度條件下產生的結果關係。若設計樞型線路在邊料區域，絕緣電阻測試可用來監控製程表現。

免洗製程的離子污染測試

離子污染測試可經由溶劑粹取 (如：微歐姆 (Omegameter) 機、離子分析儀或其它類似設備)，用來監控有機酸助焊劑清潔有效性。每種這類測試設備使用的方法都有點類似，它們依靠溶解及分解任何仍存在的助焊劑殘留到醇與水溶液中，監看溶液導電性來估算污染程度。

可惜的是許多免洗材料並不會順利溶解到醇與水溶液中，這種設備就難以有效偵測它們。這個方法可用在進料檢驗監控方面 (如：用來評估止焊漆穩定性) 及免洗製程基本表現，但沒有辦法實質確認一件組裝已經達到可接受清潔度。

免洗製程的高加速性應力測試 (HAST)

評估殘留物對信賴度影響，也會採用 HAST 測試，這包含塗佈要測試助焊劑材料在 SOT-23 部件及測試電路板上，電路板經過正常處理程序，之後會曝露在 85℃、85% 相對濕度環境下，施加一個逆向偏壓 20-V 持續 1000 小時。這個方法對離子殘留相當敏感，特別是氯及溴類物質，因爲部分助焊劑配方宣稱爲免洗，但實際上包含小量氯活化劑，這個測試對長期影響表現偵測特別有用。

11-5 免洗製程對電路板製造的衝擊

因爲電路板組裝後傾向不再清潔，因此電路板的裸板在進入組裝程序前就必須夠清潔。對一些要做清潔的組裝製程，並不會過份強調裸板清潔度，特定清潔等級必需要依據使用測試設備表現來變化。較有用的規則是，訂定穩定的裸板清潔度等級，它的殘餘物量大約等於最終產品組裝出來的一半。例如：若最終清潔度規格是 20μg/in^2，此時裸板組裝前就應該要保持在低於 10μg/in^2，這就可保留組裝產生助焊劑殘留污染的增加空間。最有效的執行方法，是要求電路板製造商在包裝運送前取樣，做相關測試作業。

免洗助焊劑在活性方面，明顯比要清洗助焊劑低得多，因此可焊接性較差的電路板無法靠使用較強助焊劑改善。在波焊及回流焊中使用氮氣，並不能提升難以焊接表面的潤濕性。而可惜的是，沒有一種可靠又便宜的方法可量化可焊接性，又可取代廣泛接受的〞浸泡直接觀察”這種簡單方法。這個測試包含浸泡塗佈標準助焊劑的電路板樣本到錫爐中，接著觀察任何相關潤濕或拒焊現象。雖然這種作法其實並不理想，但這種”浸泡直接觀察”的方式總比不測試要有保障，多數電路板業者都會做這種測試。

在波焊程序中，電路板離開時都會有小錫球沾在底部。這是常態現象，但卻不會特別管制它，因爲這些錫球幾乎都會在後段清潔中去除。有各種不同在焊接中導致錫球產生的原因，部分原因如後：

- 止焊漆材料問題
- 止焊漆表面粗度 (可能會依材料表面處理而變異)
- 止焊漆聚合的溫度曲線
- 噴錫所用助焊劑類型
- 波焊所用助焊劑類型

其中最明顯的因子就是止焊漆材料選擇，部分降低錫球的方式可透過實驗組合不同波焊、噴錫助焊劑類型及噴錫止焊漆聚合溫度曲線來改善，但這些都只能有小幅改善。儘管既麻煩又昂貴，但認證新止焊漆可能會是消除焊球唯一的路。噴錫是傳統保護與提升電路板可焊接性的金屬處理，然而不論是電路板或組裝者，都對引用這種製程發生困難，主要是難以控制其平整性、焊錫厚度穩定性等問題。

過薄焊錫塗裝會導致銅錫介金屬曝露，這會使焊接更加困難。過厚或不穩定焊錫塗裝會導致組裝困難，因爲錫型突出的電路板會排拒鋼版與電路板密貼性，導致過多錫膏轉移到電路板，回流焊時容易產生架橋問題。厚焊錫塗裝會產生冠狀焊墊，這也會使得零件安裝放置困難，當打件機施力到零件上，引腳會從冠狀突起滑開導致零件偏離架橋。

要避免相關的噴錫表面問題，許多組裝業者就將表面處理轉換爲有機塗裝裸銅板。這種金屬處理十分平整且焊錫性良好，與噴錫比較，離子污染等級較低。有機塗裝製程極爲簡單，比噴錫製程便宜，它的最大顧忌就是可焊接性、貯存壽命及有機塗層表面穩定度等。

11-6 免洗製程問題的改善

參考表 11-10。

▼ 表 11-10　免洗製程問題的改善

問題	可能的發生原因	補救方式
電路板錫膏潤濕不良	回流焊爐氧濃度過高 (低殘留製程)	檢查爐體滲漏，檢查排氣平衡
	電路板面可焊接性不良	測試電路板可焊接性
鄰近被動部件區產生焊錫珠	鋼版開口尺寸不佳	檢查鋼版開口，修飾鋼版設計，看是否符合新設計準則
細間距焊錫 接點斷路	不足的錫膏供應 (印刷鋼版開口堵塞)	檢查鋼版開口是否堵塞，清潔鋼版拋棄錫膏並補充新錫膏，若問題仍在檢查鋼版清洗劑濃度
	不良零件共平面性	測量 30 個零件計算共平面性平均值與標準差，若 Cpk<1.33 可向供應商查詢
錫膏印刷面焊錫短路	過多錫膏或錫	檢查電路板是否有噴錫過多現象
	零件偏離	在打件後回流焊前檢查零件對位度
細緻焊錫顆粒出現在錫膏印刷面焊墊周邊	印刷鋼版與電路板偏離	檢查印刷對位度，看是否錫膏正確的印刷在焊墊及止焊漆間，並調整對位度
	錯印電路板清潔不良	檢查錯印電路板是否清潔完整
	底邊擦拭不足	以無塵布清理印刷鋼版底部
波焊邊產生焊點斷路	組裝沒有緊密與焊錫波接觸	檢查波及電路板高度在傳動機構的位置及拖盤治具狀態
	不完整助焊劑覆蓋	做助焊劑覆蓋性測試，檢查電路板在傳動機構的位置
波焊邊產生焊錫短路	零件的方向	檢查零件方向與焊錫波成 90 度

▼ 表 11-10　免洗製程問題的改善（續）

問題	可能的發生原因	補救方式
零件對位不良	錫膏黏性發生問題 (低殘留製程)	檢查從鋼版印刷到打件時間是否已經超過 3 小時，若是則清潔重印
		檢查是否錫膏已停置在鋼版上超過 6 小時，若是則清潔鋼版使用新錫膏
	電路板冠狀金屬面 (噴錫殘留錫過多)，打件錯誤	重工裸板
		檢查打件精確度，必要則檢查其正確性
錫膏印刷模糊	擦拭問題	以乾的無塵布擦拭印刷鋼版底部
	對位問題	檢查印刷鋼版與電路板對位度
	印刷鋼版的清潔	清潔印刷鋼版
	皀化濃度問題	檢查皀化物濃度
	老舊錫膏	印刷鋼版上錫膏超過 6 小時或規定時間，清潔印刷鋼版更換新錫膏
粒狀焊錫接點	回流焊曲線偏低	檢查回流焊曲線
	在錫爐中氧氣過高	檢查氧濃度，若濃度恰當再檢查確認氣體是否流經分析器。若氧濃度過高，檢查錫爐設定變化及排氣系統因需求變異產生的變化
大焊錫珠在電路板上方鄰近被動部件	印刷鋼版開口形狀	重新設計印刷鋼版使用開口形狀可防止焊錫擠壓到底部零件區的設計
小焊錫顆粒在電路板上方，落在焊墊與止焊漆間	印刷鋼版的對位度	檢查印刷鋼版與印刷機對位度
	電路板焊墊尺寸比印刷鋼版開口尺寸小，錫膏印刷在焊墊與止焊漆間，可能無法在回流焊中與接點其它區域癒合	檢查是否電路板特性尺寸在規格內
		重新設計印刷鋼版採用較小開口

CHAPTER 12

陣列構裝焊接

全球電子產業發展，構裝都日益朝向輕、薄、短、小、快、廉價的方向設計。在表面貼裝技術方面，構裝也進一步從周邊引腳型式轉向陣列引腳型式，這包含內引腳 (晶片連結的部分) 與外引腳 (零件與電路板連結的部分)。傳統周邊構裝約 12 ～ 16mil 間距幾乎已經達到這類技術的極限，於是陣列構裝技術逐漸在高引腳數構裝嶄露頭角。圖 12-1 呈現各式構裝型式，其中較大引腳數的構裝及需要輕薄高密度引腳數的構裝，都已經採用陣列式接點設計。

▲ 圖 12-1　各式表面貼裝構裝

目前業界較主要陣列零件組裝技術，仍然是以焊接爲主體，作爲機構互連的重要方法，這對於一階與二階構裝都是如此。這樣若要順利做陣列構裝組裝，必需了解不同類型焊料與焊接製程間的關係，尤其是選用技術的特性、參數、限制性等，這些知識相當重要。

12-1 選用錫膏的標準

產品焊接合金選用，必須依據技術及產品可靠性需求決定。選擇的對象除了要滿足作業潤濕性要求，選用焊料還應該在後續製程中維持其物理、機械等性質完整性。這樣在構裝及組裝結束後，最初形成的焊點才不會發生損害性改變。

選擇焊接合金的另一個原則是可靠性考慮，因爲焊點必須在使用期間承受各種考驗，合金應該具有足夠抗疲勞能力及足夠均衡性，以吸收零件間熱膨脹系數差異。前者意味著焊料應該在剪切、張力、潛變、抗疲勞等方面，具有適當機械性質。後者則要求焊點要維持一定高度，這方面可透過焊料表面張力 (對輕零件) 或用高熔點材料作間隙支撐 (對重零件) 來達成。

對於陣列構裝，通常會透過兩階段導入互連焊接材料。首先可能會將焊料預先製作在構裝上，是以先行製作焊料凸塊模式完成。之後帶有焊料凸塊的構裝，經焊接程序被安裝到下一級構裝上。此處所討論的焊接過程，可選擇使用或不使用其它焊接材料，而這些焊接材料也可與構裝凸塊相同或不同。當需要其它焊接材料時，可經由焊料製作在下一級構裝，或可經由塗佈錫膏作爲連接介質。

用於覆晶凸塊製作與焊接的合金

對於構裝上的覆晶晶片，其凸塊製作與焊接用合金必須要有高熔點，如：97Pb/3Sn 或 95Pb/5Sn，這樣可確保焊點在後續使用共融焊料組裝時不會再次熔化，當然這些材料在面對無鉛製程時都要更新。對於晶片直接黏貼 (DCA-Direct Chip Attachment) 的構裝形式，晶片凸塊及下一級構裝所用焊料通常會採用共融或接近共融焊料。

在特定條件下，爲了獲得更好抗疲勞性或與有金鎳鍍層基板相容，常會選用含銦焊料，如：81Pb/19In。金錫合金系統，也被用於一些免助焊劑覆晶技術應用，此時會將 80Au/20Sn 焊料製作在金凸塊或鎳凸塊頂部。在引線凸塊製作技術中，可選用 97.5Sn/2.5Ag 合金。

用於 BGA、CSP 錫球製作與焊接的合金

對於重部件如：陶瓷柱陣列構裝 (CCGA-Ceramic Column Grid Array) 或陶瓷球陣列 (CBGA-Ceramic Ball Grid Array) 零件而言，用在柱狀結構或錫球的典型焊料是 90Pb/10Sn。圖 12-2 所示，爲兩種典型 CCGA 構裝範例，不過這類合金也在轉換中。

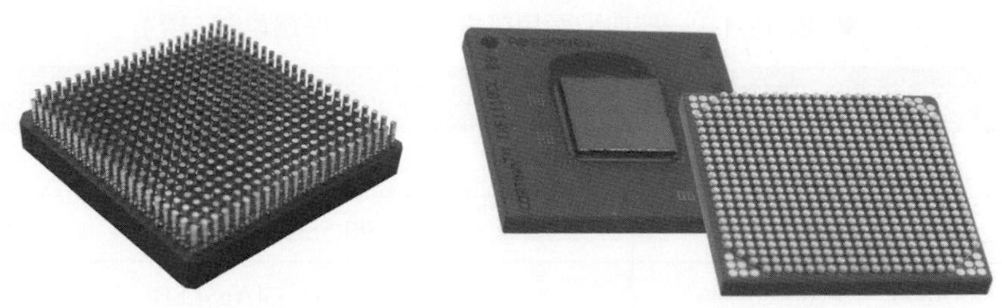

▲圖 12-2　典型的 CCGA、CBGA 構裝

這些柱狀金屬是經由鑄造，之後使用 63Sn/37Pb 焊料焊接在陣列構裝上。對於 CBGA 所用 90Pb/10Sn 錫球典型安裝方法，是以 63Sn/37Pb 錫膏做焊接。當使用共融性 63Sn/37Pb 或 62Sn/36Pb/2Ag 焊料做二階組裝時，高熔點 90Pb/10Sn 焊料可讓構裝零件在電路板上有離板間隙。

對於輕部件，如：塑膠球陣列構裝 (PBGA-P1astic Ball Grid Array) 零件，則利用 63Sn/37Pb、62Sn/36Pb/2Ag、96.5Sn/3Ag/0.5Cu 製作錫球，之後可只使用助焊劑或採用相同合金體系錫膏做電路板焊接。晶片級構裝 (CSP)，使用的合金與 PBGA 構裝使用合金類似，但在二階組裝時較建議使用錫膏而不是單純助焊劑。

無鉛焊料的發展

鉛的危害讓業者已經在 2006 年後開始，改用以無鉛焊料爲基礎的組裝製程。到目前爲止，錫銀銅合金仍然是較主流的焊料合金系統，不過配方中各家供應商都有其看法與金屬的微調做法。表 12-1 所示，爲 Sn、Ag、Bi、Cu、Sb、In、Zn 等金屬所搭配的合金組成，是目前測試表現較良好的無鉛焊料。

這些合金在陣列構裝，可代替共融錫鉛焊料，但至今還沒有找到高熔點焊料替代品。經過這些年，業者多數已經累積了一些 SMT 無鉛焊料的操作經驗，不過應對多樣化的產品需求，業者還是需要在實務上累積更多經驗與數據。

▼ 表 12-1　一些典型而良好表現的無鉛焊錫範例

熔解的溫度範圍 (℃)	合金組成
227	99.3Sn/0.7Cu
221	96.5Sn/3.5Ag
221 ～ 226	98 Sn/2Ag

▼ 表 12-1 一些典型而良好表現的無鉛焊錫範例 (續)

熔解的溫度範圍 (˚C)	合金組成
205 ～ 213	93.5Sn/3.5Ag/ 3Bi
207 ～ 212	90.5Sn/7.5Bi/2Ag
200 ～ 216	91.8Sn/3.4Ag/4.8Bi
226 ～ 228	97Sn/2Cu/0.8Sb/0.2Ag
213 ～ 218	96.2Sn/2.5Ag/0.8Cu/0.5Sb
232 ～ 240	95Sn/5Sb
1 89 ～ 199	89Sn/8Zn/3Bi
175 ～ 186	77.2Sn/20In/2.8Ag
138	58Bi/42Sn
217 ～ 219	95.5Sn/4Ag/0.5Cu
216 ～ 218	93.6Sn/4.7Ag/1.7Cu
217 ～ 219	95.5Sn/3.8Ag/0.7Cu
217 ～ 21 8	96.3Sn/3.2Ag/0.5Cu
217 ～ 219	95Sn/4Ag/1Cu

12-2 焊料凸塊及其挑戰

製作陣列構裝焊料凸塊，大致可分為四個主要考量，每項技術的缺點與考驗都十分明確，面對各項技術必須對這些問題做評估討論。

製作的程序

焊料凸塊可經由乾式法如：蒸鍍程序，或濕式法如：電鍍程序，逐步沉積焊料製作成所需要的外型尺寸。蒸鍍凸塊這種乾式製作技術，較典型的應用是在晶片凸塊製作上。如圖 12-3 所示。在 IBM 的 C4 技術中，使用的焊接材料是 97Pb/3Sn 或 95Pb/5Sn。首先將金屬鉬製成的鋼版與晶片焊墊對齊並將鋼版夾緊，底部凸塊是蒸鍍到鋁金屬焊墊上，沉積前會作金屬阻擋層處理，先沉積鉻銅金金屬化層 (UBM)。接著做已知組成與體積的焊料蒸鍍沉積。完成後移去鉬模版，做焊料回流焊融熔產生凸塊作業。雖然採用蒸鍍技術，焊料組成與沉積品質都非常好，但是蒸鍍成本相對較高卻是不爭的事實。

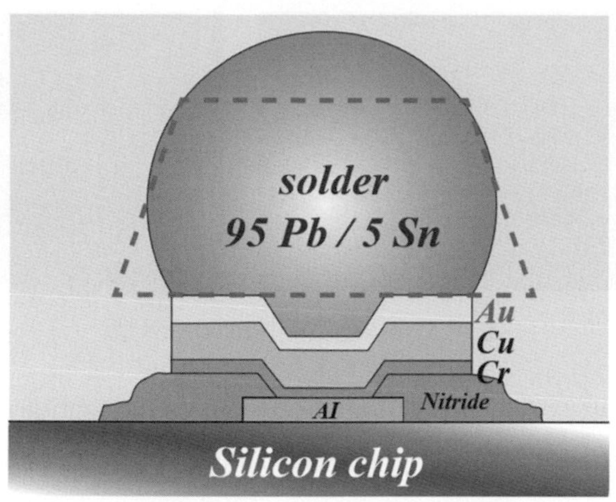

▲ 圖 12-3　晶圓上蒸鍍焊料凸塊的製作技術，蒸鍍後的焊料會如圖中紅色虛線的區域形狀，在回流焊後因為表面張力的關係而產生球狀的外型

在以電鍍形成凸塊的技術方面，這種方法被歸類爲濕式凸塊技術。電鍍是目前晶片凸塊製作較普遍採用的技術，而沉積焊料合金過去以錫鉛系統爲主，目前正在轉換成無鉛系統。製作之初會先做種子層建立，這種方式類似於電路板製程中的化學銅。整片晶圓會做金屬化處理，在表面產生金屬種子層。之後以影像轉移產生圖形，把要製作凸塊的位置露出來。之後以晶圓爲陰極在電鍍浴中做電鍍，電鍍後去除光阻並蝕刻掉種子金屬層，接著塗佈助焊劑將沉積焊料回流焊形成凸塊。圖 12-4 所示，爲典型電鍍晶圓凸塊流程。

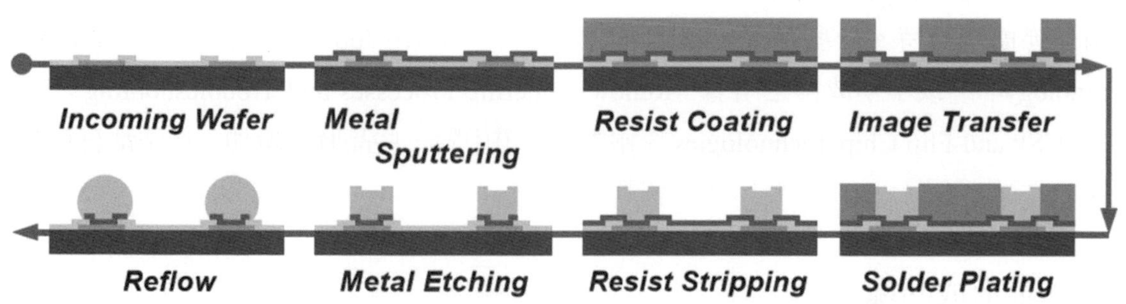

▲ 圖 12-4　晶圓凸塊電鍍法製作流程

回流焊前觀察或許電鍍凸塊尺寸相當平均，但經過回流焊後凸塊尺寸會發生變化，鄰近焊料凸塊也可能有直徑不同現象。小凸塊看上去有更多顆粒，且凸塊顆粒結構中會有更多孔洞出現，特別是在焊料與焊墊介面附近，辨別不出明顯空隙。高溫回流焊後可能出現的問題會更嚴重，一般在最小峰溫值 265℃作業會獲得較好效果。另外這種狀況在晶圓上分佈並不均勻，有時候會出現偏單邊品質較差現象，有可能是在電鍍過程中雜質侵入或電鍍條件不佳所引起。圖 12-5 所示，爲經過回流焊後產生的凸塊狀況。

▲圖 12-5 晶圓凸塊的成品外型

回流焊時電鍍焊料或底部金屬化層 (Under Bump Metallization)，可能會有雜質激烈排氣作用，這可能會引起熔融焊料頂部飛濺現象，進而導致相鄰焊料凸塊相互接觸。熔融焊料可能因爲這種接觸而導致相互搶奪焊料，終致鄰近凸塊間形成不一致體積。

較高製程溫度提升了排氣作用，會加重問題嚴重性。雜質排氣模式也可解釋，爲何會觀察到有孔洞現象出現，這是因爲雜質經常會阻礙熔融焊料融合，並導致晶粒間出現微孔。在焊料與焊墊間的介面附近會出現較多微孔，這表示雜質也可能源自於 UBM 材料。在小凸塊中出現多種樣貌凸塊，反映出應該有雜質存在，而這些雜質飛濺可能會變動或減小焊料體積。較建議的改善處理方式包括：改善鍍層品質或 UBM 品質以降低雜質、降低回流焊溫度。

晶圓凸塊製作技術不少，除了蒸鍍與電鍍外還包括：噴塗、點膠、印刷、轉印等不同技術，因爲業者使用率高低問題，此處將重點集中在印刷及錫球製作兩部分，其它技術只作簡單交待。一些細節，有興趣的讀者可參閱 Dr. John Lau 所編著的“Flip Chip Technology”，或李寧成博士所著“Reflow Soldering Processes and Troubleshooting：SMT, BGA, CSP and Flip Chip Technologies ”兩本書，書中對一些晶圓凸塊加工作法都有較詳細描述。

焊料噴射形成凸塊

焊料噴射是一種動力驅動將熔融焊料液滴從孔洞噴射出去的技術，它的作業概念較像大家所見的噴墨印表機模式。採用的原理各家不同，目前較成功的是壓電式作業模式。相關研究與發展，在美國 Sandia 實驗室、IBM、MPM 等機構有一些技術訊息發表。因爲焊料噴射技術可直接將熔融焊料製作成焊料凸塊，所以免除了其它凸塊技術所需中間步驟，如：電鍍、回流焊、清洗等，它是低成本晶片凸塊製作技術中最具有潛力的技術之一，這類技術目前的極限爲大約是 3mil 間距。

此技術的主要問題之一，就是生產效率仍然相當低，它的最大噴射速度只有 250 點／秒，在量產上較會被質疑。另外在凸塊尺寸控制方面，其一致性也並不理想。噴射技術對使用焊料品質較敏感，若沒有附加清洗機構設計與處理，熔融焊料很快就會堵塞噴嘴。由於這些挑戰性問題，這類晶片凸塊製作方法的進一步研究最近已經中斷。這類技術討論，似乎在最近的技術發表或進展訊息上都不容易再聽到。不過由於焊料噴射技術具有不錯的錫球生產力，且這類應用對精確度和尺寸一致性要求較寬，一些錫球製造商有開始嘗試利用這類技術的跡象。如何讓這類技術能在更寬廣領域使用，值得進一步觀察與努力。

吸放錫球轉移與錫膏印刷技術應用

對於 BGA 類零件接點處理，最常用的技術是使用吸放機把錫球轉移到塗佈助焊劑或錫膏的 BGA 基板上，接著做回流焊作業。幾個典型 BGA 基本零件接腳製作方式，如圖 12-6 所示。

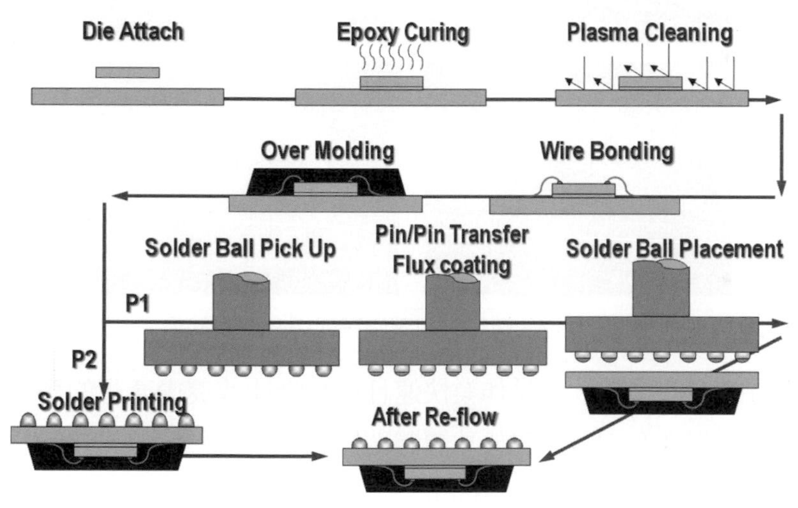

▲ 圖 12-6 典型的 PBGA 植球作業

圖中表達出兩種典型引腳球製作方式，而業界有另外一種震動對位植球法也會在此作概略陳述。當 PBG 封膠完成後，構裝會準備進入植球程序。目前常用的方法有三種，其一是吸取置放作業式。製作程序是製作與零件引腳位置完全相符的吸盤，之後利用自動化吸放設備做錫球安裝。吸盤會先進入佈滿錫球的盤中吸取球體，之後經過助焊劑沾取將球體下方小面積沾上助焊劑。接著以光學對位設備與構裝配位，完成對準後並放下錫球重新回到下個循環作業。完成植球的構裝零件，可經過檢查機確認，送入錫爐做回流焊完成整個作業。

在 BGA 類構裝逐漸風行期間，有相關設備商利用震盪對位方式整列錫球，經過整列篩的整列與對位，將整齊的錫球移轉到構裝上。設備的另外一端，會做助焊劑印刷，完成印刷的構裝零件會送入對位治具與錫球連結。前述吸放機構與這裡所描述的震盪植球機構，都利用了助焊劑可黏貼特性來暫時固定錫球。完成植球的構裝零件，可在經過檢查機確認後，送入錫爐做回流焊完成整個作業。

某些球體積較小的構裝，則採用類似晶圓凸塊製作的方式，做直接印刷製作引腳球製程。其製作方式僅是印刷適當錫膏在構裝引腳位置上，之後做回流焊就可以了。圖 12-7 所示為印刷製作引腳焊點的範例。

▲ 圖 12-7　精密印刷製作錫球與凸塊的範例

印刷製作的方式有其優勢，就是作業快速且沒有吸球或震盪產生的錫球氧化問題，但是對體積較大的接腳製作有困難，對於球體體積控制也較不穩定。另外在採用這種技術製作構裝零件時，所有印刷技術必須注意的事項都要遵守，否則印刷相關問題也會發生。若使用錫球製作引腳或凸塊，用於錫球安裝的錫膏有良好沾黏與對準效果，缺點率則會隨著助焊劑黏度下降而增加，這應該是因為回流焊過程錫球滾動與黏度相關所致。缺點率同樣隨溶劑揮發性遞增而減少，這方面可能也是助焊劑黏度效應造成。較低沸點的溶劑在回流焊時更容易揮發掉，這會產生較高黏度助焊劑狀態，對錫珠滾動會施加更大約束力。

助焊劑塗佈過多可能會導致較高缺點率，這是因為助焊劑阻擋效應所致。在回流焊時助焊劑位於錫球與焊墊間。助焊劑塗佈厚度越高錫球穿過助焊劑下沉與焊墊接觸需要時間就越長。這樣在焊料潤濕發生前，錫球更容易偏離本來應該要沉積的位置。至於助焊劑活性方面，由結果觀察發現缺點率會隨活化劑含量遞增而增加。較厚助焊劑會使錫球氧化物反應更激烈，因此回流焊時會釋放更多氣體，這種激烈氣體釋放非常可能激化錫球滾動。

另外較高活性助焊劑也會很快除去錫球氧化膜，這使得球相互滾動時間加長，錫球有更多機會與鄰近錫球融合。在回流焊過程中，較高溶劑沸點會使助焊劑保持較低黏度。這種低助焊劑黏度特性會有利於更好的擴散和毛細管效應，結果錫膏能更好地潤濕接觸面，並讓錫球產生較好的自我對中效應。

12-3 接點凸塊產生空洞的問題

多數焊料引腳接點凸塊截面圖幾乎都顯示，實質上所有觀察到的空洞都存在或靠近焊料與基板介面介面間，這對於共融焊料凸塊系統尤其明顯，如圖 12-8 所示。

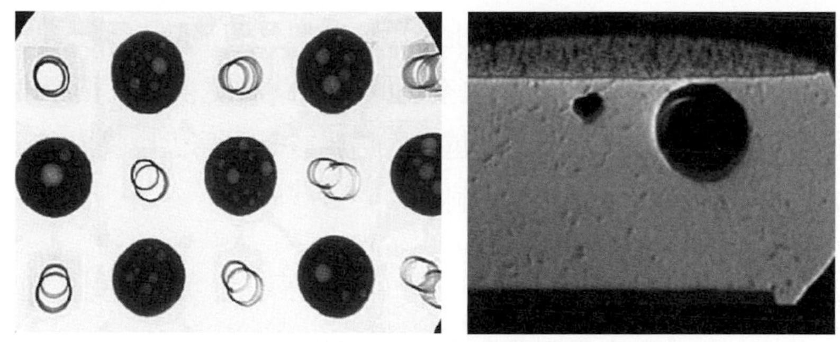

▲ 圖 12-8　焊料凸塊明顯容易產生空洞問題

焊料與基板介面間產生氣泡，是由於基板金屬表面未被潤濕位置導入了助焊劑就會產生氣泡。幾乎所有空洞都出現在介面位置，這說明了這些位置是回流焊氣泡不穩定位置。顯然氣泡未排出是因爲所受浮力未能克服介面吸附力。要獲得足夠浮力脫離焊料基板介面，氣泡必需變得夠大才會浮出。由一些照片看到，凸塊所有空洞幾乎都位於焊料基板介面。這顯示一旦氣泡脫離介面就會很快浮出，如此路徑上就沒有留下空洞。

吸附力的存在，是由於氣泡表面會傾向於保持最小液體表面積，這種現象是表面張力所引發。對吸附在焊料基板介面上的氣泡，其表面一部分是由基板所形成，如圖 12-9 所示。基板表面部分，對氣泡的作用是減少形成氣泡所需的熔融焊料總表面積。若氣泡脫離介面，則爲了要形成完整球狀氣泡表面就需要更多能量。這些額外能量需求，成爲氣泡脫離阻礙。當氣泡長大到足以用浮力克服表面張力，氣泡才能脫離板面。

▲ 圖 12-9　融熔焊錫凸點中助焊劑氣泡狀態示意

助焊劑活性的影響

焊料凸塊製作階段，會產生空洞現象與助焊劑活性成反比。這方面應該與多數研究結果吻合。由於較高助焊劑活性在焊接時，會減少基板金屬層產生非潤濕點機會。其結果使金屬直接潤濕，助焊劑不易導入焊料與基板介面間，進而使空洞形成機會減少。

焊墊尺寸的影響

空洞現象會隨焊墊尺寸增加而增多，這大概要歸因於兩個因素。第一個因素是曲率半徑，因爲所使用錫珠的直徑是常數，所以合成的凸塊曲率半徑將會隨焊墊尺寸增加而遞增。由於有較小液壓施加在空洞上，所以曲率半徑增加會導致較大空洞尺寸。第二個因素是機率因素：假設焊接時，焊墊單位面積上氣體釋放率是個常數，那麼焊墊尺寸越大，每個焊墊氣體釋放頻率越高，每個焊墊產生空洞的總數將會更多。沉積厚度對空洞也有影響，常態上印刷沉積的厚度愈高出現空洞越少。這應該是因爲供應量愈多，提供助焊劑消除氧化物的能力就越高，以致較少產生空洞。

黏度的影響

經驗上錫膏黏度較高，產生空洞機會反而較低，這種現象對松香系列助焊劑是正確狀態。因爲在這類助焊劑中，黏度高就代表其中松香含量較高，而較高松香含量可提供較好潤濕，這應該是高黏度有較低空洞的原因。這種狀態對非松香系統助焊劑而言，未必正確。

錫球、焊墊氧化程度的影響

錫球氧化層會在作業中滾動產生，錫球表面會隨著滾動處理時間延長而變深，這可作爲觀察氧化程度指標。若用氧化較多的錫球做焊料凸塊製作，空洞會隨錫珠氧化程度或氧化時間增加而增加。這是因爲會在熔融焊料內引入助焊劑，助焊劑最終成爲氣體釋放源導致空洞出現。錫球氧化物越多，焊接中就會殘留更多沒有被助焊劑去除的氧化物，結果就有更多助焊劑殘留在氧化物表面並釋放出氣體。另外空洞也會隨焊墊氧化程度增加而增加，這是因爲助焊劑會讓導入非潤濕焊墊表面的機會增加，結果就導致釋放氣體機會增加。

金屬含量的影響

空洞率會隨金屬含量增加而增加，這是由於較高粉體表面積導致較高金屬氧化物含量，這種問題已如前述。

回流焊曲線的影響

一些研究的觀察發現，錫膏製作凸塊系統的回流焊曲線長度對空洞也有影響。當回流焊曲線長度增加空洞也會隨之增加，該現象推測來自於兩個因素：

- 助焊劑排氣率受黏度支配，使用較長回流焊曲線，會使助焊劑揮發物揮發更加徹底，這就保留了較高黏度助焊劑殘留物，並使該殘留物更難從熔融焊料內排出，結果容易觀察到較高空洞率。
- 氧化是另外一個因素，在空氣中做回流焊，較長溫度曲線會導致材料有較大程度氧化，也會導致更多的空洞。

整體而言在焊料製作凸塊階段，由於氣泡具有形成最小熔融焊料表面積傾向，因此BGA 構裝裡出現空洞總是在介面上。在焊錫凸塊製作階段，BGA 空洞會隨助焊劑活性下降、助焊劑或錫膏沉積厚度下降、錫球焊墊氧化程度增加、焊墊尺寸增大、回流焊曲線長度增加、金屬填充量遞增而增加。空洞也會隨助焊劑、錫膏黏度下降而增加，這可能由於助焊劑活性降低所致，應該與助焊劑揮發性沒有關係。

12-4 小結

焊錫凸塊製作，是未來電路板組裝技術中重要的技術。尤其是陣列構裝普及這種技術更要重視，目前市面上較普遍的製作技術包括：植球、點膠、液體焊料移轉、固體焊料移轉，錫膏印刷製作等。技術細節非常多元有變化，其實各家所採用的製作方法都多少有些差異。

目前在載板錫球，抓取植球作業模式是較普遍方法，其它作業方法則只有小量或在實驗階段。至於更精細凸塊部分，印刷、電鍍製作較成熟的方法。不過此處想要討論的部分，主要還是以電路板組裝技術相關議題爲主，只對這些作法簡略介紹。

CHAPTER 13

陣列構裝的組裝與重工

陣列構裝主要優點，是引腳結構牢固易於組裝操作。細間距的 QFP 構裝，採用密集周邊引腳結構，其引腳十分脆弱易於彎折，與之相比陣列構裝如 BGA 等就較容易組裝操作。若技術運用恰當，BGA 組裝與重工良率相當高。陣列構裝的不理想處，在於檢測構裝內部焊點缺點較不容易。CSP 與 BGA 特性類似，但因為引腳間距更小，對操作誤差會更敏感。這裡針對這些陣列 BGA、CSP 組裝、重工技術做討論，並整理探究一些使用上面對的挑戰。

13-1 陣列構裝組裝技術

BGA、CSP 構裝零件組裝，是採用典型 SMT 技術，包括：錫膏印刷、零件貼片、回流焊、檢測。錫膏供應體積，對可靠性影響頗大，因此在作業程序中必須注意鋼版設計細節。

常用的鋼版設計模式

由於錫膏供應量、焊點可靠性及構裝類型關係密切，不同構裝類型會對應不同鋼版設計方式，這方面可逐一探討。

CBGA 與 CCGA 類零件組裝

CBGA 與 CCGA 構裝，使用構裝材料是高熔點焊料合金，如：90Pb/10Sn 或 95Pb/5Sn 等。在回流焊過程中，高熔點錫球或焊柱並不會在作業中熔化，但塗佈在焊墊、高熔點錫球、焊柱間共融焊料會發生熔化並產生金屬鍵結形成焊點。因此為了形成夠強金屬鍵結，就必須滿足最小錫膏體積需求。通常 CBGA 比 CCGA 需要略多錫膏量，才能滿足最低可靠性要求。表 13-1 所示，為參考的鋼版製作準則，其間差異反映出錫球與焊柱間需求體積量的差異。CBGA 構裝，需要稍多共融性錫膏，這樣才能在回流焊後產生完整包覆層。

▼ 表 13-1　參考建議的 CBGA、CCGA 鋼版設計準則 [31]

構裝類型	間距 (mil)	錫膏體積量 (mil^3)	建議的鋼版規格
CBGA	50	● 最小體積量：4800 ● 額定體積量：7000	● 鋼版厚度為 8mil ● 開口直徑為 34 或 35mil
	40	● 最小體積量：2500 ● 最大體積量：4600	● 鋼版厚度為 7.5mil ● 開口直徑為 27mil
CCGA	50	● 最小體積量：3000 ● 額定體積量：5000	● 鋼版厚度為 8mil ● 開口直徑為 32mil
	40	● 最小體積量：2000 ● 最大體積量：5000	● 鋼版厚度為 8mil ● 開口直徑為 29mil

PBGA 類零件組裝

對 PBGA 構裝而言，錫球合金通常為共融錫鉛或新式無鉛合金。回流焊過程中在助焊劑作用下，錫球熔化、塌陷並與焊墊潤濕。錫膏對焊點體積量的影響，主要在於錫膏中金屬含量、開口直徑及印刷厚度。通常錫球體積占焊點最終體積的 80 ～ 100%，組裝中焊墊上印刷錫膏，就代表最終體積會受到錫膏供應量影響，若只在焊墊上塗佈助焊劑，錫球就是焊接點最終體積。

因為融熔焊錫所佔體積，在 PBGA 組裝中比例較高，因此這類構裝的組裝對錫膏供應量敏感度相對低。對於標準間距 50mil 左右的 PBGA 構裝，鋼版設計厚度通常是 6 ～ 8mil 較恰當，開口直徑則為 26 ～ 34mil。對 40mil 間距的 PBGA，鋼版厚度通常會調整為 4mil 上下，開口直徑則大約 20mil，這樣所得到的額定體積約為 1200mil^3。

CSP 類零件組裝

CSP 中錫球體積比 BGA 構裝錫球體積小，因此若錫膏印刷體積不足就會導致 CSP 焊點脆弱。CSP 焊點臨界體積，依據 CSP 類型、錫球大小、焊墊大小、間距及焊墊大小而不同。Cole[31] 指出，當 CSP 間距 0.5mm、焊墊直徑 8mil，恰當錫膏體積範圍為 100 ～

500mil[3]。原則上 CSP 構裝的錫膏體積量越大，焊點可靠性越高，體積上限以不產生架橋爲原則。

透過增加鋼版厚度、開口直徑及改變開口形狀可調整錫膏印刷量。最有效方法就是採用方形開口，如圖 13-1 所示。方形開口轉角必須採用圓角設計，這樣才有利錫膏離版，一般圓角半徑爲鋼版的厚度。由於使用方形開口設計，錫膏印刷體積可因爲四角增加的面積而減少邊長，這樣可加大間距獲得一樣的下墨量，這種處理可降低發生架橋的可能性。若採用梯形開口設計，錫膏可更順利通過。

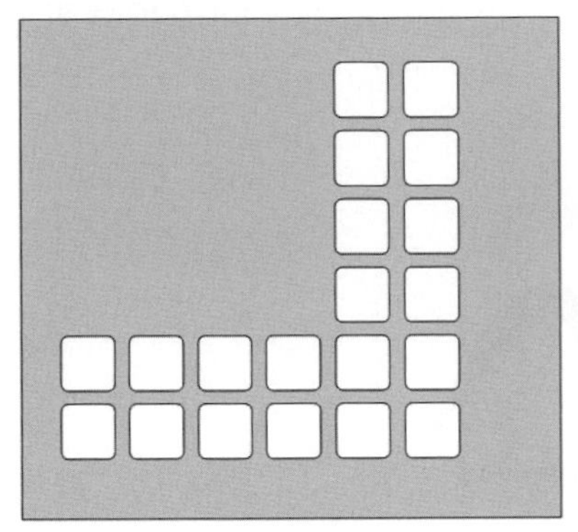

▲ 圖 13-1　陣列組裝建議的鋼版開口設計計與局部印刷結果

BGA/CSP 貼片作業

在回流焊過程中，熔融焊料表面張力使得 BGA 具有自我對中能力，因此在 BGA 貼片中允許某種程度偏移量，如圖 13-2 所示。對間距爲 50mil 的 BGA 而言，50% 的貼片偏差量是可接受的範圍，對於間距爲 40mil 的 BGA 而言，可接受 40% 貼片偏差量。

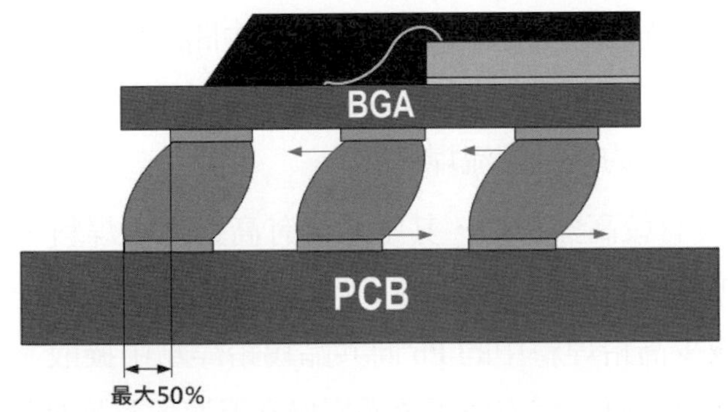

▲ 圖 13-2　在焊料表面張力作用下，BGA 會自動對中

CSP 與 BGA 貼片偏差產生的影響有很大差異，若貼片產生微小線性偏差就容易產生故障問題，但發生兩度旋轉偏移卻可能不會產生故障，主要因爲焊墊間距在線性與旋轉間

有差異的緣故。BGA 貼片設備，包括固態攝影視覺系統及陣列視覺系統。固態攝影二維視覺辨識系統，用於確定構裝邊界。當精度足夠時，它經由計算陣列到本體邊界的距離來限定構裝邊界。視覺系統透過識別錫球陣列來確定構裝位置。

回流焊作業

與其它 SMT 零件組裝作業類似，BGA/CSP 回流焊也可使用強制對流回流焊爐、紅外回流焊爐及氣相回流焊爐，其中以強制對流回流焊爐最常見。儘管可採用傳統預熱、浸潤、回流焊、冷卻四段回流焊曲線，但採用緩慢線性升溫、達到溫度峰值和冷卻的“帳篷曲線”效果更好，如圖 13-3 所示。通常，“帳篷曲線”升溫速率越慢，回流焊缺點率就越低。

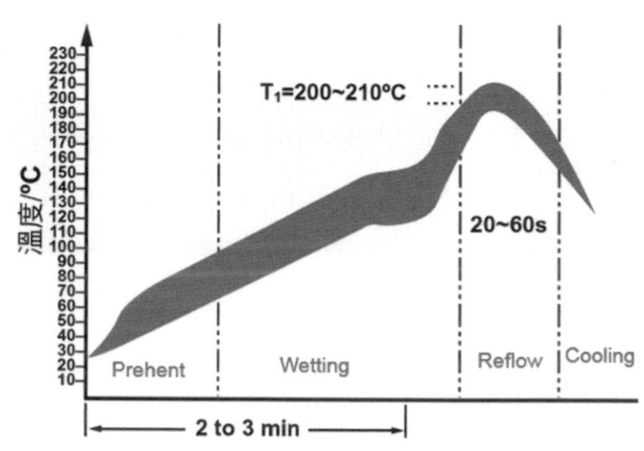

▲圖 13-3 “帳篷”曲線 (資料來源：Heller Industries)

有周邊引腳的構裝零件 (如：QFP)，因爲所有引腳都在相同加熱條件下作業，因此引腳溫度接近一致。但對於 BGA 而言，隱藏在陣列中間的錫球受熱比四周慢，這樣溫度均勻度就較差，此時 BGA 回流焊曲線就十分重要，必須使所有錫球都達到最低回流焊溫度，又不會超過零件能承受的最高回流焊溫度。

CBGA 與 CCGA 具有較高熱容量，其中並含有高鉛含量焊料，這類零件對建立回流焊曲線是大挑戰。一方面所有焊點應達要達到最低回流焊溫度，另一方面最高回流焊溫度不能超過 220℃，以減少高鉛焊料中的 Pb 向共晶錫鉛焊點中擴散。當熱容量較大時，要實現嚴格的溫度控制相當困難。這方面可透過極慢升溫速率及延長加熱時間來操作，這種回流焊曲線應該可滿足這種零件配置要求。

檢驗測試

BGA 焊點檢測與其它 SMT 焊點類同，理想的焊點應當是在錫球或錫柱上，與焊料間形成平滑過渡狀態，在包覆層表面不應有顯著凹陷產生。使用 BGA 技術的困難，就是它不同於傳統周邊引腳零件，可直接做引腳焊接的目視檢測。雖然可見光的光學視覺檢測系統，能夠檢查周邊焊點潤濕性及對準性，但無法看到大多數隱藏在內部的焊點，因此要全面檢查各焊點，只能用 X 光設備完成。X 光設備能檢出空洞、架橋、偏移、冷焊等缺點，但對於輕微臨界冷焊狀況不易檢出，圖 13-4 所示爲典型 X 光檢查設備呈現的檢驗照片影像。

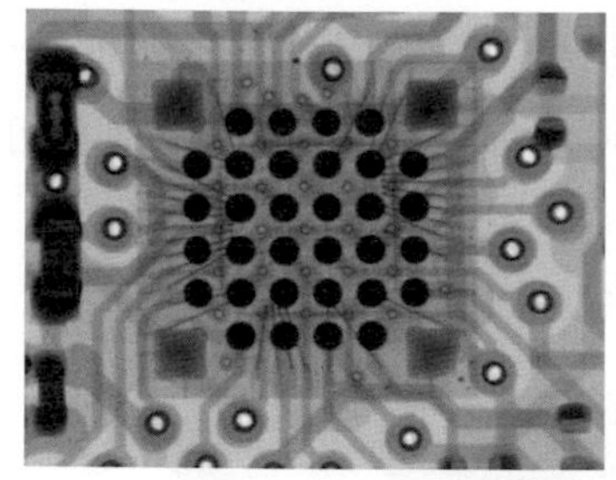
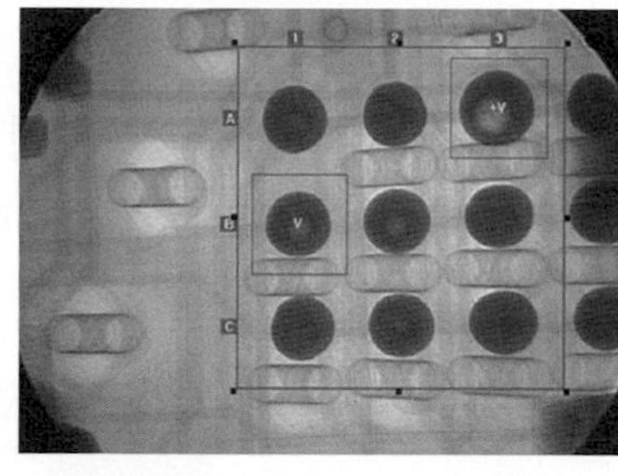
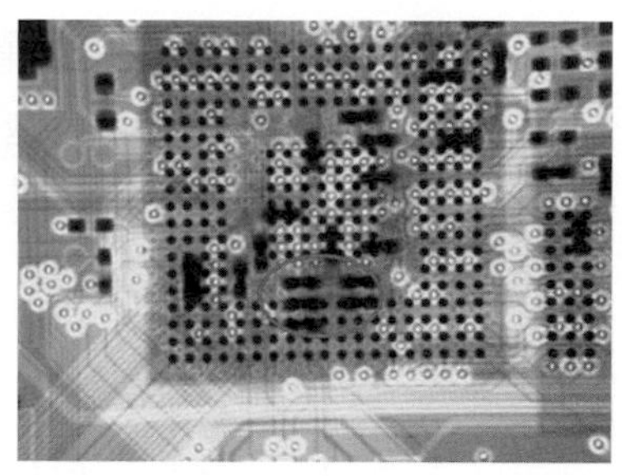

▲ 圖 13-4　典型 X 光檢驗影像，有冷焊、空洞、架橋等缺點

若電路板焊墊採用淚滴型設計，焊點潤濕性可有較好的表現。另外利用傾斜電路板檢測法，可看到焊點側面的 X 光圖像，從而獲得到更多潤濕資訊。圖 13-5 所示，爲典型 X 光傾斜檢驗影像。但是這種檢查方式，檢驗能力會受設備允許空間限制，對非破壞檢查大型電路板較不利。若使用斷層掃描 X 光設備，能夠提供更多焊點外形資訊。

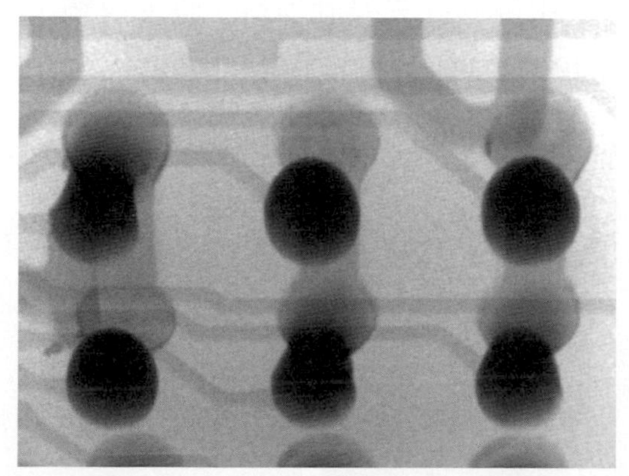

▲ 圖 13-5　典型 X 光傾斜檢驗影像

13-2 重工處理

因爲 BGA 與 CSP 對潮濕、變形等因素都很敏感，因此在重工時需要特別小心。它們的重工與傳統周邊引腳零件不同，因爲結構複雜性較高，因此業者間有廣泛研討，針對這些重工技術的關鍵特性，在此做概略討論：

處理的程序

我們針對使用半自動重工系統，做微型 BGA 重工的典型技術流程概略描述，其製程如後：

- 準備重工電路板：在零件接點塗上低固含量液體助焊劑，並將板面作適度傾斜
- 零件拆除：爲了防止電路板變形，從板面上下方做預熱，溫度大約到達 100 ～ 120℃，然後繼續將電路板加熱到約 205 ～ 220℃。圖 13-6 所示，爲局部零件處理加熱系統示意圖。

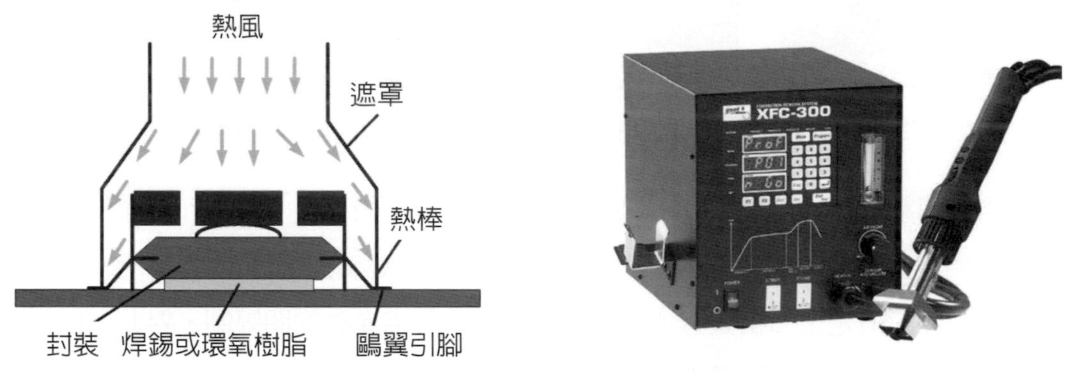

▲ 圖 13-6　SMT 零件局部加熱系統與套件

- 重工位置準備：焊墊與引腳區除去殘餘焊料、整平焊墊、清理焊墊、檢查止焊層與焊墊是否損傷、塗佈助焊膏或錫膏 (手工做法如圖 13-7 所示)

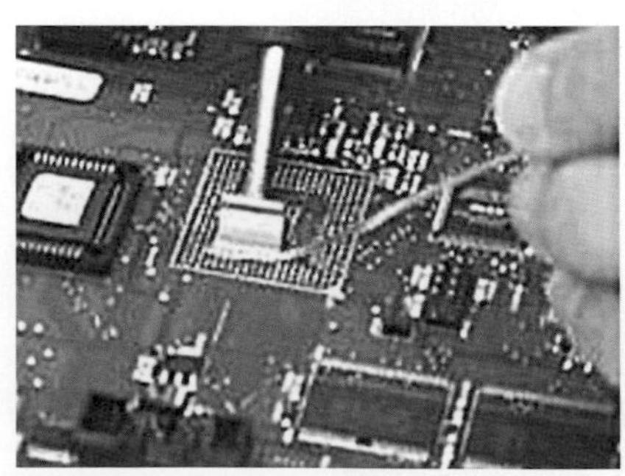 

▲ 圖 13-7　BGA 零件區域整理與補印助焊劑 (資料來源：www.solder.net)

- 零件安裝：用眞空吸嘴抓取零件，用分光棱鏡做零件對位。回流焊中電路板應先預熱以防止變形，回流焊峰值溫度 205 ～ 230℃，183℃以上至少應該保持 60 秒以上，無鉛焊錫須依材料特性調整
- 最後做清洗與檢測作業

重工的預乾燥

PBGA 零件對潮濕相當敏感，因此零件從包裝袋中取出後應該在 8 小時內使用完畢。所有 PBGA 零件不論直接使用或需要重工，都應該保存在 5%RII 乾燥箱內。若零件在室溫下曝露超過 48 小時，就該在使用前置入乾燥箱至少 48 小時以上，或者在 125℃下烘烤 24 小時，以便將零件吸收水氣去除。同樣在零件拆除前，應該做烘烤電路板與零件處理，這種預防措施可保障零件與電路板存活率。

零件的拆除

零件拆除的溫度曲線與零件組裝時應該相同，但若舊零件已經確定不再使用，或者電路板沒有產生過高熱應力，就可執行較快速回流焊曲線。在零件拆除前，必須採取預熱程序以防電路板變形。

重工回流焊設備

在重工中周遭不需要拆除的零件，應該儘可能保持在較冷狀態下，以免產生熱應力破壞問題。圖 13-8 是半自動零件安裝與拆除設備，經由上部開口將熱氣排出，因此可大幅降低對相鄰 SMD 熱影響。

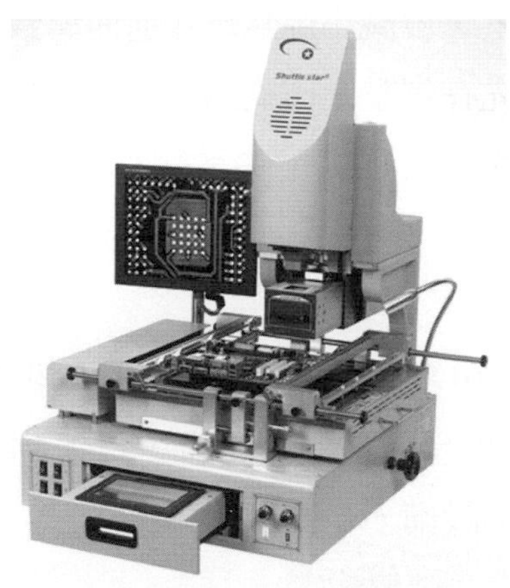

▲ 圖 13-8 典型半自動表面貼裝機加熱設備

組裝位置的處理與準備

所有零件拆除後，都會在焊墊上留有殘餘焊料與助焊劑，因此在部件拆除後必須對組裝位置做清理。例如：CBGA 及 CCGA 拆除後電路板焊墊上會留下高鉛錫球或錫柱、共融焊料。經過清理後焊墊重新成爲平整貼裝表面，可適合零件重新順利安裝。圖 13-9 所示，爲人工處理清除多餘焊錫的作業。

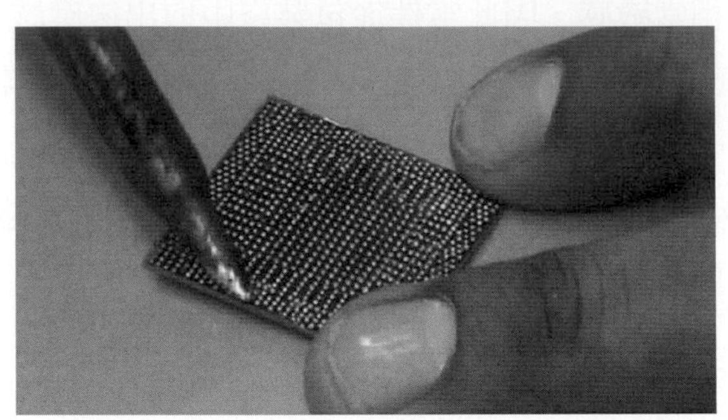

▲圖 13-9　人工處理清除多餘焊錫的作業

補充焊料的方法

焊料補充可經由以下方式完成：

- 在焊墊或零件上印刷錫膏
- 經由焊錫絲或預製凸塊來增加焊料量
- 經由點膠機補錫或用浸錫方式來增加液態錫量

對 PBGA 並不需要在焊墊上補充焊料，只要塗佈助焊劑即可在回流焊時形成良好潤濕的焊點。但是減少焊料補充量，會減小焊點尺寸進而導致焊點可靠性不理想。CCGA 與 CBGA 就必需做植球處理，首先在焊墊上印刷錫膏，然後植上高鉛含量錫球或錫柱，最後回流焊共融錫膏固化高鉛錫球或焊柱。

重工零件貼片作業

零件貼片可用人工法，利用電路板對角線上對位點做對位。但最好的方法還是用分光稜鏡系統，核對錫球陣列與焊墊位置重新密合，以達到零件貼片精確度。圖 13-10 所示，爲典型半自動光學對位修補設備。

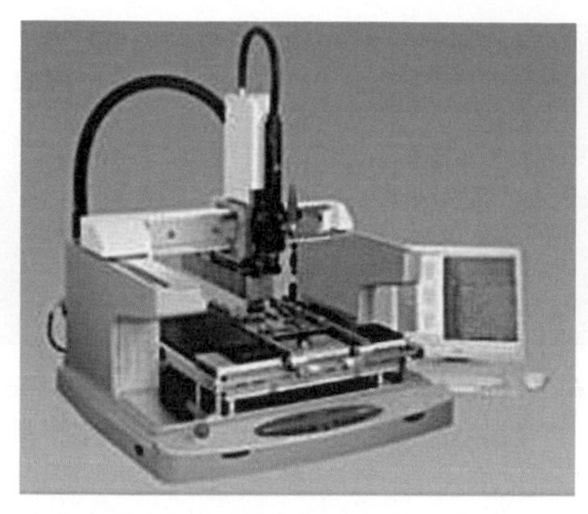

▲圖 13-10　典型的半自動光學對位修補設備 (資料來源：耀景科技)

BGA、CSP 重工回流焊作業

原則上，回流焊曲線必須與實際生產曲線相同。預熱十分重要，在 CBGA 尤其明顯。CBGA 對本身與貼片位置間共平面性十分敏感，因此更需要穩定精確的底部預熱，才能大幅降低共平面性變化。

13-3 組裝與重工面臨的問題

爲達到高密度並具有更穩固結構，而設計了 BGA、CSP 類構裝，這類構裝的缺點率遠低於 QFP 構裝。另外由於零件與繞線密度提升，也使訊號品質得以改善。雖然 BGA 與 QFP 在良率上有明顯差異，但若沒有掌握良好製程參數，仍然會發生許多組裝生產問題，相關議題在此做一些討論。

焊點錫量不足

若焊點的焊料量不足，就不能形成可靠焊點結構強度。最常見的原因是，印刷錫膏量不充足。圖 13-11 所顯示，是錫量不足與正常 BGA 焊點比較。左圖是單點錫量不足的狀態，雖然是共融焊錫但仍然有焊接不良風險，右邊雖然是較難以控制的 CBGA 構裝，但因爲錫量控制得宜，焊點輪廓線完整，回流焊良好。

焊點錫量不足，也可能是由於焊料的燈蕊虹吸現象所引起。例如：BGA 錫球中的焊料由於毛細管效應流到通孔內形成燈蕊虹吸，這可能是因爲零件未對準或錫膏流失體積不足所引起。爲了降低這種風險，一些電路板設計，會要求做通孔塞孔作業降低風險。有時候爲了補償這種設計缺點，會使用較厚鋼版和較大開口做錫膏印刷，在焊墊區印上更多錫膏。另外一種解決方法，是採用微孔技術代替通孔設計，進而減少吞錫 (Solder Swallowing) 現象。

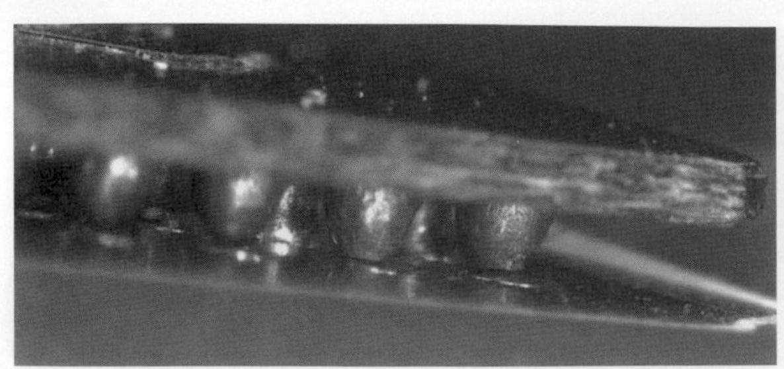

▲圖 13-11　錫量不足與正常的 BGA 焊點

另一種產生不飽滿焊點的因素，是共平面性不良。雖然有時候錫膏塗佈量正確，但若 BGA 與電路板間間隙太大也會出現連結不良又不飽滿的焊點，這種現象尤其是在 CBGA 上較常見。圖 13-12 所示，爲典型共平面性差所產生的不飽滿焊點現象。

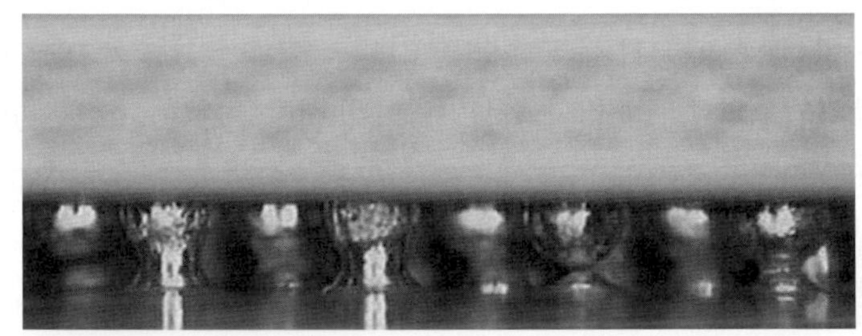

▲圖 13-12　典型的共平面性差所產生的不飽滿焊點

依據經驗這些問題可透過以下途徑，來減少焊錫不足或其它因素產生的不飽滿焊點問題：

- 塗佈足夠錫膏量在焊墊上
- 通孔做塞孔或覆蓋止焊漆作業
- 重工階段避免損壞止焊漆
- 印刷錫膏時對位要準確
- BGA 貼片時對位正確
- 重工階段正確操作零件
- 保持電路板的高共平面性，如：重工時做適當預熱
- 改進電路板設計，降低吞錫機會

組裝時自我對中能力不良的問題

PBGA 錫球自我對中不良，如圖 13-13 所示。如前所述 BGA 的對位若在 50mil 間距時，偏差量只要維持在 50% 對準度下就應該有機會可靠表面張力拉回中心。

▲ 圖 13-13 PBGA 錫球自我對中不良嚴重與輕微的狀況範例

某些研究指出，不同的 BGA 構裝會有不同的自我對中能力，其中合金成分及錫球與基板介面影響最大。對間距較大的陣列構裝，回流焊前偏差量在 50% 推估是較保守的數字，但是當構裝接點間距縮小時，允許線性偏差量也會跟著降低，這對於 CSP 類構裝會限制得更小。

不過某些研究也發現，對一些較輕零件，其偏差量高達 60% 仍然能夠回到正確對位狀態，因此零件輕重也會影響自我對中能力表現。這樣看來自我對中不良問題應該由兩種不同因素產生，其一是超過公差範圍偏移，主要是因爲打件產生位置偏移所致。其二是對位在公差範圍內的偏移，這方面就是由其它因素產生，可另外做討論。

錫膏量不足產生的偏移問題

最常見的對中不良偏移問題，就是錫膏印刷量不足的關係。由於錫膏量下降，產生的表面張力也會下降，當然無法將零件拉回對正位置。

回流焊流動性差的問題

若助焊劑活性或焊墊焊接性差，焊料在回流焊中的流動性也會變差，於是容易形成自我對中不良焊點。潤濕充分的焊點，焊點兩側焊墊會產生足夠的表面張力，這可使焊料均勻潤濕並將零件拉回正對位置。

表面張力減小產生的問題

表面張力容易受到回流焊環境影響，在氧化較嚴重的環境下回流焊，若助焊劑活性不足以清除氧化，將形成表面氧化物薄膜，從而降低表面張力效應。當然自我對中動力也會降低，無法產生完全拉回效果。若在惰性氣體環境下回流焊，這方面的顧慮就可降低。

焊料成分變動的影響

對於 CBGA 組裝，當使用高溫錫球與共融錫膏時，高溫錫所佔的比例就較高，其可流動錫量降低也會影響自我對中性。因此對這類零件安裝，必需注意保持較低打件偏差量，否則很容易產生組裝偏移問題。

零件慣性重量大產生的影響

對較重的零件，如：CCGA、含大散熱片零件，在自我對中表現上相對較差。這種現象，在陶瓷類構裝組裝上，較常看到類似現象。

止焊漆的偏移影響

止焊漆開口位置偏差，也會導致 BGA 焊墊覆蓋不全，進而自我對中能力降低，這種現象尤其是在基板漲縮及設計偏差上最容易發生。

改善這類現象的方法

改變電路板焊墊設計，可改善 BGA 與 CSP 的自我對中能力。在電路板四角採用較大焊墊設計，可允許較大對位偏差量。在大焊墊上增加焊膏量，也有利於自我對中能力提升。整體而言，改善 BGA 與 CSP 自我對中不良問題，可透過以下整理的方法尋求改善：

- 提高打件貼片精度
- 增加錫膏塗佈量
- 改善焊墊或錫球可焊接性
- 使用較高活性的助焊劑作業
- 在惰性氣體環境下做回流焊
- 降低 CBGA 凸點成形與貼裝製程的回流焊溫度
- 提高止焊漆製作的精準度與對位度
- 基板的設計，在四角部份採用較大的焊墊設計
- 零件四角較大的焊墊上增加印刷錫膏量

組裝作業潤濕不良的問題

潤濕指的是錫球或錫柱等接點與錫膏或電路板焊墊間，產生的介面作用力。對共融錫鉛凸點而言，多數不會有潤濕問題，但高度氧化凸點表面就可能產生潤濕問題。凸點氧化常發生在運送或植球階段，出現氧化的凸點看上去沒有光澤。雖然冶金結構與氧化速率都有關係，但錫球表面覆蓋層的材料類型是決定錫球光澤變化快慢的主因。表面處理的化學性質和處理過程，包含許多獨特做法。為了避免錫球氧化降低不一致性，所有錫球都應該在最短時間內用完。

焊接作業前若助焊劑活性或塗佈不足，氧化膜就會殘留在球面使之黯淡無光，如圖 13-14 的比較狀況。顯然使用活性較好與毛細能力佳的助焊劑，能改善塗佈性能與氧化物去除，活性好的助焊劑也可降低對焊墊可焊性的依賴。在免洗 BGA 組裝製程中，使用較強腐蝕性助焊劑會產生信賴度問題，這就必須要改善焊墊的可焊性。

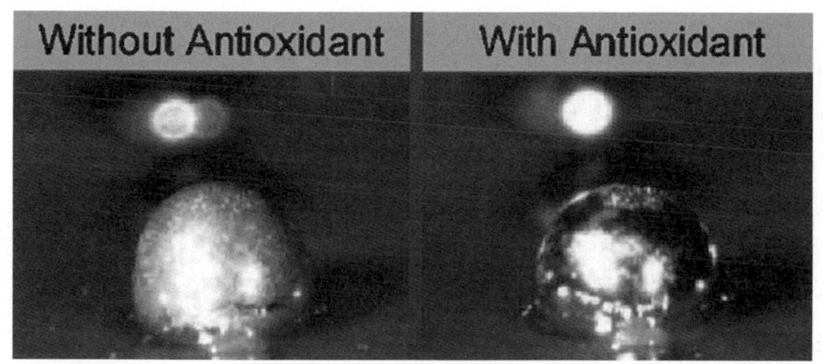

▲ 圖 13-14　不同助焊劑活性或塗佈，氧化膜殘留產生的球面狀態比較

對高鉛錫球或錫柱而言，表面氧化常造成潤濕困難問題，使得焊接無法順利進行。若氧化物存在高鉛焊料內，則不良潤濕狀態會更嚴重。

陣列構裝焊接空洞的問題

BGA 焊點中的空洞，如圖 13-15 所示，一直是使用這類構裝的研究重點。首先空洞會產生應力集中問題，影響焊點機械性能，讓焊點強度、延展性、潛變和疲勞壽命都下降。空洞也會造成局部過熱現象，從而降低焊點可靠性。

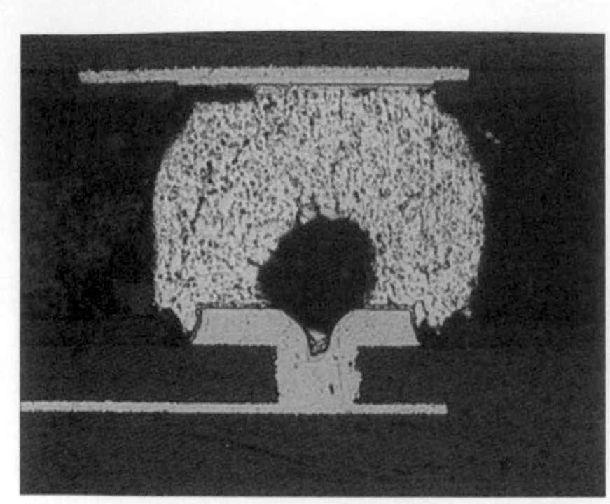
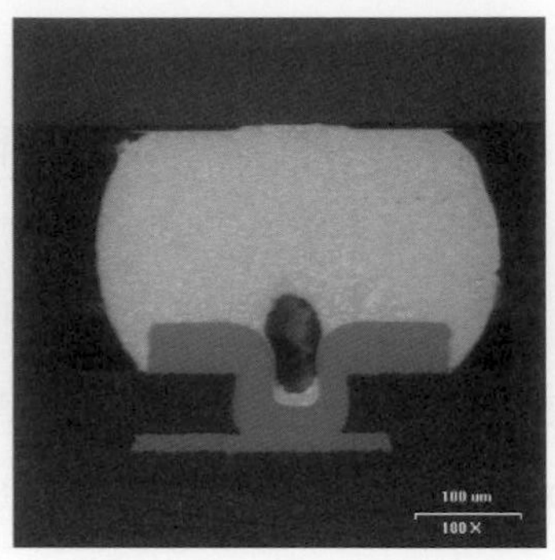

▲ 圖 13-15　PBGA 焊點出現的空洞

其次空洞也可認定爲裂紋終點，經由空洞遏制裂紋再生可減緩裂紋擴展，因此空洞具有箝制裂紋特性。由於空洞具有兩方面作用，因此可由空洞與可靠度關係，理解空洞對可靠度影響。可惜這個課題相關資料仍少，只能依據一些論文與會議片段做整理，較清楚的完整論點，還有待後續進一步研討。由知名產品廠商提出的看法，可大致歸納出以下一些概念：

- 較少含量空洞應該可接受
- 太多空洞大家都認定會有問題
- 可接受最大面積比約爲 15 ～ 25%

大家都認定過多空洞會有害，爲了控制空洞面積必須瞭解空洞的特性。目前有些研究結果提出，可作爲參考。

助焊劑溶劑揮發的影響

在助焊劑與錫膏中，溶劑沸點對空洞的影響如圖 13-16 所示 [32]。實驗使用不同沸點的黏性助焊劑和錫膏組成，其中 Sn63 重量比爲 90%(w/ w)。圖中顯示隨溶劑沸點降低，空洞含量會不斷增高，這個結論對助焊劑與錫膏系統都適用。

在典型 SMT 製程中，空洞是產生自氣泡發生。回流焊過程中助焊劑在熔融焊料裡分解、揮發，由於排氣不順導致氣泡殘留在焊料中形成空洞。研究指出使用最低沸點 (137℃) 的溶劑，不論助焊劑或錫膏都有最高空洞含量。這是因爲溶劑沸點比回流焊峰溫 (226℃) 低很多，所以溶劑在回流焊早期階段就已經開始揮發。換言之在回流焊中剩餘的溶劑因爲後來更不容易排除，終致產生空洞問題。其它原因，如助焊劑化學性質或反應副產物，都對空洞產生有影響。

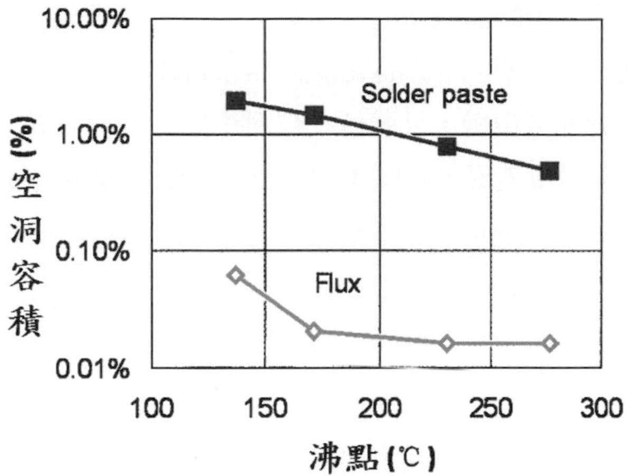

▲ 圖 13-16　溶劑沸點對 BGA 焊點空洞的影響 [32](以 63/37 錫膏或助焊劑為基礎)

上述空洞形成的原因，可用黏度爲主的助焊劑溢出速率來解釋。助焊劑越容易揮發，殘留物黏度也越大。高黏度助焊劑殘留物很難從熔融焊料內部排出，所以更容易包裹在熔融焊料內形成氣源，進而幫助空洞產生。換言之溶劑揮發對產生空洞的影響，在於黏度變化大小而不是溶劑直接排放。溶劑揮發性越高，助焊劑殘留越容易包裹在焊料中，因而也越容易形成空洞。

使用不同回流焊曲線對空洞的影響

回流焊曲線對 BGA 焊點空洞的影響如圖 13-17 所示 [32]。顯然，峰溫較低的回流焊曲線 (峰溫 205℃) 比典型溫度曲線 (峰溫 226℃) 所產生的空洞要少。兩種回流焊曲線所產生的空洞差異量，隨溶劑沸點增高而明顯減少，這種關係同樣可用黏度與助焊劑排出關係來解釋。

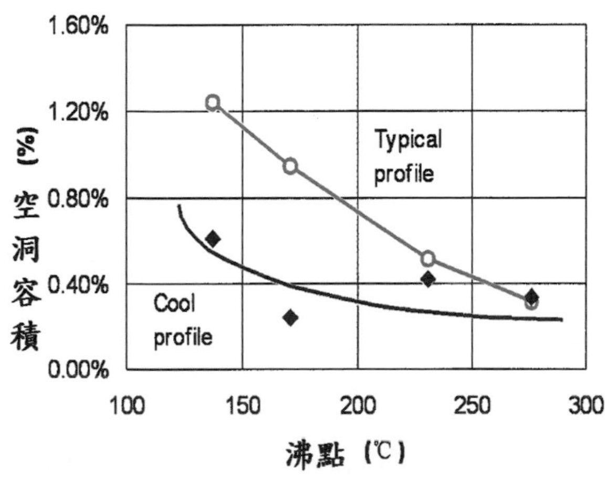

▲ 圖 13-17　回流焊溫度對 BGA 焊點空洞的影響 [32](在 63Sn/37Pb 錫膏與空氣環境下作業)

相較於典型溫度曲線，用峰溫較低的回流焊曲線溶劑揮發較慢，而剩下未揮發溶劑就可有效降低殘留物黏度，進而使助焊劑從熔融焊料中排出，這樣當然產生空洞就少。隨著溶劑沸點增加，溶劑揮發會更緩慢，且殘留在焊料中的溶劑含量減少，對回流焊溫度敏感性也相對降低。此時空洞含量差異，在圖 13-17 中的兩條曲線也就逐漸縮小。

另外研究發現，線性上升溫度曲線 (帳篷曲線) 有助於減少氧化現象，能形成更好潤濕與較少空洞。BGA 部件可採用如：傳統預熱、浸潤、回流焊與冷卻溫度曲線，或採用緩慢升溫、回流焊與冷卻溫度曲線。溫度曲線中升溫速率較慢 (低於 100℃時，<0.7℃ / 秒)，通常缺點率會較低。就回流焊參數而言，浸潤時間是影響空洞的首要因素，這方面作業時要注意。只有當回流焊溫度超過液相線的這段時間，峰溫才會對空洞有影響。

錫膏金屬含量的影響

在典型回流焊曲線與空氣環境下，空洞含量會隨金屬含量增加而增加。當焊粉氧化物增加，就會加劇助焊劑反應並增加排氣量。此外助焊劑很難從密實金屬粉與高黏度金屬鹽中排除，這種推論也符合助焊劑溢出減緩解釋模式。

錫膏中錫粉尺寸的影響

體積焊粉數目的增加，代表直徑減小與表面積增加，這也意味著錫膏氧化物會隨之增加。氧化物的增加，會增加更多排氣機會並形成更高黏度金屬鹽，這會有更多機會產生空洞。

使用回流焊氣體的影響

回流焊中有氧存在，會加重金屬氧化程度，也會導致可焊性降低。當以某些穩定金屬 (如：Cu、Ni) 做焊接，這種現象尤其明顯。如前所述，在潤濕不良位置更容易包裹助焊劑，因此更容易產生空洞問題。若在鈍性氣體如：充滿氮環境下 (氧含量 <50ppm) 回流焊，焊點中空洞發生率只有空氣中作業的一半。在 Premavera 的研究中，基板表面鍍層是穩定的貴金屬 [33]，由於金屬化層本身就有可焊性，而 BGA 錫球與焊墊可焊性又不錯，因此對回流焊氣體敏感性並不高。

電路板表面處理層的影響

產生空洞最少的是鎳金焊墊處理，其次是噴錫處理、經過一次回流焊的 OSP、鎳鈀焊墊、鍍金鎳鈀焊墊。當 OSP 焊墊經過溶劑清洗，空洞產生率就會顯著增加。只要電路板上髒點增加 (如：指紋印)，空洞發生率就會增加。

錫膏曝露與基板焊墊設計的影響

空洞會隨錫膏曝露時間增加而增加，這應該是因爲曝露增加氧化的機會，會吸收更多水分而容易產生更多空洞。基板焊墊設計對空洞產生影響也很大，這可針對一些案例檢討。

鍍通孔與微通孔焊墊設計

爲了提升電路板佈線密度，目前不少的電路板採用通孔與焊墊合一設計。但這種設計卻必需面對通孔吞錫問題，尤其是電鍍通孔的結構。若使用錫膏將 BGA 安裝在通孔焊墊上，往往會在 BGA 基板附近出現大空洞。大空洞會留在焊點內無法排除，這是因爲表面張力的因素造成。浮力影響能把空洞帶到焊點頂部，無法排出基板與電路板間隙的氣體就會在狹小間隙殘留。這種狀態對電路板使用者，並沒有長久採用微通孔設計經驗，因此會嘗試採用通孔塞孔表面電鍍設計，也就是所謂 Lid Plating”結構設計，如圖 13-18 所示。

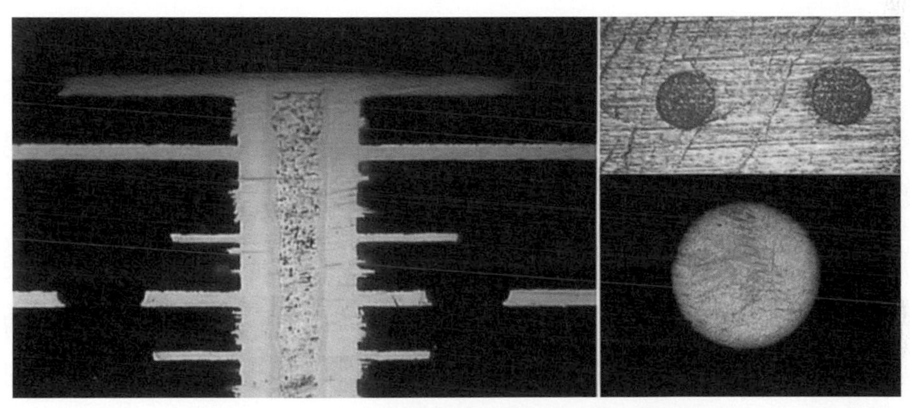

▲ 圖 13-18　採用通孔填孔焊墊設計的結構

這種結構，焊墊表面結構根本沒有凹陷問題，對焊接工作與一般平整焊墊差異不大，可排除空洞問題。製作方式是以樹脂填孔與硬化處理，其次做板面刷磨平整化處理。完成整平後必需做粗化加強鍵結力處理，之後做金屬化與電鍍達到需要厚度。圖中右上角的圖面，就是經過刷磨後通孔表面呈現樹脂填充完整的狀況。右下角則爲處理完成的焊墊外觀，與焊墊沒有差異，不會有過大空洞問題。

這種結構，只有信賴度方面與焊墊略有差異。因爲焊點下方有樹脂填充區，因此在熱循環發生過程，會有向上應力差異問題，這容易產生應力不均的應變斷裂。爲了降低這種問題的影響，必需在填孔材料選用方面下功夫。至於微通孔方面，它類似於通孔焊墊設計，也會有間隙產生空泡問題。其差別在於微通孔使用的是盲孔技術，其孔徑較小產生的空洞體積會小，但相對於整體焊墊面積，這種影響仍然明顯而必需注意。微通孔塡充與空洞截面狀況，如圖 13-19 所示。

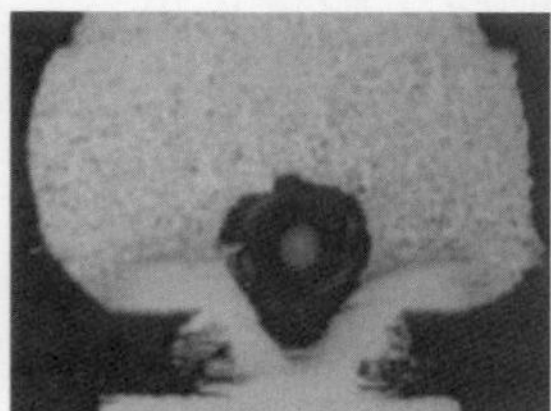

▲ 圖 13-19　微孔結構 BGA 焊接接點截面狀況

高密度電路板大量採用 BGA 或 CSP 構裝及微通孔技術，出現空洞問題並不比傳統電路板少。典型現象是空洞位於微通孔開口端，除非微孔凹陷十分淺，否則出現空洞機會相當大。微通孔引起的空洞問題，歸因於它半密封通孔結構。

由於開口狹窄，因此對組裝焊接產生的影響也與這種特徵相關。由於微孔結構意味著液體交換較不容易，因此其金屬表面處理的效果也不容易均勻，而在後處理清洗可能也限制了效果，這些因素都會影響微孔焊接性。如前所述，空洞是由助焊劑與反應產物揮發引起的排氣不良產生，焊墊上任意點不能焊接就將成爲助焊劑殘留的來源，很容易形成排氣不順暢問題。

顯然微通孔潤濕、排氣、可焊性等能力降低，都有助於空洞的產生。雖然使用活性較高的助焊劑，可彌補可焊性降低，但是考慮到腐蝕與 SIR 等問題及採用免清技術，這種做法會有所限制。另外由多數切面觀察，可發現空洞較容易出現在微通孔開口處附近。也就是微通孔邊緣成爲空洞的一部分。爲了排出停留在微通孔開口處的空洞，需要額外能量來擴增通孔邊緣空洞焊料表面積。這種可能性是很低的，因此空洞往往會停留在開口處一直到浮力超過表面能才會排出。

當然微通孔內的助焊劑殘留也比平面焊墊難排除，這同樣是因爲半密封結構所致。只要助焊劑殘留在微通孔內，它就會不斷放出氣體形成空洞。面對結構性空洞產生機構，可採取以下方式降低問題產生：

- 改善微通孔的可焊性，金屬處理後的清潔儘量徹底
- 在微通孔結構方面儘量降低其凹陷狀態或予以塡充
- 用排氣量小的助焊劑，適用溫度要超過焊料熔點
- 採用能產生良好潤濕與溶劑揮發的回流焊曲線

目前相當比例的電路板製作，對這種設計開始採用填孔電鍍模式做填孔或半填孔處理，如圖 13-20 所示。這種方式不但可在各種不同設計結構中獲得最大連結密度，對組裝焊接也減少了空洞產生問題。

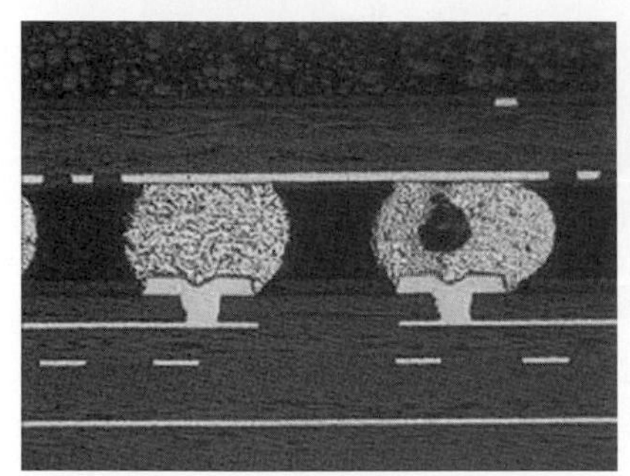

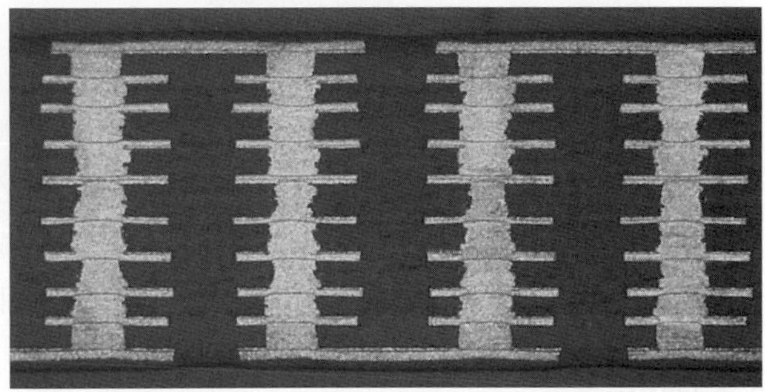

▲ 圖 13-20　半填孔與填孔堆疊的斷面結構 (右圖來源：Ibiden 網站)

不過這種製程，仍然無法完全處理高縱橫比的盲孔，至於縱橫比在 0.6 以下的盲孔則可填充性較佳。而電路板設計是依據需要做微孔尺寸調整，未必所有結構都能夠如願的完整電鍍填充。不過一旦微孔已經填平，微孔產生的空洞問題就不存在了。

製程選擇的影響

若空洞位置周邊沒有焊料包裹，空洞對焊點破壞就會很大。圖 13-21 所示，為經歷溫度循環測試後的 BGA 焊點橫斷面狀況。可看到，焊點內空洞相當大，側面包覆的焊料十分少且左右並不對稱。由於包覆空洞焊料量少又有不對稱現象，熱循環應力很容易導致焊點破裂。

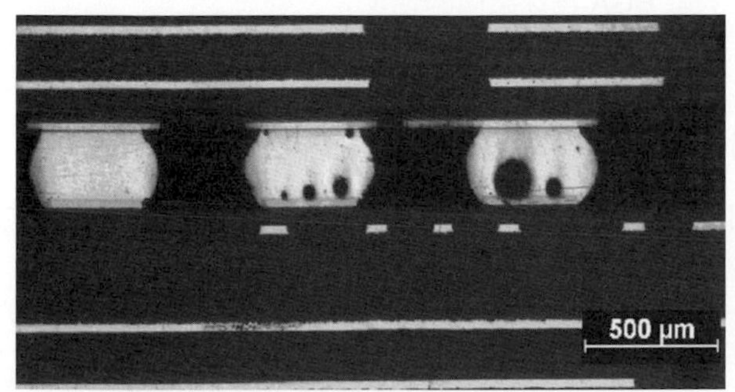

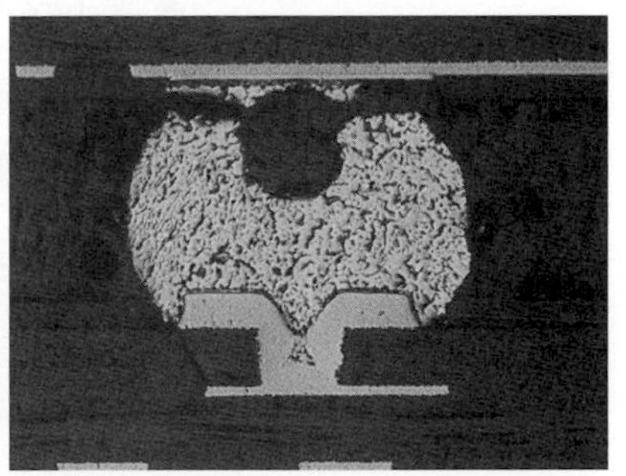

▲ 圖 13-21　BGA 焊點空洞位置，周邊焊料少包裹不對稱，對焊點破壞力會很大

空洞與焊點面積比例，若能夠調整到較低水準，是可保持一定水準焊點信賴度。若能在焊墊尺寸及組裝順序與方向作適當調整，有機會可改善這方面問題。希望達成的狀態，如圖 13-22 所示。

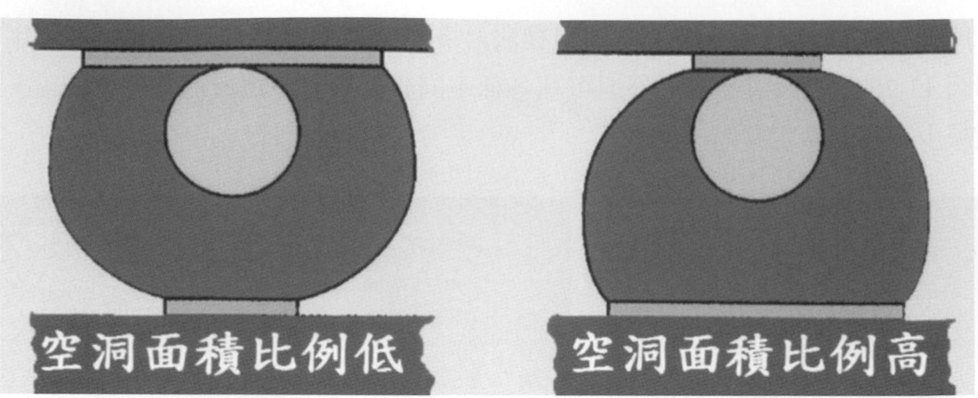

▲ 圖 13-22　在 BGA 中空洞與焊墊面積比對，可靠性的影響

錫球架橋問題

錫球架橋是 BGA 主要缺點之一，如圖 13-23 所示。錫球不良焊接處理會產生架橋問題，如：塗佈過量錫膏就會有架橋現象。這些架橋現象，除非發生在周邊球上，否則都必需透過 X 光檢查機檢驗才能看到。

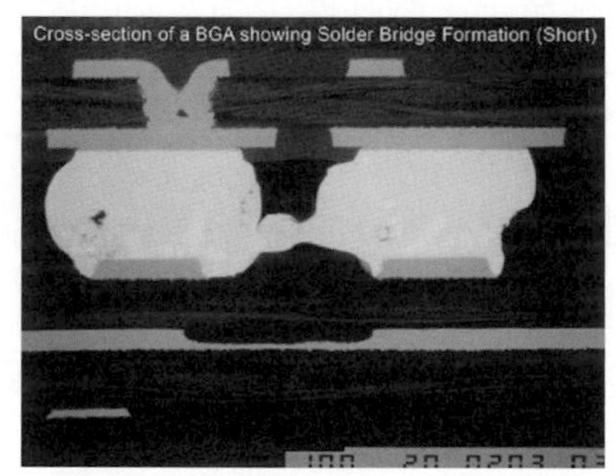

▲ 圖 13-23　典型 BGA 錫球架橋的現象

典型內部架橋現象 X 光檢驗圖像，如圖 13-24 所示。另外 PBGA 的剝離與爆米花效應，也會附帶產生架橋問題，此時焊點會變得扁平，這是因爲受板材擠壓所致。

打件偏移往往會加重架橋現象，如：線性偏移和旋轉偏移都有可能。要降低產生架橋機會，可循以下方法調整：

- 提升構裝零件可焊性品質
- 控制錫膏的塗佈量到恰當水準
- 在零件打件後避免手工操作
- 必要時預烘乾 PBGA 避免爆米花效應發生
- 防止零件下面留有異物
- 避免零件打件偏移問題

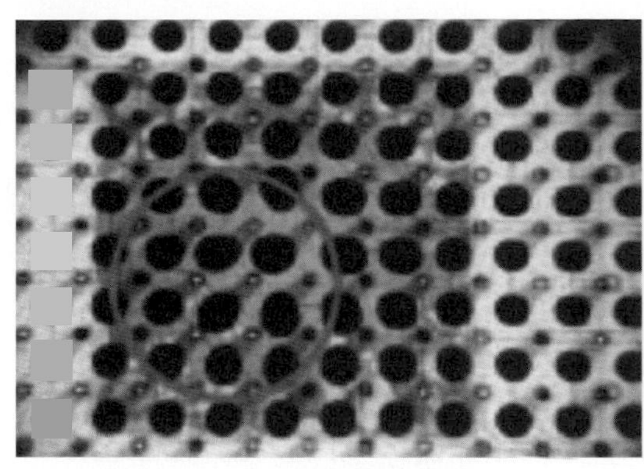
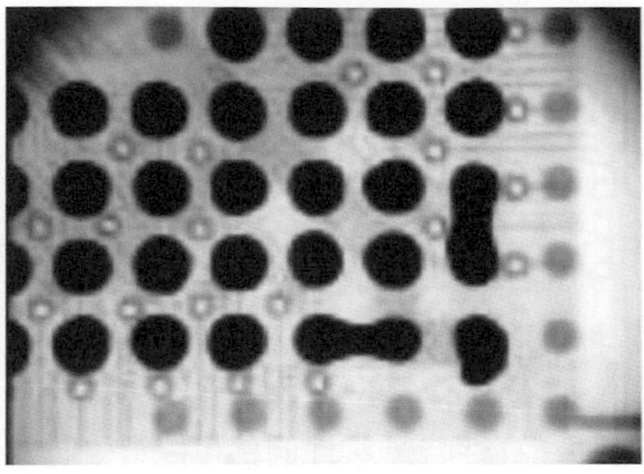

▲ 圖 13-24　X 光檢驗的架橋與錫球變形影像

冷焊缺點

冷焊可能由幾種因素引起，包括錫膏量不足、可焊接性不良、不共平面、打件偏移、熱量配置不當、止焊漆層排氣現象等。針對這些可能故障模式，在此做討論。

錫膏量不足問題

鋼版開口堵塞引起錫膏量不足，會產生冷焊問題。這特別容易發生在高溫接點結構上，如：CBGA、CCGA，因爲錫膏所佔體積相對於整體接點體積比例很小，在焊接中這些高溫接點並不融化來補充焊料不足。

可焊接性不良問題

焊墊污染或氧化，通常會產生潤濕不良問題，如圖 13-25 所示。其中的冷焊，是由焊墊污染造成。

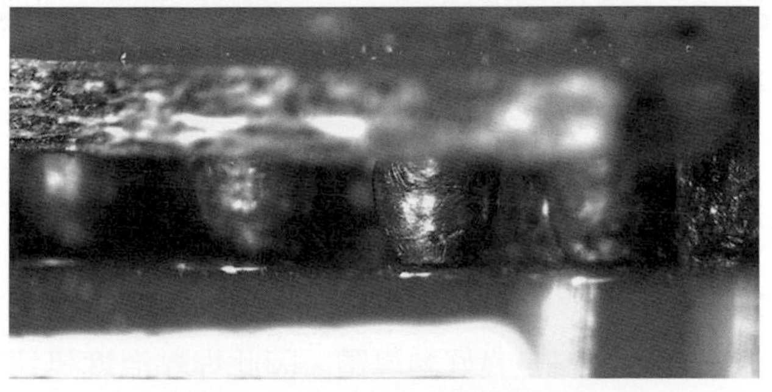

▲ 圖 13-25　PBGA 焊點冷焊現象

由於焊料不能與焊墊潤濕，毛細作用讓焊料流動到錫球、零件介面。

共平面性不良問題

共平面性不良，通常會直接引起冷焊。所以電路板允許共平面性差異的最大值，在局部區域不應超過 5 mil 或在整面性不超過 1% 爲原則，可參考 IPC-600 系列規範。重工製程中，應該要做預熱處理來降低電路板變形。

打件偏移問題

零件在打件時，零件偏移可能會引起冷焊。CSP 打件偏移，由於允許偏差量小，它的影響度相對較高。若是線性加上旋轉偏移，會讓問題進一步惡化。

熱分配失當問題

在特定製程條件下，有很大溫度梯度跨越電路板，就會產生內應力而引起剪切效應並產生焊點冷焊現象。例如：SMT 回流焊後往往會接著做波焊作業，回流焊中形成的 PBGA 轉角焊點，在波焊作業時可能會在焊點與構裝零件介面上開裂形成冷焊，如圖 13-26 所示。

▲圖 13-26　回流焊後的 PBGA 焊點，受到熱應力影響開裂而產生的冷焊

在某些情況下，PBGA 轉角焊點仍然連接部件及焊墊。但實際上，焊墊已經從電路板上剝離，僅僅只是與電路板導線輕輕接觸時斷時續。發生這種現象，其根本原因在於電路板與構裝間產生了很大溫度梯度。在波焊作業中，熔融焊料穿過通孔到達電路板頂面，導致電路板頂面快速升溫。由於焊料是良好熱導體，因此焊點溫度迅速上升。但構裝本身是靠接點連接，沒有辦法產生良好熱傳導，升溫過程非常緩慢。焊料在熔融狀態其機械強度降低，一旦發生熱分配不均問題，就會在其間產生熱應力而導致裂紋。

面對這種狀況，若焊墊與電路板間結合強度低於剝離強度，則會產生焊墊剝離現象。轉角焊點由於遠離中心點，其熱分配不均產生的線性變化更顯著，因此其所承受應力也較大。這種問題，有些廠商採用在電路板通孔塡孔處理，據說可降低這類問題。

止焊漆層排氣的問題

對於以止焊漆定義焊墊的 BGA 組裝，排氣不良也會產生冷焊現象。由於揮發物會強行從止焊層與焊墊間介面排出，因此會把焊料從焊墊處吹走形成冷焊，如圖 13-27 所示。這個問題可透過 PBGA 打件前預烘，排除揮發物得到解決。

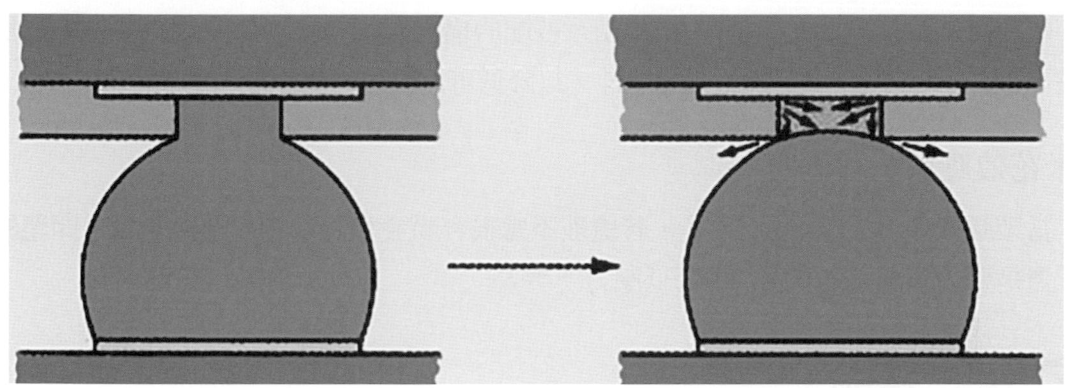

▲ 圖 13-27　止焊漆層排氣問題的說明

簡單整理，冷焊問題可透過以下方法獲得改善：

- 塗佈足夠錫膏在接點上
- 提升電路板焊墊可焊接性
- 精確的做打件作業
- 電路板影響熱傳的孔做塞孔處理
- 保持電路板最佳共平面性
- 避免產生跨越電路板的溫度梯度
- 做預烘乾零件處理

焊點高度不均勻的問題

典型 BGA 與 CCP 焊點是圓球狀，焊點高度取決於焊料表面張力、焊墊尺寸、焊墊周邊止焊漆配置、零件重量等因素。對於雙面電路板，底面打件焊點高度會延長少許，這取決於構裝零件重量。多數狀況下焊點還是會保持圓球狀，但是若零件較重，焊點就會拉伸變長。通常陣列構裝焊點高度是一致的，所有外形都應該保持在可接受範圍。

但在特殊狀況下，可能因爲溫度配置與漲縮差異，而產生周邊引腳與內部引腳間翹曲現象。這可能會產生接點拉長，整體組裝高度失衡的現象。某些 PBGA 類組裝，外部焊點高度被拉長，而內部焊點高度則保持原樣，內外間差距可達 6 ～ 8mil 之多。有些觀察還發現，外部焊點表面粗糙帶有桔皮紋理，呈現局部裂紋徵兆。

顯然這些狀態都是零件間 CTE 不搭配引起的構裝彎曲變形，進而產生不一致高度焊點。當構裝開始冷卻，由於邊緣受到向上拉力作用，因此構裝發生彎曲變形。彎曲變形隨溫度下降繼續增大，甚至溫度低於焊料固化溫度也會繼續，因此造成外部焊點比內部焊點要長。

較理想的解決方法，是採用 TCE 相互匹配的構裝材料。另一個有成功案例的方法，是在 BGA 基板上增加一層銅來提升剛性，以降低可能發生的彎曲變形。

爆米花效應與材料剝離

當塑膠構裝 BGA 吸收水分後，若處理不當很容易發生爆米花或剝離現象。問題的解決，還是要從吸濕與強化結合力降低應力下手。

13-4 結論

基於製造高密度、可攜式電子產品的需求，BGA 與 CSP 構裝成為當前主流構裝。雖然無引腳特徵讓它們作業更容易，不需要極細間距打件設備。但它們平面二維陣列的接點特性，會引起溫度梯度與不可見的焊點檢驗問題，對組裝與重工產生重大挑戰。另外陣列構裝所需的高密度載板技術，使得製程控制進一步複雜化，這方面的技術研究與探討仍隨使用的金屬處理變化與結構變化持續發展。

CHAPTER 14

回流焊曲線的最佳化

重工永遠都是最後不得不爲的作法，當已經發現製程、產品發生問題，適度調整作業參數當然是工程師會嘗試的做。回流焊是電路板表面貼裝技術的主要製程，恰當條件下具有產量高、可靠、成本低的優勢，是影響缺點率最重要的因素。與回流焊曲線相關的缺點，包括：零件破裂、立碑效應、燈蕊虹吸、架橋、錫珠、冷焊、過量介金屬、潤濕不良、空洞、歪斜、碳化、分層、浸析、反潤濕、焊料或焊墊分離等。爲了達到穩定大量生產，選擇合適回流焊曲線是非常重要的工作。而其間主要參數包括：峰值溫度、加熱速率、冷卻速率等。根據缺點機構，我們可探討如何規劃溫度曲線，以降低產品缺點率與穩定度。

14-1 與助焊劑反應的相關事項

表面貼裝焊接發生前，首先要利用助焊劑清除金屬表面氧化層，然後才能有焊料潤濕的產生。要討論溫度曲線設定前，當然有必要了解助焊劑反應對時間與溫度搭配性需求。

時間與溫度對助焊劑反應的影響

業者會借助潤濕平衡法，來測試助焊劑反應所需要的潤濕時間。較短的潤濕時間，代表助焊劑反應較快。另外也可利用觀察錫膏熔化或回流焊等行爲，來研究助焊劑的反應型式與狀態，錫膏若快速熔化就代表助焊劑反應快。圖 14-1 所示，爲一種較粗略的潤濕性測試方式。

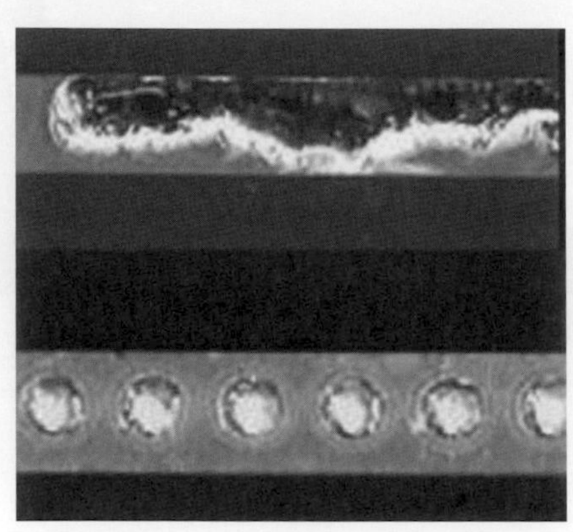

▲ 圖 14-1 粗略潤濕性測試方法

典型錫膏回流焊可在短時間內完成，這種現象很容易驗證。可在銅箔上印刷少量錫膏，接著把測試樣品放在能提供合適表面溫度的熱板上測試，錫膏回流焊與延展過程會在幾秒鐘內發生。助焊劑反應不需要幾秒鐘時間就會發生，利用快速加熱溫度曲線就足以完成助焊劑反應，可達到滿意回流焊與潤濕結果。

助焊劑在低於熔點時的作用狀況

爲了解助焊劑在低於熔點時的作用狀況，採用四種低熔點 RMA 錫膏 (46Bi/34Sn/20Pb，熔點爲 95 ～ 108℃) 中的助焊劑 F1、F2、F3、F4 做潤濕時間測試。在不同溫度下測量出的潤濕時間，可反映在相對溫度下助焊劑的反應速率，結果如圖 14-2 所示。

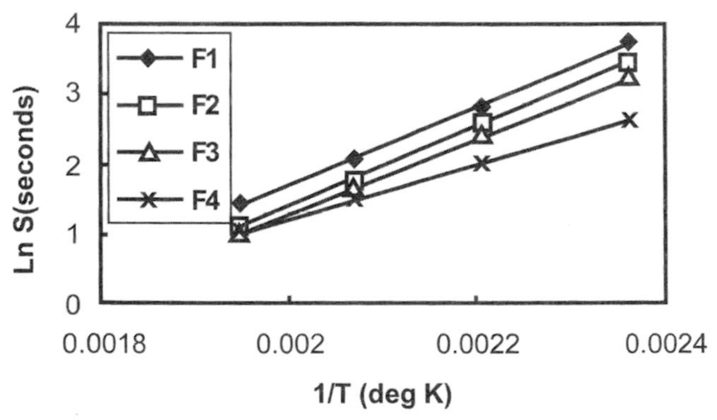

▲ 圖 14-2 助焊劑潤濕時間與溫度的關係

潤濕秒數的對數與絕對溫度倒數呈現正比關係，這在 150 ～ 240℃溫度範圍內，確實發現有其規律。150℃時的潤濕時間大約比 210 ～ 240℃的潤濕時間大 1 ～ 2 個數量級。因此可判定：溫度是助焊劑反應的指標因子，另外在相同加熱時間內與高溫相比，低溫環境的助焊劑作用可忽略。

14-2 峰值溫度的影響

對冷焊與潤濕不良現象的貢獻

回流焊曲線的峰溫，通常決定於焊料熔點溫度及組裝零件所能承受的溫度。因爲實務差異，錫膏融熔結合所需要時間，比實際潤濕平衡測試所顯示的時間長。圖 14-3 所示，爲超過可承受溫度產生的零件表面損傷。因此最低峰溫應該比錫膏正常熔點溫度要高出約 25 ~ 30℃，才能順利完成焊接作業。若在低於此溫度下回流焊，極可能會造成冷焊與潤濕不良。對於共融焊錫而言，建議的最低峰溫大約是 210℃以上。

▲ 圖 14-3　超過可承受溫度的零件表面損傷。

碳化、分層、介金屬化合物的問題

理想的最低峰溫大約是在 235℃，若超出此溫度就可能面對樹脂電路板與塑膠零件碳化、分層問題。另外還有可能形成過多的介金屬，這會增加焊點脆性而損及信賴度。圖 14-4 所示，爲基材受熱碳化現象。

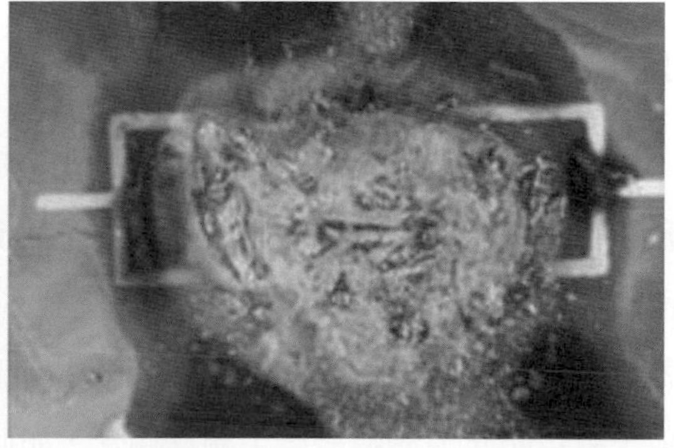

▲ 圖 14-4　基材受熱碳化損傷

若焊墊金屬處理層有可能被大量融入焊料中，就應該考慮到浸析問題。浸析程度是由峰溫決定，若使用較低峰溫可減少浸析程度，另外縮短高於液相溫度時間也有減少浸析效用。

14-3 回流焊加熱的重要性

回流焊曲線中最複雜的部分，就是加熱與冷卻控制，對回流焊品質影響很大。

焊錫塌陷與架橋問題

錫膏塌陷是直接引起架橋的原因，塌陷主要發生點是在錫膏熔化前膏狀階段，因此研討範圍也以焊料熔點以下爲主。錫膏有固定成分，黏度會隨溫度上升而下降，這是因爲溫度上升會使材料內分子熱振動加劇所致。高溫下黏度降低，自然會導致塌陷發生。溫度上升會使溶劑揮發，這會導致固形分比例提升，黏度也會提升。不同溫度的熱振動是物質本性，它只與溫度有關並不受時間影響，也就是升溫速率對它不產生影響。

但是溶劑揮發會受到升溫速率明顯影響。溶劑揮發速率與溶劑吸熱或溫度成正比，溶劑揮發的總量與揮發速率乘以揮發時間的數值成正比。換言之溶劑揮發總量是溫度與時間的函數，因此它可經由改變升溫速率調整。在給定溫度下，升溫速率較慢時間較長可讓更多溶劑揮發，因此升溫慢的錫膏黏度會高於升溫快時的錫膏黏度。依據這種概念，採用較慢升溫速率可控制溶劑揮發量，使其對錫膏黏度提升影響超過熱振動影響。此時溫度上升導致的錫膏黏度下降會減少，若控制得宜會讓黏度增加，這樣塌陷就會減少。經驗人士推薦的升溫速率，從室溫到熔點間建議保持 0.5 ～ 1℃ /S。

錫珠的產生

錫珠是由於預熱階段，助焊劑揮發作用超過錫膏黏附力而產生。這種排氣作用，促使錫膏在小間隙零件下形成分離錫膏區塊。回流焊時分離錫膏會發生熔化，最後從零件下冒出而產生錫珠。其簡單產生模式，如圖 14-5 所示。經由控制焊料熔化前加熱升溫速率，可對排氣作用加以控制。當升溫速率較慢，助焊劑以擴散模式排氣，而不會猛烈產生氣化現象，就可防止氣體噴發產生獨立錫膏，如此就可避免錫珠產生。

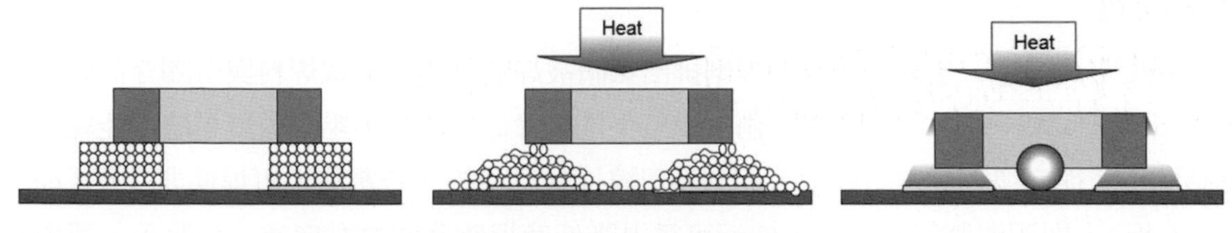

▲圖 14-5　錫珠產生的行為模式

燈蕊虹吸現象

燈蕊虹吸是焊料在潤濕零件引腳後，從焊點區域沿引腳向上爬升，以至焊點產生焊料不足或空焊問題。這是由焊料熔化階段，零件引腳的溫度高於電路板焊墊溫度所致。爲了防止此類現象發生，可加強電路板底部加熱或將焊料熔點附近的時間拉長，採用緩慢升溫速率來改善。這樣在焊料潤濕發生前，零件引腳與焊墊就可達到溫度平衡。一旦焊料已經潤濕焊墊，焊料形狀就會保持不變，不再受升溫速度影響。

立碑效應與歪斜的問題

組裝零件的立碑效應與歪斜，是由於零件兩端潤濕不平衡所引起。類似於燈蕊虹吸問題，減少這兩種缺點也可在焊料熔點附近拉長加熱時間，使用非常緩慢的升溫曲線，使零件兩端在焊料熔化前達到溫度平衡。低於熔點時升溫速率對這兩項缺點沒有影響，高於熔點時潤濕通常也已經結束，此時升溫速率也不會有影響。

錫球產生的問題

組裝產生錫球，是由於錫膏飛濺引起。錫粉熔化合併前若升溫速率超過 2℃ /S，發生這種不良現象的可能性就較高。較慢的升溫速率，對防止飛濺非常有效。但升溫太慢，也會導致過度氧化而降低助焊劑活性。錫球也可能因爲錫粉過度氧化而產生，減少焊料熔化前的吸熱量，應該可改善過度氧化。因此要兼顧飛濺與氧化兩方面，將錫球降到最少的最佳化製程，是在到達焊料熔點前採用線性升溫曲線。

潤濕不良的問題

潤濕不良問題，是因預熱至焊接過程錫粉過度氧化所致。如同討論錫球現象一樣，可透過減少預熱焊料吸熱量來減少氧化。理想的回流焊曲線，是加熱時間儘可能短。若有其它因素加熱時間不能縮短，則從室溫到焊料熔點可採線性升溫，這種回流焊曲線就能減少錫粉氧化。

空洞問題

焊接空洞問題，主要是因爲助焊劑排出氣體被焊料與電路板或焊料與引腳介面未潤濕污點區域所侷限引起。這方面可經由減少氧化量來降低未潤濕污點，也就是儘可能縮短加熱時間，或從室溫到焊料熔點溫度範圍採用線性升溫曲線。若電路板可焊性非常好 (如：HASL 板)，則潤濕將不是問題，空洞可透過降低助焊劑殘留物黏度進一步改善。要做到這點，只要使用溫度較低的回流焊曲線即可。

虛焊問題

焊接產生虛焊問題，主因可能源自於燈蕊虹吸或不潤濕所致。若因爲燈蕊虹吸引起，可參照燈蕊虹吸問題解決方案處理。若是不潤濕問題，也就是所謂“枕頭效應”，這種狀況下雖然零件引腳已經浸入焊料中，但並未形成眞正結合或潤濕，如圖 14-6 所示。

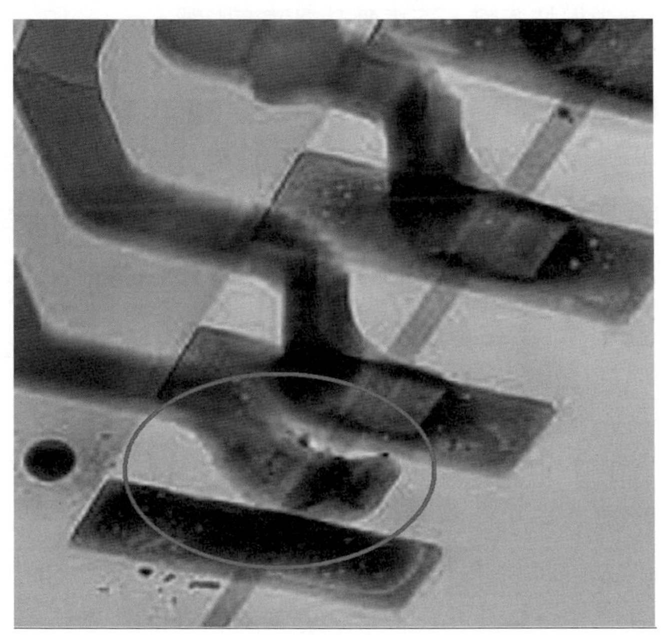

▲ 圖 14-6　未完全潤濕而產生的虛焊

這個問題可利用減少氧化的方法改善，如同“潤濕不良 " 所述就可改善。另外從室溫到焊料熔點的溫度範圍內，可採用線性升溫曲線，這也有助於改善此類現象。

14-4 冷卻速率的影響

介金屬化合物的產生

最佳冷卻速率，是回流焊階段較確定的部分。在熔點以上，緩慢冷卻速率會導致過量介金屬的產生。為了儘量減少介金屬的生成量，就必須要採用較快冷卻速率來遏止它的生成。

合金晶粒尺寸狀態

由於退火效應，緩慢冷卻常會導致焊點產生較大晶粒結構，這是指處於熔點與略低於熔點溫度時的狀態。這些較大晶粒結構，會呈現較差抗疲勞強度。若能採用較快冷卻速率，就可獲得細小晶粒結構焊點。

內應力與零件裂紋關係

作業中所允許的最大冷卻速率，取決於零件抗熱衝擊能力。如：顆粒式電容零件，所容許的最大冷卻速率大約是 4℃ / 秒。回流焊爐的冷卻，是利用強制冷風對流達成。快速冷卻需要利用冷風快速通過熔化的焊點，但這會導致焊點變形。若冷卻速率不超過 4℃ / 秒，理論上焊點變形可忽略。圖 14-7 所示，為零件受應力影響產生的裂紋。

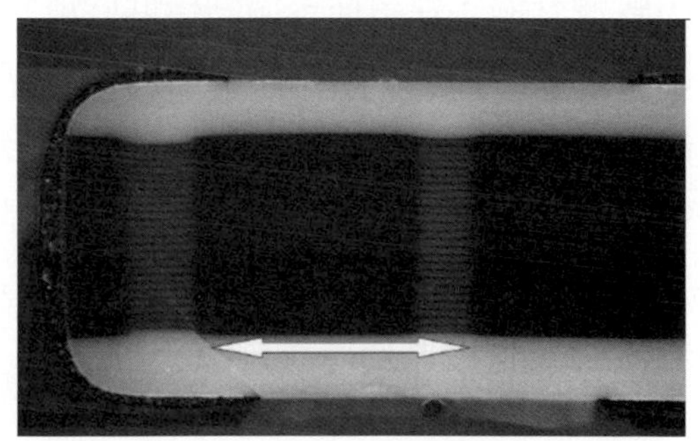

▲ 圖 14-7　零件受應力影響產生的裂紋

內應力所產生的焊料或焊墊分離

冷卻速率同樣會影響焊墊與電路板或焊點與焊墊間分離。快速冷卻處理，多數狀況下會導致零件與電路板間產生很大溫度梯度，會引起漲縮失調。這種處理會讓焊點周遭產生內應力，進而導致焊點從焊墊上脫落，或焊墊從電路板上剝離。例如：BGA 構裝轉角上就可能會出現焊點脫落問題。圖 14-8 所示，為典型焊墊剝離現象。

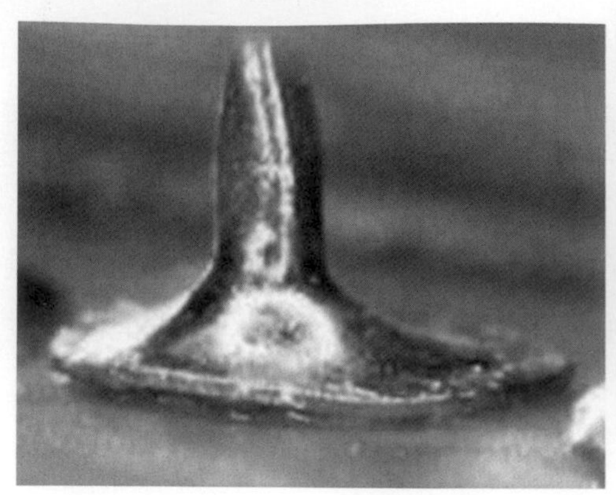
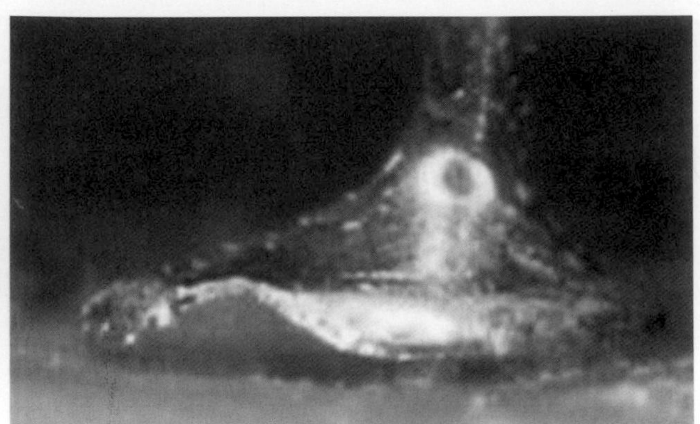

▲ 圖 14-8 典型焊墊剝離

14-5 各段控制的最佳化

升溫與浸潤階段的速度控制

爲減少缺點 (如：塌陷、短路、錫珠、錫球等)，加熱段從室溫到熔點範圍，應該採用較慢升溫，建議從室溫到稍低於熔點，可採用線性升溫。雖然多數大量回流焊都在不斷改善熱效率，但整個電路板面仍然會存在小溫度梯度。爲了減少熔點附近溫度梯度造成的缺點 (如：立碑效應、歪斜、燈蕊虹吸等)，建議浸潤區保持一段持溫。熱傳效率越低，需要浸潤時段越長。適當浸潤，意味焊料熔化前要保持一段平緩慢升溫。假定回流焊曲線長度不變，則需要的浸潤段時間越長，其前段升溫速率就越高。對高傳熱效率回流焊製程，30 秒浸潤時段應該足夠。

回流焊尖峰段的溫度變化設定

回流焊曲線，峰値溫度附近的溫度會快速升降，這段曲線被稱爲尖峰段。考慮到內應力會引起零件破裂，升溫和冷卻速率會採用 2.5 ～ 3.5℃ / 秒，如前所述爲避免損及陶瓷零件，採用最高升溫速率應該不超過 4℃ / 秒。對回流焊而言，若能保證電路板上溫度梯度低於 5℃內，尖峰段溫度設定就算合適。

理想的回流焊曲線特性

表 14-1 列出與回流焊相關缺點類型及形成機構，也包括理想的回流焊曲線特性及其中一些理想的對應細節。

▼ 表 14-1 缺點最少化的理想回流焊曲線特徵

項目	缺點機構	理想曲線特徵	升溫速率	峰值溫度	冷卻速率
零件破裂	快速溫度變化產生極高的內應力	減緩溫度變化速率	慢		慢
立碑效應	零件的兩端潤濕不均勻	在接近和超過焊料熔點時採用較慢的升溫速率以減少部件的溫度梯度	慢		
歪斜	零件兩端潤濕不均	接近與超過熔點時採用較緩慢的升溫速率以減少零件溫度梯度	慢		
燈蕊虹吸	引腳比電路板熱	焊料熔化前利用緩和的升溫速率使電路板與零件達到溫度平衡，可增加底部加熱	慢		
錫球	飛濺	減慢升溫速率降低錫膏溶劑或水分	慢		
	焊料熔化前過度氧化	回流焊前減少熱量輸入 (減緩升溫速率且浸潤區不持溫) 以減少氧化物	慢		
熱塌陷	隨著溫度增加黏度下降	黏度降低過多前，減慢升溫速率，逐漸蒸發錫膏溶劑	慢		
架橋	熱塌陷	黏度降低過多之前，減慢升溫速率，逐漸蒸發錫膏溶劑	慢		
錫珠	小間隙零件下面迅速排氣	回流焊前降低升溫速率以減慢焊膏排氣速率	慢		
虛焊	燈蕊虹吸	焊料熔化前，利用慢的升溫速率使電路板和零件達到溫度平衡並增加底部加熱	慢		
	不潤濕	回流焊前減少熱量輸入 (減少浸潤區時間，而室溫到熔化溫度採用線性升溫) 以減少氧化程度	慢		
潤濕不良	過度氧化	回流焊前減少熱量輸入 (減少浸潤區時間，而室溫到熔化溫度採用線性升溫) 以減少氧化	慢		

▼ 表 14-1 缺點最少化的理想回流焊曲線特徵 (續)

項目	缺點機構	理想曲線特徵	升溫速率	峰值溫度	冷卻速率
空洞	過度氧化	回流焊前減少熱量輸入 (減少浸潤區時間，而室溫到熔化溫度採用線性升溫) 以減少氧化	慢		
	助焊劑殘留物黏度過高	降低回流焊曲線的溫度，使助焊劑殘留物有更多溶劑		慢	
碳化	過熱	降低溫度，縮短時間		慢	快
浸析	焊料熔點溫度以上過熱	經由降低溫度或縮短在焊料熔點以上的作業時間，並減少熱量輸入		慢	快
反潤濕	焊料熔點溫度以上過熱	經由降低溫度或縮短在焊料熔點以上的作業時間，並減少熱量輸入		慢	快
冷焊	錫粉熔化時混合不足	使用足夠高的峰值溫度		中等	
過量介金屬	焊料熔點溫度以上熱量輸入過多	降低峰值溫度，縮短停滯時間		低	快
晶粒過大	慢的冷卻速率產生退火效應	加快冷卻速率			快
焊料、焊墊分層	由於熱膨脹失配產生很高的應力	降低冷卻速率			慢

回流焊曲線最佳化

理想的回流焊曲線特性，已如表 14-1 所示。若回流焊曲線經過最佳化，絕大多數缺點都應該會改善。加熱區段出現的缺點中，多數都可透過較低升溫速率獲得解決，但沒有一種能靠加速升溫速率解決。整體而言，緩慢升溫到較低峰溫然後迅速冷卻，對多數回流焊作業都較有利，綜觀以上討論最佳化回流焊曲線應該如圖 14-9 所示。圖中在溫度達到 180℃前，升溫速率為 0.5 ～ 1℃ / 秒。之後在 30 秒內逐漸上升到 186℃，再以較快升溫速率 2.5 ～ 3.5℃ / 秒上升到 220℃，最後以不超過 4℃ / 秒冷卻速率迅速降溫。

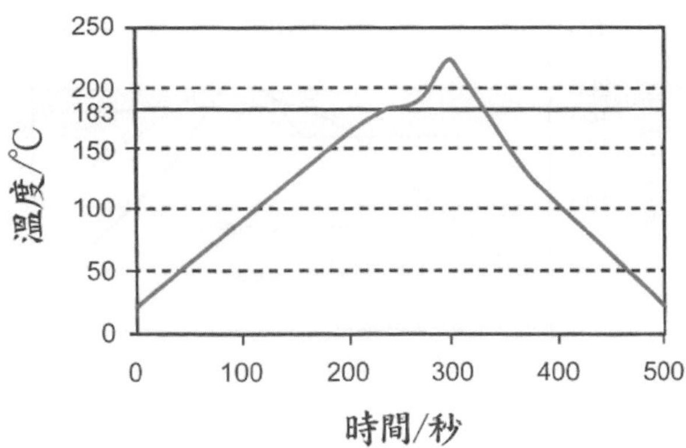

▲ 圖 14-9　依缺點機構分析得到的最佳化溫度曲線

溫度曲線有一小段浸潤持溫區，為了方便設定回流焊爐溫度變化，線性升溫可更簡化的採用直線操作。因為這種溫度曲線的形狀類似帳蓬，所以也叫作"帳篷曲線"(Tent Profile)。如圖 14-10 所示。

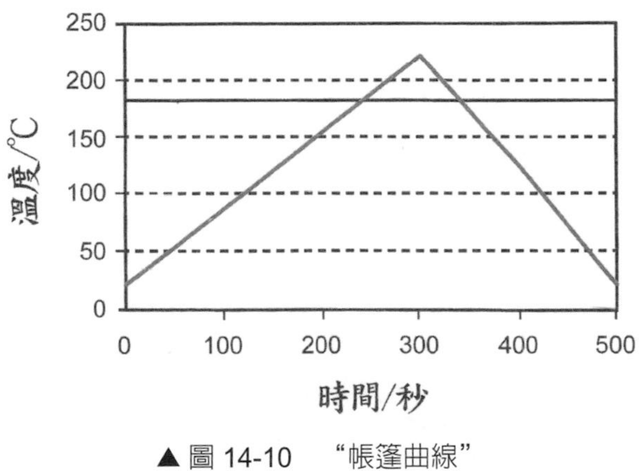

▲ 圖 14-10　"帳篷曲線"

14-6 與傳統回流焊曲線的比較

傳統回流焊曲線

最佳化回流焊曲線，與過去傳統溫度曲線比較，如圖 14-11 所示。

典型傳統回流焊曲線，開始階段快速升溫到大約 150-160℃左右作預熱，然後曲線呈水平狀保持數分鐘作浸潤段。緊接著是尖峰段，在達到峰溫後是相對較慢的冷卻速率。最佳化溫度曲線與傳統溫度曲線間的主要不同，在前段曲線可不用水平段。

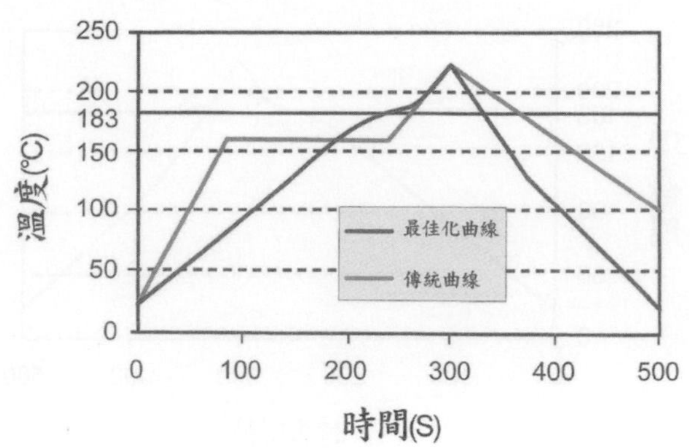

▲ 圖 14-11　最佳化溫度曲線與傳統溫度曲線間比較

傳統回流焊曲線的沿革

傳統回流焊曲線，是因應過去回流焊製程與設備產生的結果。在強制空氣對流製程出現前，紅外線回流焊爐是主要回流焊設備。雖然它還是可提供滿意的焊接成果，但卻存在幾個主要侷限性，包括：熱分佈不均，對電路板、零件、材料型式與顏色差異敏感、要考慮零件陰影效應。這種現象使電路板會很快形成溫度梯度，若使用線性升溫曲線，溫度梯度影響就會較大，因為高溫區回流焊效果很好，但低溫區卻可能沒有回流焊。又或者低溫區回流焊很好，但溫度高區已經燒壞，如圖 14-12 所示。

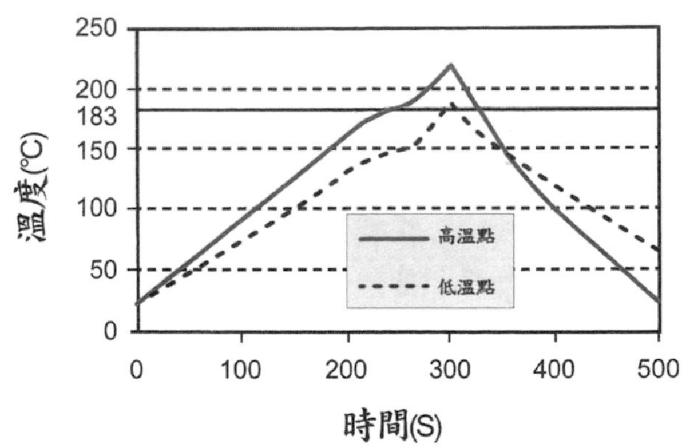

▲ 圖 14-12　紅外線回流焊爐使用線性升溫曲線可能產生的溫度梯度

傳統升溫步驟調整

為了減少溫度梯度問題，必需在溫度曲線中加入一段持溫，這種作法在實務上非常必要，如圖 14-13 所示。將高溫點溫度升到焊料熔化溫度以下保持數分鐘，這樣低溫區域溫度就會逐漸追上。當所有零件都達到相同溫度後，再快速升溫到峰值溫度。因為所有零件升溫前溫度都接近熔點，所以此時產生的溫度梯度就會縮小。

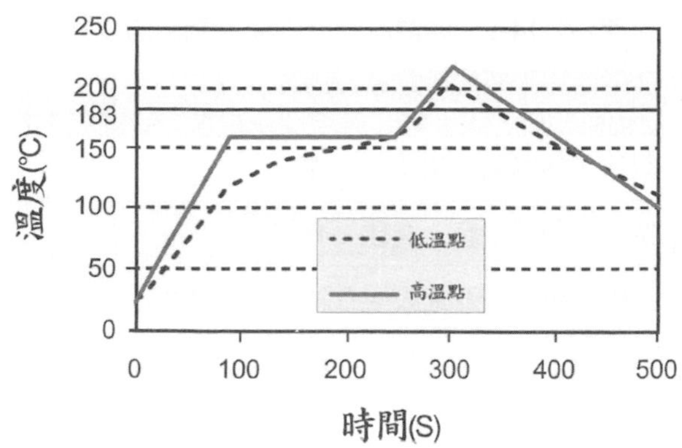

▲ 圖 14-13　紅外線回流焊爐採用傳統回流焊曲線可能產生的溫度梯度

傳統回流焊曲線的改進

從室溫開始快速升溫，並建構一段水平溫度段並不是理想作法。但若沒有這個持溫段，電路板可能會遇到更嚴重問題。除了溫度梯度可能出現的缺點，電路板還可能會碳化或未充分回流焊。因此傳統設備，搭配持溫段加熱的方式，比沒有持溫段加熱要好得多。

強制空氣對流回流焊製程

強製對流回流焊，可提供可控制的加熱速率。另外它的傳熱效率比紅外線更好，且不像紅外線回流焊那樣對零件與板材、顏色等都敏感。因此板上溫度梯度降低，採用水平持溫的必要性就降低了。

與傳統回流焊曲線相關的潛在缺點

傳統回流焊曲線的不良類型可歸納爲：(a) 初期升溫太快 (b) 在 150 ～ 160℃溫度下浸潤時間太長產生過度加熱與氧化 (c) 經過熔點時升溫速率太快 (d) 冷卻速率慢導致過度加熱，如圖 14-14 所示。表 14-2 列出了各個不良類型可能產生的潛在缺點。

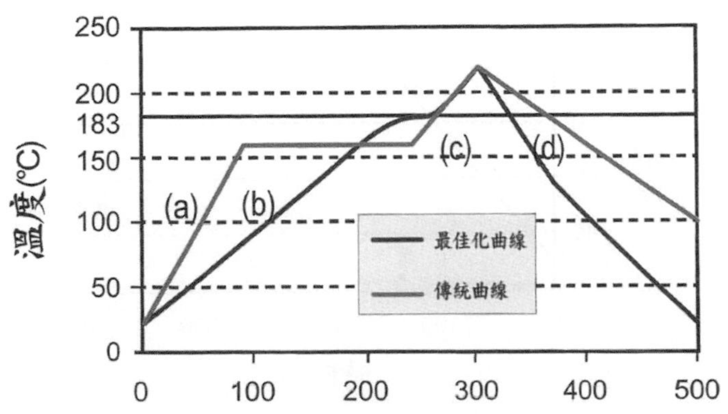

▲ 圖 14-14　傳統回流焊曲線與最佳化回流焊曲線間的缺點比較

▼ 表 14-2 與傳統回流焊曲線相關的缺點

類型	缺點
A	錫球、熱塌陷、架橋、錫珠
B	空洞、潤濕不良、錫球、冷焊
C	立碑效應、燈蕊虹吸、歪斜、部件開裂、冷焊
D	介金屬化合物、晶片尺寸過大、碳化、浸析、反潤濕

14-7 細節說明

這裡討論的回流焊曲線，主要針對典型助焊劑系統與共融焊料的製程爲標的。至於其它焊料合金或助焊劑系統，雖然缺點機構與最佳化原理類同，但重視的部分不同，因此最佳化回流焊曲線也不相同，這方面可舉例說明。

低溫焊料的回流焊曲線調整

當利用低溫回流焊曲線做低熔點錫膏作業，如：58Bi/42Sn(熔點溫度約爲 138℃）做回流焊，主要重點應該放在熱能輸入部分。在允許峰溫範圍內，溫度越高、停留時間越長，得到的回流焊結果越好。主要原因是：作業溫度低時金屬氧化影響不大，多數目前用的焊料助焊劑在較高溫度下仍有相當活化作用，特別是免洗錫膏。因此低溫回流焊製程條件，潤濕不良和錫球是主要問題。針對如上問題，最佳化回流焊曲線應類似於梯形，如圖 14-15 所示。其中溫度快速上升到峰溫，然後儘可能延長停留時間。

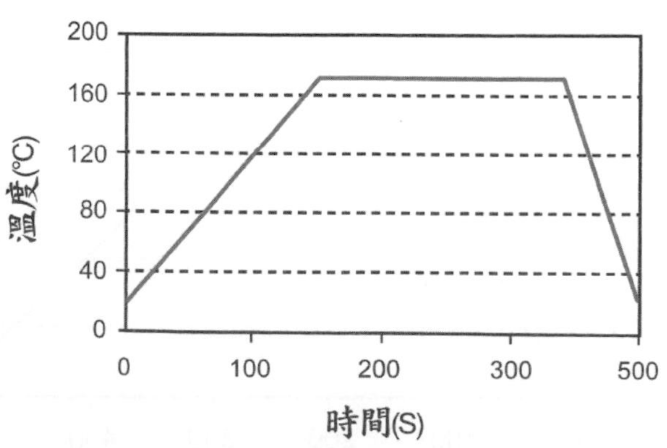

▲ 圖 14-15 典型低溫錫膏回流焊的溫度曲線

高溫焊料回流焊曲線調整

對高溫焊料，如：90Pb/10Sn(熔點溫度約 275 ～ 302℃)，助焊劑殘留物碳化是主要問題之一。爲避免助焊劑碳化現象，最佳化回流焊曲線應該將高溫停留時間盡量縮短。因此高溫焊料最佳化回流焊曲線與共融錫鉛焊料相比其升溫速率較高，如圖 14-16 所示。

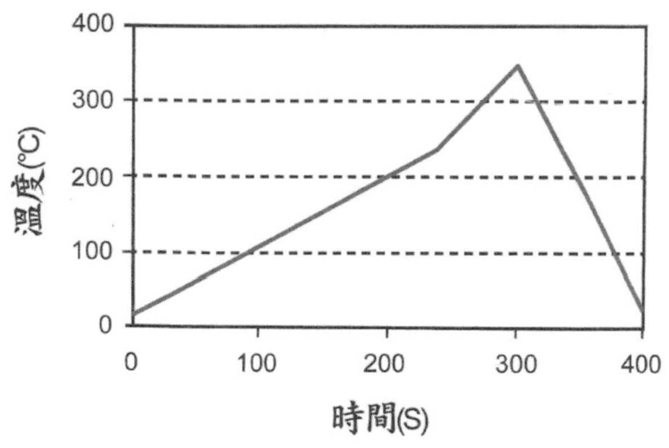

▲ 圖 14-16　高溫錫膏回流焊作業的溫度曲線

焊料氧化程度的控制限制

某些焊料對合金氧化程度有嚴格限制，例如：多數低殘留、免洗製程用焊料就屬於這類產品。若這種焊料曝露在空氣中受熱，焊料熔化前已經超過允許氧化限度，則焊料可能回流焊不順。這類焊料通常較適合的最佳化曲線，應該都是曲線較短且採用線性升溫到峰值的模式。這種較短線性回流焊曲線，可減少焊料熔化前的金屬氧化。它減緩了回流焊區升溫速率，在允許範圍內盡量延長熔點溫度以上的停留時間。

分佈不均勻的高熱容量組裝系統

當電路板上要安裝熱容量很大，而配置分佈又不均勻的零件時，回流焊曲線就要延長。此外也應該增加電路板底部加熱，以延長熔點以上的停留時間使溫度達到平衡。爲了減少介金屬形成和碳化問題，峰溫可考慮降低一些，如圖 14-17 所示。

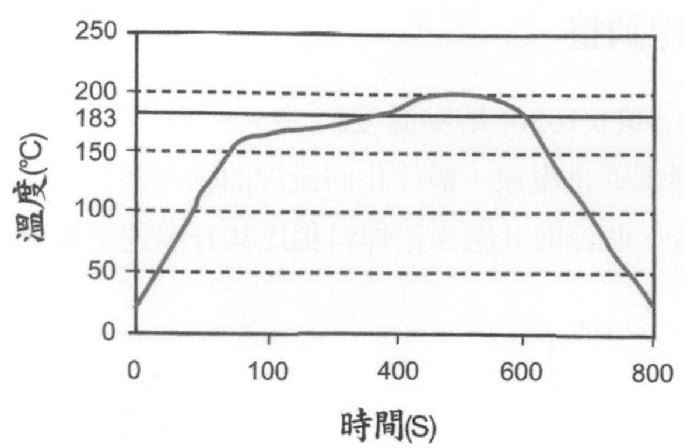

圖 14-17　配置不均勻的高熱容量組裝系統回流焊曲線

氮氣回流焊作業環境

由於氧化考慮，必須延長浸潤段時間，因爲空氣含氧會造成問題。但若在氮氣保護下回流焊，則在最佳化回流焊曲線時，就可不必太在意氧化因素。一些強制對流爐設計，採用很高氣流增加傳熱效率，這常會加重氧化程度導致潤濕不良與錫球問題。但若流量不能減少，也可透過縮短回流焊曲線加熱時間減少問題。

調整出最佳化回流焊曲線

最佳化回流焊曲線的參數特性，會隨回流焊製程需求而變化。當面對系統傳熱效率或加熱速率控制需要不同參數時，加熱段時間、浸潤段停留及整體加熱時間都要相應調整。這方面可利用已知最佳化回流焊曲線爲基礎，做實際溫度梯度與焊接缺點監控，這樣做些微調整即可提升回流焊曲線適用性。

例如：當出現很大溫度梯度，就說明回流焊爐熱傳效率不夠高，此時需要延長浸潤段時間來減少這種問題。又如：面對立碑效應缺點比率偏高而沒有其它問題，則無論是零件、焊料合金種類、電路板設計的問題，都可透過修正回流焊曲線減少立碑效應。如前所述，當延長浸潤段時間，有助於電路板獲得更好熱平衡。它也使溶劑能更徹底蒸發，使助焊劑在高溫下更黏，因而可黏住零件降低立碑效應。

14-8 結論

李寧成博士於 1998 年首次提出，以缺點機構分析為基礎的線性升溫最佳化回流焊曲線，之後這種方式在業界逐步被推廣 [34,35]。線性升溫回流焊曲線，不只適用於共融焊料回流焊，也適用於無鉛回流焊。

根據組裝缺點機構分析，透過最佳化回流焊曲線來提升焊接點特性。較低升溫速率可減少受熱塌陷、架橋、立碑效應、歪斜、燈蕊虹吸、冷焊、錫珠、錫球、零件破裂等缺點。縮短浸潤段可減少空洞、潤濕不良、錫球以及冷焊等缺點。降低峰溫可減少碳化、分層、介金屬生成、浸析、反潤濕、空洞等問題。快速冷卻可減少介金屬生成、碳化、浸析、反潤濕、減小晶粒尺寸，但慢速冷卻可減少焊料或焊墊分離。

依據這些特性，所獲得的共融焊料最佳化回流焊曲線為：在 180℃前緩慢升溫，接著在 30 秒內溫度逐步上升到 186℃，然後迅速上升到 220℃，最後溫度迅速下降。傳統回流焊曲線的使用，是因為傳統回流焊製程設備侷限性所致。採用最佳化回流焊曲線，需要提升熱傳效率，能完整控制加熱速率。氣相回流焊可提供快速加熱，但加熱速率控制卻並不容易。紅外線回流焊可控制加熱速率，但受到零件特性影響較大。強制空氣對流回流焊製程，不但加熱速率可控制，且較不受零件特性影響，因此是較可實現最佳化回流焊曲線的製程。

CHAPTER 15

導入無鉛焊接

15-1 簡介

因爲有良好機械特性，商用、軍用及汽車產品也有良好信賴度，且相對具有低液化溫度，錫鉛焊料在過去電子製造是主要加工材料。經過近 100 年的應用，相關數據資料及經驗也有豐富累積。不過 2006 年以後，多數含鉛的合金都逐步退出市場。

錫鉛焊料合金

這類合金普遍組成，在接近共熔組成：63% 錫 37% 鉛 (熔點 183℃)，部分零件 (CBGA、CCGA 等) 接點以高鉛合金 (10 錫 /90 鉛或 5 錫 /95 鉛) 製作，具有近 300℃的熔點，但這些合金在電路板組裝時不會液化，只作順利焊接及電器連結的基地。零件引腳會塗裝 90 錫 /10 鉛或 95 錫 /5 鉛的合金，使它們可焊接而不產生錫鬚。過去多數電路板最終金屬表面處理，以噴錫 (熱風整平) 製作，製程中包含共熔或近共熔錫鉛，流到曝露的焊墊面及線路上，這是在電子組裝前發生在電路板廠的程序。

焊錫合金使用的金屬

自然界有 90 種以上金屬元素，但只有 11 種可與其它金屬相互混合形成軟性焊錫，可用在電路板組裝，這些元素整理如表 15-1。

▼ 表 15-1　焊錫合金金屬

元素	符號	熔點 (℃)	元素	符號	熔點 (℃)
銻	Sb	630.5	鉛	Pb	327.5
鉍	Bi	271.5	鈀	Pd	1552
銅	Cu	1084.5	銀	Ag	960.15
鎵	Ga	29.75	錫	Sn	231.89
金	Au	1064.6	鋅	Zn	419.6
銦	In	156.3			

這些元素中，只有銅、銀、鋅、錫、銻與鉍的組合，較可實際作爲無鉛焊錫，主要是因爲其它元素缺乏資源或原料成本過高，銀則是落在這個邊緣的元素。其它週期表上的金屬元素，不是熔點過高、太稀有、活性高或具有毒性，就是無法與其它材料產生恰當合金，因此無法在較低熔點下 (< 230℃) 使用。部分合金，如：幾種銦與鎵合金，具有太低熔解溫度不利於電子應用領域。無鉛焊料已經使用多年 (在首飾製作、配管、銅焊等應用)， 在電子組裝方面多數都熔點過高，且沒有如錫鉛般有足夠物性資料可參考。

15-2 鉛在焊錫接點中的角色

除了降低純錫熔點 (232℃)，鉛還有累積在介金屬邊界抑制錫銅介金屬產生的功能，降低錫銅相互混合。錫銅是焊錫接點產生的關鍵，但若介金屬層過厚，最終接點會產生脆性，無法承受熱循環及機械性衝擊而容易故障。儘管已知錫鉛焊錫對許多零件及電路板金屬處理具有良好潤濕能力，但鉛實際上會遮蔽潤濕性並讓焊錫侷限在要焊接的目標焊點區域。過度焊錫擴散可能產生三種不利狀態如後：

1. 若焊錫從要焊接區擴散開，最終接點會有缺錫及強度降低問題。
2. 若焊錫流動性過高，會沿連結器引腳爬升，降低內部接觸區彈性、減少接觸間隙、改變連結器接觸物性，最後產生信賴度問題。
3. 若焊錫在鷗翼引腳爬升過高，會遮蔽引腳彈性容易產生機械故障。

15-3 消除或降低鉛使用

背景

全球環境面臨考驗，不但電子產品需要環保考量，電子製造過程也必須滿足環境要求。歐盟環境保護法規，都已經在 2006 年 7 月 1 號後開始列管鉛金屬的使用，半導體和電子產品製造商都必須因應。

而幾乎所有電子產品都以零組件焊接製作，產品在報廢後通常會被部分回收或掩埋處理。錫鉛的便利性、價格低廉、機械性能好，都是多年被廣泛使用的原因。然而當環境污染、酸雨、掩埋鉛廢料等問題加深，無鉛化製造必然是組裝技術的重點。

無鉛的定義

迄今爲止無鉛組裝標準雖還是有些微差異，但整體執行已經超過五年，多數契約代工製造商和 EMS 都已經有適當的作法。不過當特定產品鉛金屬沿用期限陸續到達，業者仍應注意相關的法令的搭配性，隨時要瞭解最新法令的變化，以免面對麻煩。

15-4 無鉛組裝對實務面的影響

與傳統生產系統相容性

無鉛製造轉換，過去這幾年必須以雙軌模式作業，生產中會採用含鉛與無鉛原料製作產品。此時不論設備、製程、管理都必須作適當改變。多數可用無鉛焊錫，都比傳統錫鉛需要更高的製程溫度。考慮共存狀態，需要比傳統回流焊提高 20 ～ 40℃的熱度，以確保在無鉛區域形成良好的焊點。巨觀來看無鉛焊料多數具有熔解範圍接近 220℃的特性，因此採用的峰點溫度會在 240 ～ 260℃間。部分傳統焊接設備，無法應付這種多樣高溫無鉛焊錫而必須淘汰。雖然這樣的苦日子對多數組裝廠都已經是過去式，但是仍然有小量的廠商在其間掙扎。

零組件 (Components) 的衝擊

儘管設備及電路板可承受較高製程溫度，但仍然有其它因素必需考慮。許多 IC、被動部件及連結器，都無法在高於共融焊料溫度太多的環境下存活太久，只能經歷簡短的熱循環。這使 IC 製造商及零件商，必須找出應付高溫製程的材料與應對方案。已知塑膠密封零件會從空氣中吸收水份，當零件加熱到回流焊溫度水會瞬間膨脹導致零件斷裂。這種現象極普遍，就是眾所周知的 爆米花現象 。因爲塑膠構裝常在斷裂前先凸起，經過冷卻後就會產生變形。面對這種問題，塑膠構裝零件必須在焊接前留意殘水狀況，最好做適當的除水烘烤或處理。多數無鉛焊料高溫作業，會劣化爆米花問題，需要對零件乾燥有更多關注。

零組件選用對執行無鉛焊接是重要工作，傳統含鉛的端子處理零件都無法使用，必須轉換爲無鉛系統。雖然錫表面處理會有錫鬚問題，但卻是目前較常見的金屬處理選項。另外目前許多可攜式電子產品，都會做高密度雙面 SMT 組裝，因此要如何選用適當的表面處理來應對多次組裝，也是零組件選用的重要考慮。

波焊 (Wave Soldering) 會讓電路板經歷 260 至 265℃環境，而表面貼裝零件會在這種環境下曝露約 4 ～ 6 秒時間。傳統零件本體在上端部分，會出現高於板溫約 10 ～ 25℃的溫度。IPC 及 JEDEC 對無鉛製程採用的零件，有相關參考指標資料定義相關規格，主要是一些簡易標準及供應商資料。國外實作課程中，也針對不同零件缺點案例做描述，釐清許多定義不清的零件規則。圖 15-1 所示，爲塑膠引腳式晶片構裝及被動部件邊緣破裂範例。

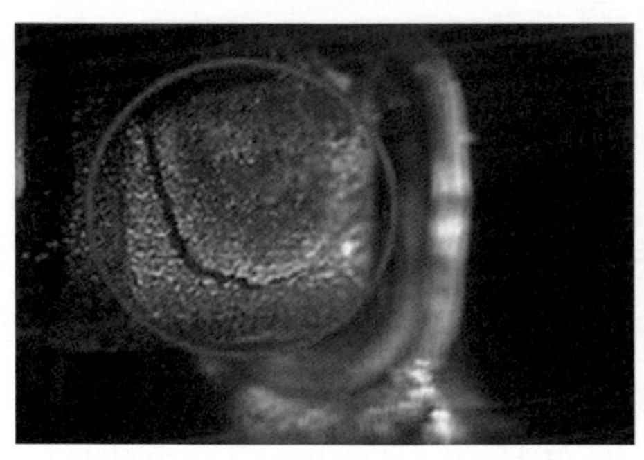
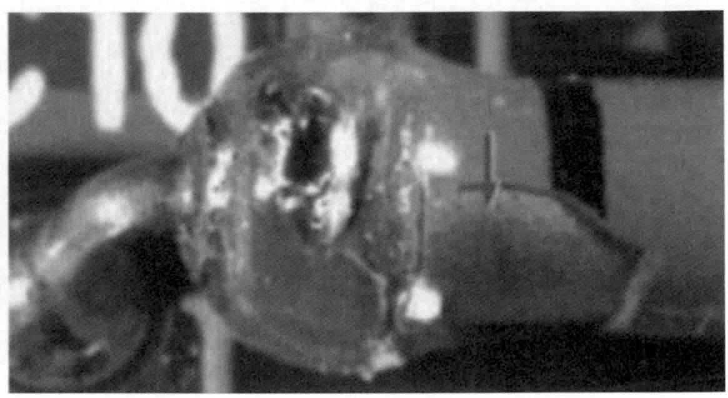

▲ 圖 15-1　塑膠引腳式晶片構裝與被動部件邊緣破裂範例

電路板方面的影響

雖然業者已經執行無鉛組裝超過五年以上，但是在電路板的問題方面仍然頻繁出現。業者已經將多數過去用噴錫處理的電路板製程，逐漸轉換爲以化學表面處理製程。目前常見的替代做法包括：金、銀、錫、有機保焊膜 (OSP) 等。這種轉變若搭配高玻璃態轉化點 (Tg) 材料，會對產品信賴度有利。然而不少使用者爲了成本考慮，仍然繼續使用傳統材料製作產品，這樣面對的耐熱風險就較高。圖 15-2 所示，爲高溫回流焊爆板的缺點範例。

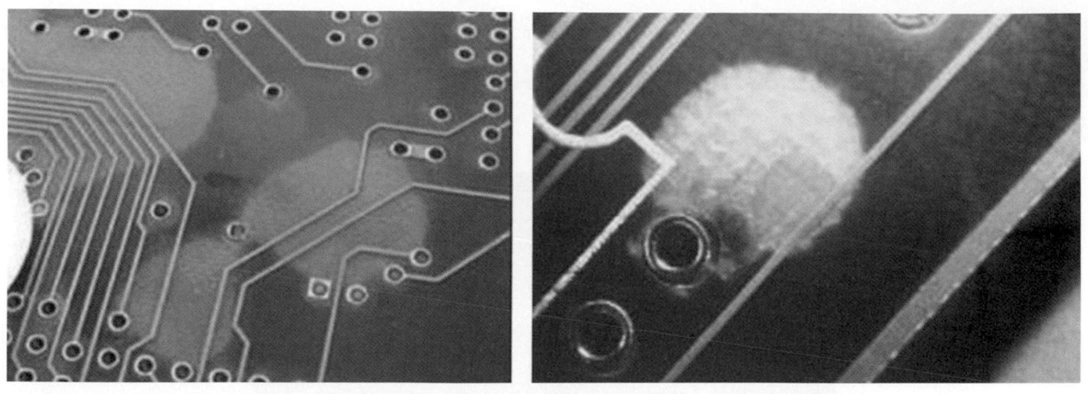

▲ 圖 15-2 電路板高溫回流焊爆板範例

一些組裝的環狀孔分離與層分離疑慮被業者提出，然而若壓板前處理及壓合操作能適當控制，其實層分離未必是嚴重問題。至於孔銅金屬層信賴度，若適度控制銅金屬層電鍍抗張強度 (Ductility) 與電鍍厚度，銅層斷裂應該也可避免。電鍍銅信賴度缺點都與銅電鍍厚度及鍍層抗張強度有關，製造商多數都會對製程品質作適度監控，以防止問題發生。

對鋼版印刷 (Stencil Printing) 與回流焊的影響

理論上錫膏印刷不會因爲無鉛需求明顯改變，不同的錫膏當然會對印刷作業產生影響，但整體而言更大的問題仍然是印刷點間距縮小產生的挑戰。無鉛錫膏單價比傳統高，但就整體而言已經隨使用與供應量提升平價化。依據作業經驗，無鉛錫膏作業性仍然與傳統錫鉛有差異，其中尤其是焊接面潤濕性 (Wetting)，會呈現明顯差異。圖 15-3 所示，爲無鉛錫膏印刷後與回流焊後的表現。

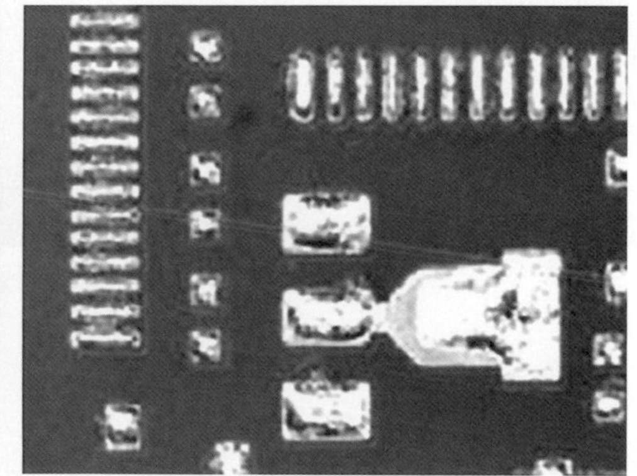

▲ 圖 15-3 無鉛錫膏印刷後與回流焊後的表現

由於無鉛焊料的接觸角 (Contact Angle) 比傳統焊料大一些，因此擴散性相對較差，較容易產生覆蓋不良現象。電路板尺寸會因爲多次回流焊而產生變異，這對於大板面產品是一個對位度挑戰。這種現象普遍存在於大型電路板及需要安裝小型零件產品，這種的現象尤其存在於需要安裝 0402/0201 甚至 0105 類零件的產品。圖 15-4 所示，爲無鉛錫膏 0402 部件印刷的範例。

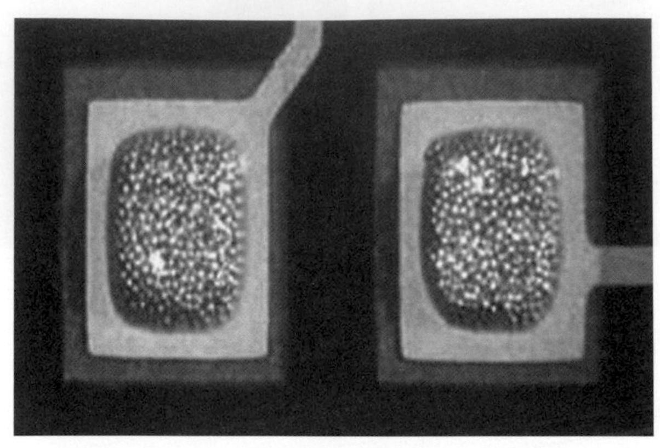

▲ 圖 15-4　無鉛錫膏 0402 部件印刷範例

錫膏印刷的管理也成爲重要問題之一，若採用了不同組成的無鉛焊料製作產品，必須小心操作程序管控。若用了不同合金組成，則印刷中會相互污染工具及刮刀，這些狀況工具都必須做適當處理，忘了清潔產生的金屬混淆，會對回流焊效果產生不良影響。

至於印刷下墨量控制不良的問題，並不涉及到焊錫種類選用，只要有錫量不足現象，就有可能產生焊點不佳問題。圖 15-5 所示，爲焊料供應量差異所呈現的焊點現象比較。

▲ 圖 15-5　焊點錫供應量差異所呈現的焊點比較

零件安裝

使用無鉛焊料應該對於零件安裝影響有限，但因爲不少產品需要雙面打件，若因爲操作溫度提高而對板面平整度產生影響，則採用無鉛材料仍會間接影響零件安裝對位度。對於打件機實際操作，舊有機種的光學系統對不同金屬表面處理會有差異反應，面對焊料的多樣化，業者還是需要依據需求請設備商調整或更換光學系統，做必要的設備軟體升級。

對 SMT 回流焊作業的衝擊

傳統 SMT 設備，多數並不需要爲無鉛製程做太多改變，但回流焊爐需要重新設定參數標準，不過還是有某些回流焊爐需要做升級，適應更高　度、加溫速度和精準度。要留意的是，低零件密度消費性產品組裝，因爲電路板、小零件的低熱容量，並不需要高於液化溫度太多的條件完成焊接。但大、高密度的電子組裝，具有高引腳數部件，會遮蔽熱並產生絕緣、遮擋零件作用就必須留意。遮蔽是回流焊爐強制對流式的阻力，會因爲零件高度、類型及數量密度等而有差異。沒有良好對流循環，零件會加熱緩慢。需要較長時間熱吸收及較高整體溫度，才能補償平衡並完成良好品質的焊錫接點。

當無鉛回流焊作業時，其操作溫度都比傳統作業要高出 20 至 30° C 來補償合金組成的變動需求。但在均溫性上，由於零件配置差異整面溫差仍然可能會有 20-30° C 之譜，因此選用新回流焊設備必須將這些因素列入考慮。有部分設備商又開始提供氣相 (Vapor Phase) 回流焊設備，宣稱可應付較大的熱容量差異，這方面的發展值得觀察。加大回流焊爐降溫速度也是重點，在同樣生產速度下完成冷卻程序固然重要，而較高冷卻速度對接點結構、接點金屬處理焊接性及通孔焊錫爬昇控制都有好處。圖 15-6 所示，爲典型無鉛焊接通孔爬升成品範例。

▲ 圖 15-6　典型無鉛焊錫通孔爬升成品

因爲操作溫度提升，機械表面溫度狀態也要注意，會影響作業者的操作安全性及環境狀態。溫度增加也會對設備保養產生影響，特別是鏈條維護頻率、冷卻系統及傳動系統間隙校調等。爲了降低氮氣耗用及爐溫穩定性，回流焊爐氣體流動控制都有迷宮式設計，但升溫產生的助焊劑殘留量增加更要注意。由實務經驗得知，較純淨的氮氣環境有助於無鉛系統使用，但增加氮氣耗用量則要列入生產成本計算。

工程人員必須更注意組裝線中的溫度曲線變化，尤其對迴風式回流焊爐溫度曲線，即便是極佳設備設計，仍需要相當的測試與校調才能進入最佳操作範圍。相對因爲蒸氣式回流焊爐設計原理，是以高溫蒸氣做回流焊作業，其峰點回流焊溫度可保持在 230 至 240 ℃間，未來或許這類設備會成爲較佳組裝設備選擇也未可知。

對波焊作業的衝擊

在傳統共融錫鉛波焊中，錫爐典型溫度爲 240 ～ 260℃。若依據一般思考方式，無鉛焊錫要同樣有 60 ～ 80℃溫差，則需要的焊錫爐溫度會達到 280 或 300℃。更高的錫爐溫度搭配固定混合運動，會導致波焊容器中更高的錫渣產生率 (焊錫氧化物的產生率)。對於錫鉛焊錫，錫渣本身呈現爲漂浮氧化物，漂在焊錫波表面，會侵入液體焊錫導致焊錫架橋 (錫渣型短路)。它也會遮蔽焊錫與助焊處理的通孔零件接觸，因而產生拒焊接點 (跳接或是斷路)。

部分無鉛的焊錫組成，例如：銅、鋅、鉍，都是容易氧化的金屬。必需要強制使用氮氣鈍化波焊設備，以確保良好焊接結果，也能保持焊錫組成抑制氧化。波焊作業是受無鉛技術影響最大的製程，助焊劑處理及預熱系統不會有太大變化，但操作參數卻必須作適當調整。因爲無鉛金屬潤濕性都較差，更換助焊劑系統或許有助於作業順暢性，若改採水溶性助焊系統來取代多醇類系統或許也會有助益。

許多工程人員都有無鉛系統較容易產生短路架橋的經驗，部分使用水溶性助焊劑的廠商也開始逐步嘗試迴風式 (Convection) 預熱系統，但是這種用法在以醇類爲助焊劑的作業模式下要較小心。圖 15-7 所示，爲典型的無鉛波焊架橋缺點狀態。

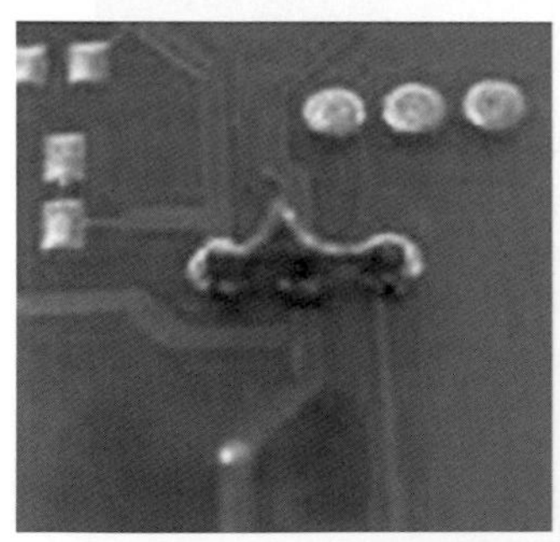

▲ 圖 15-7　典型的無鉛波焊架橋缺點狀態

作業成本在能源耗用及金屬單價提升下提高，錫渣也因爲金屬單價提升而使回收重要性提升。錫爐本體設計，會因爲無鉛需求而產生變異，部分不銹鋼零件因爲焊料高錫含量會產生侵蝕而必須更換。部分設備商爲了能讓無鉛波焊效能提升，也嘗試在焊錫波流方面做修改，他們嘗試降低波與波間的溫度落差，縮短焊錫接觸時間以減少電路板及端子銅金屬融出量。

監控錫中異物污染的標準也應該適度調整，不同污染對於焊錫流動性、填充性等都要進一步了解。銅污染在高溫作業下會變化較快，至於鉛污染則因為轉換成無鉛製程而不必再擔憂。波焊區溫度都會提升 15 至 20℃，而預熱區溫度也會提升 10 至 20℃。因此波焊後冷卻的設計也在設備上出現，日本設備已經使用封閉氮氣冷卻結構設計。當然溫度曲線控制仍然十分重要，必須防止安裝零件因溫度過高而掉落。

對金屬供應與氧化性的衝擊

部分業者選用的無鉛合金焊料，因為礦藏不足而無法滿足電子業全球性單一合金轉換。銦 (In)、銀 (Ag) 就是被重視的部分，鉍 (Bi) 的供應 (鉛純化副產品)，是勉強足夠的一種。元素如：鉍、銅及鋅都氧化得很快，使助焊劑要完全發揮作用變得困難，另外銅及鋅的潤濕性也較差，這三者金屬都會衝擊錫膏壽命。使用氮氣來建立鈍化環境是較建議的製程做法，因為多數無鉛合金會包含鉍、銅及鋅的氧化物。

對焊錫助焊劑的衝擊

傳統錫鉛焊料使用的助焊劑，並不是在高溫範圍用的物料，也不適合無鉛製程。無鉛技術中的高溫助焊劑因此成為關鍵物料，它可能會在還沒完全發揮助焊作用前就沸騰揮發或分解。無鉛焊料的助焊劑必需量身訂作，並符合新合金組成及高溫焊接特性。因為許多無鉛合金包含氧化快速的元素，助焊劑必需有更高的活性化，這會背離產業傾向採用環保免洗助焊劑的初衷，而必需回到水可溶 (水溶性清潔劑) 助焊劑配方。

對電氣測試的衝擊

因為多數無鉛製程溫度都比含鉛製程溫度高，助焊劑殘留會更容易因烘烤留在電路板金屬面，這會遮蔽電氣性測試探針接觸。即使用了目前的免洗製程，電氣性測試探針似乎還是受到限制。被殘留物覆蓋的測試點，常需要多次探針測試循環讓探針穿過殘留物。

對電路板基材的衝擊

多數無鉛焊料需要較高製程溫度，這會衝擊電路板普遍使用的玻纖環氧樹脂基材。基材軟化會導致回流焊中的電路板下垂，這會對組裝及材料產生問題，基材也會更傾向於爆板剝離。此時可使用耐更高溫度的電路板基材做產品設計，這些材料或多或少會比傳統材料貴一些。

對於其它材料與製程的衝擊

SMT 的點膠、波焊的拖盤治具材料及止焊漆，都必需做高製程溫度相容性最佳化。它們需求要做耐化學性檢查，並與新助焊劑配方在如此高溫下的做相容性驗證。

檢驗程序

多數公司使用 IPC 規格標準檢查焊錫接點，至於這些基本特性狀態不應該因為轉換為無鉛系統而有太大改變。對焊錫爬升高度及孔填充方面基本維持原有水準，至於焊接墊 (Soldering Pad) 方面則對覆蓋範圍有些微修正。多數組裝廠對外觀檢驗標準，似乎沒有太大變動，因此全面性重新學習並不必要。圖 15-8 所示，為典型引腳焊接成果，不同焊錫組成確實有點差異，但是主要結構差異似乎並不是來自於焊錫組成問題。

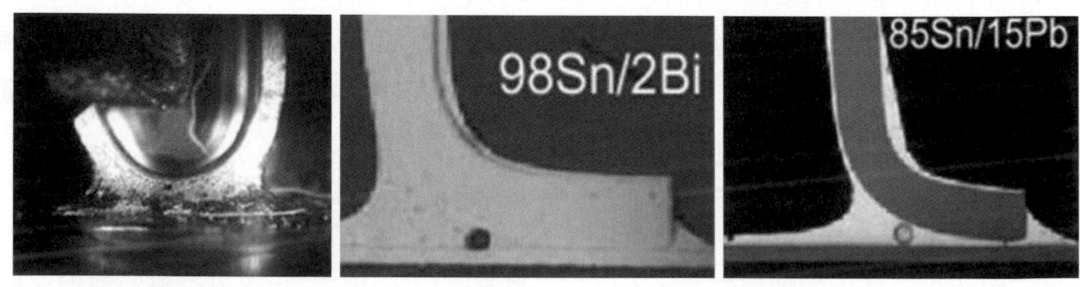

▲ 圖 15-8　典型不同焊錫組成的引腳焊接成果

採用 X-Ray 檢查

沒有跡象顯示採用無鉛材料，對 X-ray 檢查工作會產生負面影響。多數設備商的經驗，對不同無鉛合金組成檢測都可有不錯的缺點偵測力。圖 15-9 所示，為典型的錫球 X-ray 偵測設備及檢測結果。

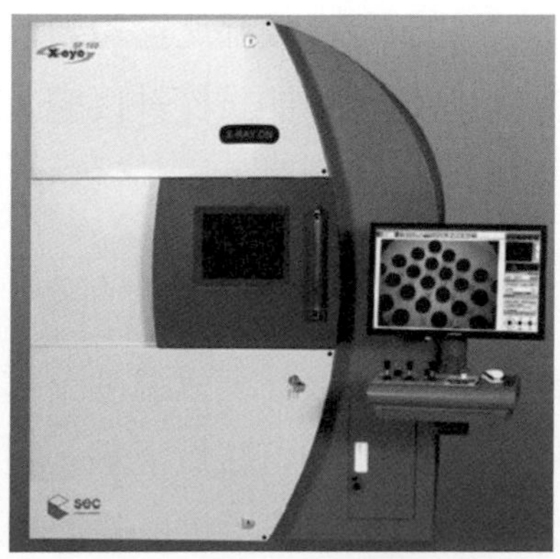

▲ 圖 15-9　典型錫球 X-ray 偵測設備及檢測結果

重工 (Rework)

採用較高溫度無鉛材料零件，組裝重工程序必須做進一步研究，許多零件材料因爲有較高吸水性而容易產生零件本體或接腳爆裂現象。陣列式部件是最容易發生損傷的種類，而傳統大型導線架塑膠構裝如：QFP 也容易因受熱產生爆米花 (Popcorn) 現象。要避免爆裂問題，在重新安裝零件時要注意去除可能產生問題的殘存濕氣，重工前烘烤多數是必要的。作業者必須注意重工時的操作溫度控制，否則容易對鄰近零件或電路板產生損傷。

15-5 執行無鉛製程對品質與信賴度的衝擊

NEMI(National Electronics Manufacturing Initiative) 曾做多種研究，其中包括含鉛部件使用無鉛焊料、無鉛部件使用含鉛焊料、混合生產等。透過這些研究成果顯示，無鉛焊料與含鉛或無鉛部件組合，仍然能夠具有類同的可靠性。圖 15-10 所示，爲幾種錫鉛與無鉛處理端子接點的焊接成果比較，當然這並未完全包括製作成本考慮。

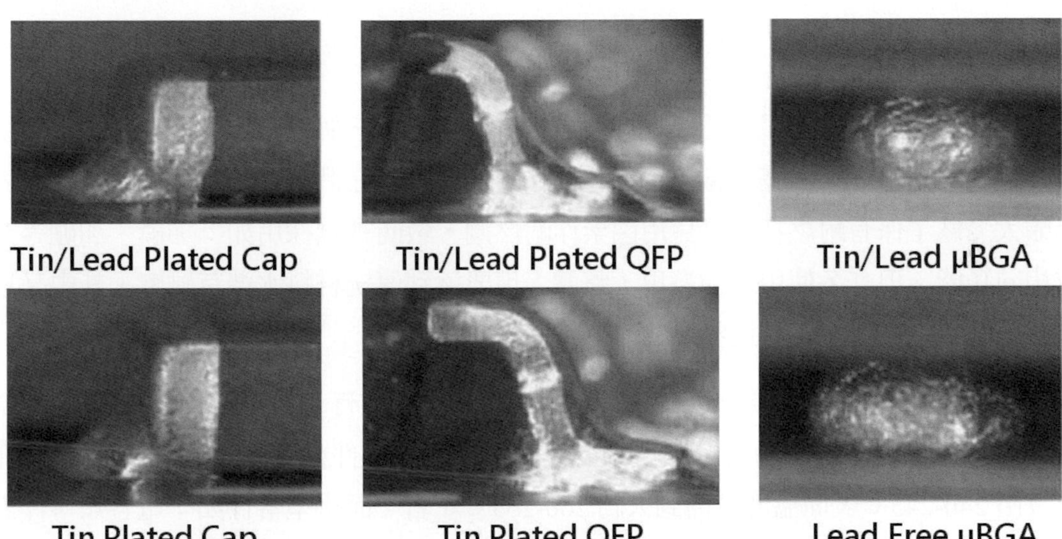

▲ 圖 15-10 不同錫鉛與無鉛處理端子接點焊接結果

客戶和供應商，可參考 IPC 相關規範做允收作業。採用無鉛焊料若有特殊要求，就應該建立新允收標準，如：回流焊後目視外觀標準，純錫焊點比 SnBi 焊點更光亮，未經標準設定會使檢驗者困惑。雖然已經有相關無鉛系統允收規範，但仍然要留意建立工程與檢驗經驗，否則會導致標準過嚴產生的高昂生產損失。

無鉛焊錫性測試和焊錫可靠性測試，雖然已經有相關廠商提出參考標準，不過還沒有成爲全球允收標準的方法存在。不少大廠的測試方法，如日本大廠：Toshiba、Sony、Panasonic 等都有相關研究與報告發表，可作爲規劃方法的參考。Toshiba 公司對焊在 PCB 上的部件做過一些焊點拉伸　度實驗，實際結果顯示這些無鉛塗層的引線拉伸　度與傳統 SnPb 焊接拉伸　度可維持在同一個水準。

15-6 無鉛技術對電路板製造的影響

噴錫技術更替

過去十多年明顯看到環保議題對電子業者的影響，除了氟氯碳化物用量被嚴格管制，電路板製作減量使用鉛、鹵素等也是重大項目。對電子組裝而言，無鉛量產已經成爲現況，如前所述必須要讓電路板面對高溫的問題，使得多數業者都逐漸轉換金屬表面處理，發展各種替代噴錫的技術。可取代噴錫的替代方法不少，但優劣比較卻難以抉擇，不過較重要的考量相當類似，最在乎的是製作成本、零件焊接性、製程相容性、接點信賴度等。

電路板基材更新

對環保因素的考量除了無鉛銲料外，無鹵基材也是另一個電路板製作及電子產品生產的重要議題。這方面許多基材廠已推出多種相應材料，但它們對無鉛焊料的相容性卻表現差異頗大。爲了保有耐燃特性且免用鹵素作耐燃劑，廠商嘗試採用如：加磷、加硼等方式達成相同功能。但許多使用經驗發現，整體表現要達到傳統材料水準有難度，其中又以抗化學性表現較不穩定，不過這些現象都在逐年改善中。

當業者開始採用無鉛系統後，如：96.5/3.5 錫銀合金具有 221℃熔點，比傳統 63/37 錫鉛合金熔點高出許多。這種合金融熔溫度，使一些大型零件如 QFP 在通過回流焊操作，有機會由 240-245℃表面溫度升高到大約 260-265℃左右，而小型零件如：電容類零件表面溫度有機會由 240- 245℃升高到 280-285℃。對波焊而言，錫爐操作溫度約在 238-260℃左右，若採用 99.3/0.7 錫銅合金則必須提升溫度到 260-282℃左右。

這些操作溫度變異，都促使電路板製作與組裝必須面對基材耐溫能力提升。目前雖然電路板都逐漸朝高於傳統 FR-4 等級材料的方向上發展，但還是偶爾會聽到業者出現爆板的問題。面對愈來愈精細多樣的電子組裝，多次組裝與重工考驗必然是未來基材須面對的挑戰。如何提升基材耐熱衝擊性，是電路板材料商必須直接面對的課題。

最終金屬表面處理的選擇

除噴錫外，可用於電路板及電子零件的最終金屬表面處理仍有多樣，如何提供恰當金屬表面處理也成為電路板製造的重要考驗。

表 15-2 所示，為電路板製作常採用的最終金屬表面處理技術整理。

▼ 表 15-2　一般 PCB 採用的最終金屬處理技術

	噴錫	有機保焊膜 (OSP)	鎳金	鈀	銀	純錫
表面貼裝 (SMT)	球面	平整	平整	平整	平整	平整
焊錫性	良	良	良	良	良	良
熱循環次數	＞2	～2	＞2	＞2	＞2	＞2
儲存壽命	長	中等	長	長	中等	中等
操作性	一般	敏感度高	一般	一般	敏感度高	一般
露銅機率	無	有	無	無	無	無
薄板能力	無	有	有	有	有	有
密貼式組裝能力 (Hard Contact)	無	無	有	有	無	無
廢水處理與安全性	差	好	一般	一般	一般	一般
製程控制能力	差	普通	普通	普通	普通	普通
成本	中等	低	高	中高	中等	中低

面對電子零件多樣化設計，不同金屬處理也有不同組裝適用性。表 15-3 所示，為典型最終金屬表面處理適用性比較。

▼ 表 15-3　典型的最終金屬表面處理應用方式

	噴錫	有機保焊膜 (OSP)	鎳金	鈀	銀	純錫
高密度 SMT	差	佳	佳	佳	佳	佳
BGA & uBGA	不可	可	可	可	可	可
覆晶技術	不可	可	可	可	可	可
晶片打線	不可	不可	特定製程可	Pd/Au 可	可	不可
密貼式組裝能力 (Hard Contact/ Connector)	不可	不可	可	可	不可	不可
信賴度	高	中等	高	高	中高	中等

圖 15-11 所示，爲幾種不同電路板最終金屬表面處理，做無鉛焊錫作業所產生的接點切片結果。

▲ 圖 15-11　不同的最終金屬表面處理所產生的接點切片

15-7 無鉛焊料的金屬選擇

合金系統

合金特性與組成相關，是依據所含金屬量的比例而定。金屬會因爲組合多種不同金屬比例，而呈現非常不同的最終特性，組合方式也會因特定應用而調整。熔點是可調整的，硬度、耐久性也一樣，但其間還是會有取捨問題。要嘗試達到適當熔點，其它材料特性就可能會被犧牲，這是在尋求無鉛合金時面對的問題。

相同金屬群產生的合金被稱爲合金系統，錫鉛就是一個可有多種組合系統 (50 錫 /50 鉛、60 錫 /40 鉛等)。部分焊料合金是由兩種元素所構成，這就是雙合金系統，如：錫鉛或是錫鉍。其它如：三合金系統 (錫 / 銀 / 銅)、四合金系統 (錫 / 銀 / 鉍 / 銅)、五合金系統 (錫 / 銀 / 銅 / 銦 / 銻) 等。五合金系統較難以理解，而雙合金系統較容易清楚特性狀況也容易調整配方。雙合金系統較不會在焊接系統中產生元素間的交互影響，若是較多金屬系統會產生不可期待的合金變化。

這些多元合金系統，透過變動其中一種金屬或另一種，就可產生多個共熔性合金。因此焊接製程中焊料曝露在其它可熔性金屬中，配方形式就成爲最終特性的關鍵。多金屬系統中只要有點組成差異 (如：0.5 wt%)，對供應商而言就難以精準控制。在波焊製程中，錫槽內的組成物固定與零件引腳及電路板金屬面接觸，材料會融入錫槽影響焊錫組成。業者要監控其合金組成，少量元素可能會很快耗盡。明顯的多數多元合金都成本過高，並不適合大量波焊製程需求。雖然已經有代表性共熔或接近共熔無鉛焊料被大量使用，但並沒有絕對結論選出最佳合金系統，尤其某些廠商還特別添加微量金屬來調整合金特性，因此很難有統一說法。較受到重視的無鉛合金系統，簡單整理如表 15-2 所示。

▼ 表 15-2　代表性的無鉛焊錫

合金	熔點或熔解範圍 (˚C)
93.6 錫 /4.7 銀 /1.7 銅	216
95.5 錫 /3.9 銀 /0.6 銅	217
96.5 錫 /0.5 銀 /3 銅	225 ～ 296
96.2 錫 /2.5 銀 /0.8 銅 /0.5 銻	216 ～ 218
99.3 錫 /0.7 銅	227
42 錫 /58 鉍	138
43 錫 /1 銀 /56 鉍	136.5
91.8 錫 /3.4 銀 /4.8 鉍	211
94 錫 /2 銀 /4 鉍	223 ～ 231
78 錫 /6 鋅 /16 鉍	134 ～ 196
96.5 錫 /3.5 銀	221
95 錫 /5 銀	221 ～ 240
91 錫 /9 鋅	199
93.3 錫 /3.1 銀 /3.1 鉍 /0.5 銅	209 ～ 212
92 錫 /3.3 銀 /3 鉍 /1.7 銦	210 ～ 214
95.5 錫 /3.5 銀 /1 鋅	217

共熔合金有明顯的熔點，非共熔合金的熔解是以熔解範圍來表達，這個範圍內合金是固液相共存。有多種共熔配方是由同樣的元素不同的比例所組成，每一個組成的變化都有它自己的熔解範圍，表中所列的範例只是顯示概略的溫度範圍與組成。

鉍錫合金在凝固時會產生膨脹，因此有報告討論到被稱爲填充浮離 (Fillet Lifting) 的現象，這主要與鉍的三元合金有關。錫 / 銅 / 鉍及錫 / 銀 / 鉍，就有業者用來做鍍通孔波焊。含鉍焊料並不建議用於以錫 / 銻爲最終金屬處理的零件引腳或焊墊上。小量鉛可能會導致偏低溫度的三金屬 (錫 / 鉍 / 鉛合金，熔點 96℃) 共熔現象。在部分應用上，若操作溫度偏高焊錫接點會分離，而低熔點錫 / 鉍 / 鉛合金會形成。三元合金固化膨脹導致孔圈焊墊斷裂及浮離，如圖 15-12 所示。

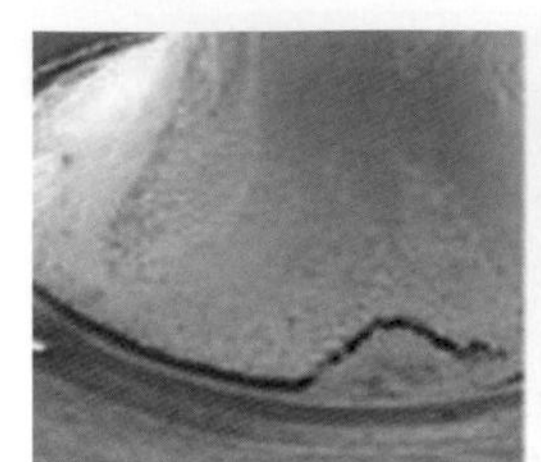

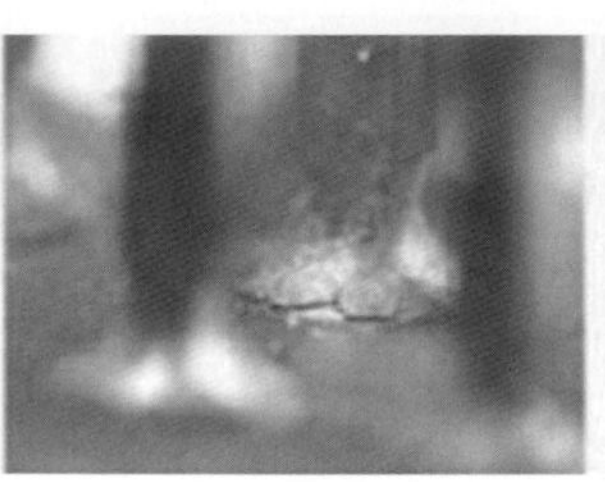

▲ 圖 15-12　三元合金固化產生膨脹，可能導致填充區從孔圈焊墊斷裂及浮離

部分合金雖然具有優異伸張強度及耐熱循環能力，但對於多數應用都溫度過低。錫鉍共熔 (熔點 138℃) 合金，並不適合用在多數汽車應用領域或高階電腦組裝。

15-8 無鉛焊料的特性

無鉛焊料與傳統錫鉛相比，呈現較差的潤濕與擴散特性，但有許多可提供較佳伸張強度及離子遷移阻力。以焊接程序而言，重新了解各種無鉛合金特性是必要的。焊料傾向於產生空泡、錫膏貯存壽命、錫膏使用壽命 (當使用在印刷鋼版上)、印刷能力、對鋼版與刮刀壽命影響、疲勞特性、合金與電路板及零件表面處理相互反應、抗腐蝕性、耐機械衝擊性及許多其它特性都必須要瞭解，這特別是對密度高、高階電子組裝期待要使用更長年限產品爲然。這種問題在消費性產品可能影響較小，主要是其使用年限要求較短所致。然而這仍是危險現象，特別是對可攜式產品，對這種現象會有所顧忌。許多較低熔點的焊錫包含貴金屬元素，如：銦及鎵，都是昂貴合金。91 錫 /9 鋅並非昂貴金屬，但它的潤濕性較差，也較易腐蝕，另外在焊接中也容易氧化。99.3 錫 /0.7 銅在空氣中也氧化快速，這在回流焊溫度下特別嚴重。

焊錫腐蝕長期被認定爲電子組裝的重要故障機構，特別是在濕氣存在的離子污染物，更容易導致腐蝕。污染物可能從電路板製造而來，操作及助焊劑殘留也是重要來源。腐蝕可能導致金屬形式擴散遷移及電路板表面腐蝕性結晶，這些結晶常發生在兩條相反電荷線路間。這些細微結晶被稱爲樹枝狀突出 (Dendrite)，它們有導電性，如圖 15-13 所示。

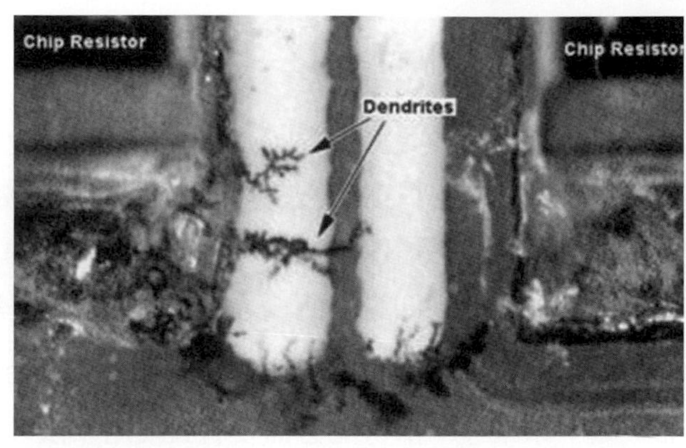

▲ 圖 15-13　FR-4 板兩導體間樹枝狀結構成長 (資料來源 www.thomsonlabs.com)

它們可承載足夠電流容量，導致產生電氣性短路，或者可能熱到金屬融熔點而熔解，干擾電流後可能回到組裝狀態正常操作，使得問題診斷困難。愈細的間距與表面貼裝幾何結構，特別容易產生這種現象。從多數資料可看到，錫鉛焊料明顯具有更好抗腐蝕性，也比其它合金不容易長出樹枝結構遷移現象。

15-9 無鉛成本影響與法令變遷

過去二十幾年，逐漸有法規在個領域限制鉛的使用，促使更多研究嘗試開發替代合金，不少還申請專利想要建立特有的競爭力。選擇替代性焊料，成本是主要考量。多數無鉛焊料成本範圍，大約是傳統錫鉛焊料的兩到四倍。錫及鉛都是充裕金屬，也容易做純化使採購成本低廉。這對無鉛焊料就是挑戰，如：銦 (In)、鎵 (Ga)、銀 (Ag) 都價格不低。在波焊中大量焊料必須填充到波焊槽中，部分無鉛合金因爲成本及可獲取能力使實際採用發生問題。

金屬以重量計價，但實際焊接作業卻與體積有關，用體積計價推算焊錫成本會更切合實際成本狀態。汰換錫鉛雙金屬系統，意味著製造材料成本的提高。美國 NEMI 協會提出使用兩種合金系統，其一用於回流焊 (Sn/3.9Ag/0.6Cu，熔點 217℃)，另一個用於波焊 (Sn/0.7Cu，熔點 227℃或 Sn/3.5Ag，熔點 221℃)。這種策略使製造及修補混合的貼裝焊接變得複雜化，因爲會有其中一種合金曝露在另一種合金環境中，這對修補較麻煩。這種焊料合金相互混合對焊點信賴度的影響，必需經過測試驗證。

15-10 小結

每種喜好合金導入製造，短期內就會有許多事情必需學習，但對商品製作最重要的還是信賴度與成本。目前確實已經有主流性焊料爲業者所用，表示這類合金的設備相容性、零件相容性、焊點信賴度應該都可達到一定水準。如此確實可達成當初訂定無鉛技術的目標，可以最快速降低鉛使用量，並開始建立電子組裝與廢棄物回收系統。

目前仍有許多產品必須符合長時間產品壽命，高階電腦、通信基地台及部分消費性產品，如：冰箱等，都可能必需要有長使用年限。諸多應用筆者也沒有花太多時間去確認何者？在何時？要全面無鉛或仍部分允許用鉛。不過無鉛的努力應該已經見到成果，且會持續的最佳化。

CHAPTER 16

電路板組裝的允收

16-1 了解客戶的需求

這是第一個，也是最重要的允收確認項目，就是判定怎樣的允收規格會用來驗證電路板組裝 (PCBA)，而這個規定會記載在供應商與採購商的產品契約內。永遠應該透過實際溝通來決定客戶需求，或至少仔細討論契約陳述不足或不存在的有關產品細節。

某些交易契約並非標準文件，如：爲零售製作消費性電子產品。這種狀況下，公司必須依據公司文化、名聲與期待，判定產品品質標準及使用壽命需求。公司應該決定遵照某種產品產業標準，如：IPC-A-610，建立電子組裝允收準則，或發展自己的操作手冊並接近符合 IPC-A-610 等級品質。在任何狀況下，操作手冊都必須符合公司目標，達到滿足客戶產品需求。細節規格應該要標明在契約中，如：美國軍方規格或任何其它指定文件規格需求。在後續狀況中，建議遵照產業標準或內部品質需求，如：建立工作手冊。

16-2 一些業者常用的規範

業者可能採用的一般性允收規格，討論如後：

美國軍方規格、通信規格及消費性產品規格

參考這些類型規格，是符合一般性市場需求的，我們並不會做過多細節討論，但適度研討是有必要也有價值的。

美國軍方規格

美國軍方規格，不是用在美國軍方產品以外的任何市場。但還是有一些例外狀況，最典型的案例就是 MIL-STD-105，討論有關取樣程序及檢驗類型表格。這個規範被用在許多產業中，可適用於多種類型設備。

許多美國軍方規格被用在美軍電子製造契約中，其中在組裝方面與操作或允收特性最有關連的是 MIL-STD-2000 及 MIL-P-28809，有許多低階規格零件與電路板也可採用。MIL-STD-2000 命名為“電氣焊接與電子組裝標準需求”，而 MIL-P-28809 則被命名為“印刷線路組裝”。MIL-STD-2000 主要用在高信賴度需求美國軍方設備，它包含比 MIL-P-28809 規定更嚴謹的特性，因此討論較著重在 MIL-STD-2000 特性。

MIL-STD-2000 是一份非常細節的文件，定義了必需要重工、修補或報廢及不可用在美國政府設備的缺點類型。這當然減低了製造者對缺點類型判斷的彈性，直接決定使用未重工但含有缺點的產品，只要這個缺點不影響外型、配合度或功能性。MIL-STD-2000 也定義了製造者使用的組裝用化學品，包括了焊錫組成、助焊劑類型、清潔度、保護性塗裝及止焊漆。任何特性偏差都必需要在文件上註記，在使用前需要正式認證及獲得執行機關認可。

對於通孔部件及表面貼裝部件焊錫連結性，被定義為焊接表面處理、物理特性類型、斷裂、空泡、焊錫覆蓋性及潤濕與填充條件等。組裝後的電路板需求，則細述為導體表面處理狀態、導體與電路板分離、組裝清潔度、電路板織紋顯露、爆板剝離、白點、haloing、弓起與扭曲。另外零件標記在組裝程序後，必須保持可辨識。

此外 MIL-STD-2000 的明顯需求是人員訓練及後續認證，這方面必需取得被授權做 MIL-STD-2000 相關產品生產，這份規範也詳述了電路板組裝製程控制及缺點改善方法。百分之百檢驗是必要的，除非符合下列狀態，這時抽樣檢驗做法可被使用。

- 個人製程控制及統計方法使用訓練已經達成
- 數字證明製程統計管制已經達到穩定可行水準
- 抽樣技術必須遵循統計方法，所蒐集的製程控制維持數據穩定
- 規格變動必需執行 100% 檢驗，這種機制必需要定義，抽樣機制若發現缺點率高於 2700ppm 就不可再繼續執行。若製程失去控制，就必需執行該批產品 100% 檢驗
- 若在樣品中發現缺點，所有與該批產品相關的硬體都必需要 100 % 檢查，以防其它未發現缺點出現

通信規格 -Bellcore TR-NWT-000078

一份大家認可的通信產業需求規格，是貝爾通信研究中心 (Bell core) 發表的 TR-NWT-000078，有關通信產品設備一般物理性設計需求。這份文件是由他們所發展出來，引用到他們的客戶公司，特別是用於通信及網路產品上。這份規範廣泛的用在地區性公司與供應商，可供作設計與製造需求的參考輪廓。操作允收特性列示在部分文件中，但對電路板組裝細節，並沒有仔細的描述。近幾年來通信產品變化快速，尤其是網路化速度加快及個人通信產品普及，使這類產品的標準很難再以傳統規範看待，這方面的問題有待相關產業組織重新思考訂定。

消費性電子產品

消費性電子產品組裝在乎的重要項目，是預估產品生命週期循環及功能性。多數條件下，其功能性可在較低允收標準下達成，但產品會減損其使用年限，這是因爲焊點信賴度或機械強度可能受影響所致。如前所述，公司必須判定產品等級及品質期待。

ANSI/J-STD 及 IPC-A-610 產業標準

美國國家標準協會 (ANSI) 以及 IPC 規範，是被許多國際大公司認可，作爲電路板組裝需求與操作標準的文件。

ANSI/J-STD-001：焊接電器與電子組裝的需求

在此領域略新的文件是 ANSI/J- STD-001，討論有關焊接電器與電子組裝需求的資訊，這份文件第一次公布是在 1992 年四月，這份文件是美國電子產業協會 (EIA) 及 IPC 共同發展出的文件。ANSI/J-STD- 001 依據最終適用項目，將電子組裝分爲三個等級。這三種分類是基於反映不同可生產性、複雜度、功能表現需求及驗證頻率而設。分類方式如後：

等級 1：一般電子產品：包含消費性產品、部分電腦及電腦周邊、相關應用硬體，主要需求是組裝成品功能。

等級 2：專門用途電子產品：包含通信設備、精密事務機械及儀器，較優異的表現及長使用壽是必要的。且被期待不間斷運作，但並非如此關鍵，典型產品使用環境不會導致故障。

等級 3：高度功能性表現電子產品：包含商務及軍事設備，必需持續運作或關鍵時刻能及時運作，不允許設備停機，最終使用環境可能較嚴苛，且設備必須在需要時發揮功能，如：生命維持系統及關鍵武器系統。

ANSI/J-STD-001 描述了許多與 MIL-STD-2000 相同項目內容，但多數較著重在第 1、2 等級設備，在需求性方面較沒有如此嚴謹。至於第 3 級，主要的需求較類同於 MIL-STD-2000 需求，但仍然有一些項目是美國軍方規範不能接受的。

ANSI/J-STD-002：零件引腳、架子、端子與線路可焊接性測試

ANSI/J-STD-002 這份文件，討論有關零件引腳、架子、端子與線路可焊接性測試，是 1992 年四月公布，用來補強 ANSI/J-STD-001 規範。這份標準規定與建議測試方法、缺點定義、允收特性及評估說明電子零件引腳、端子、硬線、絞線、架子、軟板等可焊接性。可焊接性評估是用來驗證零件引腳及端點可焊接性，以符合 ANSI/J-STD-002 規範所設定需求，並期待後續貯存不會影響到焊錫零件與互連基材間的焊接能力。判定可焊接性可在製造、收件或組裝焊接前執行。

ANSI/J-STD-003：電路板可焊接性測試

ANSI/J-STD-003 這份文件，討論有關電路板可焊接性測試問題，在 1992 四月公布，用來補強 ANSI/J-STD-001 規範。這份標準規定與建議測試方法、缺點定義及評估說明電路板表面導體、焊墊及電鍍通孔等可焊接性。可焊接性判定，是用來驗證電路板製造程序及後來的貯存，沒有影響到電路板要焊接部分所具有的可焊接性。這個部分的判定是靠評估電路板可焊接性樣本完成，這個樣本與正常電路板一起經過製程，最後才取樣做測試。ANSI/J-STD-003 所描述的可焊接性測試方法，其目標是要判定電路板表面導體、焊墊及電鍍通孔可很容易被焊錫潤濕，能承受嚴苛的電路板組裝程序。

IPC-A-610 系列：電子組裝允收標準

作爲 ANSI/J-STD-001 輔助文件，另外一份重要的允收規範文件就是 IPC-A-610，電子組裝允收標準，這個規範被許多公司當作獨立產品操作標準。兩份文件的關係是，ANSI/J-STD-001 建立了電路板組裝焊接允收需求，IPC-A-610 討論到焊接時作爲補充文件。IPC-A-610 描述具像的 ANSI/J-STD-001 需求允收特性。IPC-A -610，也針對其它有關作業及機械操作需求做描述。本章大部分允收特性內容，都圍繞著 IPC-A-610 所述內容爲主。

IPC-A-610 主要描述產品焊接互結品質的允收及組裝特性。使用的方法必須能產出完全符合 IPC-A-610 所述，焊錫接點允收需求品質。IPC-A-610 詳述了每類品質三個等級品質允收特性：目標狀態、允收、不符合的缺點或不符合的製程指標。

16-3 常見的檢驗與允收狀態

目標狀態

這是一個接近完美的狀態，也是過去業者喜歡採用的標準。但這是一個期待狀態，並非一直都可達到，且也不是在組裝及使用環境中保持信賴度必要的條件。

允收狀態

這是被認定可接受的特性狀態，它並不完美但可保持組裝在使用環境的完整性及信賴度，允收可以是略比最終產品基本需求好一點的狀態。

不符合需求的缺點狀態

一個不符合需求的缺點狀態，就是一種被確認不符合型式、搭配性或功能性的組裝狀態，它無法承擔最終產品運作環境需求。製造者會處置 (重工、修補或報廢) 這些不符合設計、運作與客戶需求的產品。

不符合製程指標的狀態

不符合製程指標的狀態，但這是一種確認不會影響產品型式、搭配性或產品功能性的狀態。

- 這種狀態並不會違反 IPC-A-610 允收或任何其它客戶需求
- 這種狀態是來自於材料、不良設計及作業者或機械相關製程失控產生的副產品
- 這種狀態需要製造者重新控制製程、確認產生原因並提出修正對策。產品影響會被消除，會如常使用。

若製造者沒有製作文件，經過客戶認證程序與控制系統，所有這些不符合製程指標的產品就必需以不符合需求產品處理。不符合製程指標是一種狀態，應該作爲改善參考，因爲它的發生表示缺少與客戶的良好互動。

操作手冊

許多公司會使用某種作業參考文件，而 IPC-A-610 就時常被用來判定他們的產品製造及允收品質等級。有些公司發展出非常好的操作手冊在內部使用，也將這些守則轉賣給一些需要的公司。若有需要發展一種專用操作手冊，則手冊必需依據契約需求訂定。業界都希望使用現存守則，因爲要發展自己的規範成本非常高。

16-4 電路板組裝重要保護事項

在電路板組裝焊接前後的作業都非常重要，因爲這些作業都可能導致電路板的損傷、污染，而這些也會對後續作業產生影響。有三件事應該仔細思考，並在電路板組裝作業中小心控制，它們是：靜電釋放 (ESD-Electrostatic Discharge) 保護、污染防止及物理性損傷防止。

ESD 保護

ESD 是潛在電壓快速放電到電子組裝的現象，在組裝中對 ESD 敏感的零件，放電產生的電量會決定靜電是否跨越或產生完全故障。部分電子部件對於靜電跨越損傷，比其它部件更爲敏感，參考表 16-1。特定部件敏感度，與其使用的製造技術直接相關。當操作敏感性零件，保護性測量管制必需要確實執行以防止零件損傷，不正確及不小心的操作，在零件組裝作業中呈現明顯的 ESD 損傷比例。在操作 ESD 敏感的零件前，設備應該小心測試以確認它不會產生損傷性靜電脈衝。慣用保護性工作站設置方法，可參考 IPC-A-610D-3.2 的有關設置資料。

▼ 表 16-1　部分零件概略的 EOS(Electro Overstress)/ESD 損傷範圍

部件類型	最低範圍 EOS/ESD 敏感性，V
VMOS	30–1800
MOSFET	100–200
GaAsFET	100–300
EPROM	100+
JFET	140–7000
SAW	150–500
Op-amp	190–2500
CMOS	250–3000
Schottky diodes	300–2500
Film Resisters (thick, thin)	300–3000
Bipolar transistors	380–7800
ECL (PDC 電路板 級)	500–1500
SCR	680–1000
Schottky TTL	100–2500

** 資料來源：Printed Circuit Handbook-Ver. 6 -Fig.18.1

靜電荷是在不導電材料分離時產生的，破壞性靜電釋放時常發生在接近導體的位置，如：人體皮膚、通過導體間的放電火花。這種現象，可能會發生在電路板被帶有靜電壓的人接觸時。敏感的電子零件，可能會在放電通過導體時受損。靜電釋放太低無法被人感受 (低於 3500 V)，然而仍然會損傷對 ESD 敏感零件。敏感零件及組裝在不使用時，除非有其他保護措施，否則都必需封閉在導電或靜電遮蔽的袋子、盒子或包裹中。要從保護機構中取出 ESD 敏感物件，只能在分散靜電的裝置或抗靜電工作站上進行。為了 ESD 安全，必需提供一條通往接地的通路用於放電，否則就會放電到部件或電路板組裝上。有些對工作人員皮膚接地的規定，較常用的方式是經由腕帶或踝帶轉移靜電，靜電地板也常被使用。

污染的防止

任何污染問題的關鍵就是防止它發生，過多產品作業所需的清潔與重工會導致成本增加，比任何防止污染發生的成本都要高。這些污染可能會導致焊接、止焊漆或保護性塗裝問題，有太多可能會在組裝環境中導致如：污物、粉塵、機油及製程殘留物出現，在其它狀況下還可能來自於人體，如：皮膚上的鹽類、脂類。在稼動組裝地區，室內維護與污染防制會做得較好，可避免環境的污染影響。每次交班做工作站清潔是一般性工作，包括：清理地面、整理治具、清除垃圾等都應該徹底執行。這不僅是防止污染，也是幫助個人保持其品德紀律在較佳狀態。大家都希望能工作在良好清潔的工作環境，這樣不但能提升工作環境品質，也能讓來訪客戶到達組裝區時留下良好印象。

要防止人體污染，每個人都應該瞭解對電路板組裝污染的可能性，電路板組裝應該只能碰觸其邊緣。在任何機械組裝程序中，穩定抓取電路板是必要的，手套或指套應該要確實穿戴。若電路板組裝焊接操作後還要做保護性塗裝，這個電路板操作在防止污染及手紋方面仍然非常重要，這時候手套或指套穿戴應該繼續維持到保護性塗裝完成。

防止物理性的損傷

不正確的操作可能會損傷零件及組裝，與操作相關的典型缺點包括斷裂、產生碎片、破壞零件、折彎端子、刮傷電路板表面、損傷線路或焊墊、折斷焊點、掉落損失 SMT 零件等。操作所導致的物理性損傷，可能會折損組裝並導致高零件或組裝報廢率，而報廢就是成本增加，當然應該避免並保持有效率高品質的作業。

保持作業設備良好狀態，也是防止物理性損傷的重要工作。一個明顯範例就是傳動機構系統，電路板組裝品會被傳動機構夾持，在重工或修補中有可能會產生損傷，除非這個區域作業是穩定而有紀律的，否則傳動機構系統可能在短時間內損傷很多組裝品。

16-5 電路板組裝硬體允收性思考

多數電子組裝設計都會包含小部分機械組裝，它會使用各種硬體完成這個組裝。部分較常使用的零件類型及個別允收特性，會在後續討論中述及。

零件的類型

螺紋扣件

所有硬體螺紋扣件安裝程序必需在工程文件中確認，安裝程序中使用材料類型，對硬體及電路板都是重要關鍵，參考圖 16-1。

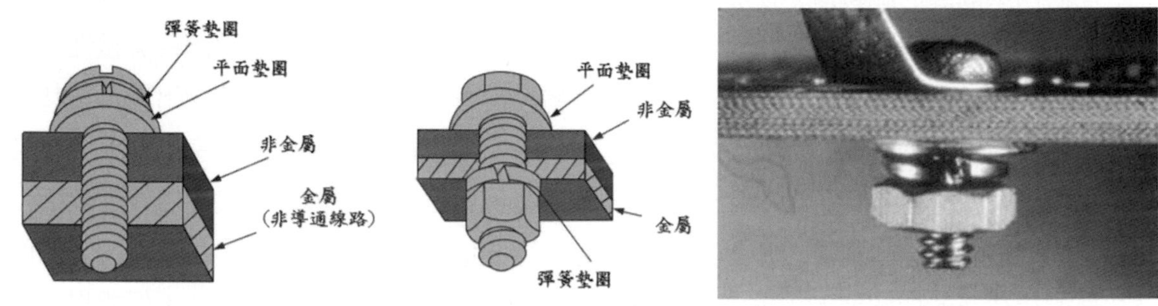

▲ 圖 16-1 螺紋扣件硬體安裝的模式 (IPC)

任何硬體缺損都是問題必須確實修正，任何損及硬體防礙設計功能完整性的狀態都不會允收。典型的範例就是：螺栓或是螺帽脫牙、螺牙磨損或損傷，導致螺絲起、板手無法再鎖緊或鬆開零件。除非螺紋穿透硬體會干擾到其它零件，否則這類零件至少必須鎖緊穿透該硬體，至少有 1.5 圈牙紋穿越露出零件。螺紋扣件會以固定扭力鎖緊，這些必需規定在工程文件中。若扭力不在文件中記載，則扭力需求應該公布在組裝區，這些資料偶爾會出現在操作手冊中。

安裝夾具

未絕緣金屬零件，必需使用夾具或支撐部件與底部電路絕緣。焊墊與未絕緣零件間必須保持距離，不能夠違反最小電氣器性間距需求，參考圖 16-2。

夾具或支撐部件必須與零件兩端接觸，零件必需與其重心接觸並被夾具或支撐部件所侷限住。若零件重心仍然被夾具所侷限，零件尾端可能會略微突出，可參考圖 16-3。

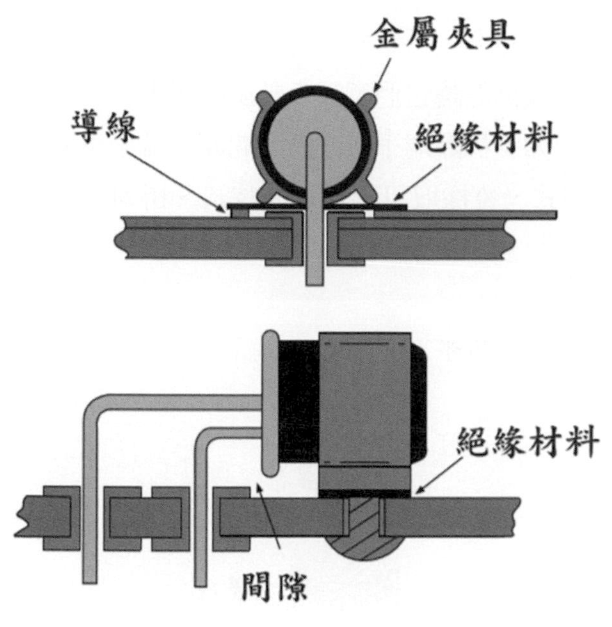

▲ 圖 16-2　零件安裝的絕緣夾子需求 (IPC)

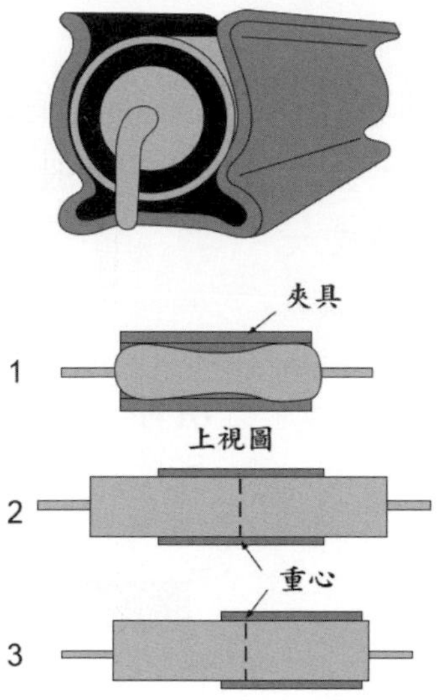

▲ 圖 16-3　有方向需求的零件安裝夾具 (IPC)

散熱片

目視檢驗應該包含：硬體安全性、零件或硬體損傷及安裝程序正確性。散熱片必需與表面緊密黏貼，以提供適當熱傳導。零件必需接觸四分之三散熱面積以上，參考圖 16-4，散熱片安裝在電路板錯誤邊、彎曲、斷裂、缺損散熱翼等都不被允收。任何硬體貼裝都必須要足夠緊密，以防止零件脫落。

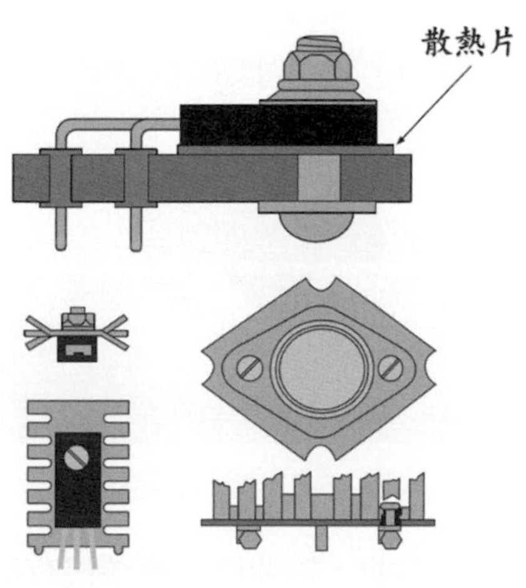

▲ 圖 16-4　散熱片允收需求

端子

要焊接到焊墊上的端子，會被安裝貼裝後仍然讓它們可被手動旋轉，但在垂直方向必須要穩固。若沒有邊緣超越底板、機械損傷如：折斷端子或焊點等問題，端子可能會被彎曲調整，參考圖 16-5。 一般端子的使用型式，會採取可轉式、分歧式、掛勾式、穿透式等端子模式。

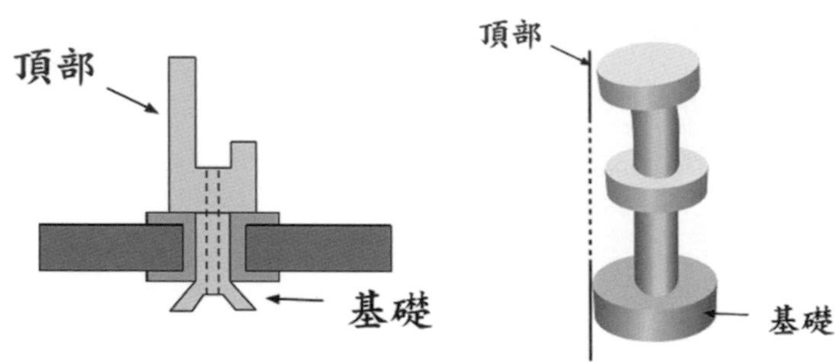

▲ 圖 16-5 端子的允收需求 (IPC)

鉚釘及漏斗型扣件

鉚釘及漏斗形扣件的圓柱狀釘身會延伸到高於基材，高出部分應該彎折或捲曲產生反向錐體，均勻的攤開並正對孔中心並產生機械性扣緊機能。這個彎折或捲曲凸緣不應該撕裂、斷折或產生其它延伸性損傷，機械強度因此而可維持或允許污染物可沾附在鉚釘或漏斗形扣件內，如圖 16-6 所示。

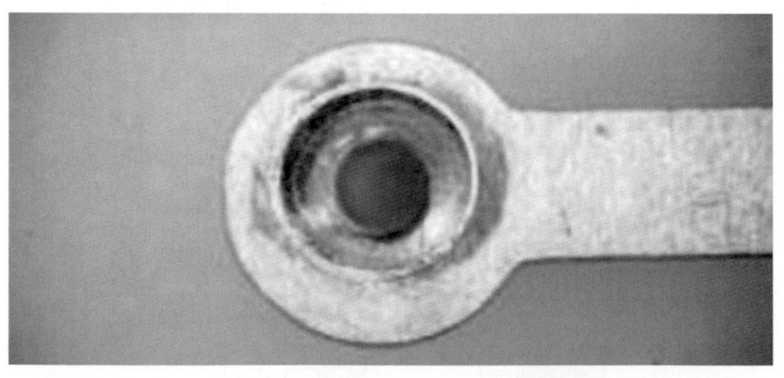

▲ 圖 16-6 鉚釘的彎折

經過鉚釘及漏斗形扣件彎折或捲曲，捲曲區域應該沒有周邊撕裂、斷折。它可有最多三個放射狀撕裂，這些撕裂狀態必須要分開至少 90^0 且沒有延伸進入鉚釘及漏斗形扣件的釘身內，如圖 16-7 所示。

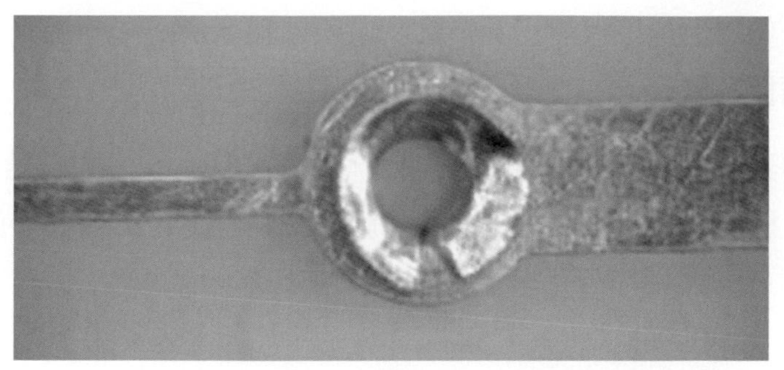

▲ 圖 16-7　鉚釘彎折撕裂延伸進入釘身

當做連結器插梢安裝 (例如：順向插梢、壓入適配)，插梢垂直方向的平直度必需保持在插梢厚度的 50 % 以內。對於第一、二級設備，電路板焊墊可能會被拉高，低於或等於孔圈寬度的 75 %，任何被跨越拉高超過 75 % 或被折斷的孔圈焊墊是不被接受的，如圖 16-8 所示。對第三級設備，任何拉高或折斷焊墊都不允收。對所有產品等級，可見的彎折插梢、損傷插梢或插梢高度不標準超越工程公差規格等都不被允收。

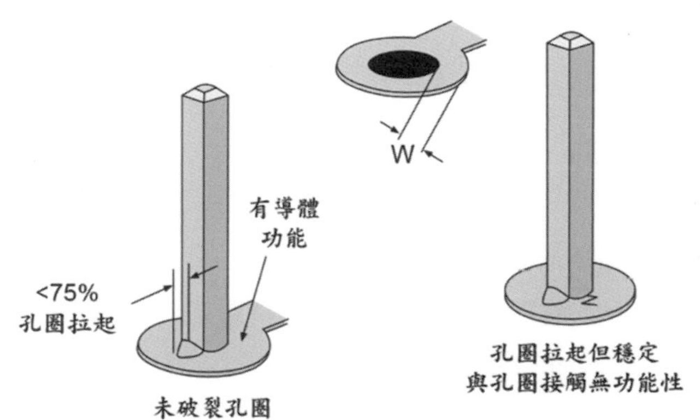

▲ 圖 16-8　連結器插梢安裝需求 (IPC)

板面

板面必需清潔、沒有刮傷或正面損傷，因爲此面要面對客戶而相當重要。一個不算過度誇大的範例就是，汽車採購幾乎沒有人會接受一部新車有可見的刮傷漆面。部分公司對刮傷特性的良好規範，被蒐集成爲工作標準如後：

1. 一個可見刮傷遵照如後規則狀態判斷可認定爲缺點：
   (1) 距離 18 in 檢查。
   (2) 沒有使用放大設備。
   (3) 一般使用在組裝區的光源。

2. 刮傷在超過一個以上角度可看得見就被認定爲缺點。
3. 金屬或塑膠面板刮傷超過 0.125 in 就被認定爲缺點。

時常可看到的表面，應該沒有氣泡、開口、裂縫、鑿痕、污疵或是其它磨損，這些都會減損最終品質。板面必須與電路板扣緊，也就是緊到可防止物理性移動。

補強材

補強材用在大尺寸電路板組裝設計，以防止組裝作業前、中、後的電路板彎曲。若補強材能夠保持電路板組裝避免彎曲變形超出允收規格，那它就完成了應有功能，但補強材還是必須符合後續允收規格。

1. 任何記號或色彩塗裝必需是永久性的，記號損傷無法辨識或模糊、外部顏色掉落超出使用標準都不允收。
2. 補強材必須正確安放並扣緊，若採用焊接作業扣緊補強材到電路板組裝上，則補強板良好潤濕就十分必要。
3. 鬆散電路板組裝補強材是不被允收的。

電氣性間隔

硬體與零件或載電線路，設計工程師都必須控制其電氣性間格。在過去 IPC-A-610 規範律定，30mil 是硬體與任何載電材料間的最小保持距離。這種規定已不切實際，因爲現在所使用的電流與電壓已經更低，參考圖 16-9。

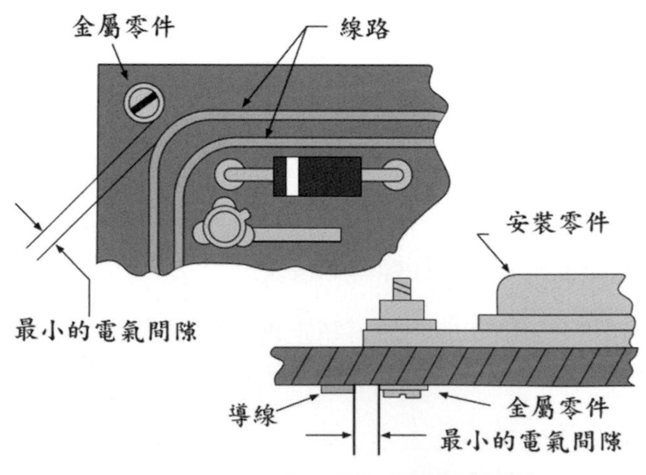

▲ 圖 16-9　硬體與零件的電氣性間隙

因此在文件中建立最小硬體與載電材料間需求距離，對設計者而言非常重要。對於任何提出的電路板組裝設計，電氣性間格應該由組裝者確認或檢查，以確保短路現象不會發生。典型的範例如：Bellcore TR- NWT-000078，定義在未絕緣而獨立的導體表面間，至少必須要保持 5mil 以上電氣性間隔。

物理性的損傷

硬體零件物理性損傷的定義，多數會認定爲產生足夠損傷使零件無法發揮應用所需功能，如：螺牙損傷使扣件無法做機械扣緊動作或一個零件折斷不能發揮期待功能。主觀判定在這部分是普遍的，因爲它與硬體應用設計、最終產品使用環境、期待生命週期都非常相關。

16-6 零件安裝或置放需求

零件安裝或置放是電路板組裝的第一步驟，它可能由準備給定的構裝類型引腳開始，以提供適當引腳突出讓引腳能搭配電路板通孔或焊墊，或者彎曲引腳來當作零件與電路板間維持距離的機構。

電鍍通孔引腳安裝

有幾個需求會引用到所有鍍通孔零件，當使用分極零件就必須方向正確。在所有條件下方向都必須正確，否則這片電路板就不能允收，參考圖 16-10。而當引腳必需要變形時，應該要做應力釋放處理。引腳本身的物理性損傷不能超過 10 % 引腳直徑，引腳變形所曝露的基材金屬只是製程指標，不至於造成電路板允收問題。

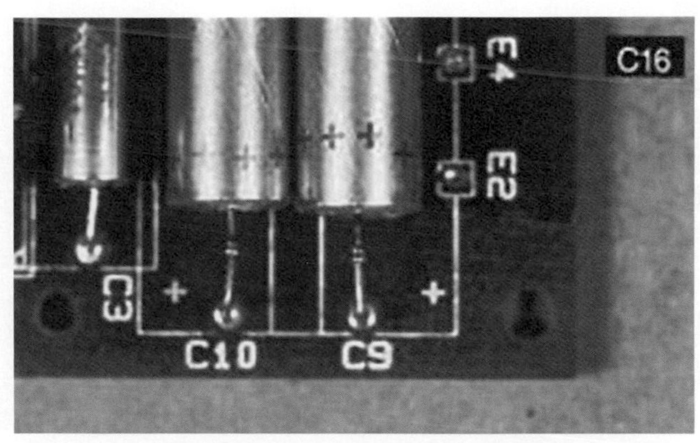

▲ 圖 16-10　分極的零件方向 (IPC)

軸向引腳零件

軸向引腳零件的目標狀態是整個零件本體長度要平行，能與電路板表面接觸，提供零件散溢低於 1 W 的能量。若這個零件要散溢高於 1 W 能量，它必需貼裝最少高於電路板表面 1.5 mm 以上的地方，以免表面燒焦或變色。在零件與電路板表面間的最大空間不要違反引腳突出需求，並對第 1、2 級設備不能高於 3.0 mm，而對於第 3 級設備則不能高於 0.7 mm，參考圖 16-11。

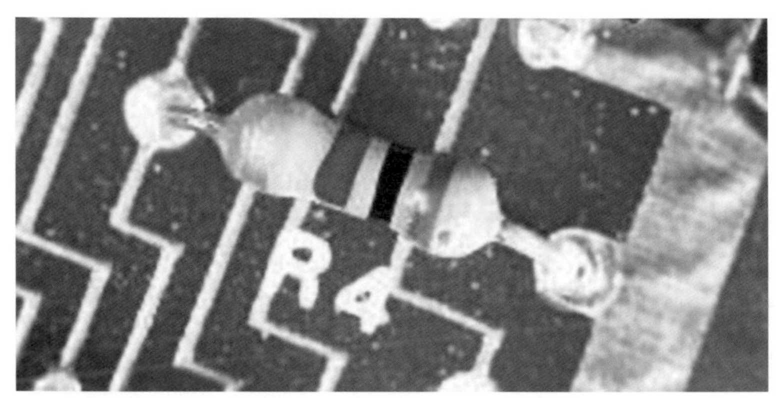

▲ 圖 16-11　在印刷電路板組裝上的軸向引腳零件 (IPC)

引腳至少必須從零件本體延伸一個引腳直徑或厚度，但從本體或錫珠處起到引腳彎折半徑的位置長度，還是不能短於 0.8 mm，參考圖 16-12。

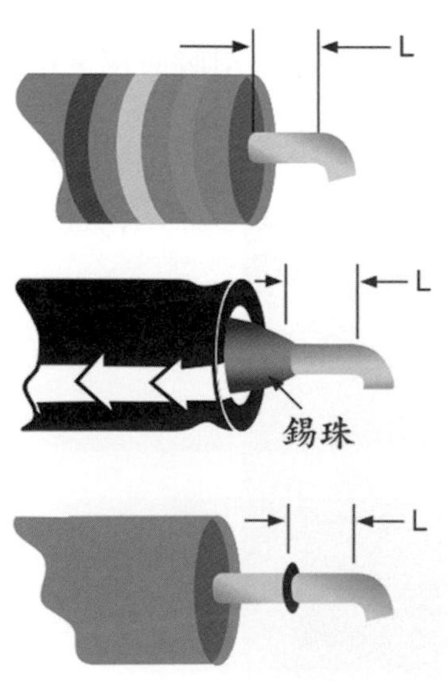

▲ 圖 16-12　從零件本體延伸的引腳 (IPC)

▲ 圖 16-13　損傷的軸向引腳零件

沒有物理性損傷，如：軸向零件上的碎片或斷裂，應該是被允許的，但這裡所指的是一些較不嚴重的損傷。當產生絕緣層損傷延伸到金屬曝露或零件變形，就無法允收，參考圖 16-13。

徑向引腳零件

徑向引腳零件的目標狀態是，本體與電路板呈現垂直關係，而零件基準面平行於電路板。零件與垂直方向傾斜度偏差量在 15^0 以內是被允收的。零件基準面與電路板間的空間，必需要保持 0.25 ～ 2.0 mm 才被允收，如圖 16-14 所示。

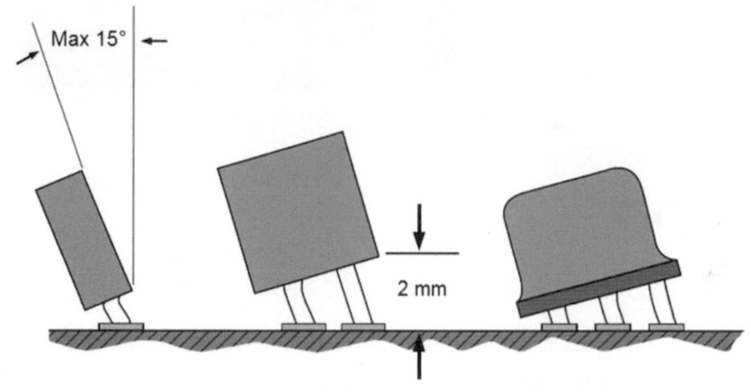

▲ 圖 16-14　徑向引腳零件－偏移與間距 (IPC)

對有塗裝凸面的零件，缺少塗裝凸面與焊錫填充的可見間隙是不允收的，但對第 1、2 級設備，在以下狀況下可允收：

1. 對零件沒有熱損傷風險者。
2. 零件的重量低於 10 g 者。
3. 電壓沒有超過 AC/DC 240V (圖 16-15)。

▲ 圖 16-15　徑向零件在鍍通孔內新月型的塗裝 (IPC)

輕微物理性損傷如：刮傷、小碎片或裂紋，對零件而言只要沒有曝露零件基材或主動部件是可允收的。當然這必須在不影響整體結構功能前提下，才能允收，參考圖 16-16。

▲ 圖 16-16　損傷的徑向引腳零件

表面貼裝部件 (SMD) 置放

SMD 置放，其引腳共平面性非常重要，偶爾 SMD 引腳準備也是必要的，以符合機械打件或手工安裝的正確共平面性需求。多數狀況下，這類零件採購是包裝完整引腳整齊的狀態，已經可符合自動化抓取置放 (Pick-and-Place) 設備需求。另外一個對所有表面貼裝零件的關鍵參數是，置放零件到電路板焊墊上的準確度。

顆粒零件

接點邊緣懸空狀態可達到一半 (對於第 3 級產品是四分之一) 零件端面 (End-Cap) 或電路板焊墊寬度，懸空零件端面對所有等級產品都是不可接受的。可接受的端面焊錫接點寬度，至少是零件端面或電路板焊墊的一半 (對於第 3 級產品是四分之三個)，以較小爲準。邊緣焊錫接點長度並非必要條件，但是正確潤濕與填充必需明顯。最大焊錫填充高度可能會伸出焊墊或延伸到零件金屬端面上方，但焊錫不應該延伸到零件本體上。最少焊錫填充高度必須覆蓋零件端面四分之一厚度或高度，零件端面必須與電路板焊墊有重疊接觸區域，但並沒有最小接觸長度規格，參考圖 16-17。

MELF 或圓柱型零件

這類零件邊緣懸空，可允許達到四分之一端面直徑，端面懸空對所有等級產品都能接受。允收端面焊錫接點寬度，最小爲零件端面直徑一半長度。邊緣焊錫接點長度必需最少有二分之一 (第三級產品需要四分之三) 端面厚度，從零件端點測量到零件中心。最大焊錫塡充高度可能會凸出焊墊或延伸到端面上方，但焊錫不應該延伸到零件本體上。最少焊錫塡充高度必須覆蓋四分之一零件厚度或高度，這對三種等級產品都有一樣要求，最少焊錫塡充必須顯現正確潤濕狀態。零件端面必須與電路板焊墊有交錯接觸，但並沒有最小接觸長度規格，參考圖 16-18。

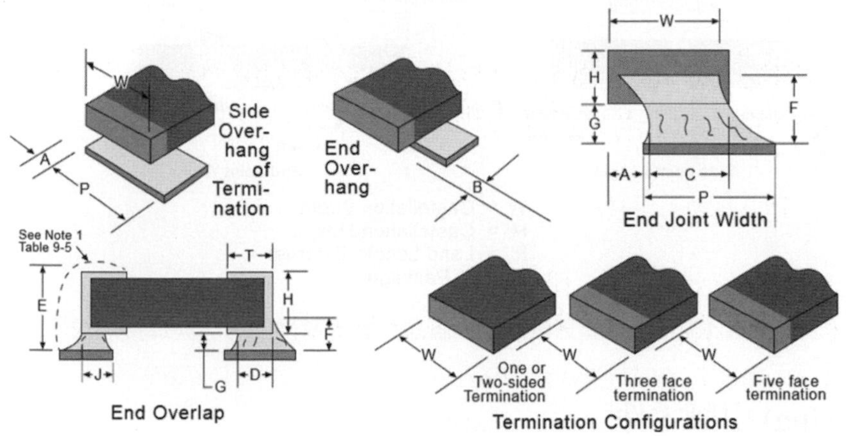

▲ 圖 16-17　顆粒零件的置放與焊接需求 (IPC)

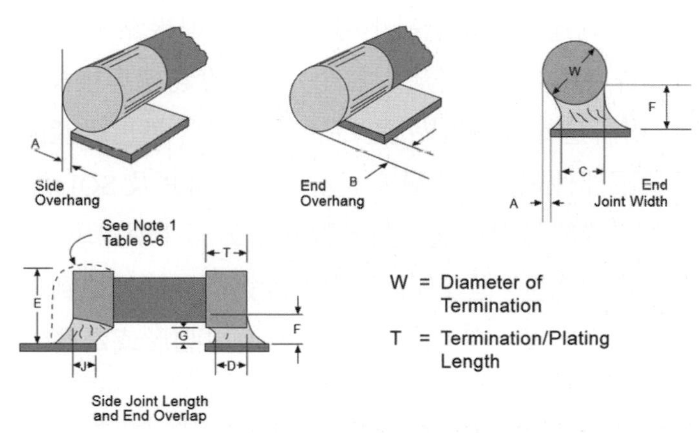

▲ 圖 16-18　MELF 或圓柱狀零件的置放與焊接需求 (IPC)

城堡型端點 (Castellated Termination) 無引腳晶片載板零件

這類零件邊緣懸空，可允許達到一半城堡端點 (第三級產品只允許四分之一) 寬度，端面懸空對所有等級產品都不能接受。城堡型端點的焊錫接點寬度必須最少有二分之一 (第三級產品需要四分之三) 城堡端點的寬度。最少邊緣焊錫接點長度爲八分之一城堡形焊錫塡充高度，這類構裝的最大焊錫塡充高度並未律定，最少焊錫塡充高度必須覆蓋四分之一城堡形端點高度，參考圖 16-19。

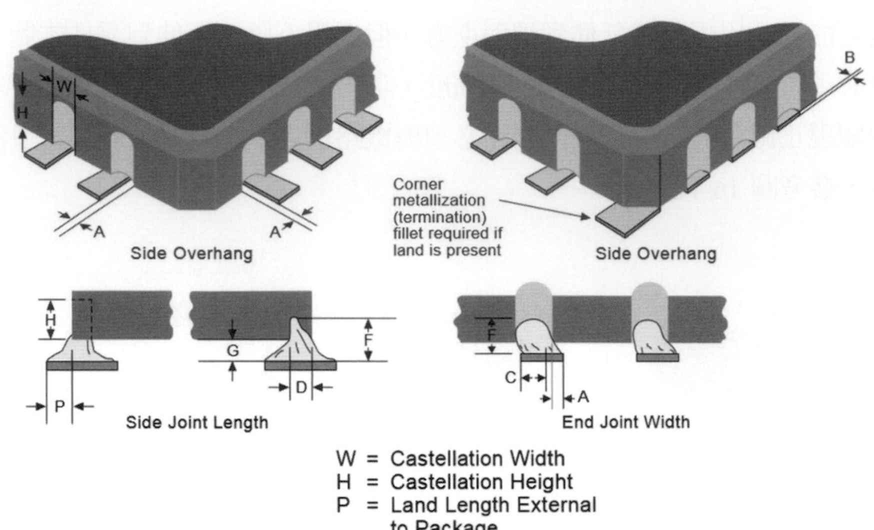

▲ 圖 16-19 城堡形端點無引腳晶片載板零件的置放與焊接需求

鷗翼 (Gullwing) 引腳零件

邊緣懸空允許到一半 (第三級產品只允許四分之一) 零件引腳寬度或 0.5 mm，以較小為準。引腳端懸空只要夠達到不超過最小導體或間距焊接點填充需求，這對所有等級產品都一樣。終點引腳焊接點寬度允許最少零件引腳寬度超過焊接長度的一半 (第三級產品只允許四分之三)。引腳邊緣焊錫接點最少長度是一半 (第三級產品是四分之三) 零件引腳寬度。至於在高輪廓部件最大焊錫填充高度，如：QFP 及 SOL 焊錫可能延伸到構裝附近但並不接觸構裝本體或終端封口處。對多數低輪廓部件焊錫填充高度，如：SOIC 及 SOT，焊錫可能延伸到構裝附近，但在任何狀況下焊錫都不能延伸到構裝底下，最少焊錫填充高度必須覆蓋一半引腳厚度，參考圖 16-20。若使用圓形或是錢幣型的引腳零件，可採用與鷗翼引腳零件同樣的置放與焊接允收規格。

J- 引腳零件

邊緣懸空允許到一半 (第三級產品只允許四分之一) 零件引腳寬度，引腳端懸空並沒有細節規定。終點引腳的焊接點寬度允許最少零件引腳寬度焊接長度的一半 (第三級產品只允許四分之三個)。引腳邊緣焊錫接點最少長度是 1.5 倍引腳寬度。最大焊錫填充高度沒有規定，但焊錫填充不能接觸零件構裝本體。最少引腳後跟焊錫填充高度，必須覆蓋一半零件引腳厚度，從電路板焊墊到零件引腳最少焊錫厚度沒有明確規定，但該處還是必需要有足夠焊錫產生正確潤濕填充，參考圖 16-21。

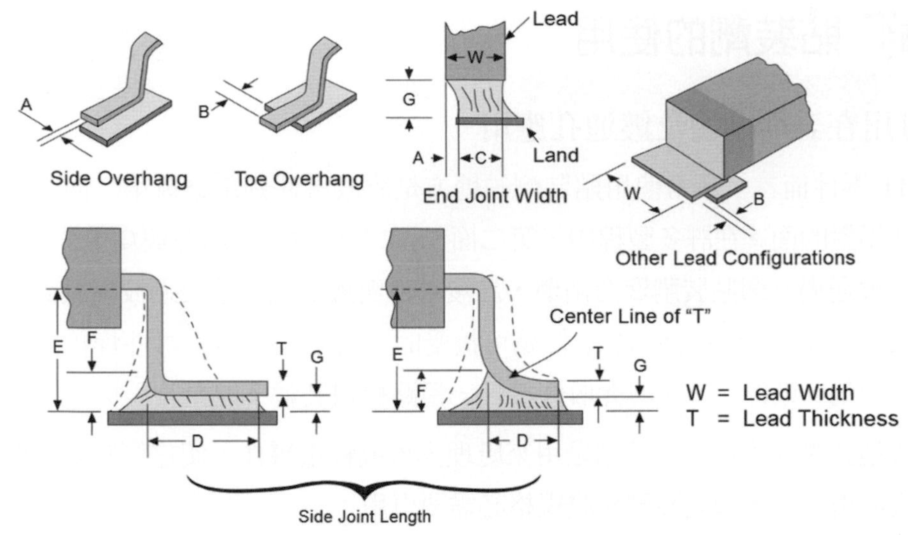

▲圖 16-20　鷗翼引腳零件的置放與焊接需求

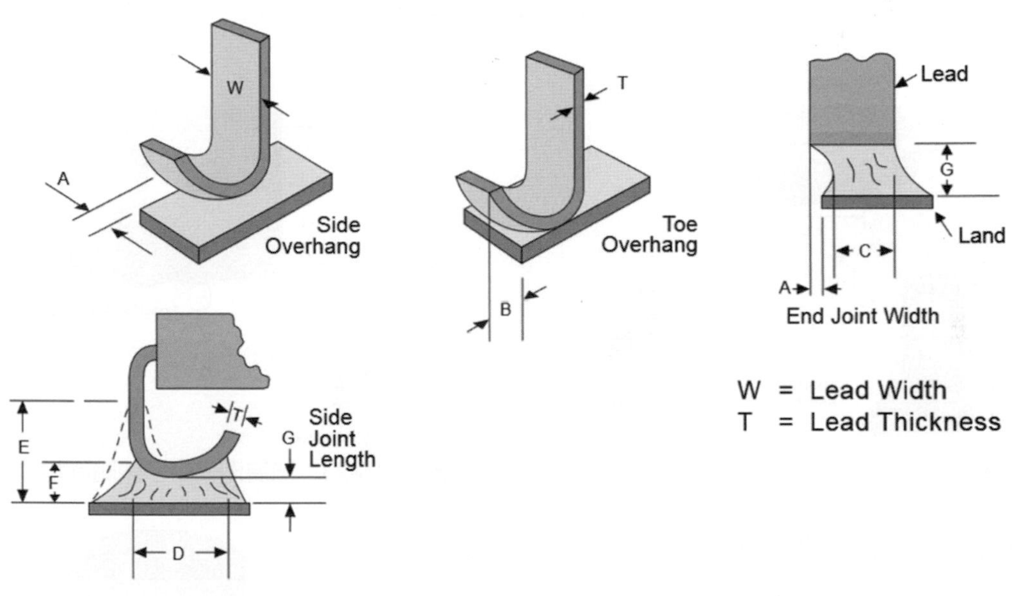

▲圖 16-21　J- 引腳零件的置放與焊接需求

球陣列 (BGA) 零件

BGA 構裝是用於電路板組裝相對新的零件，儘管設計者極端喜愛這類構裝能在小空間中得到更多功能，但這類零件無法直接做目視檢查。主要驗證想法是做標準測試，以線路或功能性測試驗證其實際功能。若有成本調節空間，基於量產與信賴度需求，如：面對第三級設備產品，可引用 X-ray 設備驗證其焊接點品質及完整性。增加 X-ray 設備的選擇，是十分花成本並增加整體投資的作法，但可因這個投資讓客戶滿意度倍增。

16-7 貼裝劑的使用

貼裝劑可用在表面貼裝及鍍通孔應用

對 SMT 零件而言，最常使用貼裝劑的地方是置放零件到電路板第二面時，也就是與鍍通孔零件相對的面。在許多製程中，第二面 SMT 零件會在電路板與焊墊間點上貼裝劑，電路板之後會通過一個貼裝劑聚合循環，之後零件與鍍通孔零件經過波焊黏到電路板，只要貼裝劑沒有污染焊接點則 SMT 零件是可接受的。若貼裝劑污染零件焊接面、引腳或端面、電路板焊墊，則無法產生可允收焊接點，電路板組裝就不能允收。

通常鍍通孔零件應用，貼裝劑是用來處理大型或較重零件，使它們有更強機械力。當以這種方式使用，則後續貼裝劑允收規格必需要引用：

- 貼裝劑必須黏貼軸向零件單面 75 % 的長度及 25 % 直徑，貼裝劑的堆積高度不能超過 50 % 零件直徑，與貼裝表面結合力必須明顯，參考圖 16-22

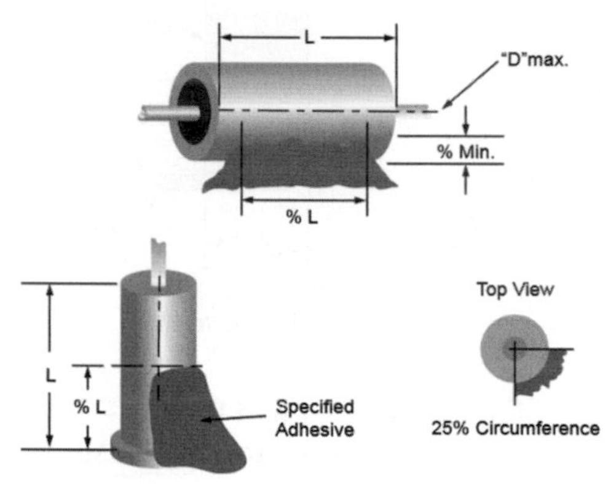

▲ 圖 16-22　貼裝劑結合軸向零件

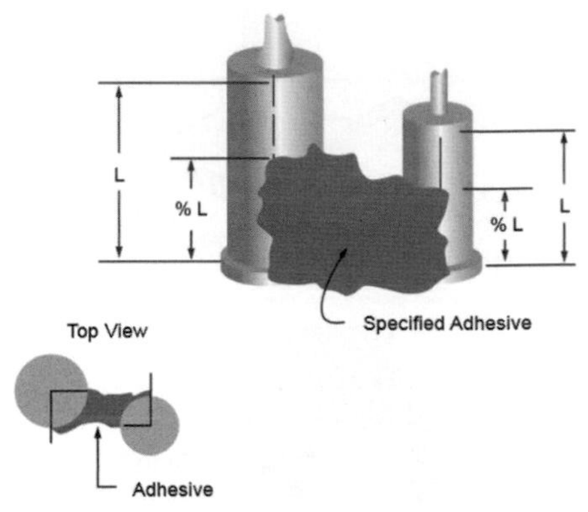

▲ 圖 16-23　貼裝劑結合多個軸向零件

- 貼裝劑必須垂直貼裝軸向零件 50 % 零件長度及 25 % 周邊，且貼裝表面結合力必須明顯，參考圖 16-23
- 對在電路板表面升高的安裝零件，其單引腳重量高於 7 g，這個零件應該以至少四處與最少 20 % 零件垂直面黏貼方式貼裝到表面，貼裝表面與零件結合力必須明顯，參考圖 16-24

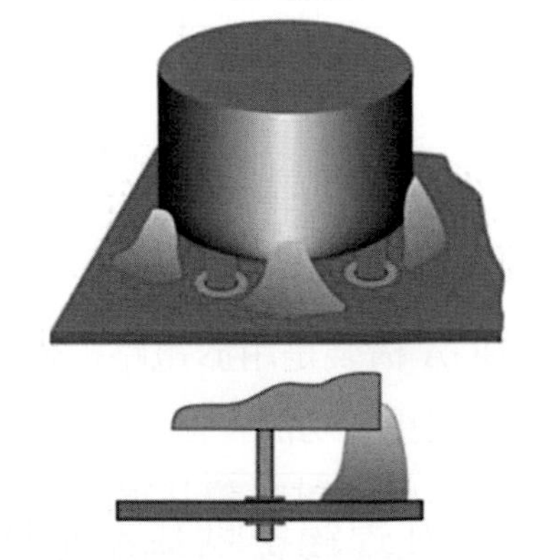
▲ 圖 16-24　貼裝劑結合一提高的零件每引腳 > 7g

16-8 零件與電路板的可焊接性需求

零件的可焊接性包含電路板可焊接性，這可能是考慮做電路板組裝中最重要的單一規格特性。要順利做電路板組裝焊接，良好潤濕是必須達成的工作。它是一個持續的工作，去確認所有電路板製作、電氣零件採購及驗收，這些都必需要保持良好可焊接性。

要成功完成所有相關重要事務，建立供應商與製造者配合關係，才能確保有良好焊錫性零件供應是成功關鍵。在與供應商達成良好伙伴關係前，每批收到的零件都應該分批取樣做可焊接性測試。這個測試應該遵循 ANSI/J-STD-002、ANSI/J-STD-003 或其它相關規範標準。這些文件撰寫，特別規定了電子組裝零件及電路板的可焊接性需求。

零件包裝與操作，對良好可焊接性維持十分重要，因爲許多會有可焊接性的污染物，可能會傳送到焊接表面，這也有可能來自於設備或人員的操作。另一個可能問題是，必需避免過長零件貯存時間，當零件引腳表面處理後放置時間過長，會氧化並影響零件與電路板的可焊接性。許多公司使用重要的規則是，對貯存超過兩年的零件會懷疑其可焊接性，這種狀況可利用註記製造日期追蹤。

其它因太小或特定原因無法做日期記號的零件，就較不容易做追蹤，不過還是可在包裝或其它方法上下功夫。多數時候公司可記錄收貨時間，用這個當做時間長短的依據也是辦法，儘管不完全精確但是可達到部分目的。若零件已經知道超過兩年貯存期，就應該做再次可焊接性樣本拉力試作，來判定零件是否可用。多數時候它們無法使用，是因爲氧化或其它污染物在零件上，也可能是因爲曝露時間過長。

16-9 焊接的相關缺點

所有焊接點都應該顯現潤濕，而零件與焊接的電路板應該呈現出凹凸面。經過焊接的零件外型應該很容易判定，最常見的一些焊接缺點於後續內容中討論。

電鍍通孔焊錫接點基本允收狀態

表 16-2 顯示基本電鍍通孔焊錫接點允收規格

▼ 表 16-2 基本鍍通孔焊接點允收規格

特性	第一級	第二級	第三級
主要面的周圍潤濕，包含引腳及孔壁	未規定	180	270
Vertical 填充 of 焊錫 *	未規定 *†	*†	*†
周圍的填充及第二面的潤濕	270	270	330
主要面的原始焊墊區域的焊錫覆蓋率 %	0	0	0
第二面的原始焊墊區域的焊錫覆蓋率 %	75	75	75

* 整體最大有 25 % 下沈，包含焊錫來源與目標面都是允許的

† 整體最大有 50 % 下沈，包含焊錫來源與目標面在鍍通孔連結到電源與接地面都是允許的。焊錫必須延 伸 360^0 環繞引腳，且 100 % 潤濕第二面的鍍通孔壁與引腳。

錫珠或濺錫

焊珠 / 濺錫的發生，會讓產品違反最小電氣設計間隔要求，若沒有覆蓋永久性塗裝或沾黏在金屬面上是不允許的。錫珠 / 濺錫對 0.13 mm 焊墊或線路又或者是超過 0.13 mm 直徑，都被認定爲製程指標。且考慮作爲製程指標的是，多於五個直徑爲 0.13 mm 的錫珠或濺錫必須小於 600mm^2 的面積。參考圖 16-25，判斷基準依據表 16-2 所示。

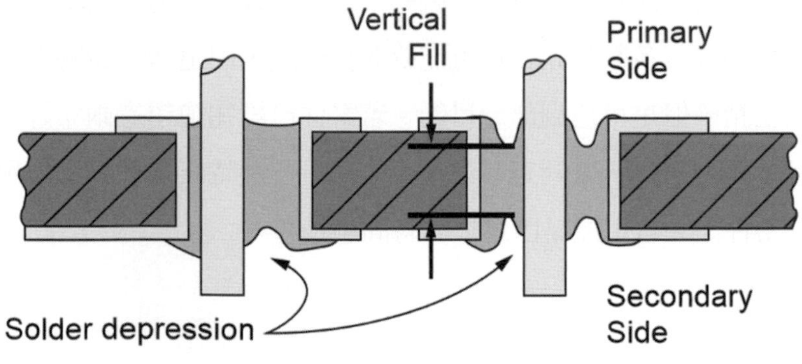

▲ 圖 16-25 鍍通孔焊錫填充需求 (IPC)

拒焊與不潤濕

拒焊是一種狀態，它發生在融熔焊錫塗裝到金屬面上，之後產生退縮留下不規則形狀隆起焊錫，它們是區域分離的，而部分位置覆蓋著薄焊錫膜，基材金屬並未曝露。不潤濕是局部沾黏融熔焊錫在表面上，但基材金屬仍然保持曝露狀態。焊點拒焊與不潤濕，一般是因爲受到污染物殘留在零件引腳或電路板鍍通孔、焊墊所導致。焊點允許的拒焊狀態，是假設焊點符合表 16-2 所定義的構裝類型最少需求，良好的潤濕是焊點區域不呈現拒焊

的現象。不潤濕是不被接受的狀態，因為適當潤濕未達成，這表現出嚴重零件或電路板可焊接性問題。

缺錫與焊錫不足

缺錫是一個明顯不能接受的狀態，因為焊錫所提供的電氣接續性及零件與電路板的機械連結性都可能會有問題。焊錫不夠又成為另一個 SMT 零件組裝無法允收的狀態，因為基本焊錫填充需求並未達成，不足的焊錫同樣使鍍通孔零件焊接無法允收。

焊錫架網及架橋

焊錫在不同導體間架橋會產生短路狀態，這是無法接受的品質狀況。焊錫架網則是產生一個持續焊錫膜，它是一個平行於電路板表面但未必連結的網膜，存在於不該有焊錫的表面，它也是一種不能允收的組裝缺點狀態。對於有引腳的零件，具有焊接組裝所不該有的特性狀態，如：焊錫不可進入接觸零件本體或端面封止區，這類狀態也都不允收。

引腳突出問題

測量引腳突出量，定義為從電路板焊墊上方到零件引腳最外端的距離，這包含任何焊錫從引腳凸出部分。焊錫凸出 (垂柱) 若超出引腳突出最大允許量、電氣性間隙，或帶有安全風險，這些都不被接受。若不是如此，則焊錫凸出在 SMT 或鍍通孔零件組裝上都可接受。對單面電路板組裝，引腳或線材突出必需最少有 0.5 mm，這對所有等級產品都一樣。對於雙面及多層電路板組裝，所有等級產品最少的引腳突出量標準是在焊錫內要可看到引腳端點。對於第一級產品，最大引腳突出量標準是做電路板組裝時，不會有產生短路風險。對於第二級產品，最大引腳突出量是 2.5 mm，而對第三級產品其最大引腳突出量是 1.5 mm，參考圖 16-26。

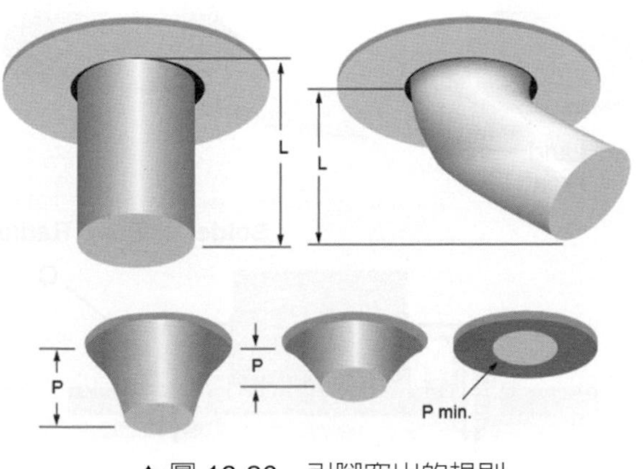

▲ 圖 16-26　引腳突出的規則

值得注意的例外引腳突出需求，是厚度高於 2.3 mm 的電路板。這類零件具有事先建立的引腳長度，也就是引腳並非由電路板組裝者切割長度，引腳突出可能並不可見而電路板組裝仍然被認定可允收。部分可能採用這樣組裝方式的零件範例，如：半導體構裝零件 (SIP/DIP)、插座、變壓器 / 誘電器、針陣列 (PGA) 構裝及能量轉換器等。

空泡、凹陷、吹孔及針孔

若引腳及焊墊被完整潤濕，且焊錫填充也符合需求，則焊錫空穴 (空泡、坑洞、吹孔、針孔、拒焊) 是可允收的。鄰近焊錫凹陷區域，必須要正常潤濕，且焊錫凹陷底部必需是可見而沒有基材金屬曝露的。

凌亂或折斷的焊接點

焊接點可能會產生凌亂狀況，也就是粗糙、顆粒狀或不平整表面，若焊接點已經產生折斷或斷裂現象，對於三個等級的設備產品都是不允收的。焊點引腳在焊接後會被修剪，焊點不能在修剪時因為物理性衝擊受損。若焊接後需要做引腳剪切，焊點應該要做回流焊或做 10 倍目視檢查，確保焊錫連結沒有受到剪切損傷，引腳與焊錫間折斷或斷裂都不被允許。

過多焊錫

過多焊錫狀態會產生焊錫填充輕微凸起或成球狀，這種狀況引腳就不可見了，這會被認定為製程指標缺陷。假設這個狀態真是過多焊錫所致，不是因為零件飄移、偏斜或引腳太短所產生的引腳未突出，則是可被接受的狀態，參考圖 16-27。

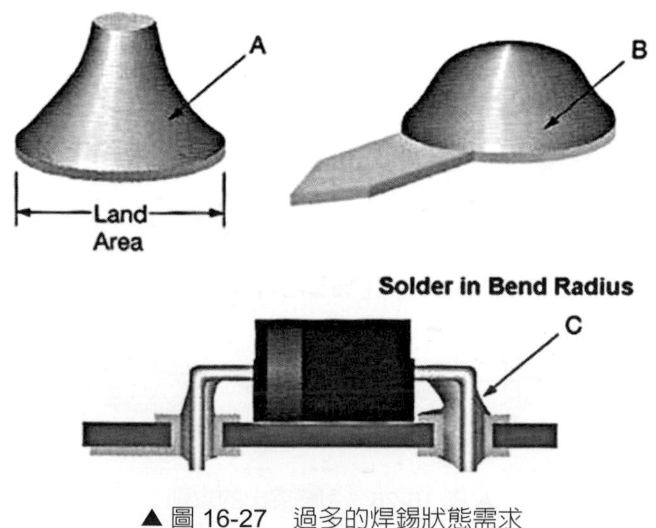

▲ 圖 16-27　過多的焊錫狀態需求

孔的焊錫需求

電鍍通孔只用做介面間連結，若它們沒有曝露在焊接製程並不需要以焊錫填充。這種結構需求，常可透過暫時或永久性孔面遮蔽達成。沒有引腳的通孔或導通孔，當曝露在焊接製程中應該符合允收需求如後：

1. 目標狀態是讓孔完全被焊錫填充，且焊墊上方呈現良好潤濕
2. 最低允收狀態是電鍍通孔邊緣被焊錫所潤濕
3. 當焊錫沒有潤濕電鍍通孔邊緣，會被認定爲製程指標缺陷，但產品不一定會被剔退，參考圖 16-28。

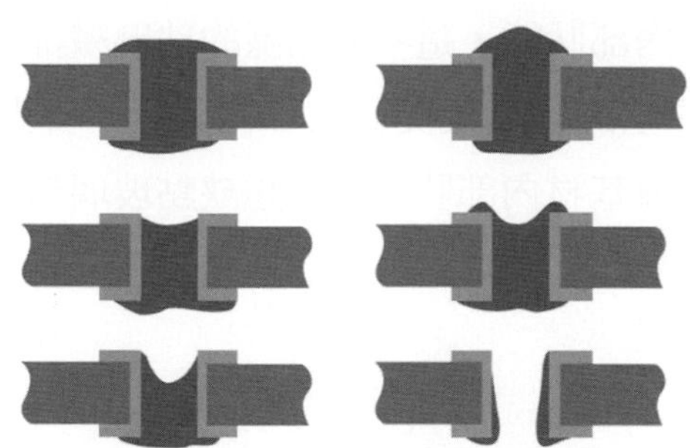

▲ 圖 16-28　孔焊錫填充狀況需求

端子焊接

焊接線材與端子，引腳外型必須是可見的，要在線材與端子間有良好明顯潤濕，這是允收必要條件。絕緣料沒有熔解到焊點內，線材絕緣材到端子間間隙幾乎等於零，且完整焊錫覆蓋連結十分明顯。絕緣材料微量熔解是可接受的，若絕緣間隙過大，有潛在短路風險，這種接點是不被接受的。若線材絕緣材嚴重燒焦，且熔解副產物伸入焊接點，這個接點也不被接受，參考圖 16-29。

▲ 圖 16-29　焊接線材到端子

16-10 電路板組裝基材狀態、清潔度及記號需求

基材狀態

基材缺點狀態可能來自於基材、電路板製造商或電路板組裝。較常見的主要基材缺點狀態是：斑點空泡 (Measling)、裂紋 (Crazing)、氣泡 (Blistering)、爆板剝離 (Delamination)、織紋顯露 (Weave Exposure)、環狀分離 (Haloing) 等。

斑點空泡及裂紋

斑點空泡是一個基材的內部狀態，這些缺點區的玻璃纖維與樹脂在編織物交叉點上分離。這個缺點本身會顯示產生的白點或交叉紋，在低於基材表面位置，而且時常與熱導致的應力有關。裂紋也是一種基材內部狀態，這類缺點玻璃纖維與樹脂產生交叉處分離。缺點本身會顯示其產生的白點或交叉紋，在低於基材表面位置，時常與機械導致的應力有關，參考圖 16-30。

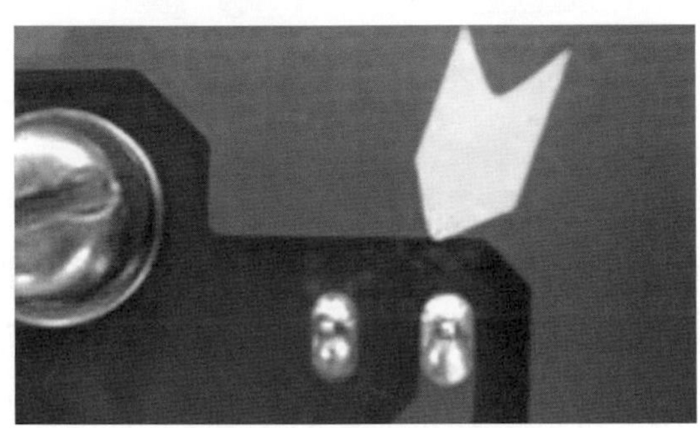

▲ 圖 16-30 電路板裂紋

斑點空泡或裂紋發生，是因爲基材固特性變弱，這是一種潛在嚴重問題警告。若斑點空泡或裂紋發生在組裝程序中，它不會進一步傳播或延伸爲更嚴重問題。當電路板進入組裝程序，作業人員觀察到這種缺點並不能判定問題來源，此時可能會更強調要求供應商提供更高品質的電路板。這種期待可透過增加進料檢驗、來源檢驗或廣泛的評估計畫及與供應商合作達成，另外可利用電路板製造商的製程控制參數數據，來檢討與實際需求的搭配性，而這類資訊也可用來做物流調整計畫。目前有證據顯示，即使電路板有嚴重斑點氣泡仍然能夠長期在惡劣環境下執行正常功能。實質上主要研究並沒有明顯證據顯示，有斑點氣泡但沒有其它嚴重缺點的電路板，必然會有故障問題存在。因此這類電路板允收標準，主要是看組裝後功能應用是否正常，或主觀性客戶感官問題。

氣泡 (Blistering) 及爆板剝離 (Delamination)

氣泡是介於任何基材層間或樹脂材料與金屬間的局部性隆、分離，爆板剝離是介於任何基材層間或樹脂材料與金屬間的大區域分離。氣泡與爆板剝離都不能超過電鍍通孔或內部導體距離的 50% (第三級產品爲 25%)。

織紋顯露

織紋顯露是一種基材表面狀態，在其中有未斷裂編織玻璃纖維布並未完全被樹脂覆蓋。織紋顯露對某些廠商是允收的，只要它沒有過度降低介電質厚度，且符合工程文件規格。對第三級產品而言，並不接受任何織紋顯露現象。

環狀分離 (Haloing) 及板邊爆板剝離

環狀分離是一種基材內部狀態，基材會在孔周圍或機械加工區低於材料表面產生一圈較淡顏色。環狀分離或爆板剝離若沒有滲入過多，減少邊緣到達最近距離導體超過 50 % 的距離或 2.5 mm，以較小距離爲準，則可接受。

電路板清潔度

電路板清潔度，必需要確認表面污染物已經充分去除，這些污染物出現可能會影響未來產品功能性。部分污染物可能會提升不利於電路板組裝的東西，這會導致短路或腐蝕而影響電路板組裝的功能完整性。

任何可見的殘留或需要清潔的活性助焊劑，都不被接受。第一級設備供應商，只要清潔度驗證測試顯示不需要清潔電路板組裝，可能就不需要去除可清潔性殘留。若電路板組裝不做保護性塗裝，免洗或低殘留助焊劑的殘留是可被允許的。若採用保護性塗裝，這些殘留就不被允收，因爲多數狀況下它們會不利於塗裝結合力。

對於使用腐蝕性助焊劑的製程，溶劑粹取導電度 (SEC) 清潔度測試勢必需要執行。當 SEC 執行時，表面污染等級必須符合 1.5μg/cm^2 或更低 NaCl 當量，這樣才是可允收的電路板組裝清潔度水準。若發生故障問題，在做更多組裝前必需即刻做製程修正。若助焊劑符合後續規範，會被認定爲非腐蝕性：

1. 銅鏡測試定義助焊劑類型爲 L，符合 IPC-SF-818”電子焊接用助焊劑導致腐蝕的測試需求”
2. 鹵素測試被定義爲助焊劑類型 L，符合 IPC-SF-818 第三等級需求：“一般性電子焊接助焊劑鹵素含量測試需求”

3. 表面絕緣電阻必須符合 IPC-B-25 所定的最低 $2 * 10^4$MΩ
4. 必須符合離子擴散遷移電阻規格，測試樣本將會在 10 倍的檢查設備下檢查，不能有明顯細絲成長導致降低導體間距超過 20%

特別事項如：污物、棉絮、錫渣、引腳修剪物等都不允許出現在電路板組裝上。金屬區域或出現硬體的電路板組裝區域，不可出現任何白色結晶析出物、有色殘留或鏽斑表面。

電路板組裝的記號允收標準

記號提供產品確認及追蹤的能力，它在組裝中輔助製程內控制及局部性修補。製作記號使用的方法及材料，必須達成預期目的，必需要可讀、耐久，且與製造程序及最終產品使用相容。製造及組裝工程圖，應該是電路板組裝上的記號與位置控制文件。零件、製作配件上的記號，應該可承受所有測試、清潔及組裝製程，面對所有製程處理還是能保持可讀 (可辨識與瞭解)，記號的允收性是依據是否可辨識爲基準。若記號可辨識，且不會被其它文字或數字混淆，就是可允收狀況。

16-11 電路板組裝的塗裝

並非所有電路板組裝設計都會使用保護性塗裝，但當使用時就必需符合後續允收規格。若採用波焊或錫槽將零件安裝到電路板上，所有這些電路板組裝會使用以頂部或底部蝕刻線路覆蓋止焊漆的方式製作。沒有止焊漆，焊錫會產生導體間架橋現象，導致無法控制的問題。

保護性塗裝

保護性塗裝是一種絕緣保護性覆蓋層，它是保護電路板組裝後結構物的塗裝層。保護性塗裝應該是均勻、透明、無色的。保護性塗裝應該正確聚合，且不會顯現黏性，保護性塗裝相關缺點限制，如表 16-3 所定義的部分。

對於三個類型的保護性塗裝厚度需求列示如後：

1. 類型 ER (環氧樹脂)、UR (氨基甲酸酯)、AR (壓克力) 0.05 ～ 0.08mm
2. 類型 SR (矽樹脂) 0.08 ～ 0.13mm
3. 類型 XY (對二甲苯) 0.01 ～ 0.05mm

厚度可利用與組裝同時製作的樣本來測量，引腳端點並不需要保護性塗裝。

▼ 表 16-3 保護性塗裝缺點的限制 (印刷電路板組裝表面面積百分比)

保護性 coat 缺點	等級 1	等級 2	等級 3
空泡與氣泡	10	10	5
結合力損失	10	5	5
異物	5	5	2
拒焊	10	5	5
波紋	15	10	5
魚眼	15	10	5
表皮剝離	15	10	5

止焊漆

止焊漆是一種薄膜塗裝，用來當作介電質及焊接作業中與後的機械性遮蔽，止焊漆材料可用液態或乾膜型式製作。對於第一、二級產品設備，焊接與清潔後的止焊漆操作斷裂是可接受的，但在第三級不能接受。經過組裝焊接及清潔作業，只要止焊漆沒有浮起、裂解、剝離或在電路板上掉落，止焊漆在錫鉛電鍍線路上產生皺折是可接受的。電路板組裝上，止焊漆碎裂、剝離或掉落是不被接受的，組裝後皺折的止焊漆在裸銅板線路上也是不被接受的。

16-12 無焊錫纏繞線到金屬杆上 (線纏繞)

許多線纏繞結構仍然用在設備設計，必須遵循允收標準。這種允收標準呈現在 IPC-A-610 及貝爾實驗室規範中，某些貝爾實驗室發展出來的規範比 IPC 更仔細。

纏繞金屬桿

纏繞金屬桿不可在線纏繞前或後產生彎折，纏繞筆直程度應該讓偏斜量保持在垂直方向一個直徑內，這方面不需要做測量，只要目視即可。完成連結後，金屬杆不能與原位置彎曲度超過 15 度，以達可允收程度。

必須注意的是，部分纏繞金屬桿被獨立使用，作爲接頭或測試點，此時翹起或彎曲允收需求就會出現。對這類應用翹起的需求應該要放鬆，除非有實際工程需要必須避免它。翹起或彎曲程度，不應該在垂直方向超過直徑或厚度兩倍偏斜量。

線纏繞連結

表 16-4 顯示使用在纏繞連結的絕緣與未絕緣線纏繞紮數，連結是使用自動或半自動繞線裝置。對於這個需求的紮數計算基準，是以第一個緊密接觸的點爲起始點到達最後一個接觸點間的數字爲準，如圖 16-31 所示。

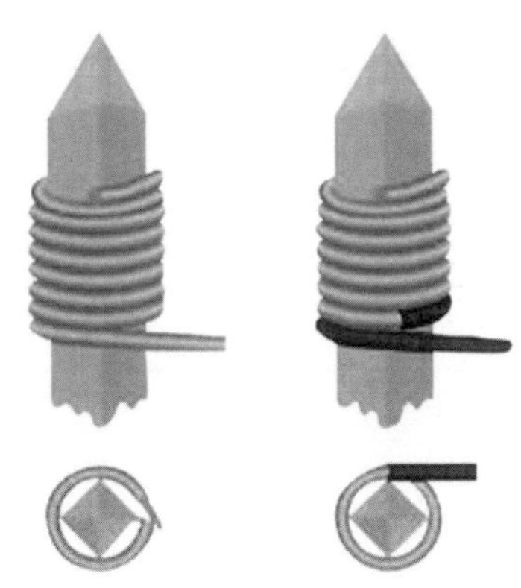

▲ 圖 16-31 線纏繞連結可允收性 (IPC.)

裸線或絕緣線最大繞線紮數，以工具結構與端子可用空間控制。

▼ 表 16-4 線纏繞紮數數需求

線徑	端子尺寸 (in^2)	最少紮數	
		裸線	絕緣線
#20、#22	0.025–0.045	5	None
#24	0.025–0.045	6	None
#26	0.025	6	None
#26	0.045	7	None
#28、#30	0.025	7	3/4

前一個已經剝除沒有焊錫的繞線連結端點，不會再度使用。電氣端點間必須有的間距，應該有工程文件紀錄。線尾端在一定間距需求下，不論任何情況下都應該減少突出。對多數產品，線尾端突出量不應該超過端子邊的 0.125in (對於第三級產品應該爲一個直徑)。

單線纏繞間距

纏繞導體應該沒有間隙 (也就是纏繞線必須與前一紮線接觸)，但是不能有重疊發生。第一圈纏繞在金屬桿上的絕緣線，不應該超過金屬桿可纏繞表面底部的上方 50mil。第一紮與最後一紮的半圈可與繞線有間距，對未絕緣線而言不應該超過一個直徑。除了第一與最後兩個半圈，被纏繞導體可在其間有一個單一間距，大小不應該超過未絕緣線直徑的一半，參考圖 16-32。

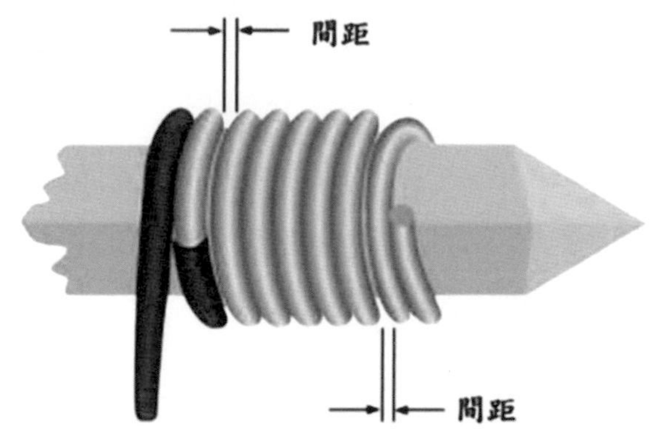

▲ 圖 16-32　單線纏繞間距 (IPC)

多線纏繞間距

一般不會有超過三條線纏繞在單一金屬桿上。當使用超過一圈以上的纏繞線在單一金屬桿上，後續需求會被導入。兩連貫未絕緣線纏繞間的最大空隙是兩倍直徑，都希望保持在未絕緣線的一半直徑。最後一圈金屬桿上纏繞線，不應該進入距離端點縮小區一個未絕緣線直徑範圍內。在高一層絕緣線第一圈纏繞，可與低一階未絕緣線纏繞最後一圈有最多一圈的重疊，如圖 16-33 所示。

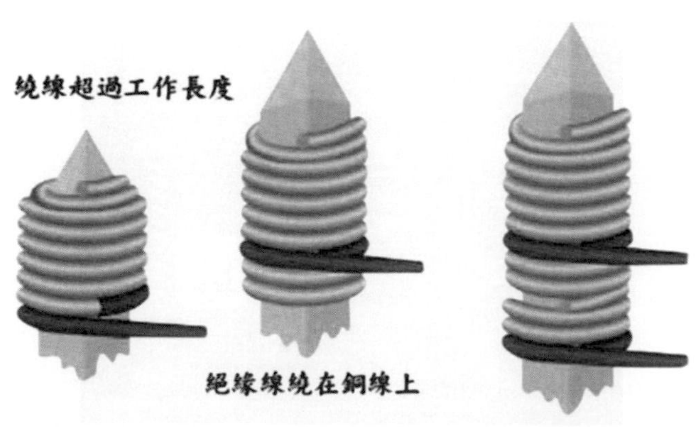

▲ 圖 16-33　多線纏繞的需求 (IPC)

16-13 電路板組裝修正

所有電路板組裝修改，都應該建立：定義、細節認證工程、方法文件化等。跳線用線就被認定為零件，被繞線、端子、線類型等文件所定義。

切割線路

線路切割最小寬度應該在 30mil，所有掉落材料都要去除。線路切割應該也要使用驗證過的封止材料密封，以防止吸收濕氣。在從電路板上移除線路時應該小心，以防傷害基板材料。

隆起的插梢

隆起的插梢應該要切到夠短，以防止與其它焊墊短路的可能性。若隆起插梢的零件孔，並不包含跳線結構，就應該要以焊錫填充。

跳線用的線

跳線用線可能會用在所有等級產品設備電子組裝上，也會用在厚膜混成技術。這個線可能會終結在電鍍通孔、在站立端子上、在電路焊墊上或在零件引腳。此處值得注意的是，Bell core TR-NWT-000078 規範，線只能終結在電鍍通孔，對第三級產品不能與零件引腳裝在同一個電鍍通孔內。建議跳線線材是硬式絕緣焊料處理過的銅線，絕緣物可承受焊接溫度。絕緣層必須有點耐磨，且有介電質相當於或優於電路板絕緣材料的電阻。跳線線材長度若多於一吋以上，就需要做絕緣處理，否則可能會在焊墊或零件引腳間發生短路。跳線線材繞過 XY 路徑中的最短路徑，每個型號零件繞線都應該要文件化，同型號零件組裝就應該繞過同樣路徑，參考圖 16.34。

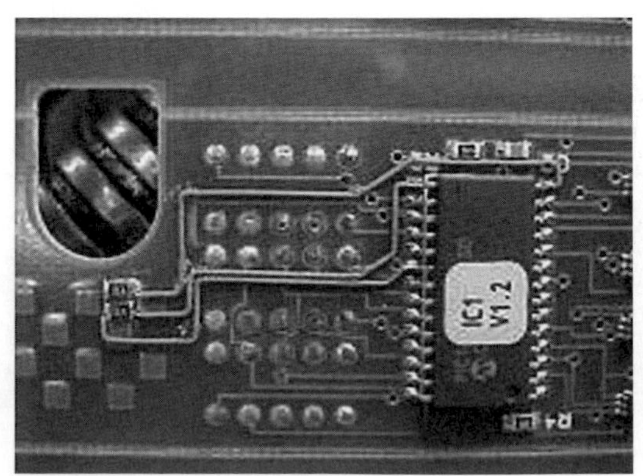

▲ 圖 16-34　跳線線材的 X-Y 方向繞線 (IPC)

當跳線線材被用在電路板組裝的主要面時，線都不應該繞過任何零件上下方。線可通過焊墊，這樣當要從焊墊上做零件更換時線就可移開。要小心避免繞線接近或接觸散熱片，以防線受到過度熱曝露而損傷，參考圖 16-35。當跳線線材被用在電路板組裝的第二面，除非組裝佈局妨礙了繞線到其它區域，跳線線材應該避免通過零件引腳區。若這種狀態發生，它應該設計爲製程指標，這種例外部分是電路板組裝邊緣的連結器。跳線線材應該避免跨越，作爲測試的測試點或孔。

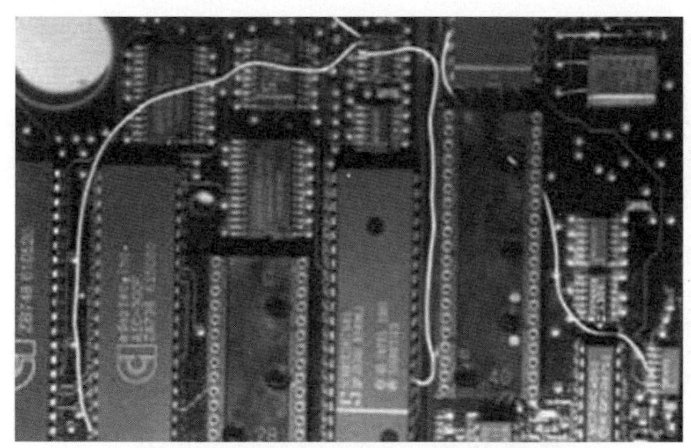

▲ 圖 16-35　跳線線材繞線通過零件 (IPC)

線材應該以認證過的黏貼劑固定在基材上，未聚合的黏貼劑在完成組裝電路板上是不被接受的。線材應該沿著路徑點黏接，不應該靠在焊墊或零件上。固定區域必需定義在適當工程文件，且所有線材變化方向都必需黏貼。跳線線材黏貼強度必須足夠，以防止線材浮離高於鄰近零件。同一條繞線路徑，不應該黏貼超過兩條以上線材，參考圖 16.36。

▲ 圖 16-36　跳線線材固定 (IPC)

當跳線線材貼附到電路板組裝第二面上的引腳或是主板面的軸向零件，它必須製作一個完整的 180 ～ 360 度迴圈繞著這個零件腳。當跳線線材是焊接到其它零件型式，這條線應該做中段焊接到這個零件腳。

跳線線材可能在第一、二級的產品設備上，與其它零件引腳安裝到電鍍通孔，但是這樣的作法在第三級的產品設備並不允收，跳線線材也可能安裝到導通孔，參考圖 16-37。

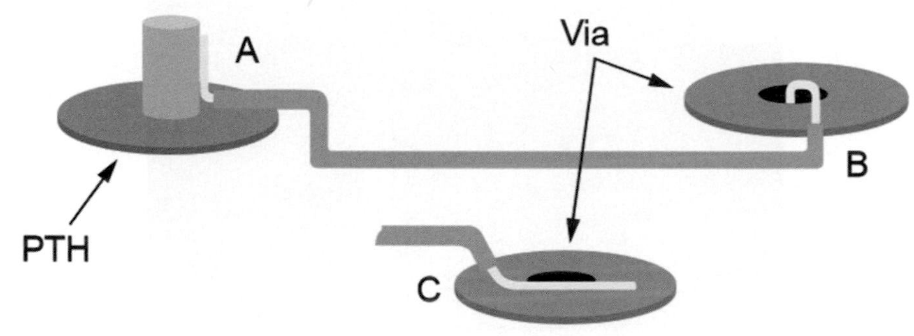

▲ 圖 16-37　跳線的安裝需求 (IPC)

對於表面貼裝零件，其線材與引腳轉折處連結至少要有 L 的長度，如圖 16-38 與 16.39 所示。

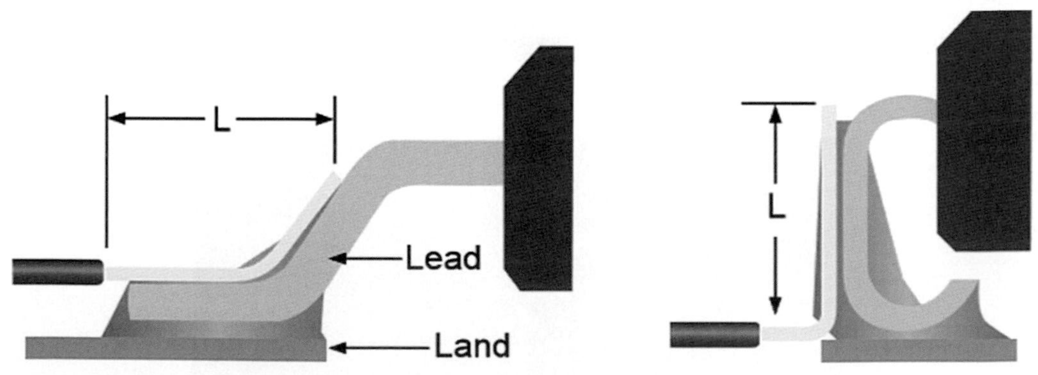

▲ 圖 16-38　跳線連結一引腳零件

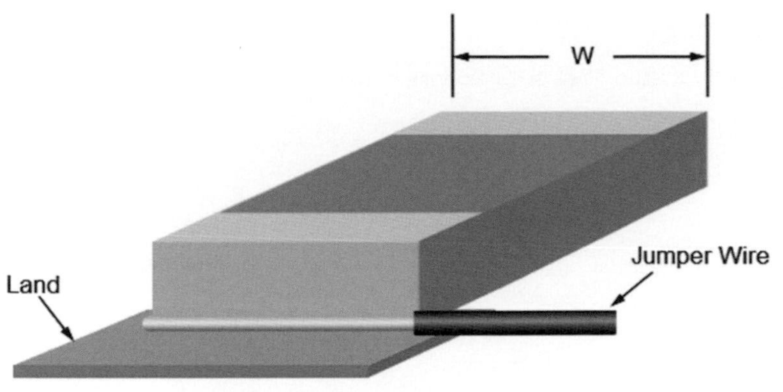

▲ 圖 16-39　跳線連結一顆粒零件

CHAPTER 17

電路板的組裝信賴度

本章探討電路板與電路板組裝對環境應力的功能反應(也就是產品運作信賴度)，以及設計、材料與製造對這個行爲的影響。各種應力都可能會出現在組裝產品運作環境中，來自組裝週遭環境溫度的熱應力，或從電路板上高功率貼裝部件能量散失產生的熱應力，也有些熱應力與組裝重工有關。機械應力可能來自後續組裝步驟彎曲、撓曲或運作，運送與使用所產生的機械衝擊或機械震動，如：從冷卻風扇的震動等，這些都有可能產生明顯機械應力。

化學來源所產生的環境應力，空氣中的濕氣、腐蝕性氣體(如：煙霧或產業程序中的氣體)及組裝程序中的活性化學殘留污染物(如：助焊劑殘留)等都是。這些環境應力可能產生單一或綜合影響，可能會在電路板組裝上出現潛在不同電氣性故障，本章將專注於電路板及與它銜接部分的相關信賴度。

依據定義，信賴度是電路板組裝對環境應力的功能反應，我們已經排除大多數生產後測試程序所偵測的缺點，或是會導致產出無法發揮功能的組裝部分。我們會較專注於製造缺點所產生的延滯性影響，及用正常製程製作的產品耗用損壞機構研討。

本章內容，將組織成六個主要部分：

17-1　信賴度的基礎

17-2　電路板故障機構及它的連結

17-3　設計對信賴度的影響

17-4　電路板製造與組裝對於信賴度的衝擊

17-5　材料選擇對信賴度的影響

17-6　燒機測試、允收測試及加速信賴度測試

在內容方面每段依序包含電路板、電路板組裝、零件與它們的構裝。17.2 是本章討論重點，包含一些故障發生機構的基礎描述及對後續內容的潛在假設。在本章廣度方面，包含故障機構的複雜度。而這個領域的快速進展，意味著多數人只能提供一個電路板及組裝信賴度概念，許多這方面的資料都有自己的版權。建議讀者可參考相關資料，並在做定量信賴度推估前，進一步閱讀相關參考資料。

17-1 信賴度的基礎

定義

零件或系統信賴度可被定義爲：一個功能性產品在預期運作環境中，從啓用開始所可發揮功能的一段特定時間長度。沒有這些清楚定義，是無法回答“某產品可靠嗎？”這樣問題的。因爲信賴度是在描述產品是否仍然有發揮正常功能的可能性，它與累計的故障數字相關。以數學模式而言，一個物件在時間 t 的信賴度可表達爲：

$$R(t) = 1 - F(t)$$

此處的 R(t) 是在時間 t 時的信賴度 (如：仍具有功能的零件比例)，而 F(t) 則是在時間 t 時零件或系統已經故障的部分。時間可用工作日或其它運作時間爲單位測量，例如：開關循環或熱與機械震動循環等。較具有意義的時間單位，應該依據故障機構訂定。當已經有幾個故障模式出現，嘗試採用幾種不同時間單位會較有助於信賴度的描述。一般將產品故障率繪製成時間函數圖形，典型的會產生“浴缸”曲線形狀，如圖 17-1 所示。

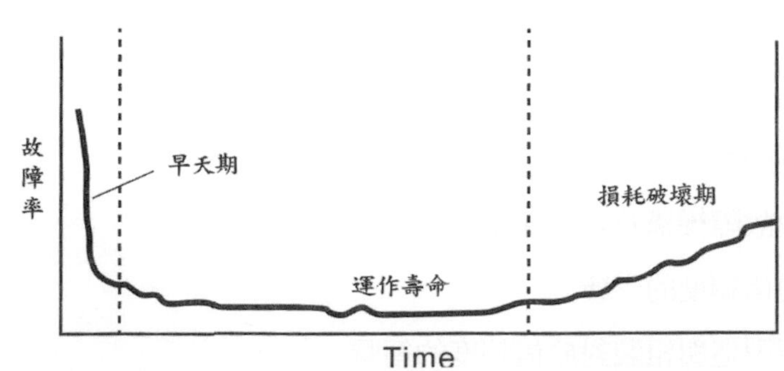

▲圖 17-1　從信賴度觀點呈現的使用週期三個階段：初期故障率、穩定狀態、損耗破壞期

從信賴度觀點看，這個曲線說明產品使用期限中發生的三個相。首先是初期故障率相，在初期故障率會偏高，但因爲初期故障會使故障率快速下降。初期故障率多數來自於製造缺點，這些缺點在檢驗及測試時沒有被偵測出來，導致產品快速故障，出貨前的燒機測試可去除這些問題產品。第二個相是產品操作壽命，是以穩定性週期描述，相對有較低的故障率。在產品操作壽命中，故障明顯是隨機發生，且故障率 r 與時間大略呈現固定關係。這個區域的行爲描述，時常以一個指數壽命分佈假設表達。在這種狀況下的簡易數學模式如下：

$$r = (Nt/No) * (1/\Delta t) \text{ 同時 } R(t) = e^{-rt} * e^{(-t/MTBF)}$$

此處 Nt 爲時域 t 內的故障數量

No 爲時域起點的樣本數

MTBF 爲平均故障時間間隔

第三個相是損耗破壞期，因爲損耗破壞現象使故障率逐步增加，直到 100 % 產品都發生故障。對某些系統，第二個穩定區可能並不存在，對焊點而言損耗破壞可能超過多數組裝零件壽命。了解損耗破壞的現象，呈現經由正常程序製造的零件經過一段時間運作的狀態，並推估何時它們會明顯影響故障率，這是本章主要希望討論的。

多數損耗破壞現象可用累積分佈描述，可用韋布 (Weibull) 或對數常態分佈管控。韋布分佈已經被順利描述焊點與電鍍通孔老化分佈，而對數常態分佈與電化學故障機構相關。

信賴度測試

幾乎每個信賴度測試計畫都必須解決的問題是，若物件運作的時間比產品期待運作時間短，是否還可判定這個物件是可靠的。明顯的我們不能耗費 3 至 5 年測試一台個人電腦，對這類市場產品可能需求的使用時間較短。又或者是用 20 年時間，測試一個美國軍方系統？

依據故障機構，可採用兩種不同測試處理方式，它們可結合：(1) 增加導致故障發生事物的頻率，並測試產品在期待事件數量下所具有的存活能力，或 (2) 增加測試嚴苛性，因此可用較少發生率做測試。

掉落測試是模擬輸送中的衝擊，這是第一種方法範例。因爲每次掉落間的時間不會影響損傷量，掉落壽命時間長短可用快速連續法進行。然而溫度與濕度對產品壽命的腐蝕影響，只能用增加溫濕度、污染物濃度或部分因子組合測試。最困難的部分是要確認，這些測試是否可重現運作中產品故障機構或與它們產生的關連性。使用這種數據做實際信賴度推估，測試必需持續到足夠的零件故障量，才能有一個壽命分佈可推估。可惜的是這個程序十分耗時，且驗證測試時常是可替代的。

驗證測試協定，定義了允許的最大故障數量，它們可能在一定樣本量及特定週期下被觀察到。若只有少數或沒有故障發生，這個驗證測試就無法提供有關故障分佈的資訊，例如：在下一個時域中可能的故障是未可知的。當已經知道正常製作的樣本壽命分佈時，驗證測試的限制就可最小化，或者可依據經驗以類似設計推估。許多信賴度或驗證測試期間並不遵循這些規則，他們在極端嚴苛狀態下短時間或少次曝露，做產品存活能力測試。只要有長久經驗確認產品類型及使用環境支持這種做法，則這類的測試就可能是恰當的。

然而這種測試還是存在風險，因爲它不是依據確認故障模式進行，測試狀況可能不會發生在產品生命週期中。當新的技術或結構被導入，就不應該一直保守著老測試方法。同樣的道理，不恰當的故障模式並不會發生在產品運作中，但可能會因爲惡劣測試狀態而導入。

17-2 電路板故障機構與它們的銜接性

這裡要討論電路板與零件接點間的重要故障機構，這些故障機構討論會更細節，因爲銜接故障在別的地方已經十分廣泛被討論了。不論環境應力或材料反應，這些故障最終都會經由組裝功能性呈現，首先是兩接點間的電阻改變，之後會是電氣性短路或斷路。

電路板故障機構

電路板的故障機構落入三個群組：

- 熱導致的故障 - 這方面以電鍍通孔故障是最典型範例
- 機械性故障
- 化學性故障 - 樹枝狀金屬結構成長是最典型範例

熱造成的故障機構

電路板會在各種狀態下曝露於熱應力中，可能是延長曝露在高溫下或重覆的溫度循環，這些溫度循環可能導致各種電路板故障。最重要的熱應力來源是：

- 電路板製造中的熱衝擊與熱循環：熱衝擊定義爲溫度升降速度高於～ 30℃ / 秒，或任何夠快的升降速率狀態，溫度差異扮演著重要角色，典型狀態如：止焊漆聚合及噴錫
- 電路板組裝的熱衝擊與循環，如：膠液聚合、回流焊、波焊及重工使用烙鐵、熱風處理、融熔錫槽沾錫等
- 運作中週遭環境熱循環，如：從室內到室外的溫差，或地面到大氣層間的溫差，也可能是產品殼內高功率電子零件熱散失

受到這些熱應力加速的主要電路板故障機構是：電鍍通孔破裂、基材爆板剝離等。

熱衝擊或循環產生的電鍍通孔故障

電鍍通孔是電路板受到熱循環最易受傷的部分，也是最頻繁導致電路板運作中故障的位置。鍍通孔包含安裝通孔零件的孔，及達成層間電氣連結的孔，圖 17-2 顯示一般的故障位置。

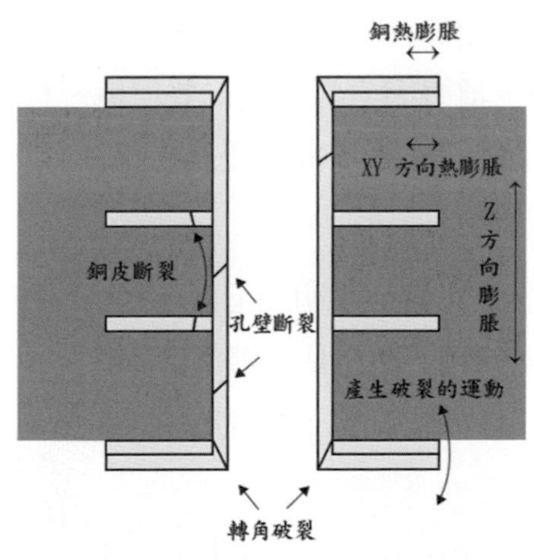

▲ 圖 17-2　四層板通孔切片顯示一般熱應力故障位置

多數有機樹脂基材是非等向性的，在高於玻璃態轉化溫度 Tg 時具有較高膨脹係數 (CTE)，在通孔厚度 (Z) 方向特別明顯。因爲溫度超過 Tg，膨脹係數爬升特別明顯，較多熱循環會導致 Z 方向較大應變，特別是在通孔位置。鍍通孔功能類似鉚釘，會阻礙膨脹行爲，但銅孔壁受到應力可能會破裂，導致電氣性故障。圖 17-3 說明過高溫度在孔壁上增加的相關應變，故障可能發生在單一循環或發生在逐步老化破裂模式下。

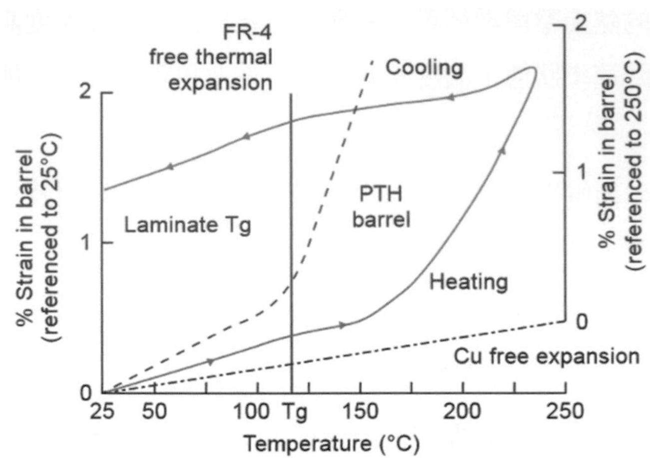

▲圖 17-3 FR-4 基材 (環氧樹脂 - 玻纖) 銅應變與溫度關係，電路板內鍍通孔壁在 25 ～ 250 ～ 25℃單一熱循環下的行為。可能個別材料熱膨脹是可逆性，但通孔壁鍍銅應變是塑性的，因此多數應變在冷卻後並非可逆，而 FR-4 熱膨脹率在高於 Tg 時會明顯增加

對高縱橫比通孔重覆熱衝擊測試，從室溫到電路板製造 (如：噴錫)、組裝回流焊溫度 (220 ～ 250℃) 及再度回流焊、波焊、重工等，經過近十次或略少的熱循環，時常會聽到故障問題發生。以物理角度看，到達故障的熱循環數，會受到每個循環強加於銅的應變及銅的抗老化能力影響，這些因素都受到一些環境、材料及製造參數所控制。低循環 (Low-Cycle) 金屬老化，這個狀態下多數應變是塑性應變，幾乎可用柯芬梅森 (Coffin-Manson) 關係處理：

使用高循環老化測試時，這種關係會明顯低估產品在運作中發生重覆熱循環的使用壽命。應變 $\Delta\varepsilon$ 可利用有限元素模擬分析推估，若沒有其它可用數據，電鍍銅的 ε_f 可概略估計為 0.3。到故障循環數可以靠增加 $\varepsilon_f / \Delta\varepsilon$ 而增加，根本方式可以靠減少 $\Delta\varepsilon$ 達成，而可能的方法如後：

- 利用電路板噴錫、波焊、錫槽重工前的預熱減少或消除熱衝擊
- 減少熱循環次數是增加鍍通孔壽命的單一最有效方法，特別是若熱循環超過 Tg
- 減少熱循環中基材自由熱膨脹，自由熱膨脹可以靠選擇更高 Tg 的基材材料降低，但也可選擇在低於 Tg 時具有低膨脹係數的基材 (如：用 Aramid 纖維) 達成
- 減少鍍通孔縱橫比 (板厚度除以鑽孔徑)，可以靠減少電路板厚度或增加孔直徑達成，它與熱衝擊循環的關係可參考圖 17-4。電路板高於八層或更多，縱橫比會變得更大，這是因為它的厚度及孔密度所致。縱橫比高於 3：1 就需要較好品質電鍍，一般電路

板並不建議使用縱橫比高於 5：1 以上的設計，部分原因是因爲孔中心很難獲得適當電鍍厚度

- 增加電鍍厚度，也可拉大老化破裂所導致的電氣性故障必須傳播擴散的距離，參考圖 17-5 所示
- 在銅上使用鎳電鍍

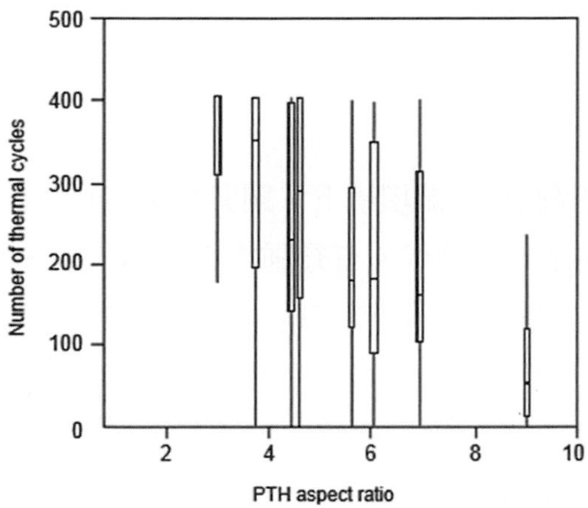

▲ 圖 17-4　–65 ～ 125℃熱衝擊循環所對應，故障所需循環次數與鍍通孔縱橫比關係。(針對各種孔徑、電路板厚度及電路板結構)

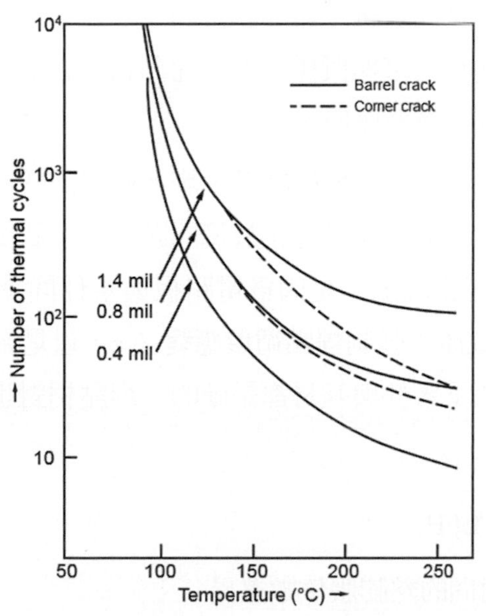

▲ 圖 17-5　特定峰值溫度下，通孔電鍍厚度對到達故障熱循環數產生的影響。這個案例是硫酸銅電鍍及 FR-4 電路板，其它的孔參數與圖 17-5 相同

$\varepsilon_f / \Delta\varepsilon$ 的比例可以靠以下方法增加：

- 增加銅柔軟性 (增加 ε_f) 及降伏強度 (減少 ε)，銅的強度與柔軟性時常是逆相關，因此這兩個因素必需彼此相互平衡。另外強度與柔軟性的關係，可因為選擇電鍍槽及電鍍狀態而改變。

到達故障的循環次數，會因為孔內壁缺點或孔內電鍍銅、鍍通孔轉角成為應力集中點 (增加局部的應力與應變) 等因素而明顯減少，會促進啓始破裂機會。 因為這個故障模式的重要性，它已經被分析模擬並廣泛實驗研究，有更多定量模式可使用。

基材與銅 / 基材結合力的衰減

當一片電路板長時間曝露在高溫環境下，銅與基材間的結合力及基材本身的彈性強度都會逐步降低，變色時常是早期徵候。有幾種標準測試方法，可用比較不同基材抗熱能力。銅結合力測量是使用剝離測試，高溫下結合力或是曝露在高溫後的狀態，可幫助觀察材料承受重工及其它高溫製程的能力。彈性強度穩定度，是測量在 200℃下彈性強度減少到原始強度 50 % 以下所耗用的時間。樹脂與強化材料間的黏接品質，是在測量 290℃下銅箔基材產生氣泡所需要的時間。

焊點的熱老化

焊點的熱老化在過去幾十年已經被廣泛研究過，包括：老化機構、加速測試方法及推估壽命方法，儘管仍有一些細節爭議，但都以時間長度描述它們。這些參考資料也說明了為何現代有限元素分析法，可用來模擬操作與加速測試狀態下的焊錫內應變，這節內容簡單檢討潛在焊點熱老化的部分重要原理。

表面貼裝焊點是已經被廣泛研究過的議題，許多原理同樣可適用於通孔焊點。只要通孔內填滿焊錫，通孔接點較少面對焊點老化故障問題，理想狀況下應該看到電路板雙面都有完整填充。發生焊點熱老化現象，是因為電路板與零件間熱膨脹係數 (CTE) 不搭配所致。強加的熱循環 ΔT 導致產生強制焊點循環應變 $\Delta\varepsilon$，這是系統中最脆弱的部份。相對關係十分簡單，在這種假設下零件與基材都是硬的，焊點相對也較小，整體膨脹差異主導了均勻的剪力變形：

$$\Delta\varepsilon = [(\Delta T)(\Delta\alpha)/L]/H \tag{17.1}$$

此處 $\Delta\alpha$ ：零件與基材間的熱膨脹係數差異

L ：零件的中心與接點間的距離

H ：焊接點的高度

若零件有引腳或軟性基材，系統會有部分順服性，會降低強加焊點的應變。介於焊錫及零件引腳、焊墊、孔內與基材表面金屬化處理間的局部差異，也都對強加於焊錫的應變有所貢獻。如受到低循環老化機構產生的電鍍通孔、焊點故障，可粗略用科芬梅森 (Coffin-Manson) 關係式表達：

$$N_f = 1/2\ (\varepsilon_f / \Delta\varepsilon)^m \qquad (17.2)$$

此處　N_f：產生故障的循環數

f：老化的柔軟性

m：經驗常數接近 2

然而不像鍍通孔，產生故障的循環數也與強加循環頻率及每個極端溫度停滯時間有關。會相關的原因是，對焊錫而言主要變形導致熱老化故障的機構是擴散蔓延的變化。擴散蔓延變化的現象及它與老化的連結關係，是了解焊錫熱老化的基礎。擴散蔓延是一種與時間相關的變形，它是一種受到固定強加應力或位移而逐步發生的反應。發生擴散蔓延變化，是受到各種熱驅動的程序。這些程序只有在溫度超過一半材料熔解溫度 (凱氏溫度 ^{o}K) 時，才會扮演重要角色。這個時候，變形率會隨著溫度增加而強烈增加。對於電子用的焊錫，即便是在室溫也已經高於一半材料熔解溫度，因此擴散蔓延是焊錫最重要的變形機構。當強制位移首次發生，這個應變是彈性與塑性應變的組合。彈性變形是可逆的，且對微結構損傷相對小，然而塑性變形是永久性的，且產生更明顯的焊錫啓始與擴張老化破裂行爲，參考圖 17-6。

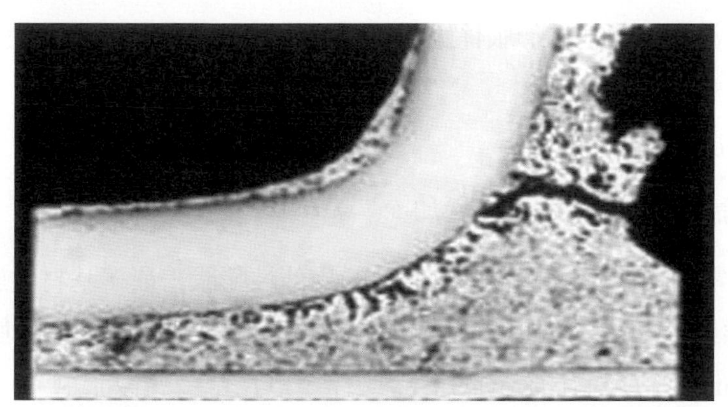

▲ 圖 17-6　TSOP 零件熱共熔性錫鉛焊錫的老化故障

給一些時間，擴散蔓延程序會經由進一步永久變形釋放部分或所有彈性應力。這個增加的變形會進一步損傷微結構，且當熱循環反向時增加強制塑性應變的量。因爲讓擴散蔓延發生的時間較少，快速熱循環損傷比慢速循環或在極端溫度有停滯時間的循環要少，要設計一個加速信賴度測試模擬運作的狀況就十分重要。焊錫擴散蔓延老化行爲的重要性，不同於結構性的金屬，例如：銅、鋁或鋼。

總體而言，循環溫度曲線對焊點熱老化壽命的影響如後：

- 極端溫度：減少熱偏離量是單一有效增加焊點壽命的方法，因爲擴散蔓延在較高溫度下發生得更快速，降低熱循環的峰溫，並進一步減少發生在停滯於高溫的擴散蔓延變形量。
- 頻率：每個循環熱老化損傷在低循環頻率下較嚴重，因爲有更多的時間可讓擴散蔓延作用發生，增加永久變形的量 (記得多數損傷來自於塑性變形，它發生在每個循環，而不是接點循環應力)
- 停滯時間：當焊點上的應力沒有歸零，若停滯時間延長，每循環的熱老化損傷會增加。同樣因爲有更多時間讓擴散蔓延發生，一旦應力釋放程序幾乎完成，就不會有更進一步損傷發生，即便是進一步增加延滯時間也沒有影響
- 熱衝擊：若熱循環是極端快速，電路板組裝零件可能沒有辦法達到同樣溫度，因此強加應變可能比低速循環大或較小

儘管設計者可透過調整冷卻結構影響峰溫值，產品運作的熱循環溫度曲線及熱循環頻率大致上都會被應用所固定。焊接點老化壽命可因爲後續調整，減少了焊點應變而增加：

- 選擇一種符合安裝的結構，在這種狀況下部分應變被撓曲的引腳吸收，降低焊錫內的應變量。對這些構裝，接點壽命因爲引腳硬度減少及焊接面積增加而可進一步延伸
- 透過選擇適當構裝與基材膨脹係數，可減少構裝與基材間膨脹差異
- 減少構裝尺寸，減少 L
- 增加焊點高度 H

焊點老化壽命可因爲後續調整而增加：

- 減少焊錫、零件引腳與基材金屬間發生的局部性膨脹差異，基材金屬一般都使用銅，這部分狀態比較與焊錫搭配 (17 對 25 ppm/℃)，而引腳可用低膨脹金屬如：#42 合金 (～ 5 ppm/℃) 或科瓦 (Kovar) 合金製作，科瓦合金類似於銅
- 減少平均強加於焊點的應力 (例如：來自組裝後的殘留應力)
- 增加 f 或靠控制焊點微結構，又或選擇一種替代性焊錫減少焊點擴散蔓延速率。(可利用較快回流焊冷卻速率產生細緻微結構，它們會有明顯較長的老化壽命，因爲它們較能抗拒啓始老化破裂及擴散。可惜的是焊錫微結構經更長時間後還是會變粗，

即便在室溫下也一樣。部分焊錫可明顯改善老化壽命，但較高的回流焊溫度與基材不相容。)

熱衝擊

熱衝擊 (～ 30℃ / 秒) 會導致故障，因為有不同的加熱或冷卻循環速率，帶來大量增加的組裝應力。在熱循環狀態下，所有組裝零件是在幾乎同樣溫度下，這是一個大致合理的假設 (高能量零件可能會有例外)。在熱衝擊狀態下，組裝不同的部分會暫時有不同溫度，因為它們的加熱或冷卻速率並不相同。這些瞬間溫差，是因為不同熱容量及整體組裝導熱能力所致，它來自於零件選擇、置放安排及組裝材料物理特性等。

跨組裝溫差及任何導致彎曲因素，通常都會因為不同溫度變化與膨脹係數而提升它的應力。熱衝擊可能導致信賴度問題，如：過度負荷的焊點故障及保護塗裝破裂導致的腐蝕故障，這些都是零件故障範圍。因為可能有誘發性熱應力，熱衝擊可能產生極限溫度較慢循環下不會產生的故障模式。換言之快速熱衝擊循環實際導致的焊點老化較低，因為只有小量擴散蔓延作用發生，要更多次循環才會導致焊錫老化故障。

機械性的故障模式

電路板可能在組裝程序中，被測試治具或製程設備機械性移載。當電路板組裝被移入板架或治具進入移載機構時，或當組裝成品使用中也都會經歷機械衝擊與震動，這些都可能是機械性應力產生的來源。一旦電路板經過組裝，零件銜接強度會因為機械性負荷而減低，並非只有電路板本身的影響而已。這類故障可切割為兩種類型：過度負荷故障及機械老化故障，這些是個別受機械衝擊與震動產生的。

電路板組裝易發生機械故障，與其結構設計與安裝外殼非常相關。設計決定了電路板共振頻率，也就決定了它對機械應力的響應。具有低頻率的懸臂結構，如：一個邊緣連接的電路板，中心有未固定較大質量零件，這種結構特別容易產生故障。依據連結器設計與貼裝結構，表面貼裝連結器焊點也容易受傷，特別是若有許多連結器循環插接。

焊點過度負荷與衝擊故障

當電路板組裝是彈性、搖晃或其它承受應力狀態，焊點故障就可能發生。焊錫是組裝中最弱的材料，當它連結到柔軟結構，如：連結到電路板零件引腳，引腳是彈性的且焊點也沒有承受太多應力。連接到無引腳零件的焊點就會看到大應力，因為電路板會彎曲而零件本身則常是硬的。若組裝受到機械性衝擊應力也可能發生，如：若產品單元掉落或進一步組裝產生明顯撓曲。

減少這種故障模式的主要方法，是透過構裝選擇，當然其它因素也扮演重要角色，包含：電路板設計、電路板製造與組裝程序控制、剪切強度、伸張強度、焊錫柔軟性等都是因子。焊點特別會因爲張力產生故障，因爲有脆性介金屬在焊錫與基材介面間，作用發生時會承受這個應力，比具有較厚介金屬層接點更爲脆弱。

機械性 (震動) 的老化

震動 (動件未恰當固定，如：風扇) 可能會導致焊點老化，因爲重覆性應力作用在接點上。即便是應力低於產生永久性形變 (降伏應力) 等級非常多，也會發生金屬老化。機械震動老化到達故障循環數，可用科芬梅森 (Coffin-Manson) 關係表達，然而相對於熱老化故障時常需要經過非常大數值的小而高頻率循環才會發生。焊錫中多數應變是彈性可恢復的 ($\varepsilon = \sigma/E$，此處 σ 是應力、E 是焊錫的彈性係數)。因此擴散蔓延作用在震動老化模式中並未扮演重要角色，因爲每個循環損傷都很小，所以要發生故障的循環次數可能極端高，測試時常施加的頻率爲 50 或 60Hz。經過一段時間破裂可能成形，後續循環就開始傳播這個破裂。在較大無引腳零件上的接點會有較大風險，因爲該處沒有柔順結構分擔應力。焊點損傷量，依據每個循環產生的應變而定，主要是看震盪頻率是否接近電路板自然頻率。零件質量 (包含任何的散熱片)，也扮演重要角色。

電化學的故障模式

電路板的主要功能是提供期待的電氣性連結，必須有低阻抗與高絕緣阻抗存在其間。一個高表面絕緣電阻 (SIR) 值，常是電路設計者的基本假設。曝露在濕氣中，特別是當離子性污染物存在時，都會導致絕緣電阻故障，且會受高溫及電氣性偏壓加速。電阻在經歷長時間會緩慢減少，若 SIR 值滑落到低於設計等級，就會有電路間雜訊出現在原來應該絕緣的電路上，且電路可能無法發揮正常功能性。

絕緣電阻惡化，特別是對於以類比測量電路是有害的。若這些電路是用來測量低電壓、高阻抗電源，電路電阻變化可能導致儀器功能惡化。醫療產品所使用接觸病人的感應器，也是特別會有顧忌的產品，因爲惡化的絕緣電阻會有潛在導致電氣性衝擊的可能性。對於一般應用，表面電阻常規範爲超過 $10^8\Omega/$ 間隔，但對這些特別高價值的應用，可能需要更高的規格。電化學故障，常因溫度、濕度及施加偏壓而加速。

高濕度是明顯導致信賴度問題的肇因，因爲許多腐蝕行爲需要水的驅動。濕環境是好的水份來源，即便它們不是在凝結狀態下也一樣。一般用在電路板的高分子材料有吸濕性，它們從環境中吸收濕氣很快。這個現象可反向發生，濕氣可利用烘烤排出電路板。吸濕量的多少及達到平衡時間，依據基材種類、厚度、止焊漆類型或其它表面塗裝、線路導體分佈不同而有異。電路板濕氣的吸收及表面或內部離子污染物，扮演產生故障模式的重要角色。因爲水介電質常數高於多數基材很多，水含量增加會明顯影響基材介電質常數，因此可能會因爲增加了偶合電路間電容值而影響到電路板電氣功能性。

吸收與吸附水會降低 SIR 值，特別是有離子性污染物 (常來自於助焊劑殘留) 存在及有 DC 偏壓時。導入免洗組裝程序明顯增加了測量 SIR 值的重要性，因爲污染物在電路板組裝後仍然留在板面。產業污染物可能也是離子物質來源，它會加速腐蝕產生，另外典型產業污染物，如：NO_2 及 SO_2 可能會損傷許多電路板組裝材料，特別是彈性體與高分子物質。部分反應機構也可能因爲產生低絕緣電阻而導致故障，包含：樹枝結構成長、金屬擴散遷移、氧化還原腐蝕及導電性陽極細絲成長 (CAF) 等。鬚狀物也可能導致電氣性短路，這種故障不需要偏壓或濕氣存在。

導電性污染物架橋現象

由導電鹽類所形成的架橋電路，可能發生在電鍍、蝕刻或助焊劑殘留在電路板上的狀況，這些離子殘留在濕環境下是很好的導體。它們會在兩個導體間產生離子遷移，並在絕緣體表面形成短路。腐蝕性副產品如：氯及硫的鹽類會在生產環境中形成，它們是一種化學型式，可能導致短路。這種類型的典型故障範例，如圖 17-7 所示。

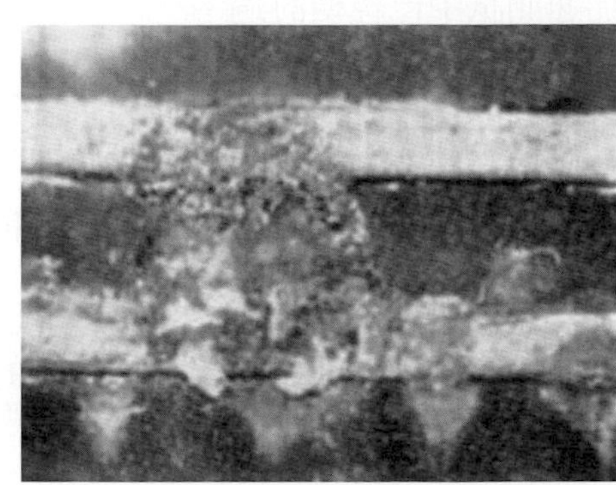

▲圖 17-7　跨越 FR-4 表面腐蝕性產物的擴散遷移，導致兩導體架橋

樹枝狀結晶的生成

樹狀成長是由於電氣性傳送金屬從導體到另一導體，因此它也被描述爲電氣性金屬擴散遷移。樹狀成長故障範例，如圖 17-8 所示。

▲ 圖 17-8　故障的電路板透光顯微照片，樹狀成長已經產生在 UV- 聚合印刷型止焊漆與 FR-4 表面介面上

只要符合後續狀態，樹枝形結晶會在表面形成 (包含空洞內側表面)：

- 持續性液體水膜，幾個分子以上的厚度
- 曝露的金屬，特別是錫、鉛、銀或銅這些可能在陽極被氧化的金屬
- 低直流電的電氣性偏壓

只要有水解性離子污染物存在 (如：從助焊劑殘留或高分子釋出的鹵素及酸)，這種現象就會明顯加速。爆板剝離或空泡，也會提升濕氣或污染物累積，可能提升樹狀結構成長，導電性陽極細絲成長是一個特別的樹狀結構成長案例，後面會做一些討論。故障發生的時間反比於間距平方及電壓，這種故障機構在加速測試中已經檢討過。

樹狀成長時常是由陰極到陽極，金屬離子形成是由陽極溶解產生，之後沿著導電通路傳送並還原析鍍在陰極。這個析出物外型像樹枝，因爲它帶有蔓延分枝。當這個成長物碰觸到另一個導體，那裡就會有一個意外電流提升，有些時候就會損壞這個樹枝狀結構，但也可能導致一個電路暫時無功能或損傷部件。

已經被業者提出的故障模式是，當吸收了濕氣就會產生一個電化學電池。後續的銅電極反應就是一個範例：

陽極：$Cu \rightarrow Cu^{n+} + ne^-$

$H_2O \rightarrow 1/2\ O_2 + 2H^+ + 2e^-$

陰極：$H_2O + e^- \rightarrow 1/2\ H_2 + OH^-$

此處主要的漏電原因是由於水電解，銅金屬在陽極溶解並擴散遷移到陰極，到達該處就不再是可溶的了。樹枝結構的形成，循著 pH 值梯度進行。陰陽極間的電壓差也會影響

樹枝結構成長速率，當陰陽極是同樣金屬 (如：銅)，儘管濕氣與空氣介入也有一些影響，但初期的電壓差主要是決定於施加偏壓。腐蝕可能因爲有裂縫而加速，也可能因爲有氧濃度差異而在陰陽極間產生。當金屬是不同類時，氧化還原腐蝕可能會在沒有偏壓的狀態下發生。

若存在一個施加偏壓，陰陽極又在有水環境中，樹狀成長幾乎會即刻發生。一個簡單實驗就可證明這種觀點，只要施加 6V 偏壓在兩導體間就足夠誘導快速成長 (可用低倍率顯微鏡觀察)，即便是在蒸餾水或去離子水中仍然會讓導體架橋，在自來水中會更快一點。

氧化還原電池腐蝕

氧化還原腐蝕會發生在不類同金屬間，因爲它們具有不同電子親和力 (就是它們具有高低負電性傾向)。許多類同金屬與合金氧化還原特性經過整理，如表 17-1 所示。

▼ 表 17-1　一般常用在電子組裝的元素標準電動勢 (還原電位)

	反應	標準電動勢 (相對於標準氫電極的電壓)
Noble	$Au^{+3} + 3e^- \rightarrow Au$	+1.498
	$Cl_2 + 2e^- \rightarrow 2Cl^-$	+1.358
	$O_2 + 4H^+ 4e^- \rightarrow 2H_2O$ (pH 0)	+1.229
	$Pt^{+3} + 3e^- \rightarrow Pt$	+1.2
	$Ag^+ + e^- \rightarrow Ag$	+0.799
	$Fe^{+3} + e^- \rightarrow Fe^{2+}$	+0.771
	$O_2 + 2H_2O \rightarrow 4e^- + 4OH^-$ (pH 14)	+0.401
	$Cu^{+2} + 2e^- \rightarrow Cu$	+0.337
	$Sn^{+4} + 2e^- \rightarrow Sn^{+2}$	+0.15
	$2H^+ + 2e^- \rightarrow H_2$	0.000
	$Pb^{+2} + 2e^- \rightarrow Pb$	–0.126
	Sn^{+2} + à $2e^-$ + Sn	–0.136
	$Ni^{+2} + 2e^- \rightarrow Ni$	–0.250
	$Fe^{+2} + 2e^- \rightarrow Fe$	–0.440
	$Cr^{+3} + 3e^- \rightarrow Cr$	–0.744
	$2H_2O + 2e^- \rightarrow H_2 + 2OH^-$	–0.828
	$Na^+ + e^- \rightarrow Na$	–2.714
Active	$K^+ + e^- \rightarrow K$	–2.925

來源：Printed Circuits Handbook Tab. 53.1 from *A. J. deBethune and N. S. Loud,* 標準電動勢及在 25℃下的溫度係數，*Clifford A. Hampel, Skokie, Ill., 1964.*

接近頂部的這些金屬（貴金屬）並不會被腐蝕，接近底部的則很容易產生腐蝕。當這些金屬彼此接近，較偏貴金屬端的呈現陰極行爲，另外一個就會是陽極，濕氣則是偶合兩金屬電氣性的必要元素。並不需要施加偏壓，但是若極性是正確的可能會加速這個反應。當陽極相較於陰極非常小，它的腐蝕可能會非常快速。相反的若陽極比陰極大很多，腐蝕就未必會如何嚴重，特別是若電位差異小的時候。

導電性陽極性細絲 (CAF-Conductive Anodic Filament) 成長

導電性陽極性細絲成長，會導致電氣性短路。當一種金屬產生陽極性溶解，之後再度析鍍在電路板玻璃纖維與樹脂結構間，這種現象就是所謂導電性陽極性細絲成長。

這種現象會因爲玻纖與樹脂間爆板剝離而提升，也可能因爲各種環境應力而提升，包含較高溫度及熱循環在內，短路似乎最容易發生在單一纖維紗連結兩個焊墊的狀況下。一旦爆板剝離發生，金屬離子擴散遷移導致的短路發生率會隨溫度、相對濕度及使用電壓提升而增加。

較小的導體間距，也明顯縮短了故障發生的時間。在多層電路板方面故障發生在表層的速度比內層快，因爲表層吸收濕氣較快。由於同種原因，止焊漆及保護性塗裝都可延後故障發生時間，因爲它們減緩了濕氣吸收進入電路板的速度。

錫鬚

錫鬚外觀類同於細絲結構，它自主性的生長在電鍍金屬表面，可能導致相鄰導體短路，參考圖 17-9。錫鬚與其它導致短路模式有所不同（如：樹枝結構成長），因爲它既不需要電場也不需要濕氣形成錫鬚，錫鬚是純錫特定問題。錫鬚成長與內部應力有關，與電鍍狀態或外部負荷有關。錫鬚一般是 50μm 長、1 ～ 2μm 直徑。

一旦開始，它們可能每個月的成長速度高達 1 mm。錫鬚成長傾向受到各種因素影響，包含電鍍狀態及基材特性等，錫鬚成長可能受錫電鍍底層銅或鎳所阻隔。鉛似乎可抑制錫鬚成長， 共熔錫鉛焊錫被認定幾乎完全沒有錫鬚成長風險。

錫鬚不會導致抗腐蝕性或錫塗裝可焊接性惡化，因此錫可作爲暫時金屬表面處理。爲了避免長錫鬚，純錫電鍍不應該用在距離的導體，這可能會導致運作中短路發生，如：連結器端點或零件引腳。

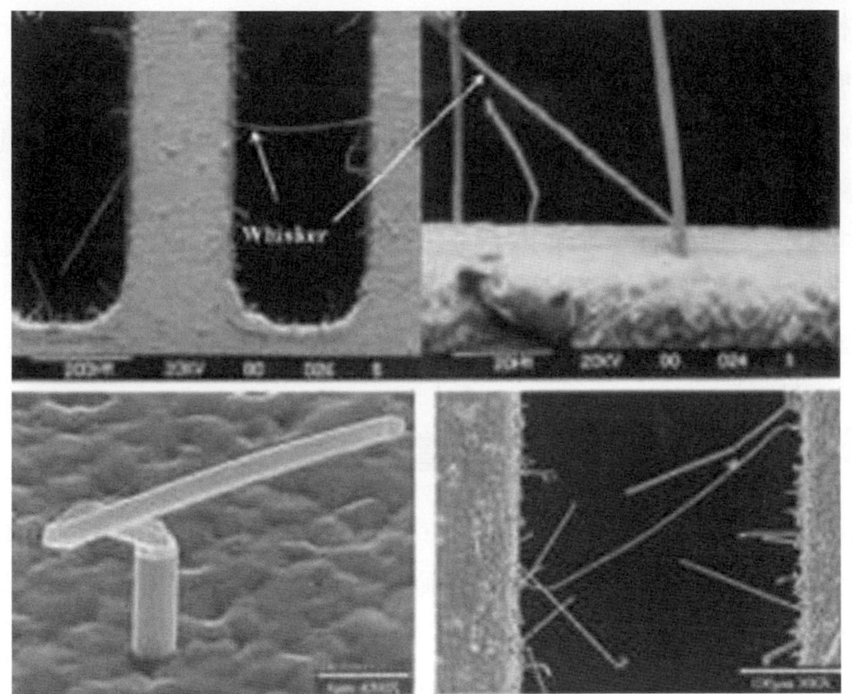

▲ 圖 17-9 錫鬚成長在電鍍錫的表面

零件方面

儘管電子零件故障機構，已經在前述內容中做過陳述，但還是有特定與電子組裝相關問題需要強調。另外零件孤立在高溫運作狀態也應該要評估，是否這個零件單元會曝露在過嚴苛的環境下。零件因熱衝擊而故障，超過零件所允許的最大容忍溫度，塑膠構裝可能會在回流焊或波焊作業中發生破裂，這些組裝相關故障機構都會做簡略描述。

熱衝擊

若多層陶瓷電容曝露在某個環境，其溫度變化率超過 4℃ / 秒的條件可能會產生破裂。這些破裂常看不見，但當這些組裝曝露在濕氣中並施加偏壓，就可能會在運作中成為樹狀裂痕成長點。大型電容及較厚零件，常是最脆弱的零件結構。製造者若能降低後續作業中的最大溫度偏離量及溫度變化率，這些故障是可避免的。

超溫問題

許多零件，包含：連結器、電感、電容及晶體，儘管多數都可通過波焊考驗，但都不能在 SMT 回流焊程序中存活。問題可能包含：內部焊接熔解、高分子電容或介電質熔解與軟化、彈性材料膨脹等。製造者若能夠注意後續作業最大製程溫度，這些故障可避免。

塑膠 **SMT** 構裝灌膠剝離

塑性構裝使用填充性環氧樹脂，以移轉塑膠射出方式製作。塑膠可能會吸收濕氣，它們傾向於累積在構裝介面，如：安裝晶片的金屬墊上。後續加熱可能導致濕氣蒸發，造成介面爆裂剝離，最後導致構裝故障。這種爆裂剝離現象，也被稱為“爆米花”現象。較新的薄型 SMT 零件 (如：TSOP、TQFP) 會更脆弱，因為濕氣必須擴散過塑膠達到內部介面的距離變短了。當零件要曝露在高溫下，可先確認零件是：乾燥貯存、經過烘烤，這樣可避免爆裂剝離問題發生。

17-3 設計對信賴度的影響

任何產品設計都是信賴度主要影響因素，這牽扯到產品應用需求及期待運作環境。這些要儘可能及早考慮，因為它們可能影響大範圍的判定，包含空間配置、構裝與基材選擇 (這會導入特定設計規則及電氣功能特性)、零件佈局、外殼設計、散熱片與冷卻模式等。

IPC-D-279 規範，有關可靠表面貼裝技術電路板設計的指引，是一個開始思考這些問題的好參考資料。前述內容已經描述如何設計可提升可靠度，並可遮蔽特定故障機構。後續內容要討論材料對電路板與銜接故障的影響，這些材料都是設計程序選擇的，此處要強調好熱管理與機械設計對可靠度的重要性。

在電路板組裝產品中，開關循環施加的熱循環，對整合線路信賴度具有勢不可擋的影響。焊點、電鍍通孔，特別是若外部運作環境並不特別嚴苛，此時好的熱管理設計必然是信賴度關鍵。

施加組裝產品的熱循環，可能來自高能量零件加熱作用及週遭環境熱傳送。好的信賴度要保持接點溫度在夠低狀態，時常應該維持在低於 85 ～ 110℃，依據使用 IC 技術而不同。在持續操作中，焊接點溫度應該保持在低於約 90℃，以免擴張性介金屬成長及晶粒變粗問題，這是發生在長期曝露於高溫環境的困擾。

如前所述熱偏離程度直接影響焊點與電鍍通孔老化壽命，零件間距、方向、風速及設計提升程度 (如：強化散熱構裝、散熱片與風扇等)，都可能對組裝經歷的熱循環產生重大影響。電路板也可利用金屬核心設計，提升改善熱散失性能。

如前所述特定故障模式，構裝選擇及鍍通孔規格都會對信賴度產生重大影響。儘管從設計密度觀點看，小孔可能是較期待的設計方式，但應該要降低使用較小孔 (縱橫比為 5：1 或更高)，以減少鍍通孔故障風險。這特別對設計包含大通孔零件，且零件常需要重工的案例至為重要。

類似狀況，部分構裝形式對焊點老化承受力較弱，這種狀況也必須考慮。整體對信賴度的影響，可依據不同構裝形式選擇而考慮。整合結果可能因爲減少了可能故障連結點總數，而有正面影響。從另一個角度看，若需要使用大型構裝，並具有較大膨脹係數差異，整合結果可能會降低組裝信賴度。

外部施加機械衝擊及震動對電路板組裝信賴度的影響，多數決定於設計因素 (儘管基材與構裝選擇也扮演一定角色)。零件置放與外殼內的電路板組裝固定狀態，決定了電路板可承受的自然頻率，也會延伸到電路板可能產生的偏斜量。大質量構裝常有大散熱片，這種狀態特別脆弱，尤其是若有大的懸臂存在時更糟。

17-4 電路板製造與組裝對信賴度的衝擊

電路板製程的影響

基材與壓板

電路板爆板剝離，可能發生在基材間或基材與銅皮間，其中一個肇因就是缺點基材。例如：不完整的結合發生在樹脂與纖維介面間，可能會因爲介面間形成空泡而產生爆板剝離。其它爆板剝離的肇因有：過度壓板壓力或溫度、介面污染、銅面有過多氧化銅、缺少氧化處理提升內層銅與膠片貼裝力等。不良結合增加了 CAF 風險，因爲它提供一個濕氣累積的地方，它同樣會增加電鍍通孔在熱循環中的應力。

基材空泡與樹脂退縮，是基材從銅導體上分離，可能發生在多層電路板壓合製程。多數允收規格禁止空泡大於 0.076 mm(3mil)，較小的空泡被認定較不會損傷信賴度。導致基材空泡的部分原因是，壓板時卡住空氣、不恰當樹脂流動、不恰當樹脂聚合、不恰當壓板壓力或溫度、不適當加熱速率或較少膠片等。

銅皮

導致內層銅皮破裂的主因，似乎是銅柔軟性較差。不良銅皮柔軟度，可能對鍍通孔信賴度影響更明顯，它的程度可能比知名的電鍍厚度不足、過度回蝕缺點更高。要消除這種問題，1-Oz 銅皮伸長率高於 8% 以上是必要條件。不良銅柔軟性與金屬微結構有關，可利用金相切片觀察。

鑽孔與除膠渣

不良的鑽孔與除膠渣 (回蝕)，可能會因爲應力集中而導致鍍通孔老化破裂故障啓動。它們也會導致空泡與銅電鍍介面破裂，這會在電鍍中包藏化學品，之後導致導電性陽極細絲 (CAF) 成長。後續內容描述不良的除膠渣與部分鑽孔缺點影響，這些會導致不良的電鍍，如：樹脂膠渣、孔壁粗糙、鬆散纖維、毛頭銅瘤等。

樹脂膠渣可能導致鍍通孔與內層銅間連結脆弱，若再受到環境應力會產生故障。鑽孔總會有些樹脂膠渣，業者會用除膠渣 (回蝕) 製程去除。若除膠渣製程未有效發揮，或樹脂膠渣殘留過度，就會產生內層銅連結不良。可能導致過度膠渣的因素有：鈍鑽針鑽孔、錯誤進刀、錯誤鑽孔速度等，所有因素都可能導致增加鑽孔熱量，而產生更多膠渣。

類似鑽孔設定錯誤，可能導致孔壁粗糙、纖維鬆散或毛頭等。這些缺點對本身並不嚴重，但可能引起電鍍粗糙或銅瘤，這會產生應力集中問題。孔壁粗糙與不正確進刀速度、鑽孔速度、材料聚合不足等因素有關。鬆散的纖維可能來自不正確的鑽孔參數或不恰當的清潔處理，毛頭常與過快進刀速或鑽針鈍化有關。

不良鑽孔對位度也可能降低內層銅與連結信賴度，或者是通孔零件焊接信賴度。不良對位度可能導致內層銅切破，就是鑽出的孔落在想要連結的內層焊墊範圍外，孔切破增加了通孔故障可能性。外層銅孔切破，意味著通孔零件焊錫填充會局部偏離，可能會將低關鍵零件信賴度。

不論是否受到過度樹脂膠渣影響，不良回蝕可能造成電鍍銅與內層銅間連結脆弱。回蝕移除孔內基材樹脂及玻璃纖維紗，因此內部銅會輕微突出到孔內，允許電鍍與內層銅皮建立三面接觸。這個強度對防止熱衝擊產生的介面破裂十分重要，在經過檢討化學銅、孔銅、內層銅皮間的破裂時，專家建議負向回蝕是較有利的。這種狀態下，電鍍銅深入基材也會產生較好結果。當內層銅皮與孔壁被輕輕沖洗過就產生零回蝕狀態，這是最危險狀態，因爲銅皮與電鍍銅間黏接線落在應力最大的點。導致回蝕不足的原因，包括不恰當的壓合與聚合、硬化的環氧樹脂膠渣、除膠渣槽能力不足、吊車製程控制問題、不當槽溫攪拌與作業時間等。

電鍍

電鍍製程的缺點，可能產生各種鍍通孔信賴度問題，另外如同前述有關製程如：鑽孔、除膠渣，時常也會呈現爲電鍍缺點。孔受到化學銅電鍍均勻覆蓋，是通孔強度與基材金屬化結合力的關鍵，電化學銅電鍍前內層銅氧化是電鍍結合力不良的重要來源。槽液控制不良，也會有同樣的影響。電鍍銅與化學銅結合力及電鍍銅柔軟性，也強烈影響鍍通孔信賴度。若層間結合力不良，當鍍通孔面對熱應力時，這個介面可能會是故障啓始的弱點。產生原因可能包含：微蝕不足、化學銅表面污漬、過高電流使化學銅表面電鍍燒焦、電鍍銅污染等因素。

敏感性內層破裂，可靠觀察經過飄錫測試後的微切片判定。銅的老化壽命直接與柔軟性相關，電鍍製程的參數及電鍍添加劑可能對電鍍柔軟度有強烈影響。某些電鍍藥液專家研究發現，硫酸銅電鍍析出抗熱衝擊能力，是依靠恰當控制三種添加劑濃度：

1. 整平劑：使表面不完美區平整化 (無該劑不完整外觀會保持下來)
2. 柔軟度促進劑：它的功能是產生等軸向性晶格結構
3. 抑制劑：導引另外兩個元素產生等軸向性晶格結構 (添加不足會發生條紋狀問題)

添加等級低於特定門檻，會使槽體對不純物影響更敏感，例如：100mg/L 鐵污染沒有建議濃度的柔軟性促進劑，發現在孔轉角會發生柱狀結晶，類似狀態如：有機污染物，光阻可能導致產生片狀析出。

孔壁電鍍厚度不足也直接降低鍍通孔信賴度，因爲應力與應變會在銅區增加。整體電鍍厚度不足可能是因爲銅槽異常或電鍍時間不足，或者其它原因。個別孔電鍍厚度不足，可能也會因爲電鍍電流不均而發生，也就是肇因於不均勻鍍銅電流密度。其中特別困難的是獲得高縱橫比鍍通孔中心適當電鍍厚度，好的製程控制對縱橫比高於 3：1 的結構就會逐漸重要，而要在縱橫比高於 5：1 條件下獲得好電鍍覆蓋性就更困難。

甚麼才是在鍍通孔內的足夠電鍍厚度？這是個有點爭議的話題，規格範圍從 0.5 到 1 mil (12 ～ 25μm) 孔銅厚度都有。至少有兩個主要原因導致沒有固定規格，首先是不同應用產生不同等級的熱應力，也可能需要不同等級的信賴度。第二是設計因素，如：電鍍孔縱橫比決定孔對熱老化敏感性。IPC 建議對一般消耗性產品 (等級一) 平均最少銅電鍍厚度爲 0.5mil，而 1.0mil 適用於一般產業及高信賴度應用 (等級二與三)。不良鍍通孔轉角覆蓋，會明顯加速鍍通孔故障，因爲這意味著高應力點電鍍厚度偏薄，這可能導因於過高濃度有機整平劑存在槽中所致。

止焊漆的應用

若它被恰當使用，止焊漆扮演著降低電路板絕緣電阻故障機率的重要角色。止焊漆保護基材免於濕氣及污染物傷害，否則在施加電氣偏壓後會提升短路機會。止焊漆達成這種功能，主要靠好的變形量及止焊漆與清潔乾燥基材有良好結合力。若止焊漆變形量或結合力不良，濕氣及其它污染物可能會累積在裂縫或止焊漆與基材爆板剝離間隙中。

基材清潔度特別關鍵，因爲可能會使止焊漆結合力不良機會增加，它也提供了快速擴散遷移所需要的離子環境。當基材很快吸收濕氣 (如：聚醯亞胺樹脂、Aramids 材料等)，在回流焊前烘烤可能是防止止焊漆爆板剝離的必要工作 (對強化材料 / 樹脂間爆板剝離是一樣的)。

其它導致結合力與變形量不良的原因，包含塗佈止焊漆時電路板上的濕氣、不恰當的止焊漆壓膜或塗裝製程參數、不恰當的止焊漆聚合參數等。不完整的止焊漆聚合可能產生局部性軟化帶，這些區域時常是剝離的位置或是污染物沾染區。

電路板組裝程序的影響

鋼版印刷及打件

鋼版印刷及打件，一般都不會導致信賴度問題，然而不良的印刷鋼版設計、印刷或打件程序控制，都可能產生焊錫體積控制與零件破裂問題。非常低的焊錫體積，可能產生強度較弱焊點，這會在熱老化或過度負荷時快速故障。某些狀況下，過度焊錫體積可能也會加速焊點的老化故障，因爲引腳柔順性也降低了。

假設印刷鋼版被正確設計與製造，則偏低的焊錫體積常是因爲鋼版開口堵塞，或不恰當鋼版印刷參數，所造成的過小或缺錫現象。錫膏架橋，可能導致部分接點具有較低焊錫體積，在其它接點上卻有較高體積，因爲一個接點可能會從其它點上爭奪到焊錫。錫膏架橋可能是因爲不恰當鋼版設計、印刷參數、打件過重所產生。過度置放力可能也會導致零件破裂，特別是對小型無引腳陶瓷零件。

回流焊

回流焊製程利用回流焊爐，在受控制的溫度曲線變化下，熔解錫膏形成焊點將 SMT 與通孔零件安裝到電路板上，在某些狀況下會補充定量控制鈍性氣體。不恰當的回流焊參數可能會引發信賴度問題，針對這種狀況可將問題分爲三個類型：零件損傷、不良焊接點及免洗清潔組裝的清潔度問題。

零件損傷

回流焊製程對組裝相關零件故障產生最大影響，這些故障包含：塑膠構裝封膠、吸濕爆板剝離 (爆米花現象)、過度加熱、過高升降溫速度的熱衝擊零件故障，這些問題都可經由好製程控制避免。

選用未開封乾燥包裝零件，利用烘烤將曝露過長時間的濕氣排出零件，應該可防止構裝破裂。要遵循製造商建議的烘烤條件及回流焊前最大曝露時間操作，但一般指引是構裝若曝露到空氣中超過 8 小時，就要在使用前做烘烤去除濕氣，含量要低於 0.1% 重量比。以 125℃烘烤 24 小時，安全性會相當高，較短時間應該也可接受，這方面要靠實務測試。同樣的考慮適用於重工及雙面組裝電路板第二面回流焊，例如：若電路板在回流焊步驟間貯存了幾天，第二次回流焊前就有必要做烘烤。

由於過度加熱或熱衝擊產生的零件故障，可利用監控電路板上幾個位置的回流焊曲線，以確認它們是否符合製造者對溫度敏感零件定義的規格，這樣應該就可防止了。測量電路板溫度曲線十分重要，因爲電路板上的溫度會與回流焊爐控制面板溫度有差異，也會與每個爐段的週遭環境溫度有差異。若板面有大熱容量零件安裝或零件密度較高，橫跨電路板溫度可能也會有明顯變化。缺少零件的組裝區會對過度加熱特別敏感，容易損傷基材與該區小零件。在以對流加熱的錫爐中，跨組裝的溫度變化會比以紅外線加熱的錫爐要小得多。不良的回流焊曲線也會導致其它問題，這些問題也會影響信賴度。

較差的焊點

若焊點潤濕零件端點與基材都相當好，這意味沒有大或多空泡問題，也沒有過厚介金屬層存介面上。當使用錫膏時，回流焊曲線是主要影響達成這個水準的重要因素。好的潤濕需要引用可焊接材料，但也需要恰當的回流焊曲線，可提供助焊劑足夠時間在對的溫度下產生作用。另外採用溫度曲線，應該要能確認所有電路板區域，至少高於焊錫熔解溫度 15℃並持續幾秒。若焊錫沒有完全熔解或氧化，影響了錫膏中錫顆粒熔解，就會發生冷焊或焊點形成不良。後續問題，也可能來自使用不當溫度曲線或錯誤作業氣體而產生。

空泡一般是因爲回流焊中沒有足夠時間，允許在焊錫熔解發生前讓其中溶劑沸騰揮發，這個問題可遵照製造商建議的條件，確認回流焊曲線與參數 (如：O_2 等級) 下避免它發生。過長的回流焊時間 (超過焊錫液化溫度的時間)，可能會導致較厚介金屬層產生在焊錫與零件端點、基材等介面間。焊錫介面產生介金屬層代表好的冶金結合性，但過厚介金屬層並不是期待狀態，因爲介金屬呈現脆性並易於折斷，特別是若接點應力狀態是張力而非剪力時。因爲發生在焊點的老化，較集中在介金屬或焊錫與介金屬介面上，這個基本機構是不變的，因此較長回流焊時間與其所產生厚介金屬層應該要避免。

切片可判定介金屬成長範圍，當介金屬層厚度相對於接點厚度較小時，信賴度不應該受到逆向影響。(另外值得注意，最少回流焊時間對某些特性有力，如：所有電路板上零件，在高操作溫度與常時間，對信賴度都有負面影響，這在製程或實際壽命上都一樣。可惜的是，在採用一種回流焊曲線時，常必須要在回流焊時間與峰溫間做抉擇。)

清潔度的問題

不當回流焊曲線也可能會導致錫珠及回流焊後板面助焊劑殘留量增加，這些製程問題對信賴度影響細節會在後續內容討論。錫珠產生也可能混合一些其它不恰當因素，如：沒有配合製造商規格作業，控制錫膏貯存或操作、助焊劑、回流焊氣體、回流焊曲線等不相容因素。

波焊製程

執行不當波焊，可能導致信賴度問題。根本原因可能是：一般熱衝擊、電路板上方過度加熱或焊錫槽污染。

零件破裂

陶瓷零件如：電阻、電容，當它們位於電路板底部，可能因爲快速接觸焊錫波受熱，在熱衝擊下破裂。防止方法相對簡單，組裝必需在接觸焊錫波前預熱。零件與焊錫波溫度差異建議保持在 100℃內，較典型的預熱溫度是 150℃或略高幾度。

熱斷裂

熱斷裂或局部熔解，可能導致波焊前產生焊點故障。典型混合通孔與 SMT 組裝，是以安裝 SMT 零件在電路板上方，接著插入通孔零件並從電路板底部波焊這些零件。波焊製程第一步驟，常包含預熱整個電路板。在波焊製程中，電路板上方 SMT 接點會因爲電路板導熱而進一步加熱，特別是若有許多通孔存在時更是如此。若這些焊點達到了焊錫熔解溫度 (錫鉛一般爲 183℃)，則接點就會開始熔解。若接點完全熔解，組裝可能會在回流焊後完好無缺，然而若它們只是開始熔解，焊錫表面張力並不足以防止來自於固態區產生的斷裂力量。這類問題常被偵測爲間歇性故障，因爲電路內測試治具可能將兩半接點個別導入機械接觸，偶爾使得接點會顯示電性良好。

焊錫槽污染

錫槽污染物要常態監控並限制在某個等級，可參考 IPC-S-815，許多零件端子上的金屬會熔解入融熔焊錫中。錫槽較容易發生高銅濃度，這與粗糙焊錫面及可焊能力不良有關，而高金濃度會增加焊點脆性。

清潔與清潔度

操作程序、錫膏、波焊助焊劑選擇，都與清潔製程、離子殘留相關，都可能降低電路板表面絕緣電阻 (SIR)，增加長期信賴度風險。低表面絕緣電阻值會導致敏感電路發生故障，在其它狀況下還會產生進一步腐蝕並形成短路。鈉、鉀離子及鹵素都是這類故障常見的禍首，鈉、鉀離子主要來源是操作，如：手指印，鹵素主要來源是焊接助焊劑。

蒙特婁議定書規定禁用氟氯碳化物 (CFC)，這影響多數 SMT 製造者必需從溶劑清洗轉換爲水洗或免洗製程。水洗清潔已經被多數電路板業者使用一段時間，但最後的清潔線並沒有小心監控，因爲業者認定電路板組裝後會再清潔一次。免洗與水洗清潔組裝方法，都必須符合特定特性，才能提供可靠組裝結果。

在免洗製程中，SMT 或通孔組裝沒有清潔步驟。最終組裝會有進料電路板與零件所含有污染物，加上任何組裝程序增加的污染物。這些污染物一般是助焊劑殘留，主要從錫膏及波焊使用的助焊劑產生，當然貼裝劑及手指印也是潛在來源。一個免洗助焊劑應該具有低固含量，這才能留下較低殘留與離子污染物，如：增加腐蝕機會的鹵素。

使用含鹵素的助焊劑，最終會產生較低表面絕緣電阻值，也可能因爲腐蝕而短路，特別是組裝曝露在濕環境更嚴重。不論進料零件與電路板如何清潔，在組裝前保持不受鹵素污染仍然重要。表面絕緣電阻測試不只提供最佳信賴度相關訊息，離子污染測試也可作爲統計製程控制手法，測量方法可參考 MIL-P-28809 或設備供應商提供的資料。

錫珠也是免洗組裝製程的問題，錫珠是在錫膏回流焊時焊錫熔解成球留下的小體積焊錫，也可能因爲波焊飛濺產生。這些錫珠常可用溶劑或水洗清潔去除，但免洗製程中它們會留下來。錫珠會導致小電容、電阻焊墊或細間距 QFP 架橋而短路。

水洗清潔程序，組裝會以噴流去離子水或可皂化水溶液處理，在 SMT 與通孔組裝後清潔，這種製程只在助焊劑殘留及其它污染物有足夠水溶性時才有效。當然這也與是否有好殘留接觸有關，因此保持適當零件清潔空間是必要的。電路板清潔後徹底乾燥也十分重要，因爲水是優異的氧化還原腐蝕介質。適當乾燥靠大量空氣流動並不容易，因爲水具有比氟氯碳化物更低的蒸氣壓與更大揮發潛熱。若零件與電路板間隙小，毛細現象還會將水滯留在間隙內。若水洗清潔是在製程間執行 (如：回流焊或波焊前)，塑膠零件會吸收濕氣，在這個狀態下電路板必需做烘烤，以防後續高溫製程構裝破裂。

在重工製程中不應該忽視助焊劑與清潔規劃，相較於自動化程序它會使用更強、更多的助焊劑。使用無鹵素助焊劑或恰當重工後清潔製程，是防止清潔信賴度問題的好方法。清潔製程本身也會損傷電路板組裝，超聲波清潔可能損傷零件內部連接線或晶片黏貼。有業者觀察到用過高能量清潔產生的損傷問題，其零件端子機械性共振頻率接近超聲波產生器頻率，導致 LED 零件焊點老化破裂。溶劑清潔可能攻擊止焊漆高分子材料、電路板、保護性塗裝及零件等。檸檬油精 (烯類) 爲主的溶劑，應該小心測試其與曝露塑膠、金屬的相容性。

電氣測試與分割

電氣測試與分割程序，可能帶給電路板與零件大機械應力。電路內電氣測試使用探針盤或兩片對夾式測試盤，配置與電路板上的每個電氣節點接觸。探針必須以夠大力量與電路板接觸，以產生好的電氣連接。若電路板沒有恰當架設，或若架設在對夾治具內沒有平衡，偏斜可能導致焊接點或零件斷裂，這些斷裂可能導致即刻或後續電氣故障。分割是從大片材料上將個別單元分離出來，執行方式相當多樣化。相關的機械偏斜或震動，可能會導致零件破裂或焊點損傷。

重工

不論修補焊接點短斷路或更換缺點零件重工，都對零件信賴度有明顯負面影響，重工品質不容易將品質做到如第一次完成的水準。一些重工程序對信賴度的負面影響如後所述：

重工的熱衝擊

在重工回流焊中，熱衝擊對零件是一個顧忌，最大加熱或冷卻速率會受到陶瓷電容等零件限制，不應該超過 4℃ / 秒。重工大通孔零件如：針陣列 (PGA) 及大連結器，都會呈現特別問題。如作業不當，可能導致鍍通孔故障。因爲這些大的熱循環損傷會累積，同一步驟的重工作業次數應該監控與限制在安全範圍內。導致孔銅開始產生傳播老化斷裂的循環次數、鍍通孔縱橫比、孔類型與電鍍厚度、基板材料等因素，都與重工方式可能有關。

由於大量接點必需同時熔解，此時零件又需要大熱容量，大通孔零件重工常使用焊錫槽。當融熔焊錫接觸到電路板，它所接受到的熱衝擊會產生 Z 方向膨脹，可能導致鍍通孔破裂。預熱步驟 (FR-4 大約到達 100℃) 可幫助降低這個損傷，至於電路板接觸焊錫槽的時間也要最小化，因爲鍍通孔內的電鍍在此時也會有熔出發生。鍍通孔內的銅變薄，就會增加銅在熱循環中的應變，進一步加速故障發生。若整體零件移除與更換時間低於 25 秒，只會有小量熔出被偵測到。因爲 PGA 重工，通孔內銅熔出會產生強度減弱現象，這可利用鎳金電鍍排除，儘管薄金保護層幾乎在焊接瞬間就熔解，但鎳熔解十分慢也可有效防止鍍通孔金屬變薄。

損傷鄰近的零件

重工也可能損傷鄰近修補或更換的零件，若它們達到了焊錫熔解溫度，在波焊中的熱斷裂現象也可能發生在鄰近重工焊點位置。在略低的溫度，快速介金屬成長還是會發生，對溫度敏感零件可能也會損傷。爲防止這些問題，應該要使用局部加熱與遮蔽，且鄰近零件的溫度也要監控，建議最大溫度是 150℃。在不同設備與製程規範中，鄰近零件間的熱變化是頗寬廣的。

其它重工的顧忌

重工可能導致濕氣殘存的相關問題，包含基材白點與構裝斷裂等。這些問題可利用製程前烘烤，或者可最小化重工的峰點溫度與高溫停滯時間防止。重工溫度也會弱化貼裝劑對電路板銅導體及基材的黏接力，在焊錫未完全融熔就用力去除零件，會導致焊墊與電路板剝離。當然，若使用焊接烙鐵處理，會有其它特定問題發生，也必須小心。

17-5 材料選擇對信賴度的影響

電路板

基材

雙功能與四功能 FR-4 是高信賴度電路板的主力材料，因爲它的 Z 軸膨脹及濕氣吸收特性在相對低成本下是可用的。替代性基材 (參考表 17-2)，會基於後續三種主要特性作爲選擇標的，它們是：

- 熱功能 (包含最大操作溫度及玻璃態轉化溫度)
- 熱膨脹係數
- 電氣特性 (例如：介電質係數)

熱功能特性與熱膨脹係數，對電路板及焊接點信賴度有明顯影響，其它材料的特性如：濕氣吸收也可能影響信賴度。

鍍通孔信賴度，可因爲適當選擇更低 Z 軸 CTE 或更高 Tg 基材而有改善。在熱循環導致的損傷，主要肇因於整體溫度變化產生的 Z 軸方向膨脹。因爲 CTE 在低於 Tg 溫度下，比高於 Tg 溫度的膨脹率要低很多，鍍通孔應變應該可靠增加材料的 Tg 值，使整體或部分熱循環可在較低熱膨脹下進行。作用在鍍通孔的應變可利用減少低於 Tg 的 CTE 降低，對整體 Z 軸方向影響也會小很多。

▼ 表 17-2　部分印刷電路板基材材料的物理特性

材料	CTE XY-ppm/°C	CTE Z-ppm/°C	Tg-°C
環氧樹脂玻纖 (FR-4, G-10)	14–18	180	125–135
改質環氧樹脂玻纖 (多功能 FR-4)	14–16	170	140–150
環氧樹脂、Aramid 纖維	6–8	66	125
聚醯亞胺樹脂、石英紗	6–12	35	188–250

來源：IPC-D-279 相關資料

儘管單價較高，但有各種特別高 Tg 樹脂可用。改型 FR-4 材料具有較高功能性，可提供更好組合來改善 Tg 並維持合理價格。進一步改善 Tg 與其它特性，可利用 BT、GETEK、氨基氰酸酯、聚醯亞胺樹脂等，但相對價格也較高。由於焊點熱老化產生的銜接故障，可靠拉近 XY 平面上零件與基材熱膨脹特性改善，特別是在高風險零件方面。採用大無引腳陶瓷零件，主要因為它們具有良好密封性可避開特定風險。可能的處理方式包含：改變基材強化材料、加入束縛金屬核心板或轉換材料為陶瓷基材，前兩種方式將在此討論。

更低 XY 平面熱膨脹係數基材，可利用更換替代電子級玻纖材料達成。降低 CTE 可減少二氧化矽並增加石英含量，這就有 E、S、D 等級玻璃纖維，而純石英約只有 E 級玻纖十分之一的 CTE。Aramid(Kevlar) 材料實際 CTE 為負值，但只有較少的纖維形式。這種纖維的缺點是 Z 方向膨脹較高，也有較高的吸濕率。這種材料也被製作不織布材料，具有較低降伏係數，因為沒有編織的交錯點，也有較平滑表面。

低熱膨脹金屬核心板也可降低整體基材 CTE，因為它們束縛了高分子材料膨脹。銅 - 鎳鐵合金 (Invar)- 銅 (CIC) 是最廣泛使用的束縛金屬核心材料 (被稱為高分子在金屬上，POM- Polymer on Metal 結構)，接著是銅 - 鉬 - 銅 (CMC)。

電路板與核心板是以硬式貼裝劑黏接，常以平衡結構製作以降低彎曲變形，有可能還需要特別處理程序。可惜的是束縛 XY 方向膨脹，會導致 Z 方向膨脹增加，這會降低鍍通孔信賴度，特別是在強化熱循環測試方面。因此使用聚醯亞胺樹脂搭配 CIC 板是較建議的作法，因為它具有比其它材料更低的 CTE，熱循環中對鍍通孔應變影響也較小。

止焊漆

業界有三種主要止焊漆類型：液態印刷、乾膜、液態影像轉移 (LPI)，從信賴度觀點看各具不同優劣勢。止焊漆材料應依據它與組裝製程的熱與溶劑特性相容性、所提供電路板面外型貼附性、蓋孔能力等需求選擇。因爲許多特性是產品所特有，筆者只能在此提供一般性指引。若有蓋孔需求防止焊錫、濕氣或助焊劑吸入到零件底部的應用，則乾膜止焊漆應該較適合。然而過厚的止焊漆，特別是乾膜跨在近距離空間的線路上，較容易產生裂痕現象。若止焊漆不能流入塡滿接近的線路，產生的縫隙也可能會卡住污染物如：助焊劑，這可能會加速後續腐蝕作用。LPI 止焊漆提供優異的覆蓋性、解析度、對位度等，但一般無法用在蓋孔結構。IPC-SM-840 定義了止焊漆相關功能與驗證需求。

最終金屬表面處理

SMT 與通孔焊墊最終金屬表面處理，會衝擊到通孔與焊點信賴度。一般用於 SMOBC(Solder Mask on Bare Copper) 電路板的最終金屬表面處理，包含：噴錫 (HASL)、有機保焊膜 (OSP)、化鎳浸金、電鍍銅鎳金、電鍍銅鎳錫、浸銀、浸錫等。這些處理提供可焊接表面給後續電路板組裝，這些處理會逐項討論。

對最終金表面處理，噴錫是唯一會直接降低電路板信賴度的製程。典型噴錫製程，當電路板浸入融熔共熔焊錫槽，會受到嚴重熱衝擊。鍍通孔只能在特定熱衝擊次數內無故障存活下來，這個製程在交貨前就用掉了一次熱循環壽命。

有機塗裝的銅，提供一個平整可焊接的最終金屬表面處理。電路板組裝後曝露的銅，會成爲永久信賴度顧忌，因爲這在噴錫板上是不被允許的。當銅曝露在噴錫板上，就代表有不良的可焊接性，可能源自於污染物在噴錫前未去除。但在有機處理的銅曝露方面，到目前爲止並沒有足夠證據說明它會導致信賴度問題。表面絕緣電阻 (SIR) 測試顯示，OSP 電路板具有比噴錫板在高溫高濕貯存測試更好的表現。

銅鎳金電路板製造，是用鎳金作爲銅抗蝕劑或直接做止焊漆接著做化鎳浸金，這可改善鍍通孔信賴度。它與兩種機構與改善有關：因爲鎳強化了鉚釘結構，並消除了銅在受焊錫熱衝擊時的熔解，如：波焊或 PGA 重工。對高縱橫比孔 ,，化學鎳給予額外的好處，因爲電鍍孔壁厚度比傳統電鍍穩定。

電路板承受熱膨脹的能力，也受到鍍通孔銅厚度的影響。可惜的是在 SMOBC 製程中，所有線路或全板電鍍後的步驟都是降低銅厚度，鎳電鍍可抗拒這種影響保護潛銅厚度。噴錫與重工大通孔連結器，可能有特別負面影響。銅快速熔解到融熔焊錫中，大量銅會從鍍通孔膝部熔解。鎳阻隔電鍍可降低這種影響。

使用金電鍍會增加共熔焊錫脆性，各種金電鍍厚度因爲應用不同而不同，包含保持鎳可焊接性的電鍍、連結器接觸、提供打線基礎等。這類處理有可能因爲高金熔解度，而產生信賴度問題。多數狀況下，電路板或零件端子上的金會完全熔解到焊錫中。在波焊製程，金會被洗到錫槽中，需要監控槽內濃度變化保持在低金濃度水準，以免影響製程正常功能。然而在回流焊製程中，金會與最終焊點融在一起。爲了避免焊錫受到介金屬 $AuSn_4$ 與 $AuSn_2$ 脆化影響，金濃度要保持低於關鍵等級，多數資料顯示的數據以 3 ～ 5% 重量比爲上限。[33,36]

多數目前使用零件，鍍金厚度都保持在 0.1μm 以下，可保持表面處理無害於可焊接性。然而使用金電鍍 (如：接觸式連結器或打線)，若零件引腳間距小於 0.5 mm 或零件引腳端子也用金電鍍，應該要注意確認金濃度仍低於 3 ～ 5% 重量比限制。對一些無法避免厚金的應用，50 銦 -50 鉛焊錫對金熔解非常慢，常被用來解決這種問題。

銜接材料

共熔焊料

共熔錫鉛焊料 63 錫 -37 鉛及接近共熔的錫鉛合金，包含 60 錫 -40 鉛、62 錫 -36 鉛 -2 銀等，過去被用在主要電子組裝焊接上。從信賴度觀點看，它們的最重要特徵是對潛變老化敏感性，因爲週遭環境溫度非常接近金屬焊錫溫度，它們能快速大量熔解端點金屬，傾向於端點金屬形成厚介金屬層。儘管焊點熱老化是組裝主要故障來源，但產業已經使用相同焊料合金數十年。現雖然已經推動無鉛系統，但比起過去的共熔焊料，其抗老化與操作性多數仍然有差距。

有證據顯示大約含有 2% 銀的焊錫可改善高溫熱循環特性。許多端子金屬會快速熔解到焊料中，包含銀、金、銅等，這些金屬會改變焊料特性。若基材金屬完全融入焊料，信賴度必然會受到衝擊，最值得注意的是在陶瓷電阻電容端面銀或銀鈀合金。若整個端點厚度被熔解，焊錫會對陶瓷零件產生拒焊現象，或者產生局部熔解與結合力弱化現象。若銀出現在焊料中，可降低端面銀的熔解速度。

無鉛焊料

如今無鉛焊料當道，較受到重視的以 SAC305 與 SAC405 爲主，它們是錫銀銅合金類焊料。某些錫球應用，爲了要強化其機械特性還添加微量的鎳金屬。這類焊料是目前 SMT 製程的重要焊料種類。因爲這類合金的特性，累積的冶金特性資料仍然相對少，且面對不同的金屬處理表面也會產生相當不同的介面現象。對於可攜式電子產品的微小接點而言，這些介面現象可能產生的信賴度影響，仍然需要持續做研究。依據一些研究報告顯示，以化學析鍍的金屬處理面，焊接後容易因爲所共析的有機物而產生微小介面氣泡，這方面的研究筆者也在關注。或許當完全理解其中的作用機構後，有方法可改善目前多數組裝業者頭痛的焊接空泡問題。

導電性黏貼劑

導電黏貼劑被用在特殊領域，如：連結 LCD 顯示器及安裝小電阻電容。這種材料含有導電性顆粒，常是銀碎片或碳粒懸浮在高分子母體中，多數爲環氧樹脂。長時間與電路板接觸的電阻並不穩定，因此這種材料並不適合用在需要穩定低電阻的應用。這類產品主要的故障機構，是濕氣擴散遷移透過環氧樹脂到達介面，最後產生接觸金屬面氧化，其結合強度也是一個信賴度顧忌。

零件

零件與構裝影響許多電子組裝故障機構，構裝初期設計與選擇是爲了有能力保護電子零件內部，如：陶瓷構裝比塑膠更優先被選擇，因爲它有較好密封性。此處要討論構裝的選擇、它對焊點與清潔度相關故障的影響等。

恰當構裝選擇可降低焊點的熱與機械故障

要最小化焊點的熱與機械老化故障，意味著要最小化系統整體與區域性尺寸變化差異，讓焊點柔順地移轉該點應力及應變。儘管系統內尺寸漲縮搭配性很低，但通孔接點信賴度都會超過表面貼裝接點的熱老化強度 (假設都有好的焊錫塡充)，因爲負荷的幾何結構讓斷裂很難傳播得夠遠，大道導致電氣性故障。若通孔本身經歷高於 Tg 頗多的測試條件，可能只受幾個熱循環條件就會產生敏感性故障。

塑膠與陶瓷構裝 .

對多數電路板，若採用構裝零件是塑膠而不是陶瓷，整體基板與零件漲縮差異就相當小。多數電子用陶瓷 CTE 値接近 4 ～ 10ppm，因爲電路板低於 Tg 値的水平面 CTE 是 14 ～ 18ppm/℃，這符合塑膠構裝一般平均 CTE 20 ～ 25ppm/℃。若晶片尺寸相對於構裝比例較大，則整體塑膠構裝 ΔCTE 會明顯低於塑膠，如：TSOP 零件會有平均 CTE 約 5.5ppm/℃。零件等級的信賴度也値得提醒要考慮，塑膠構裝某些缺點比陶瓷構裝容易發生，如：濕氣吸收。

引腳型與無引腳 SMT 零件

無引腳 SMT 零件具有周邊焊接點 (如：無引腳陶瓷晶片載板 LCCC) 焊接點故障敏感度高，因爲熱與機械應力比有引腳零件大，且沒有系統內順從性所致。有順從性引腳結構，可吸收零件與基材間相對偏移產生的機械或熱應力。在這個作用下，若能避免使用大無引腳零件，可減低相關故障。若必需使用，基材必須儘可能有相近的 CTE，要考慮使用保護性塗裝避免機械應力影響。

球陣列構裝 (BGA) 是目前常用的無引腳 SMT 零件，具有區域性焊接點陣列。這些零件信賴度已有多種應用驗證，塑膠 BGA 對焊點老化故障敏感性比陶瓷 BGA 低，因爲塑膠構裝與基材、電路板的 CTE 搭配性較佳。這種狀況下，構裝會有尺寸與功率限制，以確保焊點信賴度。

引腳順從性

如前所述，無引腳零件比引腳型零件導致更多的信賴度問題，因爲整體錯位偏差會發生在焊點上，而引腳型 SMT 零件間也有相當大順從性差異。本體高度扮演了重要角色，因爲它決定了順從性區域長度。其它影響順從性的重要引腳特性是引腳形狀 (如：J- 引腳與鷗翼) 與引腳厚度 (硬度正比於厚度結構)。儘管導線架材料並不如導線架幾何結構重要，但也扮演著焊點壽命決定性角色。一般導線架材料是銅與 #42 合金 (鐵 -42 鎳)，#42 合金與晶片 CTE 有較好搭配 (與焊錫的差異較大)，但比銅要硬，參考表 17-3。

▼ 表 17-3 在室溫下一些重要構裝材料的 CTE 以及彈性係數

	Cu	Alloy#42(Fe-42Ni)	63Sn-37Pb Solder	Si
CTE (ppm/°C)	17	5	25	3.5
E Gpa	130	145	-35	113

TSOP 在記憶體構裝是主流，是目前各構裝中有較大焊點信賴度風險的構裝。這種構裝會用 #42 合金導線架，組裝離電路板面距離也非常低，結果有非常硬挺的引腳會傳送大部分零件與基材間錯位差異的應力到焊點。這個零件的狀態描述有時候過份誇大，因爲該零件構裝的整體 CTE 相當低。因此多數條件下 TSOP 構裝可達到適當焊點信賴度，一些供應商在焊點上做環氧樹脂膠封填，取得較好應力分佈。

清潔劑的選擇

若採用液體清潔組裝後助焊劑殘留，零件離板距離 (零件本體與引腳安裝平面間的距離) 是達成恰當清潔與乾燥的關鍵，因此也與抗腐蝕及濕氣相關故障有關。產業定義零件離板標準允許零件有 0 ～ 0.25mm 的距離。低離板距離，可能會有腐蝕性殘留及清潔液吸附在零件底下。

不良液體接觸性，意味助焊劑殘留無法去除。乾燥是同樣重要的議題，在使用氟氯碳化物清洗的年代它不是主要問題。但當清潔液體是水，殘留會提升濕氣驅動的故障機構。零件要符合較高離板標準，至少應該離板 0.20 或 0.25mm，這應該足夠清潔處理與水乾燥，也對現存使用的其它清潔液有效。使用免洗製程實質上消除了這些零件離板距離的顧忌，然而新增的顧忌是任何外表污染會保存下來。應該要執行 SIR 測試，以確保助焊劑殘留及其它電路板污染物是無害的。

整合接點所做的零件端子選擇

表面貼裝零件端子表面處理，儘管還有其它金屬偶爾被使用，但是多數最終表面處理還是使用錫或錫鉛的替代品。好的可焊接性是形成強焊接點的基本需求，進料清潔度當然是另一個必要需求，但在使用免洗製程方面更增加了它的重要性。

若回流焊時間過長，銅引腳會形成過量 Cu_3Sn 與 Cu_6Sn_5 介金屬。若採用純錫，錫鬚成長可能會是一個顧忌。若用金作最終金屬處理，可預期金會快速熔入接點。為了避免焊錫脆化，最終金屬處理接點，應該含有低於 3 ～ 5% 重量比的金。陶瓷與鐵質零件，如：多層陶瓷電容、顆粒式電阻電感，是以燒結銀或銀鈀錫膏製作。因為銀很容易熔解到融熔焊料，建議用鎳錫或鎳金電鍍處理。

保護性塗裝

保護性塗裝用在電路板組裝，需要特別高的電阻值來達成功能性，包含：酚醛樹脂、矽樹脂與氨基甲酸脂亮光漆、矽膠、聚苯乙烯、環氧樹脂等材料的塗裝。環氧樹脂與聚氨脂為基礎的塗裝，是最普遍使用的類型。若保護性塗裝是與止焊漆結合，它必需是化學性相容的。

保護性塗裝要有效，必須讓污染物避開電路並防止濕氣累積在組裝表面，因為所有保護性塗裝都可被濕氣穿透，介面結合力與它的功能性相關。在電路板上的污染物會降低塗裝結合力，會卡住濕氣，可能因為會產生熱應力而導致塗裝故障。當污染物卡住濕氣，塗裝會產生氣泡空隙，此處容易發生腐蝕。電解質圖譜不是有效偵測有害離子污染的工具，在應用前以極性與非極性溶劑清潔是較好的建議。

沒有搭配環境的保護性塗裝，在實際應用時會出現無塗裝的新故障機構。若它填充了零件底部空隙，塗裝可能因為降低或消除引腳屈從性，會增加熱循環時焊點應力。若運作溫度低到低於塗裝 Tg，也可能在零件上產生過度應力，部分塗裝在熱、濕中並不穩定。

17-6 燒機測試、允收測試及加速信賴度測試

本節檢討環境應力測試程序，以確認不允收零件或推估零件壽命。這些測試可依據期待目標分類：100% 篩選消除前期故障 (燒機測試)、取樣允收測試、壽命分佈推估 (加速信賴度推估)。燒機測試，更普遍被認知的是環境應力篩選 (ESS-Environmental Stress Screening)，是保證產品自我品質的重要課題，並被廣泛著述討論。此處只描述它的目標，允收與認證測試及加速信賴度測試會在此一起討論，包含各種環境應力下的電路板及電路板組裝測試。

燒機測試也被認定是環境應力篩選，是消除先期故障產生的問題產品。產品初期會因爲潛在缺點而產生故障率，這是一種將所有產品曝露在實際運作狀態下的模式 ，而不是放在最差環境下的模式。這種條件並不嚴苛，因爲燒機測試會減少零件有用壽命，換言之除了增加出貨零件信賴度外，燒機測試提供製程缺點可能導致局部故障的快速回饋。最常使用燒機測試的電子產品是半導體，特別是記憶晶片會將此步驟設計到領先積體電路製程驗證中。

加速信賴度測試是設計產生故障的，它會發生在運作壽命中某個破壞時間，並提供數據做零件壽命分佈推估。推估壽命分佈需要持續測試，直到一個大零件百分比故障發生。驗證測試可能會在類似或更嚴苛條件下執行，但它們是要實質上通過故障測試，它們會在特定期間後停止。因爲順利的驗證只會有很少的故障發生，這種測試只能獲得很少的新信賴度訊息。這種測試不應該例行用在所有零件上，因爲它們會大幅縮短零件壽命。可惜的是產業界沒有適合的標準信賴度測試，在不久的未來似乎也很難看到。有幾個原因造成種的狀況：

- 有許多運作環境，IPC 已經定義了七個主要電子組裝應用。
- 在這些類型中，組裝品所經歷的環境可能會與外部運作環境有差異，依據產品特定設計參數，如：能量散失與冷卻效率，會影響鄰近組裝的溫度與濕度。
- 期待的產品壽命與允收故障率，在各種應用與製造商間變化廣泛。
- 當技術逐步進展，測試也必須逐步跟進。

使用信賴度測試曾經是有意義的，但現在不是過度保守或無法看出新設計潛在故障模式，就是採用過度設計高價格組裝，花比需要更大的成本推估與防止本來就可排除的局部故障。此處描述一些用於設計測試的方法，可引用到新技術或新應用。

如前所述，信賴度只在運作環境被限定，特定使用壽命的允許故障率也被規定才可定義。若這個環境證明無法接受，設計可用改善冷卻、構裝密封性、清潔度等修正。若無法釐清是否電路板組裝可達到設計信賴度目標，應做加速信賴度測試設計推估壽命分佈。

加速信賴度測試的設計

有七個步驟用在加速信賴度測試設計：

1. 確認使用環境及在特定生命週期下允收的故障率。
2. 確認實際電路板組裝環境 (修正過的使用環境)，使用的環境應該轉換爲電路板組裝實際經歷的環境，如：電路板組裝經歷的溫度會受到能量散失與冷卻影響。機械性環境，會受到衝擊吸收材料、共振等影響。
3. 確認可能故障模式 (如：焊點老化、CAF 成長)，加速測試是基於假設增加曝露環境頻率與嚴重性，能加速使用故障發生率。這種數據可推估組裝在使用環境的壽命分佈。合理假設是，測試發生的故障模式同樣會在實際生命週期中發生。它不能被過度強調，而加速測試必需圍繞實際故障模式設計。或許故障模式可透過過去的服務經驗、文獻或初步測試分析來鑑別。
4. 對每個故障建立加速模式，一個加速模式應該可讓測試數據能解讀預期使用環境，且可做使用壽命分佈推估。它也對設計好的測試有幫助，因此理想加速模式該在執行前就發展出來。利用加速模式的限制性，與模式本身同樣重要。增加或減少太多溫度，會增加實際使用不會發生的新故障，或不適合定量加速關係。例如：若溫度提升到高於 Tg，Z 方向 CTE 會明顯增加且強度降低，它會實際降低焊點應變，但可能也提升了鍍通孔故障。有限元素模擬 (FEM)，對於發展使用熱與機械加速模式的測試是有價值的。二維非線性模擬能力時常是必要的，這樣才能獲得有意義的結果。可建構模式推估，在操作狀態下材料應力與應變 (如：鍍通孔壁上的銅、表面貼裝或通孔接點內的焊錫)，如同在測試狀態下。這些推估可比簡單模式提供更準確的觀點，因爲它們可照顧到一個複雜結構中材料間的交互作用，可看出彈性與塑性變形。
5. 基於加速模式設計測試且接受取樣程序，使用加速模式、使用環境、使用壽命，選擇較短時間內模擬產品使用壽命的測試狀態及測試時間。樣本規模必須夠大，必須能決定是否達成信賴度目標 (在使用壽命中的允收故障數)。理想上，加速測試後應該可判定使用壽命分佈，即便是需要延長測試時間完成也一樣。

6. 分析故障確認故障模式的推估，一個加速測試是基於特定故障模式做假設，在加速測試中會與實際使用發生相同狀況，利用故障分析確認假設是適當的十分重要。若加速測試故障模式與期待不同，有幾個可能性要考慮：
   (1) 加速測試導入了不同於實際使用會發生的新故障模式，這常意味其中一個加速參數 (如：頻率、溫度、濕度) 過度嚴苛。
   (2) 初期判定主要故障模式不正確，這種狀況下要了解測試結果的含意並發展新加速模式解讀這個故障。
   (3) 可能會有幾個故障模式共存，這種狀態下兩種故障分佈應該考慮分開，這樣使用壽命推估才有意義。相對困難決定的是，保持前述哪一方案較能夠呈現眞實新技術或使用環境，這在實際使用故障模式可能無法知道。這種狀態下，較希望執行平行較不嚴苛的加速測試作比較。
7. 從加速壽命測試可判定壽命分佈，壽命分佈可靠適當統計分佈數據分析取得，例如：對數常態分佈。使用壽命分佈，可解讀加速模式所得使用壽命分佈圖的時間軸。這個使用壽命推估，可推估特定使用壽命下故障的數量。

後續爲一些特定故障測試討論，會提供這個方法的範例。

電路板信賴度測試

熱

鍍通孔故障是電路板使用中主要的故障來源，推估它們是執行電路板高溫測試的主要目標。鍍通孔信賴度測試，應該模擬它整個使用壽命的熱偏離。其所經歷的最嚴重熱循環，是在組裝與重工程序中。一般會執行兩種基本類型測試：熱應力或漂錫測試、熱循環測試。兩種測試都想嘗試對鍍通孔做加速驗證，而不是對基材做測試。熱應力測試是要嚴重降低基材特性，爆板剝離測試就類似於漂錫測試，但在製造商定義的較低溫度下進行，一般需要不同測試液體。

多數人接受的熱應力測試法是 MIL-P-55110(也可在 IPC-TM -650 查到)。後續烘烤爲 120 ～ 150℃，樣本會浸泡到 RMA 類助焊劑，並漂在共熔 (或近共熔) 錫槽，溫度在 288℃持續 10 秒，某些研究者使用 260℃。後續測試樣本會做切片且通孔會做斷裂檢查。這是一個嚴苛測試，要確認樣本能經過單一波焊或錫槽重工還能存活下來。多數電路板熱循環測試，在較寬溫度範圍循環重覆，許多實際熱衝擊測試用液體循環。經過五次不同極端溫度範圍、升降溫速率、浸泡時間所得的測試結果，IPC 已經做過相關比較，也提供簡化分析模式來推估鍍通孔壽命。所有測試結果都建議使用相同驗證方法，以最大化鍍通孔信賴度，但它們並沒有做很好的定量與相關性分析。兩種業者普遍使用的測試法是：

1. 錫爐循環從 -65 到 125℃
2. 在油槽與流體化砂槽間的熱衝擊循環，溫度範圍是 +25 到 260℃

圖 17-10 顯示適合測試的樣本，包含 3000 個鍍通孔在系統中銜接，有幾種鍍通孔尺寸及變化的孔圈尺寸。鍍通孔可在測試中監控。

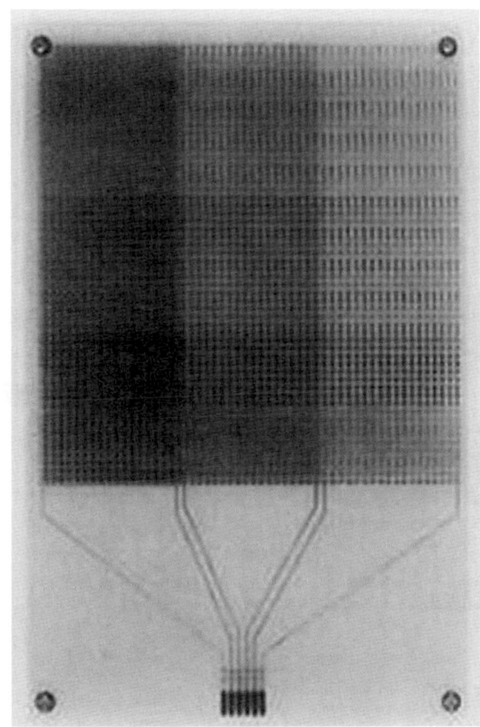

▲ 圖 17-10 通孔信賴度測試樣本，包含三組 1000 通孔銜接結構。一片四層板內，每組孔都有不同尺寸，焊墊尺寸也有變化，類似 IPC 所用設計

機械性測試

電路板很少面對會導致電氣故障的機械性測試，銅、止焊漆與基材結合力是關鍵，也時常測試。損失止焊漆結合力，就提供一處腐蝕與濕氣累積的地方，當電路板曝露在溫濕環境中，就可能會導致電氣性故障。結合力測試一般使用 IPC-TM-650-2.4.28 的剝離強度測試描述。最簡單的測試版本，執行方式是將貼裝物貼附並分割爲小方塊。若銅或止焊漆被試剝膠帶拉起，結合力就不適當。較定量性的測試是檢驗實際剝離強度，初期是由基材及止焊漆供應商執行。

溫度濕度偏壓

這些測試設計來提升電路板表面腐蝕性、導電陽極性細絲成長承受能力，任何一種都會導致絕緣電阻故障。表面絕緣測試使用兩個相互交叉的銅梳，並施加一個 DC 偏壓在兩梳間。這些梳狀線路可設計到現有電路板或樣本上，例如：IPC-B-25 測試板顯示在圖 17-11。從梳狀線路測得的電阻 (Ohms)，可將測量電阻乘以線路平方數 (Square Count) 並轉換為表面電阻 (Ohms per Square)，平方數是由測量所有陰陽極間平行線路的幾何長度除以分隔距離，特別要提醒的是需要做準確絕緣電阻測量。[42] 測量的電阻高於 10^{12} 非常困難，需要小心遮蔽。測量電阻低於 10^{12}，只要小心執行應該可在多數實驗室中進行。

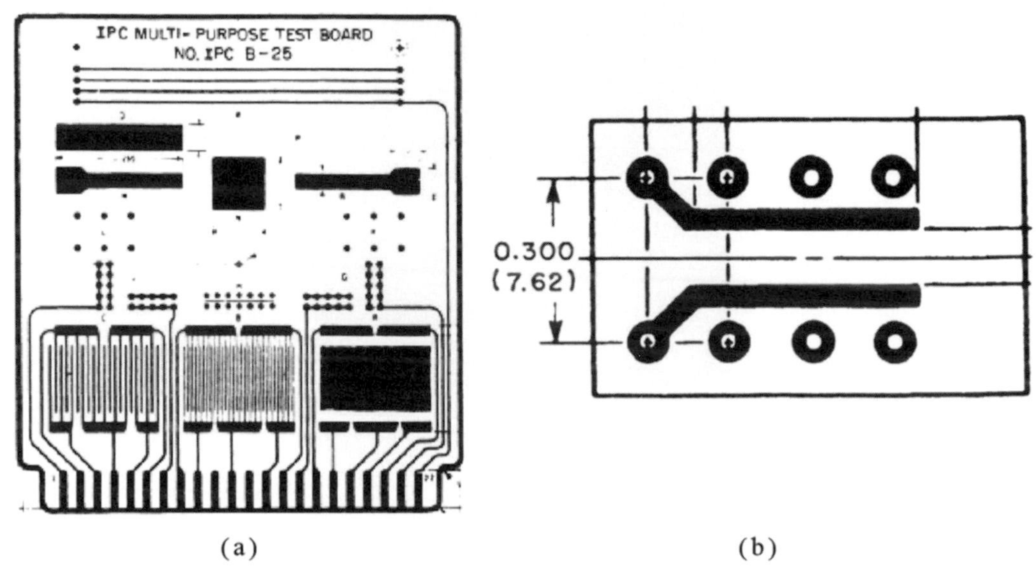

(a) (b)

▲ 圖 17-11　測試樣本用來檢查濕氣、絕緣及金屬擴散遷移電阻：(a) IPC-B-25 測試板，用來驗證製程 (b) Y 樣本設計包含在生產板中作為製程統計控制 (參考 IPC-SM-840)

實際測試常在高溫濕下進行，並施加一個 DC 偏壓。IPC-SM-840A 中包含一個裸露電路板的濕氣與絕緣電阻測試法，測試嚴苛程度依據期待使用的環境而定。對典型商業化產品 (等級 2)，測試條件是 50℃ 、90% RH、100V-DC 偏壓，做七天測試，最小絕緣電阻需求是 10^8。

IPC-SM-840A 也包含一個金屬擴散遷移抵抗能力測試，這個測試條件是 85℃ 、90% RH、10V-DC 偏壓，施加限定電流 1 mA 測試七天，有明顯電流變化就構成故障。樣本會做微切片檢查，以確認電氣性金屬擴散遷移狀況。一般測試有樹枝狀成長，是由於助焊劑殘留所致。

電路板組裝信賴度測試

熱

多數電路板組裝測試的熱循環，傾向於加速焊點熱老化故障。除了 IPC 現存測試標準，目前沒有標準測試可適用所有零件、基材組合及使用環境。某些文獻中呈現幾個加速模式，每個似乎都可在某種狀況下與它的數據搭配。所有模式都依據經驗與觀察組合，但都會在簡化假設中產生爭議。

這仍是彈性議題，因爲某些狀況下推估還是會有明顯不同。也有業者提出用機械循環取代熱循環的想法，可在較短時間內完成測試，然而這些測試離標準化還很遠。最後某些零件會明顯釋放能量 (常高於 1 W)，循環週遭的環境溫度 (此處熱來自外在) 從能量循環角度看，會產生十分不同的結果 (此處熱來自內在)，例如：故障位置可能由出現在轉角接點 (此處可看到最大錯位) 轉向接近晶片焊接點 (因爲它們較熱)。因此熱循環較適合多數 ASIC、記憶晶片等，能量循環則應該用來考慮微處理器，特別是散熱量高於幾瓦的零件。

熱衝擊測試一般測試零件，但它不能替代熱循環測試。因爲溫度升降極端快速，浸泡在極端環境的時間也短，只有很短時間讓變化延伸，因此故障會隨循環次數增加。進一步說，快速溫度變化可能導致不同熱應力，這可能會大於熱循環所經歷的。這些應力會誘導早期故障，特別是若這個故障不是發生在焊接時。

有些原理用於設計熱循環測試來加速焊錫老化，這種方式似乎被多數人接受。後續指引使用在緩和的溫度循環，因爲週遭環境受到單元內部加熱 (源自於能量散失)。若這個產品在使用中要面對極端溫度或熱衝擊，這些作法可能無法適用，一個樣本循環的規律如圖 17-12 所示。

- 最大測試溫度要低於電路板 Tg 值，對 FR-4 大約要低於 110 ～ 120℃。在 Tg 值附近電路板 CTE 增加快速，但許多其它特性也會跟著改變，例如：電路板彈性係數減少。爲了避免到達焊錫熔解溫度及改變焊錫潛變的機構，最大溫度應該也要保持在低於大約 0.9Tm，此處 Tm 是焊錫凱氏熔解溫度。對於共熔焊料，Tm 值轉換爲攝氏是 137℃，已經超過 Tg。但對高 Tg 電路板材料或低熔解溫度焊料，這個限制可能要優先考慮。使用峰溫高於這些限制，會產生非週期性加速。
- 最小測試溫度要夠高，因爲擴散蔓延仍然是焊料主要變形機構，對共熔焊料而言至少要到達 0.5Tm 或 -45℃。許多研究者較喜歡使用較高最小溫度 (20 或 0 ℃)，以確認擴散蔓延發生夠快，能夠在作用時間內釋放剪應力。使用太低最小溫度，可能會增加加速因素 (增加 ΔT)，然而實際上是減少了它 (減少 $\Delta \varepsilon$)，結果造成過度最佳化使用壽命的推估。

- 溫度循環速率應該不超過 20℃ /min，極端溫度作用時間應該至少保持 5 分鐘。控制循環速度的目的，是要最小化熱衝擊與加熱或冷卻差異產生的應力。極端溫度作用時間，是讓擴散蔓延發生的最少需求時間。較長作用時間是建議作法，尤其是在最低的極端溫度時。

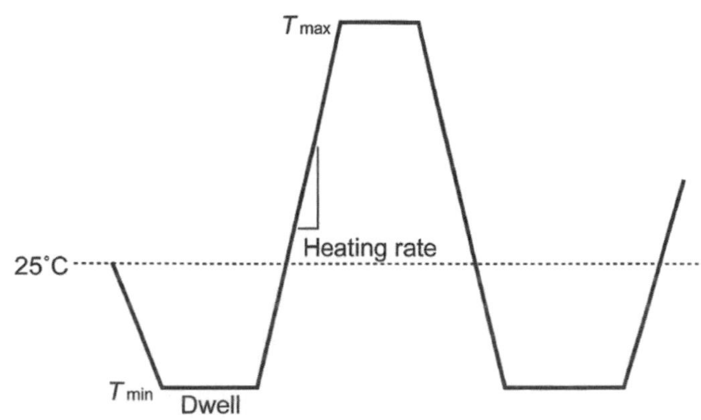

▲ 圖 17-12　測試焊接點熱老化循環的溫度曲線

機械老化循環加快誘發焊接點故障，它的目標是要在更短時間內模擬熱老化故障程序，這方面的適用性仍在評估中。儘管每個循環施加的應變是類同的，機械測試排除了熱機械影響 (包含擴散蔓延)，因爲這個循環太過快速。然而機械性循環，可提供不同設計或構裝形式間有用的比較。這個測試常在定溫下執行，以治具將焊接點操控在受剪力狀態下，當然彎曲或伸張錯位就會產生。

機械應力

機械震動與衝擊會導致焊點故障，特別是對於大而硬的零件或附有大而重散熱片零件。機械衝擊測試常以掉落模式進行，這可能發生在輸送或使用中。掉落測試一般十分嚴重但次數很少，因爲系統並不期待產品會在使用中重覆掉落。一般測試使用最大加速度約爲 600g、最大速度約 300in/ 秒，而衝擊波約持續 2.5 ms。這個測試設定顯示在圖 17-13。

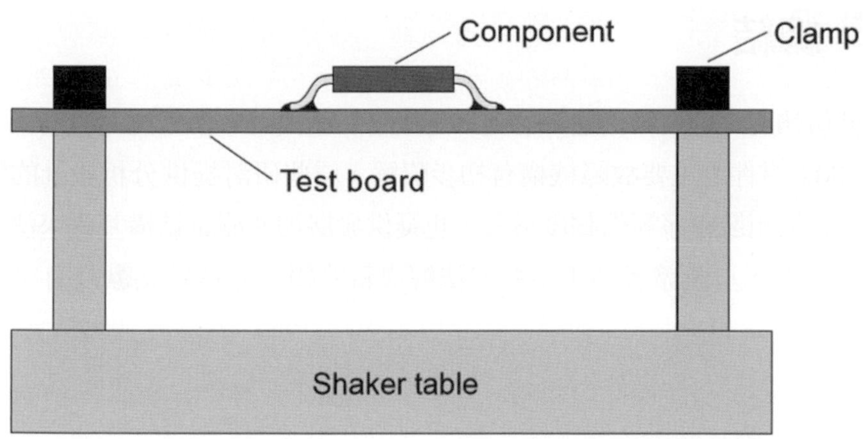

▲ 圖 17-13　用來測試電路板組裝的電阻，平面外機械震動與衝擊設計

換言之電路板組裝在生命週期中，可能會曝露在百萬次機械震動循環。依據應用，平面內與平面外的震動可能都扮演重要角色。這些循環產生的損傷，會與循環頻率是否接近電路板的自然破壞頻率相近有關。對平面內震動、隨機震動，經過一個寬的激盪頻率範圍，會產生固定能量密度，多數表面貼裝零件有高的自然震動頻率，因而焊點故障很少看到。對於平面外的震動，建議採用後續程序：

- 設計與安裝測試電路板，讓每個樣本被兩邊夾持，也包含單一零件在中心 (參考圖 17-13)。
- 使用震盪桌做震動，並使用正弦曲線震動。
- 利用頻率變化找出樣本的自然破壞頻率 (防止不小心的測試前損傷)。
- 以變動的窄範圍接近材料破壞頻率執行測試，震幅可應對到適當能量密度，以達到期待的電路板偏斜量。

溫度、濕度、偏壓

這些測試的主要目的，是要確認表面絕緣電阻 (SIR)，因爲組裝程序會殘留腐蝕性材料在電路板上造成劣化。一般測試程序是使用電路板上的 SIR 梳型線路，將完成組裝曝露在 85℃、85%RH、20V-DC，做 1000 小時測試，偏壓值是依據測試部件或測試樣本選擇。到達故障的時間，與離子污染物濃度相關。詳細產業離子污染限制，可參考 MIL-STD-28809A 的規定，大約的當量爲 3.1g/cm^{2}NaCl。

17-7 總結

電子組裝信賴度是個複雜主題，此處只是概略問題檢討，希望能對電路板、電路板間銜接、貼裝 SMT 零件的主要故障機構有初步瞭解。這些研討提供分析設計的耐衝擊性、材料選擇、電路板組裝程序等信賴度參考，也提供發展加速測試結構基礎來決定信賴度。希望這些基礎探討，可讓讀者利用這些方法解決新問題，尤其是文獻沒有完整記錄的部分。

參考文獻

1. Printed Circuits Handbook(Fifth Edition)/Clyde F. Coombs, Jr.；McGraw-Hill
2. Reflow Soldering Processes and Troubleshooting：SMT, BGA, CSP and Flip Chip Technologies Troubleshooting /N.C. Lee；Elsevier 2001.
3. Electronics Manufacturing ：with Lead-Free, Halogen-Free, and Conductive- Adhesive Materials / John H. Lau；McGraw-Hill 2002.
4. D.Cullen, "New Generation Metallic Solderability Preservatives：Immersion Silver Performance Results", IPC Works September, 1999.
5. Printed Circuit Assembly Design/Leonard Marks、James Caterina
6. Willis. R. Solderable Finishes for Surface Mount Substrates. PC Fabrication. Oct. 1989.
7. H.K. Kim and K.N. Tu, "Kinetic analysis of the soldering reaction between eutectic SnPb alloy and Cu accompanied by ripening", Physical Review B(Condensed Matter), V01.53,No.23,P.16027-34,1996.
8. H. Geist and M. Kottke, IEEE Trans. On Components, Hybrids, and Manufacturing Tech. 11：270,1988.
9. G. Lucey，J. Marshall, C.A. Handwerker，D. Tench, and A. Sunwoo, NEPCON' 91 West Proc. Des Plaines, IL：Cahners Exposition Group. PP. 3-10,1991.
10. G. Humpston and D. M. Jacobson, "Solder spread：a criterion for evaluation of soldering", Gold Bull. Vo.23, No.3, P.83-95,1990.
11. J.W. Morris, Jr. J.L. Freer Goldstein, and Z.Mei, "Microstructural Influences on the Mechanical Properties of Solder", in" The Mechanics of Solder Alloy Interconnects", edited by D.Frear, H.Morgan, S.Burchett, and J.Lau, Van Nostrand Reinhold, PP.428, New York,1994.
12. L.Quan, D.R. Frear, D. Grivas, J.W. Morris, Jr. J. Electronic Mater, 16：203,1987.
13. M.L. Ackroyd, C.A. MacKay and C. J. Thwaites, "Effect of certain impurity elements on the wetting properties of 60%tin-40%lead solders", Metals Technology, P.73-85, February 1975.

14. M. Nasta and H.C. Peebles "A model of the solder nux reaction：reactions at the metal/ metal oxide/electrolyte solution interface", Circuit World, V01.21, No.4, P.10-13, July 1995.
15. N.C. Lee, "How to make solder paste work in Ultra-fine-pitch and Non-CFC era". short course at Surface Mount International, San Jose, CA, September, 1994.
16. J-STD-006 "General Requirements and Test Methods for Electronic Grade Solder Alloys and Fluxed and Non-Fluxed Solid Solders for electronic Soldering Applications." 1994.
17. "More solutions to sticky problems-A guide to getting more from your Brookfield viscometer", Literature of Brookfield Engineering Laboratories, Inc. AG6000, 20M,5/85.
18. M.Xiao, K.J. Lawless, and N.C. Lee, "Prospects of solder paste applications in ultra-fine pitch era", Surface Mount International, San Jose, CA, Aug.1993.
19. Metal Etching Technology：Technical information(Nov. 1993).
20. M.D. Herbst, "Metal Mask Stencils For Ultra Fine Pitch Printing", in Proc. of Surface Mount International, San Jose, CA, PP. 101-109(Aug. 29-Sep. 2 1993).
21. M.S. Husman, J.P. Rukavina and Y. Guo, "A Study of Solder Paste Volumes for Screen Printing". in Proc. of NEPCON WEST，Anaheim, CA, PP. 1771-1781(Feb. 7-11 1993).
22. C. Lea, "A Scientific Guide to Surface Mount Technology", Electrochemical Publications, Isle of Man, British Isles(1988).
23. J.A. DeVore, "To Solder Easily：the mechanisms of solderability and solderability-related failures", Circuits Manufacturing, PP. 62-70(June 1984).
24. P.J. Kay and C.A. MacKay, "Barrier Layers Against Diffusion，Paper 4", in Proc. of 3rd Brazing Soldering Conf. London(1979).
25. Technical Forum： "Soft Soldering Gold Coated Surfaces", Focus on Tin No.2.
26. J. Glazer, P.A. Kramer and J.W. Morris, Jr. "Effect of Au on the Reliability of Fine Pitch Surface Mount Solder Joints", Journal of SMT, PP. 15-26(Oct. 1991).
27. N.C. Lee and G.P. Evans, "Solder Paste-Meeting the SMT Challenge", SITE Magazine(June 1987).
28. R.J. Klein Wassink and J.A.H. van Gerven， "Displacement of Components and Solder during Reflow Soldering", Soldering & Surface Mount Technology, PP.5-10 (Feb. 1989).
29. W.B. Hance and N.C. Lee, "Voiding Mechanisms in SMT", China Lake' s 1 7th Annual Electronics Manufacturing Seminar, China Lake, CA(Feb. 2-4，1993).

30. J.Barrett, C. O Mathuna and R. Doyle, “Case Studies in Quality and Reliability Analysis of Fine Pitch Solder Joints”, Soldering & Surface Mount Technology, No. 13, PP. 4-11(Feb.，1993).
31. M. Cole, “BGA Design and Assembly Considerations”, short course in SMTA International, Chicago, IL, September 24-28, 2000.
32. W. O’Hara and N.C. Lee， “Voiding Mechanism in BGA Assembly”,ISHM,1995.
33. A.A. Primavera, R. Sturm, S. Prasad, and K. Srihari, “Factors that affect void formation in BGA assembly”, in Proc. Of IPC/SMTA Electronics Assembly Expo 1998,$2-2-1,Providence,RI,Oct. 1998.
34. P. Zarrow, “Reflow profiling：Revisited, rethought and revamped”,Circuits Assembly,P. 28-30, Feb. 2000.
35. D.Heller, “CSP and uBGA Reflow”,in Proc.Of Nepcon West 1999,Anaheim,CA, Feb. 21-25,1999.
36. 印刷電路板概論—養成篇 (二版)/ 林定皓 2008；台灣電路板協會
37. 多層與高密度電路板全覽 / 林定皓 2002；亞洲智識科技有限公司
38. 印刷電路板設計與製作 (修訂二版)/ 林水春；全華圖書股份有限公司
39. IPC-A-600 系列規範
40. IPC-A-610 系列規範
41. IPC-DRM 系列規範
42. IPC-SM 系列規範
43. IPC-TM-650 規範
44. “Ball Grid Array Technology”，Edited by John．H．Lau，PP．636，Mcgraw-Hill，New York，NY， 1995．
45. “Flip Chip Technologies”，edited by John H．Lau，PP．565，McGraw-Hill，New York，NY，1996．
46. N. C. Lee, “Interconnections for SMT、BGA and Flip Chip Technologies”,Keynote Lecture, Nepcon
47. N. Cox, “Optimizing Nitogen Purity and Flow in a Convection Reflow Oven” in Proc. of NEPCON WEST, Anaheim, CA, PP. 149-157(1993).
48. H. A. H. Steen and G. Becker, “The Effect of Impurity Elements on the Soldering Properties of Eutectic and Near-eutectic Tin-Lead Solder”, Brazing & Soldering, (11),pp. 4-11(Autumn 1986).

49. N. C. Lee, “How to make solder paste work in Ultra-fine-pitch and Non-CFC era”, short course at Surface Mount International, San Jose, CA, September, 1994.
50. M. Xiao, K. J. Lawless, and N. C. Lee, “Prospects of solder paste applications in ultra-fine pitch era”, Surface Mount International, San Jose, CA, Aug. 1993.
51. Private communication with Alden Johnson, MPM, at Nepcon East, Boston, MA, June 13, 2000.
52. H.Markstein, “Inspecting Assembled PCBs”, EP&P，PP.70 － 74(September, 1993)．
53. S. H. Mannan, N. N. Ekere, E. K. Lo and I. Ismail, “Predicting Scooping and Skipping in Solder Paste Printing for Reflow Soldering of SMT Devices”, Soldering & Surface Mount Technology. No. 15, PP. 14-17 (Oct. 1993).
54. C. P. Brown, “Process Solutions for Ultra Fine Pitch Production”, in Proc. of Surface Mount International, San Jose, CA, PP. 119-126 (August 29 - September 2 1993).
55. C. Missele, “Screen Printing Primer-Part 3”, Hybrid Circuit Technology(May ,1985).
56. Alden Johnson, short course on “Fine pitch stencil printing & applications class”, 1999.
57. M. D. Herbst, “Metal Mask Stencils For Ultra Fine Pitch Printing”, in Proc. of Surface Mount International, San Jose, CA, PP. 101-109 (Aug 29 – Sep 2 1993).58. Metal Etching Technology：Technical information (Nov. 1993).
59. G. Evans and N. C. Lee, “Solder paste：meeting the SMT challenge”, SITE Magazine, 1987.
60. R. Ludwig, N. C. Lee, S. R. Marongelli, S. Porcari, and S. Chhabra, Achieving Ultra-Fine Dot
61. N.C. Lee, “Optimizing reflow profile via defect mechanisms analysis”, IPC Printed Circuits Expo’98.
62. G. Humpston and D. M. Jacobson, ” Principles of Soldering and Brazing”, PP. 79, ASM International, Materials Park, OH(1993).
63. N. C. Lee, “Optimizing reflow profile via defect mechanisms analysis”, IPC Printed Circuits Expo’98.
64. G. Erdmann, “Improved Solder Paste Stenciling Technique”, Circuits Assembly, PP. 66-73(Feb. 1991).
65. R. L. Wade, “No Clean Soldering of Electronic Assemblies”, in Proc. of NEPCON WEST, Anaheim, CA, PP. 574-583(Feb. 7-11, 1993).

66. R. B. Berntson, D. W. Sbiroli, and J. J. Anweiler, ” Minimizing solder spatter impact”, SMT, P. 51-58, April, 2000.

附錄

常用名詞解釋：

A

Active Component (主動部件)：一個具有調整修正接受訊號基本功能的零件 (這包括二極體、電晶體、積體電路，這些都是用在整流、擴大、切換等等方面的應用，對類比或是數碼架構建構出大型或是混合的架構。

APERTURES (開口)：相對於電路板焊墊位置，在刷絲網或是鋼版上的開口。錫膏或是貼裝劑會受到壓力驅動，在印刷刮刀刮印通過時透過轉移到加工物件上。

Axial Components (軸向零件)：通孔零件從長方向具有線狀延伸的結構，軸向電阻及電容都是典型的零件結構。

B

Bed of Nails Fixture (測試針盤)：測試治具，包含一個架子及一個固定機構，上面安裝了有彈性結構的測試探針，可與測試物件產生平面性的電氣接觸。

Box Build (建立外殼)：系統組裝的最後步驟，包含安裝所有的必要硬體，搭配電路板的組裝置入一個盒子或是底座上。

Bridge (錫橋)：兩個應該個別獨立連接的導體，在其間引起短路。

Burried via (埋入通孔)：在電路板表面看不到，但是在內部兩層或多個內層間產生導通連接的恐。

C

Chip Components (顆粒零件)：很小的表面貼裝零件，如小顆粒狀電阻、電容。

Chip Shooter(打件機)：高速置放表面貼裝零件到電路板表面的設備。

Conductor (導體)：金屬如：銅，或是金屬為基礎的材料如：導電油墨、導電膠帶，它們可傳導或是承載電氣信號。

CAD/CAM system (電腦輔助設計、製造系統)：電腦輔助設計是用專門軟體工具設計電路或產品系統架構，電腦輔助製造是把這種設計轉換成實際製造工具。這些系統包括，用於數據處理和儲存的大規模資料內建、輸入、轉換、輸出等等的設備與搭配軟體系統。

Capillary action (毛細管作用)：這是液體的行爲，在焊接中指的是熔化的焊錫，在相隔很近的固體表面流動填充的一種自然現象。

COB-Chip on board (板面晶片組裝)：這是一種混合技術，以往的晶片多數都經過半導體構裝後再做電路板的零件組裝。而 COB 是採用晶片部件直接安裝的方式做產品組裝。

Circuit tester (電路測試機)：量產時所採用的印刷電路板測試設備，其機構包含：針盤、測試引腳位置、導向探針、內部連線、裝載板、空板、及零件測試相關自動化機構等等。

Cladding (覆蓋層)：一個金屬薄膜貼合在電路板上形成導電線路。

Coefficient of the thermal expansion (熱膨脹係數)：材料的表面溫度增加時，每單位升降溫度所測量得到的單位膨脹率 (ppm/℃)。

Cold solder joint (冷焊點)：反映濕潤作用不足的焊點，其特徵是加熱不足、過度氧化等不利產生連結的條件，所產生的零件引腳凝固後現象。

Component density (零件密度)：印刷電路板上的單位面積零件數量。

Conductive epoxy (導電性環氧樹脂)：聚合材料，經由加入金屬粒子使其產生導電性，較常見的是加入銀或銅粉。

Conductive ink (導電油墨)：基材用油墨，可形成導線圖形或連接點。

Conformal coating (保護性塗裝)：一種薄的保護性塗層，應用於搭配印刷電路板的組裝做的一種塗裝。

Copper foil (銅箔)：一種利用電鍍或是碾壓的方式所生產出來的銅金屬薄膜，可作爲印刷電路板製作導電體的材料。它容易粘合在樹脂絕緣層上，之後做蝕刻加工建立導線圖形。

Copper mirror test (銅鏡測試)：一種助焊劑腐蝕性測試，經由玻璃板上產生的眞空控制厚度鍍膜，做單一助焊劑的腐蝕性驗證。

Cure (聚合)：一種高分子材料的物理化學性質變化，更由加溫或是添加硬化劑、加壓等等方法做的一種材料行爲。

Cycle rate (循環速率)：一個零件打件速率的名詞，用來計算從抓取到板上定位與再次循環作業的速度。

D

DIP -Dual In-Line Package (兩邊引腳構裝)：基本的長方形零件構裝，它從零件長方向的兩邊伸出引腳，引腳平行延伸與直角彎折，朝向與本體平面垂直的方向伸出。

Data recorder (數據記錄器)：以特定的時間間隔，從附著於印刷電路板上熱電偶所感應的溫度蒐集紀錄下來的設備。

Defect (缺陷)：零件或電路單元，偏離了正常可接受的特性規格。

Delamination (分層)：電路板層內或層間的分離，包括樹脂絕緣材料間或是死導體間的分離在內。

De-soldering (除錫)：把焊接的零件拆除、修理、更換時一種去除焊錫的方法，包括：用吸錫帶吸錫、真空、熱拔等等方法。

Dewetting (拒焊)：熔化的焊錫先產生覆蓋，之後又產生退縮的狀態，留下不規則的焊錫外型。

DFM (為製造而設計)：以最有效設計模式，讓產品生產能更順利的方法。

Downtime (停機時間)：設備由於維護或故障而不能生產產品的時間。

Durometer (硬度計)：測量刮板刀片橡膠或塑膠硬度的設備。

E

ESD-Electrostatic Discharge (靜電放電)：發生在某物體聚集靜電，當接觸到電子零件時所產生的放電現象，這包括人體聚電放電的現象在內。

Environmental test (環境測試)：一個或一系列測試，用於決定外部環境狀態對於給定的零件包裝、裝配架構、機械與功能完整性等的總影響。

Eutectic solders (共融焊錫)：兩種或多種金屬合金，在具有最低熔點的狀態。當加熱時，共融合金直接從固態變成液態，而不經過塑性的階段。

F

Flux (助焊劑)：具有物理、化學活化行為的化合物，當受熱後會產生促進融熔金屬潤濕基材金屬表面的作用，主要是依靠在焊接作業時，能夠移除金屬表面的氧化、保護表面不再氧化等作用完成任務。

Forced Convection (強制對流)：利用強制流動的鈍性熱氣，作為融化焊錫的原始熱源。

Functional Test (功能性測試)：在測試中分析產品的整體單元性功能，這是依靠輸入信號與感應信號完成。

Fabrication (製造)：產品設計後裝配前的空板製程，包括疊板壓板、金屬處理、鑽孔、電鍍、蝕刻、清潔成型等等工作。

Fiducial (基準點)：電路佈線圖間對位合成一體的專用標記，用於機械視覺系統方面的辨視之用，以找出線路間的方向和位置。

Fillet (填充角)：在焊墊與零件引腳間，由焊錫形成的連接外型 (即焊點)。

FPT-Fine-pitch technology (密引腳間距技術)：表面貼裝零件包裝的引腳中心間距為 0.025"0.635mm) 或是更小。

Fixture (治具)：連接印刷電路板與測試機的裝置。

Flip chip (覆晶技術)：無引腳導線的晶片構裝架構，會利用晶片上的凸塊直接與構裝載板接觸。

G

Golden board (黃金測試板)：已知狀況良好的零件或電路裝配板，用這樣的架構做零件或是產品的測試與分析。

H

Hardware (硬體)：所有進入最終產品組裝外殼內部的零組件，包含：組裝完成的電路板、介面卡架、電源供應器、線路整體配件、散熱片、風扇、開關、連結器以及相關固定它們的材料。

Halides (鹵化物)：含有氟、氯、溴、碘的化合物，是助焊劑中的活化劑，由於具有腐蝕性，在使用後必須要清除乾淨。

Hardener (硬化劑)：加入樹脂中的化學品，使樹脂能夠啓動固化機制。

I

In-Circuit Test (線路內測試)：測試方法，將測試訊號直接連到產品輸入端，並將感應部分直接連到輸出端，這樣可直接針對產品的狀態做直接的瞭解。

Infrared Reflow (紅外線回流焊)：用紅外線作主要熱源的回流焊方式。

Insulator (絕緣材料)：具有高絕緣電阻的物質，可防止電流通過。

Integrated Circuit (積體電路)：一種串接相關線路部件的產品，它也建構出相互連接於同一基礎材料的微型架構，並產生微型線路的功能。

J

JIT-Just-in-time (及時)：透過直接投入生產前材料與部件的供應鏈管制，達成降低庫存目的的一種方法。

L

Laminate (基材)：印刷電路板的材料，在材料之上可建置導電線路。

Lands (焊墊)：設計導電線路的一部份，作爲線路連結或零件安放位置用。

Lead (引腳)：一段長度金屬導體，是絕緣或非絕緣狀態，作爲電氣連結與機械固定的用途。

Low Residule flux (低殘留助焊劑)：使用不同於傳統助焊劑化學品的配方所製作的助焊產品，這類助焊劑在回流焊作業的時候較緩和，且可被殘留在焊接的表面，並不會產生品質惡化的現象。

Line Certification (生產線確認)：認證生產線順序受到控制，可按照要求生產出可靠的電路板。

M

Microprocessor Chip (微處理晶片)：一種高功能的積體電路產品，用於電腦的高速功能與運算應用領域。

Mixed Technology Asembly (混合組裝技術)：一種包含表面貼裝與通孔零件安裝的製程組裝技術

Machine Vision (機器視覺)：一個或多個固態攝相機，幫助對位、尋找零件缺點、確認打件精度等等的輔助影像工具設備。

MTBF-Mean Time Between Failure (平均故障間隔時間)：預估可能的運轉平均單元故障統計時間間隔，通常以小時爲計算單位，結果可能包括實際狀態、推估狀態、計算狀態等狀況。

N

No-Clean (免洗製程)：一種使用低殘留助焊劑的焊接製程，因此在組裝作業後並不需要清潔作業。

Nonwetting (不潤濕)：金屬表面不沾附焊錫的一種狀況，由於待焊表面的污染而產生不潤濕的狀態，可見基材金屬裸露的現象。

O

Open Circuit (斷路線路)：當兩電氣性連結接點發生分離產生的故障。

Oxides (氧化)：當零件引腳及印刷電路板焊墊，在接觸到氧或是空氣的時候，所產生的的金屬污染物。

Omegameter (微電阻計)：一種測量電路板表面離子殘留量的儀表。將裝配完成的產品或是空板，浸入已知電阻率的酒精與水混合物，其後測量與記錄因離子殘留所引起的電阻率下降。

OA-Organic Activated (有機活化的)：以有機酸作爲活性劑的助焊系統，是水溶性的。

P

Passive Component (被動部件)：分散單一的電子裝置，它的基本功能並不會對導入的信號產生改變 (典型零件如：電阻、電容等)。

Pathway (通路)：在導體圖形中的單一導通通路。

Preforming Leads (事前產生形狀的引腳)：彎曲零件的引腳，讓它能夠適合進入印刷電路板的孔中。

Preheating (預熱)：將材料溫度提升到比環境溫度高的狀態，以降低後續作業所可能產生的熱衝擊，也可改善後製程中必要的高溫浸泡時間。

Primary Side (零件面 或 第一面)：電路板上最多零件與最高複雜度的那面。

Packaging density (裝配密度)：印刷電路板上單位面積所放置的零件 (主動、被動部件、連接器等) 數量高低程度。

Photoploter (底片繪圖機)：基本的佈線圖轉換處理輸出設備，用於底片生產與縮放圖面的應用。

Pick-and-Place (打件設備 或 抓去放置設備)：一種可用程式編修做零件安放的設備，有精密快速的機械手臂與移動台面或履帶，可做自動供料與抓取部件作業。當移動到電路板上方的定點，會以正確的方向將零件置放在正確的位置。

R

Radial Components (徑向零件)：一種零件的型式，會有兩支或是多支的引腳從零件的同一面延伸出來，與軸向零件不同的是它們會從相反的方向伸出。

Reflow Soldering (回流焊焊接)：一種用焊錫填充要連結的表面間空隙所採用的一種組裝技術。先將零件放置在一起，做加熱直到焊錫融熔流動潤濕焊接表面，之後讓焊接面與焊錫在接點位置冷卻。

Repair (修補)：一種恢復產品功能到正常狀態的行為，它主要在排除產品與原始圖面或是規格不符的部分。

Resistance (電阻)：一種阻礙電力流通的限制能力。

Repeatability (可重複性)：精確重覆設定目標狀態的能力，是一個評估製程設備穩定度與信賴度的指標。

Rework (重工)：把裝配不正確的產品經過適當的處理，恢復到符合設計規格的一系列處理過程。

Rheology (流變學)：描述流體流動或其黏性與表面張力狀態的一種術語，如：錫膏的印刷及回流焊中的流動現象都可用這個知識理解。

S

Secondary Side (焊接面 或 第二面)：印刷電路板組裝中相對於零件面的另外一面，一般會等同於焊接面 (在波焊中提供焊錫的一面)。

Solder (焊錫)：一種低於焊接基材金屬融熔溫度的合金，用於連結或是填充封閉較高融熔溫度的金屬。

Solderability (可焊接性)：被融熔焊錫金屬潤濕的能力。

Soldr Paste (錫膏)：分離細微的小焊錫顆粒，利用添加物提升潤濕性與調整黏度、沾黏性、塌陷性、乾燥速度等等特性，它被製作成凝滯不流動的乳霜狀材料。

Stencil Printing (鋼版印刷)：經由特製的印刷鋼版開口，將錫膏轉印到適當的印刷電路板組裝位置，作業是用印刷刮刀達成的。

Stress Testing (應力測試)：曝露已經完成的組裝產品在較極端的操作環境中做測試，以確認產品在出貨後可穩定的運作。

Surface Mount (表面貼裝)：應用零件引腳或端子，直接將這些零件安裝在印刷電路板表面焊墊上的作法。

Saponifier (皂化劑)：有機或無機為主要添加劑的水溶液，經由諸如：可分散清潔劑等功能，促進松香和水溶性助焊劑的清除。

Schematic (圖面)：一般在電子業所指的是使用電路符號做功能配置的圖，包括電氣連接、零件、功能等不同的部分都會呈現在圖上。

Semi-Aqueous Cleaning (半水洗製程)：非完全使用溶劑，利用介面活性劑或溶劑所做的清潔工作，包含控制配比、清洗、熱水沖刷、烘乾與循環等技術。

Shadowing (陰影效應)：在紅外線回流焊中，零件本體產生的阻隔，會造成溫度不足以完全熔化錫膏的不均現象。

Slump (塌陷)：在鋼版印刷後、回流焊前、回流焊時，錫膏、膠劑等材料支撐與擴散的狀態。

Solder Bump (焊錫凸塊)：球狀的焊錫材料粘貼在零件的接著區，作為與印刷電路板連接的區域。

Soldermask (止焊漆)：印刷電路板表面線路的一種處理材料，會將不要焊接的部分遮蔽，提供保護線路與防止焊錫沾黏的功能。

Solidus (固相線)：一些零件焊錫合金開始熔化 (液化) 或凝結的溫度連線。

SPC-Statistical Process Control (統計製程控制)：用統計技術分析製程中各種製作與產品特性的產出與控制狀態，以其結果調整與維持整體的穩定狀態。

Storage Life (貯存壽命)：材料保持正常功能的儲存期間長短。

T

Through Hole (通孔)：一種用於安裝引腳零件插入電路板的結構。

Tape-and-reel (帶和盤)：顆粒零件用的包裝方式，在連續的條帶上，把零件裝入凹坑內，凹坑由塑膠帶蓋住以便卷到整理盤上供打件機用。

Thermocouple (熱電偶)：由兩種不同金屬製成的熱感應器，受熱時在溫度測量中可產生一個小的直流電壓，用以顯示溫度的狀態。

Tombstoning (立碑效應)：一種焊接缺陷，顆粒狀零件因爲焊接時的拉力不平衡被拉到垂直的位置，使另外一端無法順利焊接。

U

Ultra-fine-pitch (超密腳距)：引腳的中心對中心距離和導體間距爲 0.010”(0.25mm) 或更小。

V

Vapor degreaser (氣相除油設備)：清洗系統，將物體懸掛在槽體內，受熱的溶劑氣體會凝結於物體表面，之後可溶出污物產生清潔脫脂作用。

Void (空洞)：錫點內部的空穴，在回流焊時氣體釋放或固化前夾雜的助焊劑殘留都有可能會形成。

W

Wave soldering (波焊)：電路板組裝的方式，在作業中電路板會通過持續維持的焊錫波上方做焊接。

Wetting (潤濕)：在金屬表面產生均勻、平整、連續不破裂的焊錫表面現象。

Wicking (虹吸現象)：在引腳或焊接部件間縫隙竄升焊錫的一種塡充現象。

Y

Yield (良率)：製造過程結束時，使用零件與提交產出間的數量比率。

讀者回函卡

填寫日期：　/　/

姓名：＿＿＿＿　生日：西元＿＿年＿＿月＿＿日　性別：□男 □女

電話：（　）＿＿＿＿　傳真：（　）＿＿＿＿　手機：＿＿＿＿

e-mail：（必填）＿＿＿＿

註：數字零，請用 Φ 表示，數字 1 與英文 L 請另註明並書寫端正，謝謝。

通訊處：□□□□□

學歷：□博士　□碩士　□大學　□專科　□高中・職

職業：□工程師　□教師　□學生　□軍・公　□其他

學校／公司：＿＿＿＿　科系／部門：＿＿＿＿

・需求書類：

□ A. 電子 □ B. 電機 □ C. 計算機工程 □ D. 資訊 □ E. 機械 □ F. 汽車 □ I. 工管 □ J. 土木

□ K. 化工 □ L. 設計 □ M. 商管 □ N. 日文 □ O. 美容 □ P. 休閒 □ Q. 餐飲 □ B. 其他

・本次購買圖書為：＿＿＿＿　書號：＿＿＿＿

・您對本書的評價：

封面設計：□非常滿意　□滿意　□尚可　□需改善，請說明＿＿＿＿

內容表達：□非常滿意　□滿意　□尚可　□需改善，請說明＿＿＿＿

版面編排：□非常滿意　□滿意　□尚可　□需改善，請說明＿＿＿＿

印刷品質：□非常滿意　□滿意　□尚可　□需改善，請說明＿＿＿＿

書籍定價：□非常滿意　□滿意　□尚可　□需改善，請說明＿＿＿＿

整體評價：請說明＿＿＿＿

・您在何處購買本書？

□書局　□網路書店　□書展　□團購　□其他＿＿＿＿

・您購買本書的原因？（可複選）

□個人需要　□幫公司採購　□親友推薦　□老師指定之課本　□其他＿＿＿＿

・您希望全華以何種方式提供出版訊息及特惠活動？

□電子報　□ DM　□廣告（媒體名稱＿＿＿＿）

・您是否上過全華網路書店？（www.opentech.com.tw）

□是　□否　您的建議＿＿＿＿

・您希望全華出版那方面書籍？＿＿＿＿

・您希望全華加強那些服務？＿＿＿＿

～感謝您提供寶貴意見，全華將秉持服務的熱忱，出版更多好書，以饗讀者。

全華網路書店 http://www.opentech.com.tw　　客服信箱 service@chwa.com.tw

2011.03 修訂

親愛的讀者：

感謝您對全華圖書的支持與愛護，雖然我們很慎重的處理每一本書，但恐仍有疏漏之處，若您發現本書有任何錯誤，請填寫於勘誤表內寄回，我們將於再版時修正，您的批評與指教是我們進步的原動力，謝謝！

全華圖書　敬上

勘　誤　表

書　號		書　名		作　者	
頁　數	行　數	錯誤或不當之詞句		建議修改之詞句	

我有話要說：（其它之批評與建議，如封面、編排、內容、印刷品質等・・・）